# 선형대수학 *Express*

김대수 著

생능출판

# 머 리 말



눈부시게 발전하는 첨단 과학은 인간 사회와 문명을 더 나은 방향으로 급속하게 변화시키고 있다. 그 과학 발전의 핵심적인 요소가 바로 굳건한 수학적 바탕과 엄밀한 수학적 사고방식일 것이다. 수학은 정확하고 치밀한 사고력과 추상화를 통하여 복잡한 문제들을 효율적으로 해결해 내는 매우 뛰어난 방법론이기 때문이다.

선형대수학은 복잡한 수학적 체계를 배제하고 선형(linear)이란 제한된 영역에서 탐구하는 분야이다. 따라서 공학계열을 비롯하여 자연계열과 사회계열에서 유용하게 활용될 수 있으므로 더욱 친근하고 쉽고 효율적으로 접근할 수 있는 방법론이 요구되고 있다.

이 책의 목표 중의 하나는 논리적 증명보다는 선형대수의 기초를 이해하고 그것과 연관되어 활용할 수 있는 터전을 마련하는 것이다. 따라서 두꺼운 책 내용보다는 우리가 꼭 알아야 할 것들을 더욱 쉽게 이해할 수 있는 데 중점을 두었다. 미국과 국내에서 선형대수학과 관련된 저자의 오랜 경험과 상당 기간의 준비 과정을 거쳐 만들어진 이 책은, 많은 대학생들이 더 쉽게 선형대수학을 익히고 응용할 수 있도록 자세한 기본 개념과 보충 설명 및 삽화를 통하여 기초부터 차근차근 설명하고 있다

이 책은 다음과 같은 주요 특징들을 가진다.

첫째, 쉽고 다양한 예제 풀이와 보충 설명을 통하여 상세하게 해설하였다. 어려운 수학 용어들도 자세하게 설명하였고, 쉽고 적절한 예제를 통하여 친근하게 접근이 가능하도록 노력하였다.

둘째, 선형방정식을 푸는 데 있어서 피벗 개념을 적용하여 핵심 논제들을 알기 쉽도록 설명하였다. 거의 모든 장에서 나오는 문제들을 피벗 개념으로 일관되게 설명하고 있어 누구나 비교적 쉽게 문제를 풀 수 있다.

**셋째**, 대화식 컬러 삽화를 통한 피드백 방법으로 핵심 개념을 익히는 데 도움이 될 수 있도록 하였다. 또한 적절한 문답을 통하여 자연스럽게 배경과 개념에 접근할 수 있도록 시도하였다.

**넷째**, 문제 유형을 진위, 선택, 주관식, 도전 문제 등 다양하고 풍부하게 제시하여 문제에 접근하는 데에 친근감을 높였다.

**다섯째**, 여러 분야들에 적용이 가능하도록 다양하고 적절한 응용의 예들을 다루었고, 전기 및 전자, 화학, 사회학, 경제학 등 다양한 분야에서의 응용으로 폭을 넓혔다.

**여섯째**, 선형 문제를 효율적으로 풀기 위한 방법인 C Program과 MATLAB을 통한 실습 예제를 실었다. 일일이 손으로 계산하지 않고 소프트웨어를 활용함으로써 다방면에서의 활용이 가능할 것이다.

이 책의 주요 내용은 다음과 같다.

제1장에서는 선형대수와 선형방정식에 관한 것을 다루었다. 선형대수를 학습하는 필요성과 응용 분야들을 요약하고, 선형결합, 해집합, 선형시스템, 동차시스템 등을 정의하였으며, 특히 그래프를 통한 3가지 해의 경우를 설명하고, 가우스 소거법과 가우스-조단 소거법을 고찰하였다.

제2장에서는 행렬과 관련된 전반적인 주제들을 다루었다. 행렬을 정의하고 행렬의 연산, 특수한 행렬, 행렬의 기본 연산과 행 사다리꼴, 계수, 행렬의 표현과 응응 등을 살펴보았으며, C 프로그램에 의한 연산과 MATLAB에 의한 연산들을 고찰하였다.

제3장에서는 행렬식과 관련된 사항들을 다루었다. 행렬식의 개념과 여인수를 설명하고, 행렬식의 일반적인 성질들을 살펴보았다. 역행렬과 그것을 이용한 선형방정식의 해법, 크래머의 규칙을 통한 응용 및 C 프로그램에 의한 연산과 MATLAB에 의한 연산들을 고찰하였다.

제4장에서는 선형방정식의 해법과 응용을 주제로 다루었다. 가우스 소거법을 사용하여 첨가행렬을 이용한 선형방정식의 해를 구하는 방법에 관해 살펴보았다. 또한 화학방정식, 교통 흐름, 마르코프 체인 등 선형방

정식의 다양한 응용을 고찰하였으며, C 프로그램으로 가우스-조단 소거법을 실습하였다.

제5장에서는 벡터와 관련된 전반적인 논제들을 다루었다. 먼저 벡터의 개념과 표현 방법을 설명하고, 평면상에서의 기하학적인 벡터 표현을 살펴보았다. 또한 벡터의 연산에서는 벡터의 합과 차, 그리고 스칼라 값을 정의하고 벡터의 응용 사례를 고찰하였으며, MATLAB에 의한 벡터의 연산도 실습하였다.

제6장에서는 벡터공간과 관련된 주요 사항들을 다루었다. 벡터공간에서의 부분공간과 선형독립 및 선형종속의 의미를 살펴보았고 예제를 통하여 본질적인 개념에 접근할 수 있도록 하였다. 또한 벡터공간에서의 생성, 기저, 차원을 다루었다.

제7장에서는 고유값과 고유벡터와 관련된 전반적인 논제들을 다루었다. 특성다항식과 특성방정식을 통하여 고유값과 고유벡터를 구하는 법을 예제를 통해 살펴보았고, 고유값과 고유벡터의 응용을 고찰하였다. 또한 MATLAB을 통하여 고유값과 고유벡터를 구하는 방법을 살펴보았다.

제8장에서는 벡터의 내적과 외적에 관련된 주제들을 중심으로 설명하였다. 내적을 정의하고 내적의 성질과 직교를 알아보았다. 또한 벡터의 외적의 정의와 응용들을 다루었으며, MATLAB에 의한 내적 구하기도 살펴보았다.

제9장에서는 선형변환과 관련된 논제들을 설명하였다. 함수를 통해 선형변환의 개념을 정의하였고, 여러 가지 선형변환과 표준행렬에 의한 변환을 고찰하였다. 또한 선형변환의 응용으로 산업적 응용, 그래픽 변환으로의 응용, 층밀림의 응용 등을 고찰하였다.

이 책의 머리말을 쓰는 지금 한동안 바쁘게 지냈던 순간순간들이 떠오른다. 이 책을 통해 많은 사람들이 선형대수학과 관련된 다양한 논제들을 쉽게 이해할 수 있는 계기가 되기를 바란다.

끝으로, 이 책이 완성되기까지 따뜻한 사랑으로 격려해 준 아내 동옥

씨와 사랑하는 혜진, 경동, 진규를 비롯한 가족들, 그리고 주위의 많은 분들께 감사드린다. 또한 편집을 도와준 오지훈 군과 이책의 출판을 위해 적극적으로 후원해 주신 생능출판사의 김승기 사장님을 비롯한 임직원 여러분들께도 크나큰 감사의 마음을 전한다.

**"The best is yet to come!"**

어제보다 오늘이, 오늘보다 내일이 더욱 즐겁고 행복한 나날이 되시기를 바랍니다.

2013년 봄을 기다리며

金大洙

## 자주 쓰이는 기호 리스트

| | |
|---|---|
| $A=[a_{ij}]$ | 행렬의 표현 |
| $A_{n\times n}$ | $n\times n$ 행렬 |
| $[A \mid I]$ | 역행렬을 구하기 위한 첨가행렬 |
| $A^T$ | $A$의 전치행렬 |
| $I_n$ | $n\times n$ 항등행렬 |
| $A^{-1}$ | $A$의 역행렬 |
| $\boldsymbol{u}, \boldsymbol{v}, \boldsymbol{w}, \boldsymbol{x}, \boldsymbol{y}$ | 벡터 |
| $\boldsymbol{0}$ | 영행렬 |
| $V, W$ | 벡터 공간 |
| $\boldsymbol{R}^n$ | $n$차원 공간 |
| $\text{span}\{\boldsymbol{v}_1, \boldsymbol{v}_2, \cdots, \boldsymbol{v}_k\}$ | 벡터들이 생성하는 공간 |
| $\boldsymbol{e}$ | $\boldsymbol{R}^n$상의 단위벡터 |
| $\{\boldsymbol{e}_1, \boldsymbol{e}_2, \cdots, \boldsymbol{e}_n\}$ | $\boldsymbol{R}^n$상의 표준기저 |
| $\{\boldsymbol{i}, \boldsymbol{j}, \boldsymbol{k}\}$ | $\boldsymbol{R}^3$상의 표준기저 |
| $\dim(V)$ | 벡터 공간 $V$상의 차원 |
| $\\|\boldsymbol{v}\\|$ | 벡터 $\boldsymbol{v}$의 길이(노름 : norm) |
| $\\|\boldsymbol{u}-\boldsymbol{v}\\|$ | 벡터 $\boldsymbol{u}$와 $\boldsymbol{v}$ 사이의 거리 |
| $\cos\theta$ | 영이 아닌 벡터 $\boldsymbol{u}$와 $\boldsymbol{v}$ 사이의 코사인 각도 |
| $\boldsymbol{u}\cdot\boldsymbol{v}, (\boldsymbol{u}, \boldsymbol{v})$ | 벡터의 내적 |
| $\boldsymbol{u}\times\boldsymbol{v}$ | 벡터의 외적 |
| $L, L_1, L_2$ | 선형변환 함수 |
| $\ker(L)$ | 선형변환의 커널(Kernel) |
| $\text{Det}(A), \lvert A\rvert$ | 행렬 $A$의 행렬식 |
| $\lvert M_{ij}\rvert$ | $a_{ij}$의 소행렬식 |
| $A_{ij}$ | $a_{ij}$의 여인수 |
| $\text{Adj}(A)$ | 행렬 $A$의 수반행렬 |
| $D$ | 대각행렬 |
| $\lambda_i$ | 행렬의 고유값 |
| $\boldsymbol{x}_i$ | 고유값 $\lambda_i$의 고유벡터 |
| $\lvert A-\lambda I\rvert$ | $A$의 특성다항식 |
| $\lvert A-\lambda I\rvert=0$ | $A$의 특성방정식 |

# 차 례

CONTENTS

## CHAPTER 01 선형대수와 선형방정식



## CHAPTER 02 행렬

CHAPTER 03 행렬식



CONTENTS

## CHAPTER 04 선형방정식의 해법과 응용



## CHAPTER 05 벡터



C O N T E N T S

CONTENTS

CONTENTS

**01**

CHAPTER

# 선형대수와 선형방정식

LINEAR ALGEBRA

## 개요

제1장에서는 선형대수와 선형방정식에 대한 이해를 돕는 기본적인 사항들을 고찰한다. 선형대수를 학습하는 필요성과 응용 분야들을 요약하고, 선형대수학에서 중요한 선형 개념을 설명하며, 선형결합, 해집합, 선형시스템, 동차시스템 등을 정의한다. 또한 2개의 변수를 가진 선형방정식에서 그래프를 통한 3가지 기하학적인 경우, 즉 유일한 해가 있는 경우, 해가 없는 경우, 무한히 많은 해가 있는 경우들을 살펴본다. 마지막으로 선형시스템에서 해를 구하는 가장 일반적인 방법인 전향 소거법을 이용한 가우스 소거법과 여기에다 역대입법까지 적용하는 가우스-조단 소거법을 살펴본다.

CONTENTS

CHAPTER

# 01 선형대수와 선형방정식

## 1.1 선형대수와 선형시스템

### 1.1.1 선형대수학

하루가 다르게 변화하는 눈부신 과학 발전의 가장 핵심적인 요소 중의 하나가 수학의 굳건한 토대라고 많은 사람들이 생각하고 있으며, 주요 선진국들의 첨단 기술 발전의 배경에는 수준 높은 수학적 바탕의 영향이 크다. 흔히 수학을 공학이나 자연과학 탐구의 꽃이라고 부르는데, 주어진 문제들을 추상화(abstraction)시켜 복잡한 문제들을 정확하고 효율적으로 해결할 수 있는 방법론이기 때문일 것이다.

수학의 영역에는 대수학, 기하학, 미분학, 적분학, 위상수학, 복소수론, 해석학 등이 있으며, 그중 공학 분야에는 선형대수, 이산수학, 미적분학, 공업수학 등이 기초와 응용에 있어서 특히 중요한 역할을 담당한다. 일반적으로 대수학 중에서 추상대수가 다양한 연산들에 대해 추상적인 개념들을 많이 다루는 데 비해, 선형대수는 그중 덧셈과 곱셈 연산을 한 후의 변화와 구조에 초점을 맞춘다. 덧셈과 곱셈 연산이 일상생활에서 널리 쓰이기 때문에 선형대수가 더 직관적으로 이해하기 쉽고 응용 범위도 넓고 다양하다.

선형대수학(Linear Algebra)은 선형방정식의 풀이를 위한 행렬 이론, 벡터공간과 그들 사이의 선형사상에 관한 이론이 핵심적인 부분을 이루고 있다. 행렬 이론은 주어진 선형시스템에서의 효과적인 표현을 가능하게 하며, 벡터공간은 제한된 영역 안에서의 선형사상(mapping)을 표현하기에 매우 유용하다. 선형사상은 선형적 특성을 가진 함수에 해당하는데, 자연과 사회에서 선형적 성질을 가지는 현상들을 표현하고 이해하는 중요한 패러다임을 제공한다.

### (1) 선형대수의 필요성과 중요성

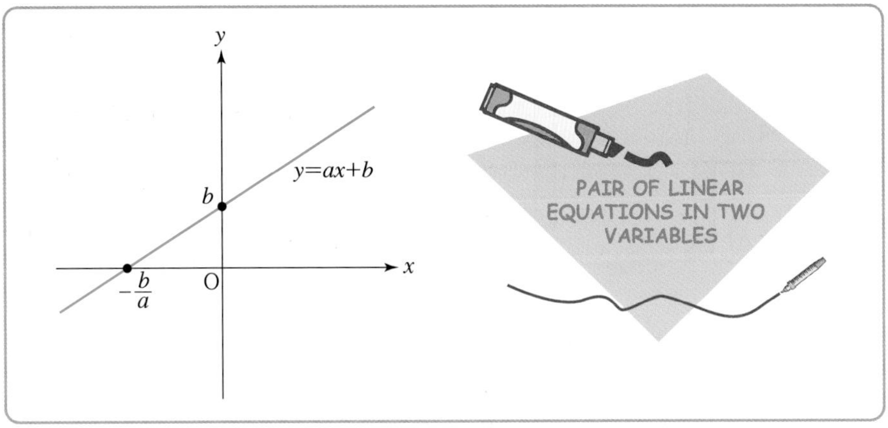


선형대수학은 선형방정식을 풀기 위한 수학적인 도구로써, 기하학의 문제를 효과적으로 해결하기 위한 방법론으로부터 시작되었으며, 지금은 공학 · 자연과학 · 사회과학 · 경제학 등의 응용에 매우 중요한 역할을 담당하고 있다. 특히 선형대수학 이론은 전기회로, 통신 네트워크, 동역학, 선형계획법, 컴퓨터 그래픽, 기상예보, 인구의 이동, 상대성 이론, 고고학, 물리학, 화학, 경제학, 게임 이론, 항공 산업 등 수많은 분야에서 매우 중요한 자리를 차지하고 있다.

선형대수는 수학 중 대수학의 세부 분야로 비교적 어렵지 않게 이해할 수 있으며, 선형대수를 배움으로써 물리학, 생물학, 화학, 경제학, 심리학, 사회과학, 그리고 모든 분야의 공학 등 수많은 응용 분야에 더 쉽게 접근할 수 있다. 선형방정식을 통한 문제 해결은 수학을 전공하는 학생들에게뿐만 아니라 다양한 응용 분야에서 공부하는 공학도들에게도 거의 필수적인 기본 과정으로 여겨지고 있다.

따라서 선형대수의 기본 개념을 확실히 익힘으로써 이들 분야에 대한 기초적인 이해의 폭을 넓힐 수 있고, 실제 문제에서 어떻게 응용되는지를 직관적으로 이해하여 해결할 수 있는 능력을 키울 수 있을 것이다.

수학 영역에서의 선형대수학

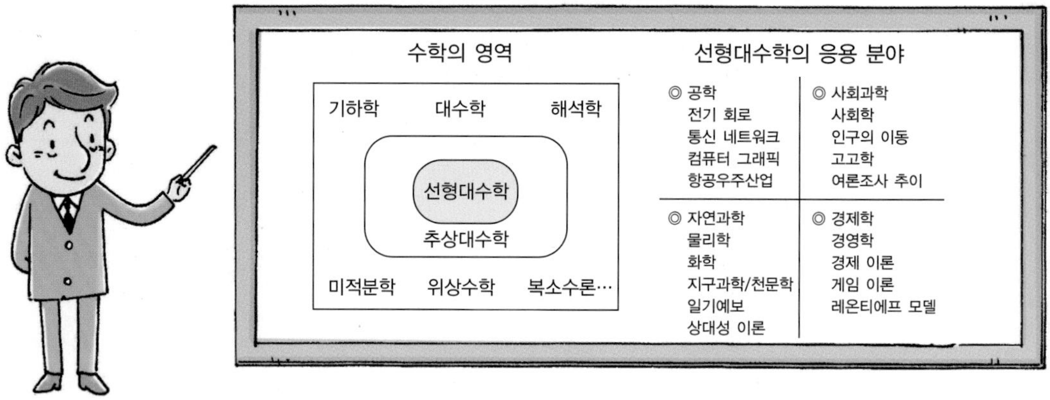

| 수학의 영역 | 선형대수학의 응용 분야 | |
| --- | --- | --- |
| 기하학 대수학 해석학 | ◎ 공학<br>전기 회로<br>통신 네트워크<br>컴퓨터 그래픽<br>항공우주산업 | ◎ 사회과학<br>사회학<br>인구의 이동<br>고고학<br>여론조사 추이 |
| 선형대수학<br>추상대수학 | ◎ 자연과학<br>물리학<br>화학<br>지구과학/천문학<br>일기예보<br>상대성 이론 | ◎ 경제학<br>경영학<br>경제 이론<br>게임 이론<br>레온티에프 모델 |
| 미적분학 위상수학 복소수론… | | |

## (2) 선형의 개념

시간과 물통 높이의 선형 관계

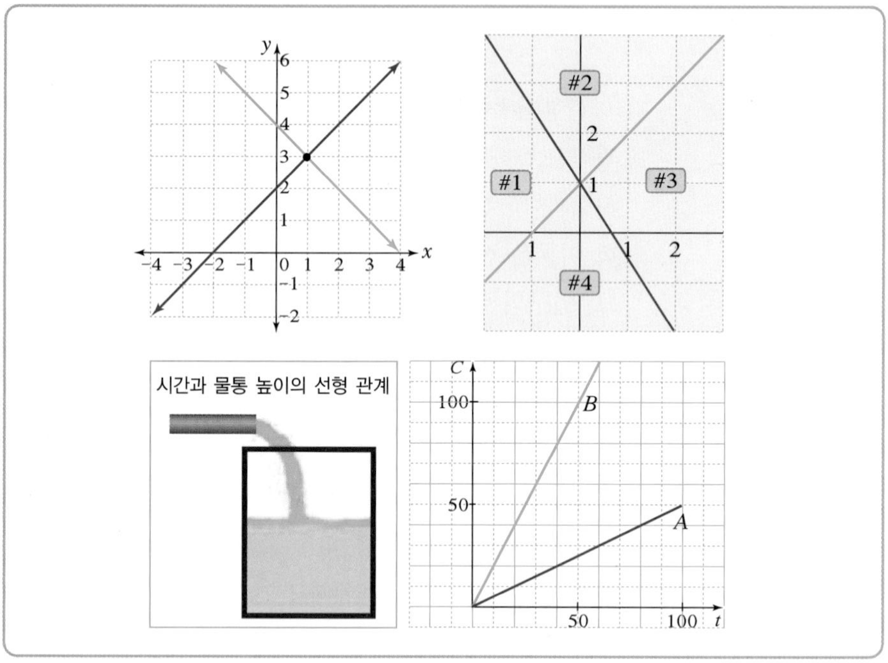

**정의 ❶-1** 선형(linear, 線形)이란 집합 $A$의 원소들에 대하여 선형결합의 형태로 나타낼 수 있는 것을 말한다. 즉, 집합 $A$의 원소 $x_1, x_2, \cdots, x_n$에 각각 상수 $a_1, a_2, \cdots, a_n$을 곱하여 더한 $a_1 x_1 + a_2 x_2 + \cdots + a_n x_n$이 집합 $A$에 속하는 경우를 말한다.

이와 같은 형태의 식을 $x_1, x_2, \cdots, x_n$의 선형결합(linear combination) 또는 1차결합이라고 한다. 이와 같이 기본적인 원소의 열에 대하여 선형결합의 형태로 나타낸 것을 그들에 대한 선형이라고 한다.

**여기서 잠깐 !!** 선형결합이란 대응하는 계수와 변수를 곱하여 모두 합한 값인데 이 식을 통하여 해를 구할 수 있다.

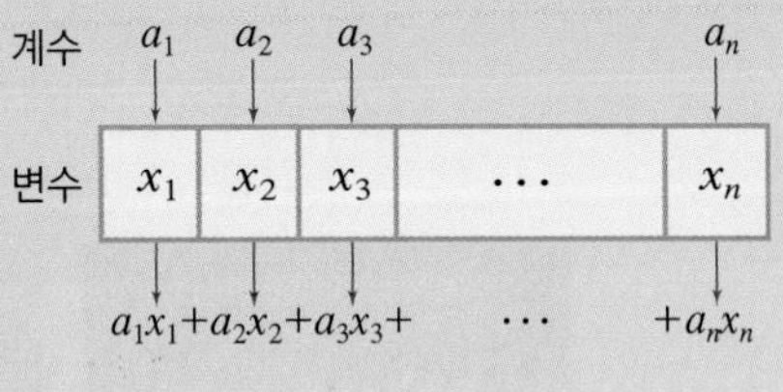


선형을 나타내는 선형함수의 예는 〈그림 1.1〉에 있는 1차함수와 벡터이며, 비선형함수의 예는 〈그림 1.2〉와 같다. 카오스(Chaos)와 프랙탈(Fractal)과 같은 비선형함수는 〈그림 1.3〉에 나타나 있다.

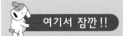

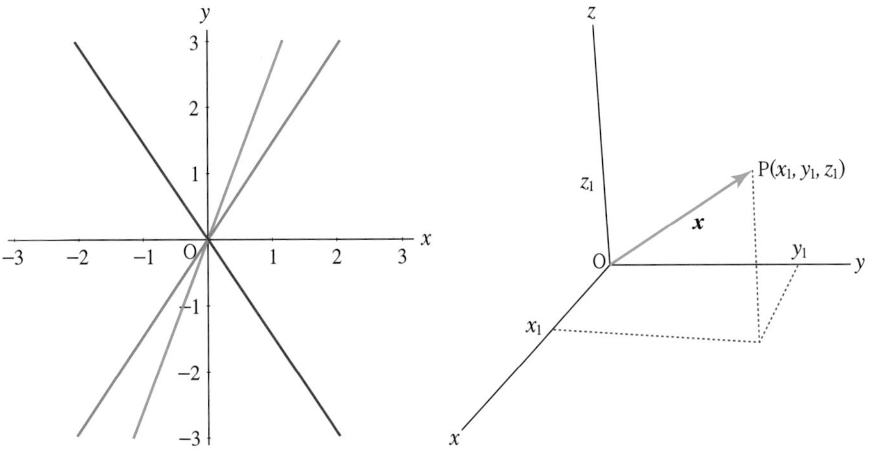


〈그림 1.1〉 1차함수와 벡터와 같은 선형함수들

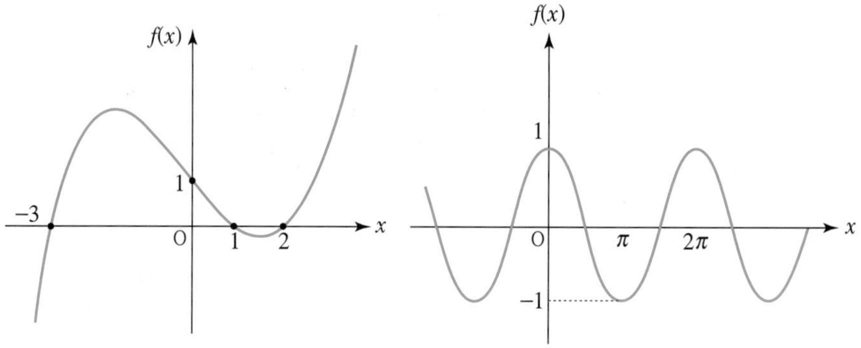


〈그림 1.2〉 3차식과 cos(x) 함수와 같은 비선형함수

〈그림 1.3〉 카오스와 프랙탈과 같은 비선형함수

### (3) 선형대수학

선형대수학은 현대 수학에서 없어서는 안 될 기초 학문으로 순수 수학, 공학, 컴퓨터 관련 학문, 정보통신학, 자연과학, 물리학, 화학, 공학, 경영학, 사회과학 등의 학문에서 중요한 역할을 하고 있다.

선형대수학에서의 주된 학습 내용은 선형방정식의 이론과 해법, 행렬과 행렬식, 유클리드 공간의 스칼라 및 벡터에 관한 성질들, 벡터공간의 개념과 활용, 내적과 외적, 고유값과 고유벡터, 선형변환과 응용 등이다. 이해하기 쉽도록 선형과 비선형의 특징과 차이점을 〈표 1.1〉에 나타내었다.

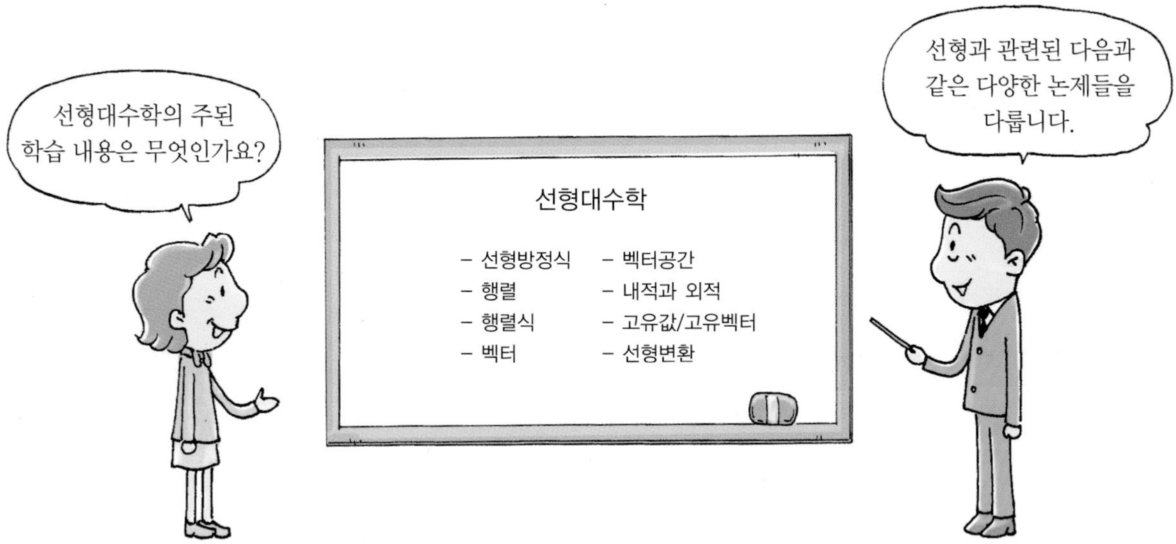


〈표 1.1〉 선형과 비선형의 특징과 차이점

| 선형(Linear) | 비선형(Nonlinear) |
|---|---|
| 1차식이나 1차함수 | 1차식이 아닌 2차 이상의 함수($x^2$)나 cos($x$) 등의 함수 |
| 하나의 원인에는 하나의 결과가 있음 | 훨씬 복잡하다 |
| 그래프가 직선 | 그래프가 곡선 |
| 속도와 거리의 관계 | 카오스 등의 자연 현상 |
| 행렬로 표현 가능 | 행렬로 표현 불가능 |
| 회전변환, 원점을 지나는 직선에 대한 대칭변환, 어떤 벡터공간에 대한 수직입사 등 | 피드백(feedback)과 같은 복잡한 변환 |

이 책에서는 선형대수학을 효과적으로 학습하기 위해 정의(definition)와 정리(theorem), 예제(example)를 중심으로 하여 행렬을 비롯한 실수 집합에 바탕을 둔 벡터공간(Vector space)상의 여러 가지 성질 및 응용들을 다룬다.

### 1.1.2 선형방정식과 선형시스템

선형방정식을 푸는 것이 매우 중요한 이유는 과학과 산업적 응용 등 다양한 분야에서 선형방정식의 문제를 만나는 경우가 많기 때문이다. 또한 현대 수학의 여러 가지 기법을 통해 매우 복잡하고 어려운 문제들을 선형방정식 문제로 축약시킬 수 있는 경우가 흔히 있기 때문이기도 하다.

선형방정식은 변수들의 곱이나 제곱근 형태를 포함하지 않는다. 모든 변수는 1차항까지만 포함하는데, 2차함수나 3차함수, $\cos(x)$와 같은 삼각함수, 로그함수 또는 지수함수 등을 포함한 식은 선형방정식이 될 수 없다.

예를 들면, 다음의 식들은 $y^2$, $xy$, $\cos(x)$, $\sqrt{x_1}$을 포함하고 있기 때문에 모두 선형방정식이 아니다.

$$x + 3y^2 = 4$$
$$3x + 2y - xy = 5$$
$$\cos(x) + y = 0$$
$$\sqrt{x_1} + x_2 + x_3 = 1$$

반면에 다음의 식들은 모두 선형방정식이다.

$$x + 3y = 7$$
$$-2x_2 - 3x_3 + x_4 = 0$$
$$\frac{1}{2}x - y + 3z = -1$$
$$x_1 + x_2 + \cdots + x_n = 1$$

**여기서 잠깐!!**

〈선형과 비선형〉

$\sqrt{2}\,x + y = 3$ → 선형

$2\sqrt{x} + y = 3$ → 비선형

$\sqrt{2}$는 상수인 계수이므로 선형이고, $\sqrt{x}$는 $x^{\frac{1}{2}}$과 같은 지수 형태이므로 선형이 될 수 없다.

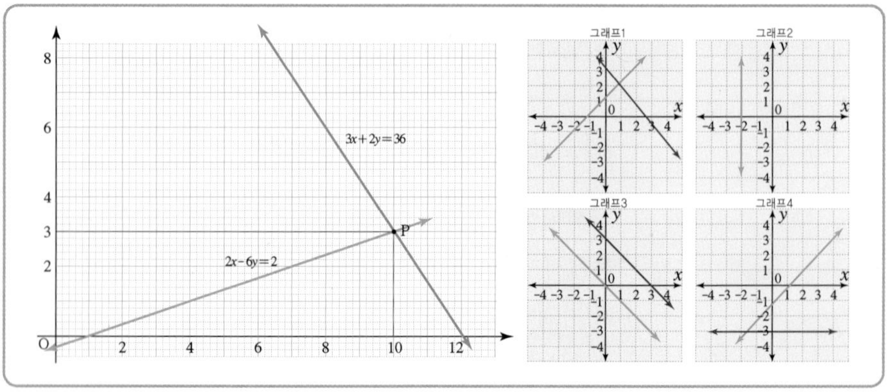

### (1) 선형방정식

**정의 ❶-2** 선형방정식과 관련된 정의는 다음과 같다.

$$a_1 x_1 + a_2 x_2 + \cdots + a_n x_n = b$$

와 같은 방정식을 변수(unknown variable 또는 미지수) $x_1, x_2, \cdots, x_n$과 계수(coefficient) $a_1, a_2, \cdots, a_n$에 관한 선형방정식(linear equation)이라고 한다. 또한 이러한 등식을 성립시키는 변수 $x_1, x_2, \cdots, x_n$의 값들을 해(solution)라고 한다.

예를 들어, $6x_1 - 3x_2 + 4x_3 = -13$이란 선형방정식에서 $x_1 = 2, x_2 = 3, x_3 = -4$를 각각 대입하면 $6(2) - 3(3) + 4(-4) = -13$이므로 $x_1 = 2, x_2 = 3, x_3 = -4$ 가 주어진 방정식의 해가 된다.

### (2) 선형시스템

**정의 ❶-3** 변수 $x_1, x_2, \cdots, x_n$에 관한 유한개의 선형방정식의 집합을 선형시스템(linear system)이라고 한다. $x_1 = s_1, x_2 = s_2, \cdots, x_n = s_n$이 선형시스템 내의 모든 방정식의 해일 때 수열 $s_1, s_2, \cdots, s_n$을 선형시스템의 해(solution)라고 하며, 선형시스템의 모든 해의 집합을 해집합(solution set)이라고 한다.

일반적으로 선형시스템은 다음과 같은 $n$개의 변수를 가진 $m$개의 선형방정식으로 이루어진다.

$$\begin{aligned}
a_{11}x_1 + a_{12}x_2 + \cdots + a_{1n}x_n &= b_1 \\
a_{21}x_1 + a_{22}x_2 + \cdots + a_{2n}x_n &= b_2 \\
\vdots \qquad \vdots \qquad\qquad \vdots \quad & \\
a_{m1}x_1 + a_{m2}x_2 + \cdots + a_{mn}x_n &= b_m
\end{aligned}$$

이들 식에서 $a_{ij}$와 $b_i$의 값이 알려졌을 때 우리는 위의 식을 만족시키는 $x_1$, $x_2$, $\cdots$, $x_n$의 값을 구하게 되는데 이들을 해(solution)라고 한다. 만일 위의 식을 만족시키는 해가 존재하는 경우에는 해가 있다(consistent)라고 하며, 그렇지 않을 경우에는 해가 없다(inconsistent)라고 한다.

**정의 ❶-4** 만약 $b_1 = b_2 = \cdots = b_m = 0$일 경우 위의 식을 동차선형시스템(homogeneous system)이라고 한다. $x_1 = x_2 = \cdots = x_n = 0$은 항상 이 동차선형시스템의 해가 되는데 이러한 경우를 자명해(trivial solution, 自明解)라고 한다. 한편 동차선형시스템에서 $x_1$, $x_2$, $\cdots$ , $x_n$ 중 어느 하나라도 0이 아닌 경우의 해를 비자명해(nontrivial solution, 非自明解)라고 한다. 또한 어떤 선형방정식들이 똑같은 해를 가질 때 두 식이 동치(equivalent)라고 한다.

**여기서 잠깐!!** 엄밀한 의미에서 선형방정식은 하나의 선형식을 나타내는데, 여러 개로 이루어진 선형방정식을 선형시스템, 선형연립방정식 또는 선형일차방정식이라고 한다. 그러나 여러 개의 선형방정식도 흔히 그냥 선형방정식으로 혼용하여 사용하는 경우도 있다.

### (3) 선형방정식의 기하학적 표현

변수 $x_1$과 $x_2$를 가진 두 개의 방정식으로 이루어진 선형시스템을 고찰해 보자.

$$a_1 x_1 + a_2 x_2 = c_1$$
$$b_1 x_1 + b_2 x_2 = c_2$$

이 예에서는 선형시스템이 유일한 해를 가질 수도 있고, 해가 없을 수도 있으며, 무한히 많은 해들을 가질 수도 있다는 것을 제시해 준다. 이들 각 방정식의 그래프는 각각 $l_1$과 $l_2$로 표현되는 직선들이다. 만약 $x_1 = s_1$, $x_2 = s_2$가 선형시스템의 해라고 가정한다면 점 $(s_1, s_2)$는 두 직선 $l_1$과 $l_2$상에 위치할 것이다. 역으로 만약 점 $(s_1, s_2)$가 두 직선 $l_1$과 $l_2$상에 위치한다면 $x_1 = s_1$, $x_2 = s_2$는 주어진 선형시스템에 대한 해가 될 것이다.

선형방정식의 해를 기하학적으로 나타내면 〈그림 1.4〉와 같이 3가지 경우로 표현할 수 있다. 대부분의 경우 (1)과 같이 두 직선이 하나의 점에서 만나는 것이 해가 되는데, (2)와 (3)의 경우에는 매우 특수한 경우에 해당한다. (2)의 경우에는 두 직선이 서로 평행하여 만나는 점이 없으므로 해가 없는 경우이고, (3)의 경우에는 두 직선이 겹치기 때문에 해의 개수가 무한히 많은 경우이다.

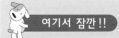

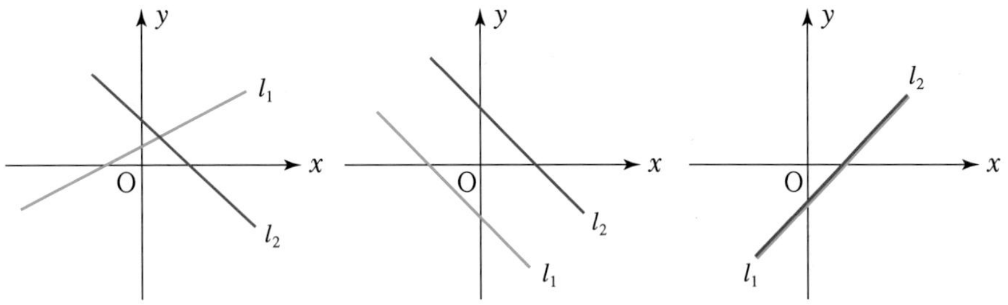


(1) 유일한 해　　(2) 해가 없음　　(3) 무한히 많은 해

〈그림 1.4〉 선형방정식의 기하학적 해

**여기서 잠깐!!** 선형방정식의 기하학적 풀이는 통상 2개나 3개의 변수가 있는 경우에 국한된다. 왜냐하면 3차원을 넘는 공간에서는 우리 눈에 잘 보이지 않기 때문이다.

**예제 1-1** 다음 선형시스템의 해가 몇 개인지를 직선의 그래프를 이용하여 알아보자.

$$\begin{aligned} x \; - y &= 3 \\ x + \; y &= 1 \\ 2x + 3y &= 6 \end{aligned}$$

**풀이** 위의 식에서 〈그림 1.5〉와 같이 3개의 직선을 그린 결과 한곳에서 만나는 점이 없다. 따라서 해가 없다는 결론을 얻을 수 있다. ■

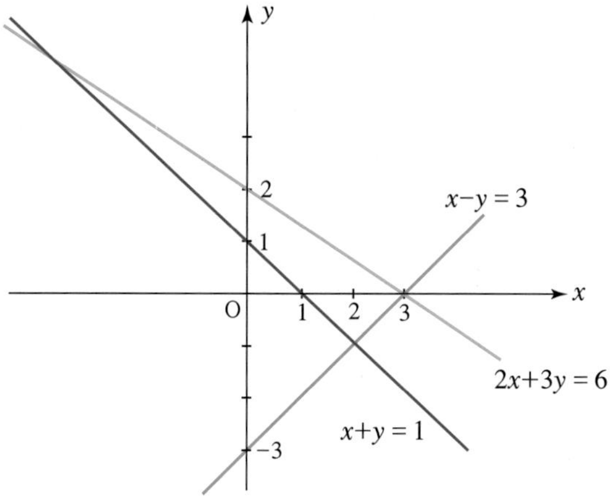


〈그림 1.5〉 선형시스템의 그래프

**예제 ❶-2** 다음과 같이 주어진 3개의 선형방정식을 그래프를 이용하여 해를 구해 보자.

$$\begin{aligned} x_1 - 2x_2 &= -1 \\ 2x_1 + x_2 &= 3 \\ 2x_1 - x_2 &= 1 \end{aligned}$$

**풀이** 〈그림 1.6〉과 같이 3개의 직선이 점 (1, 1)에서 만나므로 유일한 해는 $x_1 = 1$, $x_2 = 1$이다. ■

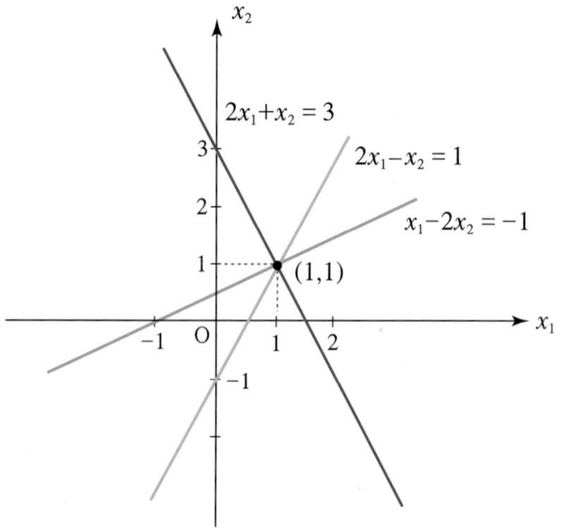


〈그림 1.6〉 세 직선이 한 점에서 만나는 그래프

**예제 1-3** 다음 2개의 선형방정식의 만남을 그래프로 표현해 보자.

$$
\begin{aligned}
x_1 - 2x_2 + 3x_3 &= 1 \\
2x_1 \qquad + x_3 &= 0
\end{aligned}
$$

**풀이** 그래프로 나타내면 〈그림 1.7〉과 같이 한 평면과 한 직선이 만나는 것으로 표현될 수 있다. ■

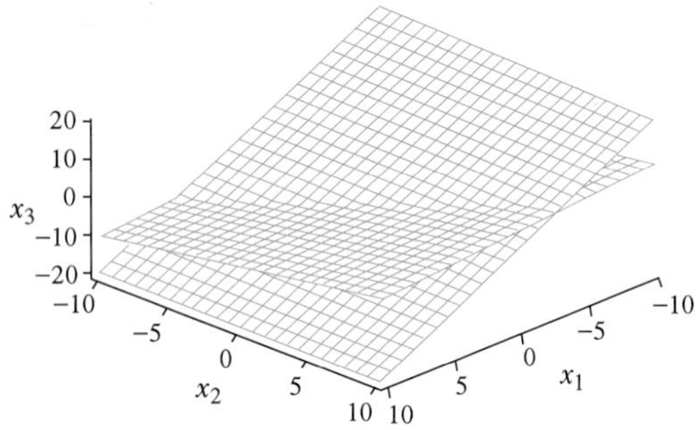


〈그림 1.7〉 한 평면과 한 직선이 만나는 그래프

3차원 공간에서 평면들이 만나는 그래프를 통해 선형시스템의 해를 구할 경우에도 〈그림 1.8〉과 같이 (1) 유일한 해를 가지거나, (2) 해를 가지지 않거나, (3) 무한히 많은 해를 가진다. 이 3개의 방정식들은 3차원 공간에서 평면 $H_1$, $H_2$, $H_3$에 대응한다.

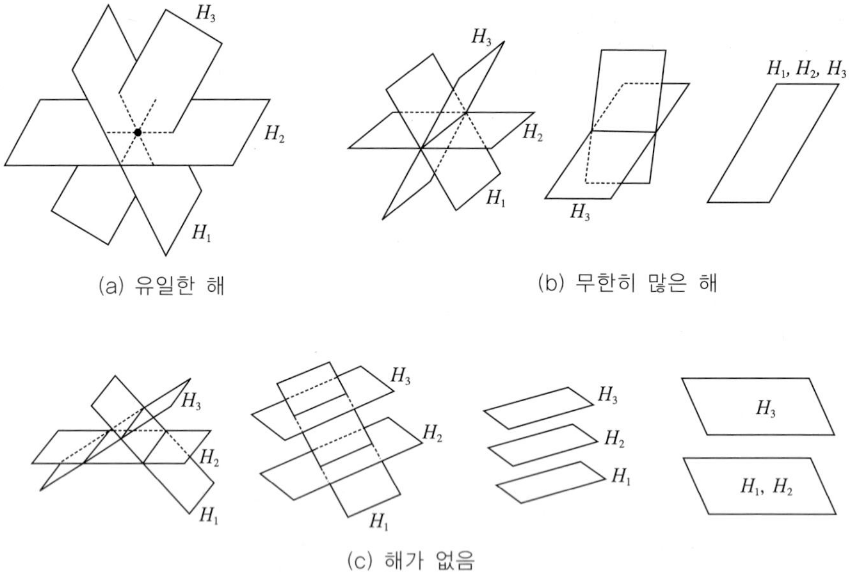


〈그림 1.8〉 3차원 공간에서의 해

일반적으로 선형시스템 $L$의 해의 개수는 해가 없거나, 유일한 해를 가지거나, 무한히 많은 개수의 해를 가지는데, 이것을 도표로 나타내면 〈그림 1.9〉와 같다.

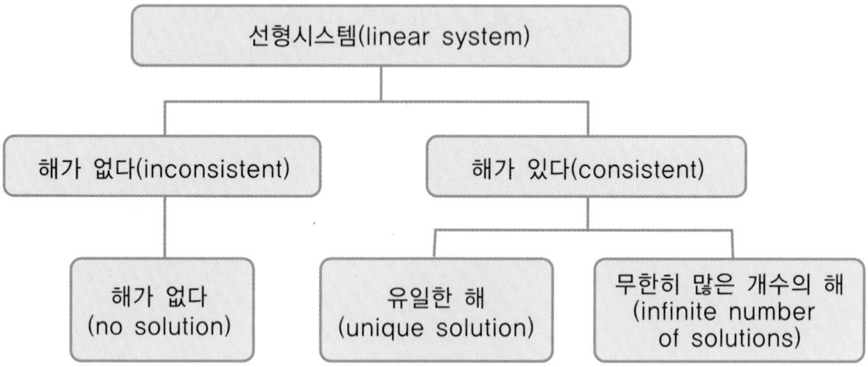


〈그림 1.9〉 선형시스템의 해

# 연습 문제 1.1

## Part 1. 진위 문제

다음 문장의 진위를 판단하고, 틀린 경우에는 그 이유를 적으시오.

1. 선형시스템에서는 주로 덧셈과 곱셈의 연산이 주류를 이룬다.
2. 프랙탈은 대표적인 선형함수이다.
3. 선형방정식과 선형시스템은 엄밀한 의미에서는 식의 개수에 있어서 다르다.
4. 일반적으로 2차 이상의 방정식은 선형에 속한다.
5. 선형시스템을 기하학적으로 풀 때 3개의 식 중에서 2개만 만나는 점도 해에 속한다.
6. 선형시스템이 해를 가질 경우에는 항상 유일한 해를 가진다.
7. 다음과 같은 식들은 동차선형시스템이다.

   $x_1 + x_2 = 0$

   $x_2 = 1$

## Part 2. 선택 문제

1. 다음 중 수학의 영역에 속하지 않은 것은?

   (1) 이산수학　(2) 동역학　(3) 해석학　(4) 선형대수학

2. 다음 중 선형대수학의 주요 학습 내용이 아닌 것은?

   (1) 행렬과 행렬식　(2) 스칼라 및 벡터　(3) 카오스　(4) 고유값

3. 다음 중 선형함수에 속하는 것은?

   (1) 프랙탈　(2) 카오스　(3) 1차함수　(4) 2차함수

4. 다음과 같이 주어진 각 방정식들 중 선형인 것은 어느 것인가?

   (1) $x_1^{-2} + x_2 - 7x_3 = -7$　(2) $x_1 + 5x_2 - 3\sqrt{x_3} = 1$

   (3) $x_1 + 3x_2 + x_1 x_3 = 1$　(4) $x_1 - 4x_2 - 12x_3 = 3$

5. 선형시스템이 가질 수 있는 해의 개수와 관계가 없는 것은?
(1) 2개 (2) 1개 (3) 무한히 많다. (4) 해가 없다.

6. 다음 중 어떤 시스템이 자명해를 가지는가?

(1) $x - 2y = 0$
$3x - 6y = 0$

(2) $3x + y = 0$
$9x + 2y = 0$

(3) $4x - 3y = 0$
$-4x + 3y = 0$

(4) $6x - 2y = 0$
$2x - \frac{2}{3}y = 0$

## Part 3. 주관식 문제

1. 다음의 각 방정식이 선형인지를 판단하시오.
(1) $3x - 4y + 2yz = 8$ (2) $3.14x + 3y = \pi$

2. 다음의 각 방정식에서 선형방정식인지의 여부를 판단하시오.
(1) $x_1 - 5x_2 x_3 - x_3 = 5$ (2) $2x_1 - 3x_2 - \sqrt{3}\, x_3 = 4$

3. 다음 〈그림 1.10〉의 두 직선 $x_1 - 2x_2 = -1$과 $2x_1 + x_2 = 3$이 만나는 점의 좌표를 구하시오.

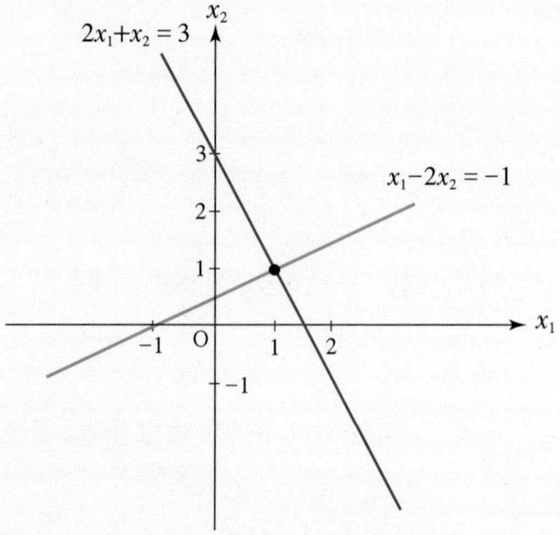


〈그림 1.10〉 2개의 직선 식

4. 다음의 해집합이 선형시스템의 해인지를 각 변수들의 값을 대입하여 그 결과를 판정하시오.

$$\begin{aligned} 2x_1 + 6x_2 + x_3 &= 7 \\ x_1 + 2x_2 - x_3 &= -1 \\ 3x_1 - 5x_2 - 3x_3 &= 30 \end{aligned}$$

(1) $(10, -3, 5)$　　(2) $(-3, 5, 10)$

5. 다음 〈그림 1.11〉에서 $x_1 + 5x_2 = 7$과 $x_1 - 2x_2 = -2$가 만나는 점 $(x_1, x_2)$를 구하시오.

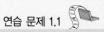

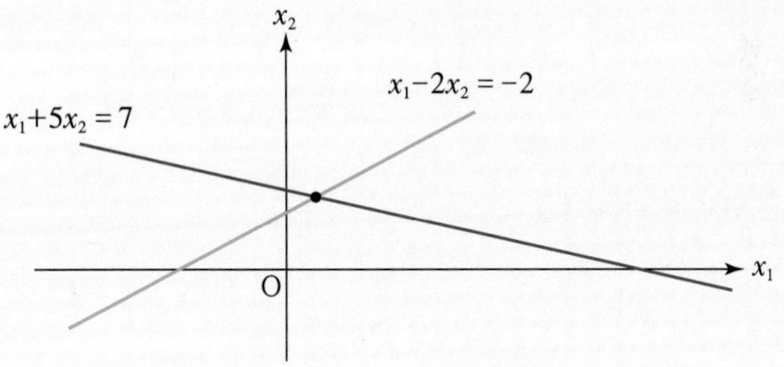


〈그림 1.11〉 2개의 직선 식

6. 다음의 선형시스템에서 각 방정식을 평면상의 직선으로 나타내고, 해의 개수를 결정하시오.

(1) $\begin{aligned} x_1 + x_2 &= 4 \\ x_1 - x_2 &= 2 \end{aligned}$　　(2) $\begin{aligned} x_1 + 2x_2 &= 4 \\ -2x_1 - 4x_2 &= 4 \end{aligned}$

7. 다음의 선형시스템에서 각 방정식을 평면상의 직선으로 나타내고, 해의 개수를 결정하시오.

(1) $\begin{aligned} 2x_1 - x_2 &= 3 \\ -4x_1 + 2x_2 &= -6 \end{aligned}$　　(2) $\begin{aligned} x_1 + x_2 &= 1 \\ x_1 - x_2 &= 1 \\ -x_1 + 3x_2 &= 3 \end{aligned}$

8. (도전문제) 다음 선형방정식의 해가 존재하지 않을 경우의 상수 $k$를 구하시오. 또한 유일한 해를 가질 경우 $k$의 값은 얼마인가? 그리고 무한히 많은 해를 가질 경우의 $k$의 값은 얼마인가?

$$\begin{aligned} x - 2y &= 3 \\ 3x - 6y &= k \end{aligned}$$

9. (도전문제) 다음 중 어떤 것이 동차선형시스템인가? 또한 어떤 것이 비자명해를 가지는가?

(1) $\begin{aligned} x_1 + x_2 &= 0 \\ 2x_1 - x_2 &= 0 \end{aligned}$

(2) $\begin{aligned} x_1 + x_2 - x_3 &= 0 \\ x_1 + 2x_2 + x_3 &= 4 \end{aligned}$

# 1.2 선형방정식의 소거법

선형시스템에서 해를 구하는 방법 중의 하나는 소거법(method of elimination)인데, 통상 어떤 식에다 0이 아닌 상수를 곱한 값에다 다른 식을 더함으로써 변수를 하나씩 소거해 나간다. 소거법은 원래의 시스템과 동치(equivalent)이면서도 해를 좀 더 쉽게 구할 수 있도록 변형하는 것이다.

**정의 ❶-5** 선형시스템에서는 다음과 같은 3가지 기본 연산에 의해 원래의 식과 동치인 선형방정식으로 변환할 수 있다.

(1) 한 방정식에 0이 아닌 상수를 곱한다.

(2) 방정식들의 위치를 서로 교환한다.

(3) 한 방정식에 0이 아닌 상수를 곱하여 다른 방정식에 더한다.

## 1.2.1 변수가 2개인 선형방정식의 소거법

앞에서 정의한 3가지 기본 연산들을 반복적으로 적용함으로써 선형방정식에서 변수들을 체계적으로 소거할 수 있다. 여기서는 우선 2개의 변수와 2개의 식을 가진 선형방정식의 소거법에 대해 살펴본다.

### (1) 유일한 해를 가지는 경우

**예제 ❶-4** C program

다음과 같은 2개의 변수를 가진 간단한 선형시스템의 해를 구해 보자.

$$\begin{aligned} x_1 - 3x_2 &= -3 \\ 2x_1 + x_2 &= 8 \end{aligned}$$

**풀이** 먼저 $x_1$을 소거하기 위해 첫 번째 식에다 $(-2)$를 곱하여 두 번째 식에 더함으로써 $x_1$항이 없는 방정식을 만들 수 있다. 즉, $7x_2 = 14$이고 $x_2 = 2$란 값을 얻는다. 이것을 첫 번째 식에 대입하면 $x_1 = 3$이란 해를 얻을 수 있다. 따라서 $x_1 = 3$, $x_2 = 2$가 주어진 선형시스템의 유일한 해가 된다.

이것은 기하학적으로 〈그림 1.12〉와 같이 방정식으로 표현된 두 직선이 한 점 (3, 2)에서 만나는 것을 뜻한다. ■

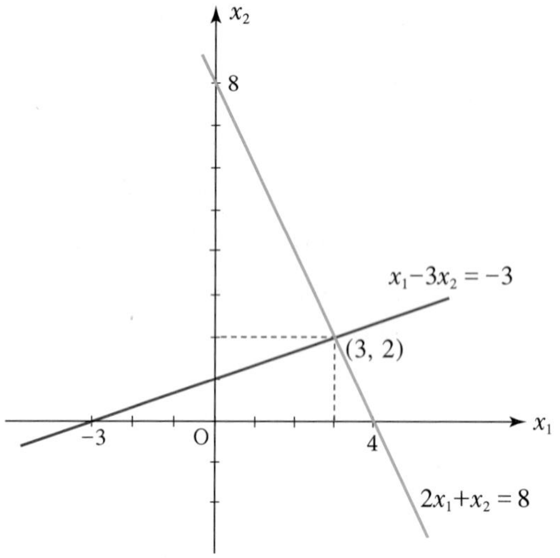


〈그림 1.12〉 두 개의 직선이 만나는 경우

### (2) 해를 하나도 가지지 않는 경우

**예제 1-5** 다음과 같은 선형 시스템을 살펴보자.

$$\begin{aligned} x_1 - 3x_2 &= -7 \\ 2x_1 - 6x_2 &= 7 \end{aligned}$$

**풀이** 먼저 $x_1$을 소거한다. $x_1$을 소거하기 위해 첫 번째 식에다 (−2)를 곱하여 두 번째 식에 더하면 $0 = 21$이라는 모순된 결론을 얻는다. 이 경우에는 식이 해를 가지지 않는다고 한다.

이것은 기하학적으로 〈그림 1.13〉과 같이 원래 시스템의 방정식에 대응하는 두 직선이 평행하여 서로 만나지 않는다는 것을 뜻한다. ■

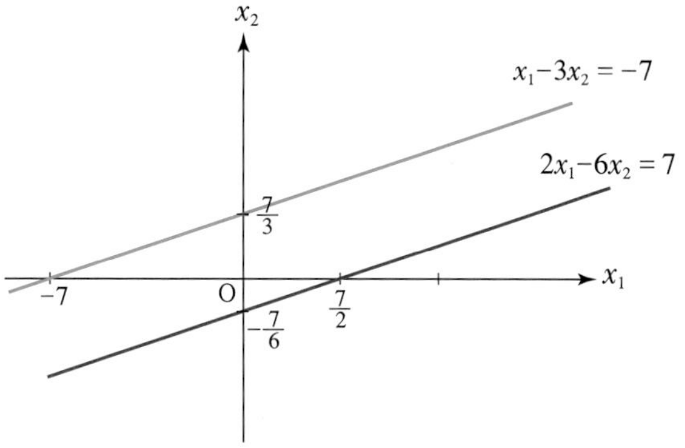


〈그림 1.13〉 두 개의 직선이 평행인 경우

### (3) 무한히 많은 해를 가지는 경우

**예제 1-6** 다음과 같은 선형 시스템에서 해의 개수를 알아보자.

$$\begin{aligned} 2x + 3y &= 6 \\ 6x + 9y &= 18 \end{aligned}$$

**풀이** 첫 번째 식에다 $(-3)$을 곱하여 두 번째 식에 더함으로써 두 번째 방정식의 $x$를 소거하여 다음과 같은 결과를 얻는다.

$$\begin{aligned} 2x + 3y &= 6 \\ 0 &= 0 \end{aligned}$$

두 번째 식은 $x$, $y$의 값과는 관계가 없으므로 제외하고, 첫 번째 식만으로 해를 구한다.

$$2x + 3y = 6$$

이 경우는 〈그림 1.14〉와 같이 기하학적으로 볼 때 두 직선이 서로 일치하는 경우로 볼 수 있으므로 임의의 변수를 사용하여 표현하는 것이 좋다. 예를 들어, $y=r$로 놓고 $r$에 대해 $x$를 풀면 다음과 같은 식을 얻는다.

$$2x + 3r = 6$$
$$x = -\frac{3}{2}r + 3,\ y = r$$

여기서 $r$ 대신에 특정한 값 $r = 0$을 대입하면 해는 $x = 3,\ y = 0$이 되고, $r = 2$인 경우의 해는 $x = 0,\ y = 2$가 된다. 즉, 좌표상으로는 점 (3, 0)과 점 (0, 2)가 해가 될 수 있다. 그 외에도 $r$의 값에 따라 $x = 1,\ y = \frac{4}{3}$ 등 무한히 많은 해를 가질 수 있다. ■

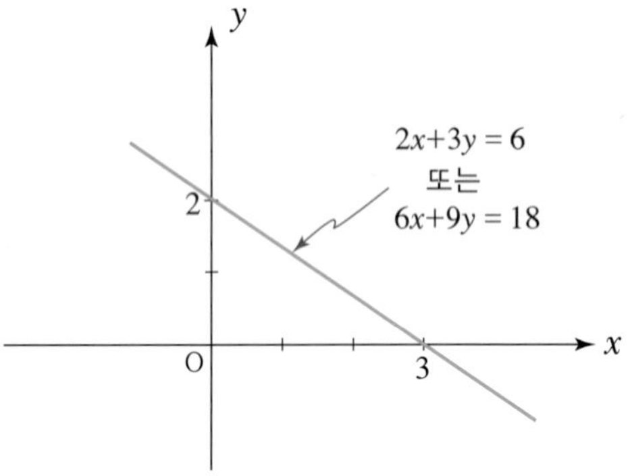


〈그림 1.14〉 두 개의 직선이 일치하는 경우

## 1.2.2 가우스 소거법

일반적인 선형시스템에서 가능한 모든 해를 구하는 방법을 살펴보자. 더 이상 줄일 수 없는 선형방정식들이 주어졌을 때, 이들을 동시에 만족시키는 해를 구하는 방법 중에서 변수들을 체계적으로 소거하는 효율적인 방법이 가우스에 의해 처음으로 체계화되었다. 이를 가우스 소거법(Gaussian elimination)이라고 한다. 가우스 소거법은 주어진 선형시스템을 그것과 동치인 선형시스템으로 변환시키는 다음과 같은 3가지 연산을 필요에 따라 반복적으로 적용하게 된다.

(1) 한 방정식에 0이 아닌 상수를 곱한다.

(2) 방정식들의 위치를 서로 교환한다.

(3) 한 방정식에 0이 아닌 상수를 곱하여 다른 방정식에 더한다.

가우스(Johann Carl Friedrich Gauss, 1777~1855)

독일의 천재 수학자인 가우스는 19세기의 가장 위대한 수학자로 알려져 있으며, 가우스 소거법으로 유명하다. 그는 천문학, 측지학, 전기학에서도 두드러진 공헌을 하였는데, 타원함수의 발견, 대수학의 기본 정리 증명, 복소수 평면을 처음으로 도입하였다 "수학은 과학의 여왕이고 정수론은 수학의 여왕이다."라는 유명한 말을 남겼는데, '수학의 왕' 으로도 일컬어진다. 가우스는 10세 때 1부터 100까지의 합인 5,050을 정확하게 암산한 일화로도 유명하다.

### 1.2.3 가우스-조단 소거법

가우스-조단 소거법은 다음과 같은 2단계로 이루어진다.

**[1단계]** 전향 소거법(forward elimination) : 각 방정식에다 다른 식의 변수의 계수와 반대가 되도록 적절한 상수를 곱하여 두 식을 더함으로써 해당하는 변수들을 차례로 소거한 새로운 방정식 $L$을 구한다.

**[2단계]** 역대입법(back-substitution) : 새로운 방정식 $L$로부터 하나의 변수 값을 구한 후 남은 식들에 차례로 대입하여 전체 해를 구한다.

전향 소거법과 역대입법 과정을 합하여 가우스-조단 소거법(Gauss-Jordan elimination)이라고 하며, [1단계]인 전향 소거법을 가우스 소거법이라고 한다.

여기서 잠깐!!

〈가우스-조단 소거법을 사용하는 이유〉

선형시스템에서 해를 구하기 위해 원래의 식과 동치인 연산을 통하여 변수들을 하나씩 소거해 나감으로써 원하는 해를 훨씬 쉽고 체계적으로 구할 수 있기 때문이다. 2개의 변수를 가진 간단한 선형방정식의 경우에는 직선 그래프로 풀어도 좋으나, 더 복잡한 경우에는 가우스-조단 소거법을 이용하는 것이 훨씬 편리하다.

조단(Wilhelm Jordan, 1842~1899)

독일의 측지학자이자 교수인 조단은 아프리카의 리비아 등의 여러 나라를 순방하면서 측지학에 관한 명저인 《측지학 교재(Textbook of Geodesy)》를 남겼다. 그는 수학자들 사이에서 가우스-조단 소거법으로 유명한데, 가우스-조단 알고리즘의 안정성을 높였고, 제곱의 오차를 줄이는 데 응용할 수 있는 토대를 마련하였다. 또한 측지학에도 대수학적인 방법론을 도입하였다.

**정의 ❶-6** 가우스 소거법 과정에서 각 식의 가장 앞에 있는 0이 아닌 계수(coefficient)를 피벗(pivot)으로 정할 수 있다.

예를 들어, (예제 ❶-7)의 경우 $2x_1$, $4x_1$, $-2x_1$의 계수인 2, 4, −2 중에서 피벗을 정할 수 있는데, 소거를 할 경우에는 피벗을 축으로 소거하는 것이 매우 편리하다.

**예제 ❶-7** 다음 선형시스템에서 가우스-조단의 방법으로 해를 구해 보자.

$$\begin{aligned} 2x_1 + x_2 + x_3 &= 5 \\ 4x_1 - 6x_2 \qquad &= -2 \\ -2x_1 + 7x_2 + 2x_3 &= 9 \end{aligned}$$

**풀이** 전향 소거법과 역대입법 과정을 통하여 해를 구한다.

(1) 전향 소거법 단계

첫 번째 식의 $x_1$의 계수 2를 피벗으로 삼아 소거를 시작한다.

먼저, 두 번째 식의 $x_1$을 소거하기 위하여 첫 번째 식에다 (−2)를 곱하여 두 번째 식에다 더한다.

$$\begin{aligned} 2x_1 + x_2 + x_3 &= 5 \\ -8x_2 - 2x_3 &= -12 \\ -2x_1 + 7x_2 + 2x_3 &= 9 \end{aligned}$$

세 번째 식의 $x_1$을 소거하기 위하여 첫 번째 식을 세 번째 식에 더한다.

$$\begin{aligned} 2x_1 + x_2 + x_3 &= 5 \\ -8x_2 - 2x_3 &= -12 \\ 8x_2 + 3x_3 &= 14 \end{aligned}$$

세 번째 식의 $x_2$를 소거하기 위하여 두 번째 식을 세 번째 식에다 더한다.

$$\begin{aligned} 2x_1 + x_2 + x_3 &= 5 \\ -8x_2 - 2x_3 &= -12 \\ x_3 &= 2 \end{aligned}$$

(2) 역대입법 단계

세 번째 식에서 $x_3 = 2$임을 확인한다.
세 번째 식의 값인 $x_3 = 2$를 두 번째 식에 대입하여 $x_2 = 1$을 구한다.
$x_1$과 $x_2$의 값을 첫 번째 식에 대입하여 $x_1 = 1$을 구한다. ■

**예제 ❶-8** 다음에서 3개의 변수를 가진 선형시스템을 살펴보자.

$$\begin{aligned} x_1 + 2x_2 + 3x_3 &= 6 \\ 2x_1 - 3x_2 + 2x_3 &= 14 \\ 3x_1 + x_2 - x_3 &= -2 \end{aligned}$$

**풀이** 첫 번째 식의 $x_1$의 계수 1을 피벗으로 삼아 소거를 시작한다.
먼저, 첫 번째 식에다 $(-2)$를 곱하여 두 번째 식과 더한다.

$$\begin{aligned} x_1 + 2x_2 + 3x_3 &= 6 \\ -7x_2 - 4x_3 &= 2 \\ 3x_1 + x_2 - x_3 &= -2 \end{aligned}$$

또한 첫 번째 식에다 $(-3)$을 곱하여 세 번째 식과 더함으로써 다음과 같은 식을 얻는다.

$$\begin{aligned} x_1 + 2x_2 + 3x_3 &= 6 \\ -7x_2 - 4x_3 &= 2 \\ -5x_2 - 10x_3 &= -20 \end{aligned}$$

세 번째 식에다 $\left(-\frac{1}{5}\right)$을 곱하면

$$\begin{aligned} x_1 + 2x_2 + 3x_3 &= 6 \\ -7x_2 - 4x_3 &= 2 \\ x_2 + 2x_3 &= 4 \end{aligned}$$

가 된다. $x_2$를 소거하기 위해 세 번째 식에다 7을 곱하여 두 번째 식에 더하면 $10x_3 = 30$이 되므로 $x_3 = 3$이 구해진다.

$x_3$의 값인 3을 세 번째 식에 대입하면 $x_2 = -2$가 구해지며, $x_2$와 $x_3$을 첫 번째 식에 대입하여 $x_1 = 1$을 얻는다.

따라서 구하는 최종 해는 $x_1 = 1$, $x_2 = -2$, $x_3 = 3$이다. ■

**여기서 잠깐!!**

피벗을 정할 때는 가급적 1로 정하는 것이 좋다. 만약 어느 식의 피벗 후보가 1이 있을 경우에는 먼저 그 식과 바꾼 후에 연산을 하면 편리하다. 또한 해당 방정식의 계수들이 모두 2의 배수인 경우에는 2로 먼저 나누어서 피벗을 1로 만들고 난 후 처리하는 것이 편리하다. 그러나 1이 없을 경우에는 간단한 정수로 피벗을 정하는 것이 계산상 편리하다.

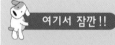

피벗은 어떤
역할을 하나요?
피벗은 중심축을 의미하는데,
피벗을 중심으로 그 아래와 위에
있는 변수들을 소거하는
중요한 역할을 하지요.
그런데 피벗은 가급적
정수 1, 2나 간단한 수를
선택하는 것이 좋아요.
만약 첫 번째 계수가 복잡한
수일 때는 어떻게 하나요?
그럴 경우에는 밑의 식과
교환해서 간단한 피벗을
정하면 좋습니다.
피벗은 선형방정식뿐만 아니라
행렬과 행렬식 등에도 많이
쓰이는 매우 중요한 개념입니다.

**예제 1-9** 다음 선형시스템의 해를 구하시오.

$$\begin{aligned} 2x_2 + x_3 &= 1 \\ 3x_1 + 5x_2 - 5x_3 &= 1 \\ 2x_1 + 4x_2 - 2x_3 &= 2 \end{aligned}$$

**풀이** 주어진 선형시스템에서 첫 번째 식과 세 번째 식을 교환한다.

$$\begin{aligned} 2x_1 + 4x_2 - 2x_3 &= 2 \\ 3x_1 + 5x_2 - 5x_3 &= 1 \\ 2x_2 + x_3 &= 1 \end{aligned}$$

첫 번째 식을 2로 나누어 1을 피벗으로 삼는다.

$$\begin{aligned} x_1 + 2x_2 - x_3 &= 1 \\ 3x_1 + 5x_2 - 5x_3 &= 1 \\ 2x_2 + x_3 &= 1 \end{aligned}$$

첫 번째 식에 (−3)을 곱하여 두 번째 식에 더한다.

$$\begin{aligned} x_1 + 2x_2 \ - x_3 &= \ \ 1 \\ -x_2 - 2x_3 &= -2 \\ 2x_2 + \ \ x_3 &= \ \ 1 \end{aligned}$$

두 번째 식에 2를 곱하여 세 번째 식에 더한다.

$$\begin{aligned} x_1 + 2x_2 \ - x_3 &= \ \ 1 \\ -x_2 - 2x_3 &= -2 \\ -3x_3 &= -3 \end{aligned}$$

따라서 $x_3 = 1$이다. 이 값을 두 번째 식에 대입하면 $x_2 = 0$이며, $x_3$과 함께 $x_2$를 첫 번째 식에 대입하면 $x_1 = 2$이다. 따라서 구하는 해는 $x_1 = 2$, $x_2 = 0$, $x_3 = 1$이다. ■

**예제 1-10** 다음 선형시스템의 해를 구해 보자.

$$\begin{aligned} x_1 + 3x_2 \ - 2x_3 + \ 5x_4 &= 4 \\ 2x_1 + 8x_2 \ \ - x_3 + \ 9x_4 &= 9 \\ 3x_1 + 5x_2 - 12x_3 + 17x_4 &= 7 \end{aligned}$$

**풀이** 가우스 소거법을 사용한다. 첫 번째 식의 $x_1$의 계수 1을 피벗으로 사용하여 두 번째 식과 세 번째 식의 $x_1$을 소거한다. 첫 번째 식에 $(-2)$를 곱하여 두 번째 식에 더한다. 그리고는 첫 번째 식에 $(-3)$을 곱하여 세 번째 식에 더한다. 그 결과 다음과 같은 식이 만들어진다.

$$\begin{aligned} x_1 + 3x_2 - 2x_3 + 5x_4 &= \ \ 4 \\ 2x_2 + 3x_3 \ - x_4 &= \ \ 1 \\ -4x_2 - 6x_3 + 2x_4 &= -5 \end{aligned}$$

여기서 두 번째 식에서 $x_2$의 계수인 2를 피벗으로 삼아 두 번째 식에 2를 곱하여 세 번째 식에 더함으로써 $x_2$를 소거한다. 그 결과 모든 변수들의 계수들이 0이 되는 식이 나온다.

$$0x_1 + 0x_2 + 0x_3 + 0x_4 = -3$$

이 결과는 각 변수에 어떤 값이 들어가더라도 모순이 된다. 따라서 더 이상의 진행은 의미가 없으며 주어진 선형시스템은 해를 가지지 않는다. ■

선형방정식의 해를 구할 경우 가우스-조단 소거법을 적용하는 것은 매우 유용하다. 그러나 일반적으로는 선형방정식을 행렬로 변환하여 해를 구하는 방법이 더욱 편리한 경우가 많다. 따라서 이와 관련된 사항들은 제4장에서 행렬에 의한 방법으로 가우스-조단 방법을 다시 다루기로 한다.

**여기서 잠깐!!** 다음과 같이 실생활에서 응용될 수 있는 선형방정식을 고려해 보자.

혜진이가 친구들과 어울려 회식을 하려고 하는데 예산은 5만 원이다. 회식 인원은 모두 7명이고, 파전은 한 개당 5,000원이며, 동동주는 한 병당 4,000원이고, 막걸리는 한 병당 2,500원이다. 안주 값과 술값의 비율을 1:1로 하고 술은 총 7병을 주문하려고 한다면 혜진이네 친구들은 예산에 맞게 어떻게 주문해야 할까?

이것을 식으로 나타내면

$$5,000 \times x_1 + 4,000 \times x_2 + 2,500 \times x_3 = 50,000$$
$$5,000 \times x_1 = 25,000$$
$$x_2 + x_3 = 7$$

이 3개의 선형방정식을 풀면 파전 5개, 동동주 5병, 막걸리 2병을 주문하면 된다.

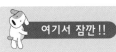

## 연습 문제 1.2

### Part 1. 진위 문제

1. 2개의 직선이 평행한 경우에도 해가 있을 수 있다.
2. 전향 소거법과 역대입법 과정을 합한 것이 가우스-조단 소거법이다.
3. 식의 가장 앞에 있는 0이 아닌 계수라면 어느 것을 피벗으로 정하더라도 효율성은 같다.
4. 선형방정식의 순서를 바꾸어서 소거를 하더라도 그 결과는 항상 같다.
5. 선형방정식을 풀기 위한 방법으로 행렬에 의한 방법도 있다.

### Part 2. 선택 문제

1. 다음 중 가우스 소거법에서 쓰이지 않은 연산은?

   (1) 한 방정식에 0이 아닌 상수를 곱한다.
   (2) 방정식들의 위치를 서로 교환한다.
   (3) 방정식끼리 계수를 서로 바꾼다
   (4) 한 방정식에 0이 아닌 상수를 곱하여 다른 방정식에 더한다.

2. 다음과 같이 주어진 선형시스템의 해가 되는 것은?

$$\begin{aligned} 2x + 3y &= 1 \\ x + \ \ y &= 3 \end{aligned}$$

   (1) 해가 없다. (2) $x = -5,\ y = 8$
   (3) $x = 8,\ y = -3$ (4) $x = 8,\ y = -5$

3. 다음과 같이 주어진 선형시스템의 해로써 맞는 것은?

$$\begin{aligned} 2x_1 - 3x_2 &= 5 \\ -4x_1 + 6x_2 &= 8 \end{aligned}$$

(1) 해가 없다.
(2) $x=5,\ y=2$
(3) $x=2,\ y=-5$
(4) $x=2,\ y=5$

4. 다음 중 틀린 것은?
(1) 전향 소거법은 조단에 의해 개발되었다.
(2) 가우스 소거법은 가우스에 의해 고안되었다.
(3) 전향 소거법과 역대입법 과정을 합하여 가우스–조단 소거법이라고 한다.
(4) 가우스–조단 소거법은 선형시스템에서 해를 구하는 방법 중의 하나이다.

5. 다음 피벗에 관한 설명 중 틀린 것은?
(1) 방정식의 계수 중 어떤 수를 선택해도 효율적이다.
(2) 소거를 하는 축으로 매우 중요하게 쓰인다
(3) 가급적 1이나 간단한 정수를 피벗으로 정하는 것이 유리하다.
(4) 어느 식의 피벗 후보가 1이 있을 경우에는 먼저 그 식과 바꾼 후에 연산을 하면 편리하다.

## Part 3. 주관식 문제

1. 다음 선형시스템의 해를 구하시오.

$$\begin{aligned} x_1 + \ \ x_2 &= -1 \\ 4x_1 - 3x_2 &= \ \ 3 \end{aligned}$$

2. 다음과 같이 주어진 선형시스템에서 해가 있을 경우 해를 구하시오.

$$\begin{aligned} x_1 - 2x_2 &= 3 \\ 2x_1 - x_2 &= 9 \end{aligned}$$

3. 다음의 선형시스템에서 가우스–조단 소거법을 이용하여 해를 구하시오.

(1) $\begin{aligned} x_1 - 2x_2 &= 5 \\ 3x_1 + x_2 &= 1 \end{aligned}$

(2) $\begin{aligned} 2x_1 + x_2 &= 8 \\ 4x_1 - 3x_2 &= 6 \end{aligned}$

4. 다음 선형시스템들의 해를 구하시오.

(1) $$\begin{aligned} 2x - 4 &= 3y \\ 5y - x &= 5 \end{aligned}$$

(2) $$\begin{aligned} 2x - 4y &= 10 \\ 3x - 6y &= 15 \end{aligned}$$

5. 다음과 같이 주어진 선형시스템에서 해를 구하시오.

(1) $$\begin{aligned} 2x + 3y &= 1 \\ 5x + 7y &= 3 \end{aligned}$$

(2) $$\begin{aligned} 4x - 2y &= 5 \\ -6x + 3y &= 1 \end{aligned}$$

6. 다음 선형시스템들의 해를 구하시오.

(1) $$\begin{aligned} x_1 + 2x_2 &= 8 \\ 3x_1 - 4x_2 &= 4 \end{aligned}$$

(2) $$\begin{aligned} 2x_1 + x_2 - 2x_3 &= -5 \\ 3x_2 + x_3 &= 7 \\ x_3 &= 4 \end{aligned}$$

7. 다음 선형시스템에서 그 해를 구하시오.

(1) $$\begin{aligned} x_1 - 3x_2 &= 2 \\ 2x_2 &= 6 \end{aligned}$$

(2) $$\begin{aligned} x_1 + x_2 + x_3 &= 8 \\ 2x_2 + x_3 &= 5 \\ 3x_3 &= 9 \end{aligned}$$

8. 가우스-조단 소거법을 이용하여 다음 선형시스템의 해를 구하시오.

$$\begin{aligned} x - 3y - 2z &= 6 \\ 2x - 4y - 3z &= 8 \\ -3x + 6y + 8z &= -5 \end{aligned}$$

9. 다음의 선형시스템을 가우스 소거법을 이용하여 해를 구하시오.

(1) $$\begin{aligned} 2x - 3y &= 32 \\ 3x + 7y &= -21 \end{aligned}$$

(2) $$\begin{aligned} 2x + y - 3z &= -5 \\ x - y + 2z &= 12 \\ 7x - 2y + 3z &= 37 \end{aligned}$$

10. 다음 선형시스템에서 가우스-조단 소거법을 이용하여 해를 구하시오.

$$\begin{aligned} 2x + 2y - z &= 1 \\ x + y - z &= 0 \\ 3x + 2y - 3z &= 1 \end{aligned}$$

11. 다음 선형시스템에서 가우스-조단 소거법을 이용하여, 만약 해가 존재한다면 모두 구하시오.

$$\begin{aligned} x_1 + x_2 + 2x_3 &= -1 \\ x_1 - 2x_2 + x_3 &= -5 \\ 3x_1 + x_2 + x_3 &= 3 \end{aligned}$$

12. 다음의 선형시스템을 가우스 소거법을 이용하여 해를 구하시오.

$$\begin{aligned} x - 4y - 2z &= 21 \\ 2x + y + 2z &= 3 \\ 3x + 2y - z &= -2 \end{aligned}$$

13. 다음의 선형시스템을 가우스 소거법을 이용하여 해를 구하시오.

(1) $$\begin{aligned} 2x + y - z &= -9 \\ 3x - 2y + 4z &= 5 \\ -2x - y + 7z &= 33 \end{aligned}$$

(2) $$\begin{aligned} 4x + 7y + 8z &= 2 \\ 5x + 8y + 13z &= 0 \\ 3x + 5y + 7z &= 1 \end{aligned}$$

14. (도전문제) 다음의 어떤 동차시스템이 비자명해를 가지는가?

(1) $$\begin{aligned} x_1 + 2x_2 + 3x_3 &= 0 \\ 2x_2 + 2x_3 &= 0 \\ x_1 + 2x_2 + 3x_3 &= 0 \end{aligned}$$

(2) $$\begin{aligned} 2x_1 + x_2 - x_3 &= 0 \\ x_1 - 2x_2 - 3x_3 &= 0 \\ -3x_1 - x_2 + 2x_3 &= 0 \end{aligned}$$

(3) $$\begin{aligned} 3x_1 + x_2 + 3x_3 &= 0 \\ -2x_1 + 2x_2 - 4x_3 &= 0 \\ 2x_1 - 3x_2 + 5x_3 &= 0 \end{aligned}$$

15. (도전문제) 다음 선형시스템의 해를 구하시오.

$$\begin{aligned} x_2 + x_3 - x_4 &= 0 \\ x_1 - x_2 + 3x_3 - x_4 &= -2 \\ x_1 + x_2 + x_3 + x_4 &= 2 \end{aligned}$$

16. (도전문제) 다음의 선형시스템을 가우스 소거법을 이용하여 해를 구하시오.

$$\begin{aligned} x_1 + x_2 + x_3 + 4x_4 &= 4 \\ 2x_1 + 3x_2 + 4x_3 + 9x_4 &= 16 \\ -2x_1 + 3x_3 - 7x_4 &= 11 \end{aligned}$$

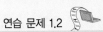

## 선형대수와 선형방정식의 생활 속의 응용

- 게임 이론 – 어떤 게임에서 자신에게 유리한 전략을 세우거나 자신의 이익을 극대화시킬 수 있는 여러 가지 경우를 선형방정식으로 세워서 풀 수 있다.

- 경영학에서 어느 기업이 어떤 재료를 얼마만큼 사용하여 어느 정도의 양을 생산하면 최대한의 이익을 얻을 수 있는지를 선형방정식을 풀어서 응용할 수 있다. 이때 가격 책정도 선형방정식의 변수로 넣어서 풀 수 있다.

- 물리학, 화학, 컴퓨터공학, 전기공학, 전자공학, 건축학, 토목학 등 여러 가지 공학을 전공하는 엔지니어들에게 선형방정식의 개념과 풀이는 기초 및 응용의 바탕이 된다.

- 수학을 전공하는 수학도에게는 수학을 탐구하는 굳건한 기초가 됨은 지극히 당연하다.

- 사회생활에서 일어나는 여러 가지 복잡한 관계에서의 의사결정에 쓰인다. 한정된 시간 내에 해야 할 일들의 중요성에 가중치를 두어서 선형방정식을 만들어서 해결한다.

- 천문학에의 응용 – 가우스는 팔라스(Pallas) 소행성을 연구하던 중 1803년부터 6년 동안 행성의 궤도를 면밀히 관찰한 결과 변수가 6개인 선형방정식을 만들었으며, 그가 개발한 가우스 소거법을 이용하여 해를 구함으로써 천문학에 크게 기여하였다.

02

CHAPTER

# 행렬

LINEAR ALGEBRA

## 개 요

제2장에서는 행렬과 관련된 전반적인 논제들을 학습한다. 먼저 행렬의 기본적인 개념과 행렬의 합과 곱을 비롯한 여러 가지 연산들의 방법론을 고찰한다. 또한 대각행렬, 항등행렬, 전치행렬 등 특수한 형태의 다양한 행렬들의 종류와 특성을 살펴보며, 행렬에 있어서의 3가지 기본 연산을 통해 응용에 편리한 행 사다리꼴로의 변형과 계수를 구하고 그 의미를 고찰한다. 마지막으로 행렬과 관련된 문제를 컴퓨터로 손쉽게 풀 수 있는 C 프로그램과 MATLAB을 통하여 본문에 있는 행렬의 합과 곱, 대각합, 계수 등의 결과를 비교하며 실습해 보고 학습한다.

CONTENTS

CHAPTER

# 02 행렬

선형방정식의 풀이는 여러 가지 공학적인 문제들의 해결에 매우 중요하다. 그러나 현실 세계에서 만나는 여러 가지 문제들은 방정식의 개수가 너무 많아서 전통적인 방법으로는 쉽게 풀 수가 없는 경우가 많다. 그런 경우에는 그 문제에 대한 해답이 존재하는지의 유무도 알기 어렵다.

이러한 문제들을 더 쉽고도 체계적으로 해결하기 위한 방법의 일환으로 행렬에 대한 연구가 시작되었다. 행렬은 선형방정식을 간단하게 표현할 수 있으며, 더 쉽게 연산을 할 수 있도록 해 준다. 행렬은 이론적으로 명쾌하며 기호적으로도 간결하기 때문에 그 응용 분야가 매우 넓으며, 수학이나 물리학, 양자역학, 공학 등에서 매우 중요한 역할을 한다.

$$\begin{bmatrix} a_1 & b_1 & c_1 \\ a_2 & b_2 & c_2 \\ a_3 & b_3 & c_3 \end{bmatrix}$$

$$M = \begin{bmatrix} 0 & 0 & \delta & 0 & 0 & 0 & 0 & \cdots \\ 0 & \varepsilon_{00} & \Delta_0 & \varepsilon_{01} & 0 & \varepsilon_{02} & 0 & \cdots \\ \delta & \Delta_0 & 0 & \Delta_1 & 0 & \Delta_2 & 0 & \cdots \\ 0 & \varepsilon_{10} & \Delta_1 & \varepsilon_{11} & m_1 & \varepsilon_{12} & 0 & \cdots \\ 0 & 0 & 0 & m_1 & 0 & 0 & 0 & \cdots \\ 0 & \varepsilon_{20} & \Delta_2 & \varepsilon_{21} & 0 & \varepsilon_{22} & m_2 & \cdots \\ 0 & 0 & 0 & 0 & 0 & m_2 & 0 & \cdots \\ \vdots & \vdots & \vdots & \vdots & \vdots & \vdots & \vdots & \ddots \end{bmatrix}$$

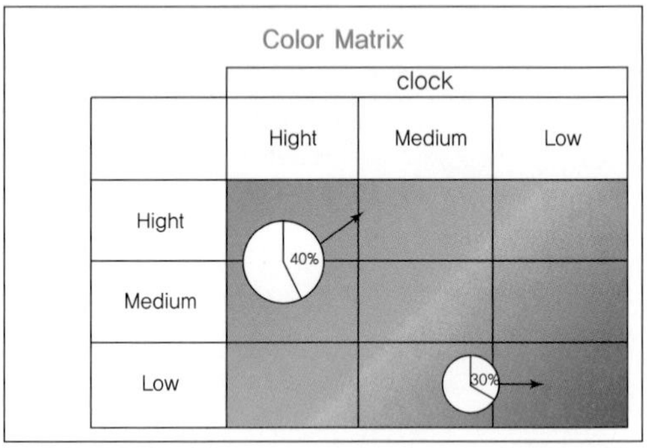


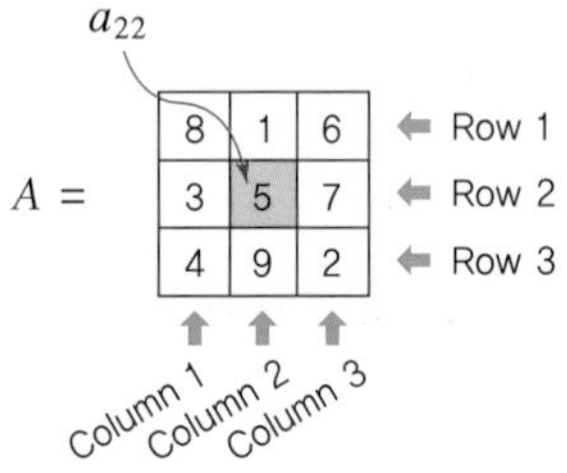

# 2.1 행렬과 행렬의 연산

## 2.1.1 행렬

행렬(matrix)은 수 또는 문자를 배열의 형태로 나타내는 것을 말하는데, 그 어원은 라틴어 Mater(어머니) + ~ix의 합성어로 모체(母體)를 의미한다. $m$, $n$을 양의 정수라고 할 때 실수들로 이루어지는 다음과 같은 배열을 행렬(matrix, 行列)이라고 부른다.

$$A=\begin{bmatrix} a_{11} & a_{12} & \cdots & a_{1n} \\ a_{21} & a_{22} & \cdots & a_{2n} \\ \vdots & \vdots & & \vdots \\ a_{i1} & a_{i2} & \cdots & a_{in} \\ \vdots & \vdots & & \vdots \\ a_{m1} & a_{m2} & \cdots & a_{mn} \end{bmatrix} \leftarrow \text{행}$$

↑ 열

$m \times n$

이 행렬을 간단하게 $A=[a_{ij}]$, $i=1, \cdots, m$, $j=1, \cdots, n$이라 적고, $m\times n$ 행렬 또는 $(m, n)$ 행렬이라고 부른다. 이 행렬은 $m$개의 행(row)과 $n$개의 열(column)을 가지고 있다. 예를 들면, 제1행은

$$[a_{11}, a_{12}, \cdots, a_{1n}] \text{ 이고,}$$

제2열은

$$\begin{bmatrix} a_{12} \\ a_{22} \\ \vdots \\ a_{m2} \end{bmatrix} \text{ 이다.}$$

$a_{ij}$를 이 행렬의 $ij$-항($ij$-entry) 또는 $ij$-성분($ij$-component)이라고 부르는데, $a_{ij}$는 위로부터 $i$번째의 행과 $j$번째의 열이 만나는 항의 값이다.

$$A = \begin{bmatrix} a_{11} & \cdots & a_{1j} & \cdots & a_{1n} \\ \vdots & & \vdots & & \vdots \\ a_{i1} & \cdots & a_{ij} & \cdots & a_{in} \\ \vdots & & \vdots & & \vdots \\ a_{m1} & \cdots & a_{mj} & \cdots & a_{mn} \end{bmatrix} \leftarrow i\text{번째 행}$$

($\downarrow$ $j$번째 열)

다음은 행렬들의 크기를 나타내는데

$A = \begin{bmatrix} 1 \\ -2 \\ 3 \end{bmatrix}$는 $3 \times 1$ 행렬이고, $B = \begin{bmatrix} 1 & 2 \\ 3 & 4 \\ 5 & 6 \end{bmatrix}$는 $3 \times 2$ 행렬이며,

$C = \begin{bmatrix} 1 & -2 \\ 3 & -6 \\ 7 & -1 \\ 4 & 5 \end{bmatrix}$는 $4 \times 2$ 행렬이다.

**예제 ❷-1** 다음의 행렬 $A$가 $2 \times 3$ 행렬임을 알아보자.

$$A = \begin{bmatrix} 1 & 1 & -2 \\ -1 & 4 & -5 \end{bmatrix}$$

**풀이** 이 행렬은 2개의 행과 3개의 열을 가진다. 행은 $[1, 1, -2]$, $[-1, 4, -5]$이고, 열은

$\begin{bmatrix} 1 \\ -1 \end{bmatrix}, \begin{bmatrix} 1 \\ 4 \end{bmatrix}, \begin{bmatrix} -2 \\ -5 \end{bmatrix}$이다. ■

이와 같이 행렬의 각 행은 가로의 $n$ 순서쌍으로 볼 수 있고, 각 열은 세로의 $m$ 순서쌍으로 볼 수 있다. 가로의 $n$ 순서쌍을 행벡터(row vector), 세로의 $m$ 순서쌍을 열벡터(column vector)라고도 부른다.

여기서 행벡터 $[x_1, \cdots, x_n]$은 $1 \times n$ 행렬이고, 열벡터

$$\begin{bmatrix} x_1 \\ \vdots \\ x_m \end{bmatrix}$$

은 $m \times 1$ 행렬이다.

**정의 ❷-1** 행렬 $A=[a_{ij}]$, $i=1, \cdots, m$, $j=1, \cdots, n$에 대해 만일 $m=n$인 경우, 즉 행의 개수와 열의 개수가 같은 경우인 $A_{n \times n}$일 때, 이를 정방행렬(square matrix)이라고 한다. 예를 들면,

$$\underset{2\times2}{\begin{bmatrix} 1 & 2 \\ -1 & 0 \end{bmatrix}}, \quad \underset{3\times3}{\begin{bmatrix} 1 & -1 & 5 \\ 2 & 6 & -1 \\ 3 & 1 & -1 \end{bmatrix}}, \quad \underset{4\times4}{\begin{bmatrix} 3 & 1 & 2 & -1 \\ 1 & 2 & 1 & 0 \\ -1 & -4 & 1 & -2 \\ 1 & -2 & 5 & -4 \end{bmatrix}}$$

은 모두 정방행렬이다.

$n$개의 행과 $n$개의 열을 가지는 행렬을 $n$차 정방행렬(square matrix of order n)이라고도 하는데, 색깔로 표시된 부분의 성분 $a_{11}, a_{22}, \cdots, a_{nn}$은 A의 주대각선(main diagonal)상에 있다고 한다.

$$\begin{bmatrix} a_{11} & a_{12} & \cdots & a_{1n} \\ a_{21} & a_{22} & \cdots & a_{2n} \\ \vdots & \vdots & & \vdots \\ a_{n1} & a_{n2} & \cdots & a_{nn} \end{bmatrix}$$

케일리(Arthur Cayley, 1821~1895)

행렬의 개념을 최초로 확립한 케일리는 1821년 영국에서 태어나 케임브리지의 트리니티 칼리지에서 수학에 뛰어난 재능을 보였다. 그는 변호사 일을 하면서도 수학 연구에 많은 시간과 애정을 보였고, 변호사를 그만둔 이후에는 수학 연구에 온갖 열정을 바쳤다. 그 결과 케일리는 수학의 역사상 오일러와 코시에 이어 세 번째로 많은 양의 수학 저술을 남겼는데, 변호사 일을 하는 동안에도 200에서 300편의 논문을 썼고 그 후에는 더 많은 양의 책을 저술하였다.

### 2.1.2 행렬의 합과 스칼라 곱

행렬 간의 합(덧셈)과 행렬의 스칼라 곱을 정의한다. 먼저 행렬의 합은 그들이 같은 크기의 행렬일 때에 한해 정의된다. 즉, $m$, $n$이 양의 정수라 하고 $A=[a_{ij}]$와 $B=[b_{ij}]$가 모두 $m\times n$ 행렬이라고 할 때, 행렬의 합 $A+B$는 $ij$-성분이 $a_{ij}+b_{ij}$인 행렬로 정의한다. 다시 말하면 행렬의 합이란 같은 크기의 행렬을 각각의 성분끼리 더하는 것이다.

이것을 일반적인 행렬 간의 표현으로 나타내면 다음과 같다. $A$ 행렬과 $B$ 행렬이 각각 다음과 같을 때 그들의 합은 각 항들을 각각 더한 결과의 행렬이 된다.

$$A=\begin{bmatrix} a_{11} & a_{12} & \cdots & a_{1n} \\ a_{21} & a_{22} & \cdots & a_{2n} \\ \vdots & \vdots & & \vdots \\ a_{i1} & a_{i2} & \cdots & a_{in} \\ \vdots & \vdots & & \vdots \\ a_{m1} & a_{m2} & \cdots & a_{mn} \end{bmatrix}$$

$$B=\begin{bmatrix} b_{11} & b_{12} & \cdots & b_{1n} \\ b_{21} & b_{22} & \cdots & b_{2n} \\ \vdots & \vdots & & \vdots \\ b_{i1} & b_{i2} & \cdots & b_{in} \\ \vdots & \vdots & & \vdots \\ b_{m1} & b_{m2} & \cdots & b_{mn} \end{bmatrix}$$

$$A+B=\begin{bmatrix} a_{11}+b_{11} & a_{12}+b_{12} & \cdots & a_{1n}+b_{1n} \\ a_{21}+b_{21} & a_{22}+b_{22} & \cdots & a_{2n}+b_{2n} \\ \vdots & \vdots & & \vdots \\ a_{i1}+b_{i1} & a_{i2}+b_{i2} & \cdots & a_{in}+b_{in} \\ \vdots & \vdots & & \vdots \\ a_{m1}+b_{m1} & a_{m2}+b_{m2} & \cdots & a_{mn}+b_{mn} \end{bmatrix}$$

C program, MATLAB

**예제 ❷-2** $A=\begin{bmatrix} 3 & -1 \\ 2 & 4 \end{bmatrix}$, $B=\begin{bmatrix} 2 & 1 \\ -3 & 2 \end{bmatrix}$일 때 $A+B$를 구해 보자.

**풀이** $$A+B=\begin{bmatrix} 3+2 & (-1)+1 \\ 2+(-3) & 4+2 \end{bmatrix}=\begin{bmatrix} 5 & 0 \\ -1 & 6 \end{bmatrix}$$

이 된다.

또한 $A=\begin{bmatrix} 3 & -1 & -5 \\ 2 & 3 & 4 \end{bmatrix}$, $B=\begin{bmatrix} 5 & 1 & -1 \\ 2 & 1 & -1 \end{bmatrix}$이라 하면

$$A+B=\begin{bmatrix}3+5 & (-1)+1 & (-5)+(-1)\\ 2+2 & 3+1 & 4+(-1)\end{bmatrix}=\begin{bmatrix}8 & 0 & -6\\ 4 & 4 & 3\end{bmatrix}$$

이 된다. ■

**여기서 잠깐!!** [C program, MATLAB], [C program], [MATLAB]이라고 적힌 것은 각 장의 끝 부분에 C program과 MATLAB을 이용한 풀이가 있다는 의미인데, 해당 부분에서 실제로 실행하여 비교해 보면 좋을 것이다.

C program, MATLAB

**예제 ❷-3** 다음 두 행렬 $A$, $B$의 합을 구해 보자.

$$A=\begin{bmatrix}3 & -1 & 3\\ 0 & 4 & 6\\ 2 & 7 & -5\end{bmatrix},\quad B=\begin{bmatrix}0 & -2 & -4\\ 1 & 6 & -2\\ 1 & -1 & 2\end{bmatrix}$$

**풀이** 해당하는 항들을 각각 더한다.

$$A+B=\begin{bmatrix}3+0 & (-1)+(-2) & 3+(-4)\\ 0+1 & 4+6 & 6+(-2)\\ 2+1 & 7+(-1) & (-5)+2\end{bmatrix}$$
$$=\begin{bmatrix}3 & -3 & -1\\ 1 & 10 & 4\\ 3 & 6 & -3\end{bmatrix}$$

이 된다. ■

**정의 ❷-2** 행렬의 차(뺄셈)는 다음과 같이 정의될 수 있다. $A$와 $B$가 모두 $m\times n$ 행렬일 때 $A-B$ 또는 $A+(-1)B$라고 쓰고 $A$에서 $B$를 뺀 차(difference)라고 한다.

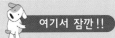

실생활에서 행렬로 표현하는 것이 있나요?
네, 매우 많아요. 예를 들면, 세 학생의 4과목에 대한 성적을 행렬로 나타낼 수 있지요.
물건의 가격과 개수도 행렬로 나타내어 그 곱을 구하면 총액이 나오겠네요.

| 과목 / 이름 | 국어 | 수학 | 영어 | 과학 |
|---|---|---|---|---|
| 윤아 | 92 | 78 | 95 | 91 |
| 택연 | 80 | 88 | 82 | 78 |
| 소희 | 90 | 75 | 90 | 87 |

**정의 ❷-3** 행렬의 스칼라 곱은 다음과 같이 정의된다. $k$가 실수 값이고, $A = [a_{ij}]$를 임의의 행렬이라고 할 때, $kA$는 $ij$-성분이 $ka_{ij}$인 행렬로 정의되므로 $kA = [ka_{ij}]$이다.

즉, 행렬 $A$에다 스칼라 값 $k$를 곱했을 때 $k \cdot A$는 행렬 $A$의 각 항에다 $k$를 곱함으로써 얻어지므로 다음과 같은 행렬로 표현할 수 있다.

$$kA = \begin{bmatrix} ka_{11} & ka_{12} & \cdots & ka_{1n} \\ ka_{21} & ka_{22} & \cdots & ka_{2n} \\ \vdots & \vdots & \cdots & \vdots \\ ka_{m1} & ka_{m2} & \cdots & ka_{mn} \end{bmatrix}$$

**여기서 잠깐!!** 행렬의 뺄셈은 행렬의 덧셈의 역원을 더하는 것이다. 즉, $A - B$는 $A + (-B)$이다. 또한 행렬의 스칼라 곱은 행렬의 모든 성분에다 상수 $k$를 각각 곱한 것이다.

**예제 ❷-4** 행렬 $A$, $B$가 다음과 같을 때 스칼라 곱을 구해 보자.

$$A=\begin{bmatrix}1 & -1 & 4\\ -2 & 3 & 2\end{bmatrix},\quad B=\begin{bmatrix}3 & 1 & -1\\ -2 & 0 & 2\end{bmatrix}$$

**풀이** 스칼라 값 $c$, $d$를 각각 $c=2$, $d=-3$이라고 하면

$$cA=2A=\begin{bmatrix}2 & -2 & 8\\ -4 & 6 & 4\end{bmatrix}$$

$$dB=-3B=\begin{bmatrix}-9 & -3 & 3\\ 6 & 0 & -6\end{bmatrix}$$

이다. 또한

$$(-1)A=-A=\begin{bmatrix}-1 & 1 & -4\\ 2 & -3 & -2\end{bmatrix}$$

이다. ■

**예제 ❷-5** $A=\begin{bmatrix}1 & -2 & 3\\ 0 & 4 & 5\end{bmatrix}$이고 $B=\begin{bmatrix}4 & 6 & 8\\ 1 & -3 & -7\end{bmatrix}$일 때 $2A-3B$를 구해 보자.

**풀이** $$2A-3B=\begin{bmatrix}2 & -4 & 6\\ 0 & 8 & 10\end{bmatrix}+\begin{bmatrix}-12 & -18 & -24\\ -3 & 9 & 21\end{bmatrix}$$

$$=\begin{bmatrix}-10 & -22 & -18\\ -3 & 17 & 31\end{bmatrix}$$

이다. ■

**정의 ❷-4** 두 개의 $m\times n$ 행렬 $A=[a_{ij}]$와 $B=[b_{ij}]$에서 만약 대응하는 항들이 동일하다면, 즉 $i=1, 2, \cdots, m,\ j=1, 2, \cdots, n$인 경우 $a_{ij}=b_{ij}$라면 상등(equal)하다고 한다.

**예제 ❷-6** 다음의 행렬 관계가 주어졌을 때 $x$, $y$, $z$, $t$의 값을 구해 보자.

$$3\begin{bmatrix} x & y \\ z & t \end{bmatrix} = \begin{bmatrix} x & 6 \\ -1 & 2t \end{bmatrix} + \begin{bmatrix} 4 & x+y \\ z+t & 3 \end{bmatrix}$$

**풀이** 왼쪽과 오른쪽의 식을 정리하면

$$\begin{bmatrix} 3x & 3y \\ 3z & 3t \end{bmatrix} = \begin{bmatrix} x+4 & x+y+6 \\ z+t-1 & 2t+3 \end{bmatrix}$$

대응하는 항들을 같게 놓고 나면 다음과 같은 식을 얻을 수 있다.

$$3x = x+4,\ 3y = x+y+6,\ 3z = z+t-1,\ 3t = 2t+3$$

이것을 풀면

$$2x = 4,\ 2y = x+6,\ 2z = t-1,\ t = 3$$

따라서

$$x = 2, y = 4,\ z = 1,\ t = 3$$

이라는 값을 얻는다. ■

**정리 ❷-1** 행렬의 합과 스칼라 곱은 같은 크기의 행렬 $A$, $B$, $C$와 어떤 상수 $c$, $d$가 주어졌을 때 다음과 같은 연산법칙들을 만족한다. 여기서 $\boldsymbol{O}$은 모든 항들이 0인 영행렬이다.

(1) $A+B=B+A$ (덧셈의 교환법칙)

(2) $(A+B)+C=A+(B+C)$ (덧셈의 결합법칙)

(3) $A+\boldsymbol{O}=\boldsymbol{O}+A$ (덧셈의 항등법칙)

(4) $A+(-A)=(-A)+A=\boldsymbol{O}$ (덧셈의 역원)

(5) $c(A+B)=cA+cB$ (스칼라 곱의 배분법칙)

(6) $(c+d)A=cA+dA$ (스칼라 곱의 배분법칙)

**증명** (1) 행렬의 합의 정의에 의하여 $A+B$와 $B+A$는 둘 다 $m\times n$ 행렬이다. 모든 $(i, j)$에 대해

$$[A+B]_{ij}=[A]_{ij}+[B]_{ij}=[B]_{ij}+[A]_{ij}=[B+A]_{ij}$$

따라서 $A+B=B+A$이다.

(2) 같은 맥락으로 $A+(B+C)$와 $(A+B)+C$는 둘 다 $m\times n$ 행렬이다. 모든 $(i, j)$에 대해

$$\begin{aligned}[A+(B+C)]_{ij}&=A_{ij}+[B+C]_{ij}\\&=A_{ij}+(B_{ij}+C_{ij})\\&=(A_{ij}+B_{ij})+C_{ij}\\&=[A+B]_{ij}+C_{ij}\\&=[(A+B)+C]_{ij}\end{aligned}$$

따라서 행렬의 덧셈에 대하여 결합법칙이 성립한다. ■

**여기서 잠깐!!** 행렬에서는 덧셈에서의 교환법칙, 결합법칙 및 스칼라 곱에 대한 배분법칙이 성립하며, 덧셈에 대한 항등법칙도 성립한다.

### 2.1.3 행렬의 곱

**정의 ❷-5** $A=[a_{ij}]$가 $m\times n$ 행렬이고, $B=[b_{ij}]$가 $n\times p$ 크기의 행렬일 때 행렬 $A$와 $B$의 행렬의 곱(multiplication)은 $AB=C=[c_{ij}]$로써 다음과 같이 정의되는 $m\times p$ 행렬이 된다.

$$c_{ij}=\sum_{k=1}^{n} a_{ik}b_{kj}=a_{i1}b_{1j}+a_{i2}b_{2j}+\cdots+a_{in}b_{nj}$$

$$i=1, 2, \cdots, m$$

$$j=1, 2, \cdots, p$$

여기서 주목할 점은 $AB$는 $A$의 열의 숫자가 $B$의 행의 숫자와 같을 경우에만 정의된다는 점이다. 또한 $C$의 $(i, j)$항들은 $A$의 $i$번째 행과 $B$의 $j$번째 열을 곱한 합으로부터 만들어진다는 점에 유의한다.

$$AB=\underset{m\times n}{\begin{bmatrix} a_{11} & a_{12} & \cdots & a_{1n} \\ a_{21} & a_{22} & \cdots & a_{2n} \\ \vdots & \vdots & & \vdots \\ a_{i1} & a_{i2} & \cdots & a_{in} \\ \vdots & \vdots & & \vdots \\ a_{m1} & a_{m2} & \cdots & a_{mn} \end{bmatrix}} \underset{n\times p}{\begin{bmatrix} b_{11} & b_{12} & \cdots & b_{1j} & \cdots & b_{1q} \\ b_{21} & b_{22} & \cdots & b_{2j} & \cdots & b_{2q} \\ \vdots & \vdots & & \vdots & & \vdots \\ b_{n1} & b_{n2} & \cdots & b_{nj} & \cdots & b_{nq} \end{bmatrix}}$$

$$=\underset{m\times p}{\begin{bmatrix} c_{11} & c_{12} & \cdots & c_{1p} \\ c_{21} & c_{22} & \cdots & c_{2p} \\ \vdots & \vdots & c_{ij} & \vdots \\ c_{m1} & c_{m2} & \cdots & c_{mp} \end{bmatrix}}=C$$

두 행렬의 곱 $AB$가 정의되기 위해서는 $A$의 열의 개수와 $B$의 행의 개수가 같아야 하는데, 만약 이 조건이 만족되지 않으면 두 행렬 사이의 곱은 정의되지 않는다. 두 행렬의 곱이 정의될 수 있는지를 판정하는 편리한 방법은 〈그림 2.1〉과 같다. 즉, 내측에 있는 수가 서로 같으면 곱이 정의되고 외측에 있는 두 수는 새롭게 만들어진 행렬의 크기로 볼 수 있다.

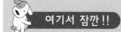

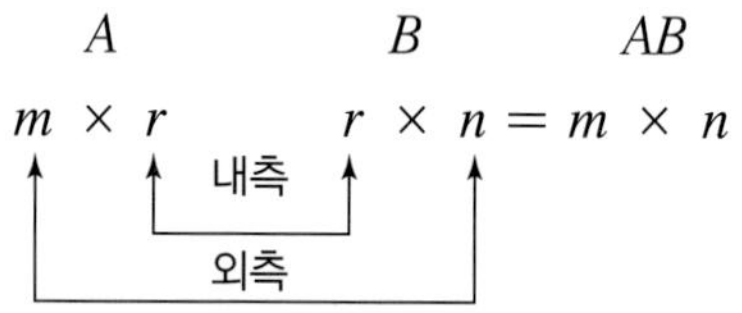


〈그림 2.1〉 행렬의 곱의 크기

**여기서 잠깐!!** 두 행렬의 곱은 반드시 행과 열의 조건이 맞아야 한다. $A$가 $2\times3$ 행렬이고 $B$가 $3\times4$ 행렬일 경우에는 결과가 $2\times4$ 행렬로 가능하지만, $A$가 $4\times4$ 헹렬이고 $B$가 $3\times3$ 행렬인 경우에는 곱셈이 불가능하다. 즉, 중간의 숫자가 일치할 때만 행렬의 곱이 정의될 수 있으며, 그 결과는 제일 앞의 숫자와 제일 뒤의 숫자로 나타난다.

**예제 ❷-7** 다음 행렬 $A$, $B$의 곱셈이 정의되는지를 판별하고 곱셈이 가능하다면 그 값을 구해 보자.

$$A=\begin{bmatrix}-4 & 2\\ 1 & 6\\ 0 & 1\end{bmatrix},\quad B=\begin{bmatrix}3\\ -2\\ 7\end{bmatrix}$$

**풀이** 앞의 행렬은 $3\times2$ 행렬이고, 뒤의 행렬은 $3\times1$ 행렬이다. 따라서 내측의 2와 3이 다르기 때문에 행렬의 곱이 성립될 수 없다. ■

**예제 ❷-8** 두 행렬이 각각 다음과 같은 크기의 행렬이라고 할 때, 두 행렬의 곱이 나올 수 있는 행렬의 크기를 각각 구해 보자.

(1) $(2\times3)(3\times4)$　　(2) $(1\times2)(3\times1)$

(3) $(4 \times 4)(3 \times 3)$ (4) $(4 \times 1)(1 \times 2)$

(5) $(5 \times 2)(2 \times 3)$ (6) $(2 \times 2)(2 \times 4)$

**풀이** 중간의 숫자가 일치할 때 행렬의 곱이 정의될 수 있으며, 그 결과는 제일 앞의 숫자와 제일 뒤의 숫자로 나타난다. 따라서 그 결과는 다음과 같다.

(1) $2 \times 4$ (2) 정의될 수 없다.

(3) 정의될 수 없다. (4) $4 \times 2$

(5) $5 \times 3$ (6) $2 \times 4$ ■

C program, MATLAB

**예제 2-9** 행렬 $A$와 행렬 $B$가 다음과 같이 주어졌을 때, 행렬의 곱 $AB$의 두 번째 행의 값을 구해 보자.

$$A = \begin{bmatrix} 2 & 4 & -1 \\ -1 & 3 & 3 \\ 4 & -2 & 1 \\ -3 & 0 & 2 \end{bmatrix}, \quad B = \begin{bmatrix} 4 & -2 \\ -2 & 1 \\ 3 & -1 \end{bmatrix}$$

**풀이** $A$는 $4 \times 3$ 행렬이고 $B$는 $3 \times 2$ 행렬이므로 곱 $AB$는 $4 \times 2$ 행렬이 된다. 행렬 간 곱셈의 행과 열의 규칙에 따라 행렬 곱의 2행의 항들은 $A$의 2행과 $B$의 열들의 곱으로부터 다음과 같이 계산될 수 있다.

$$\rightarrow \begin{bmatrix} 2 & 4 & -1 \\ -1 & 3 & 3 \\ 4 & -2 & 1 \\ -3 & 0 & 2 \end{bmatrix} \begin{bmatrix} 4 & -2 \\ -2 & 1 \\ 3 & -1 \end{bmatrix}$$

$$= \begin{bmatrix} \square & \square \\ -4-6+9 & 2+3-3 \\ \square & \square \\ \square & \square \end{bmatrix} = \begin{bmatrix} \square & \square \\ -1 & 2 \\ \square & \square \\ \square & \square \end{bmatrix}$$

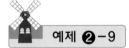

이와 같은 방법으로 나머지 행들의 값들을 구하면

$$\begin{bmatrix} -3 & 1 \\ -1 & 2 \\ 23 & -11 \\ -6 & 4 \end{bmatrix}$$

이 된다. ■

C program, MATLAB

**예제 ❷-10** 행렬 $A$, $B$, $C$가 다음과 같이 주어졌을 때, $AB$와 $AC$를 구해 보자.

$$A = \begin{bmatrix} 1 & 1 & 0 \\ 2 & 0 & 1 \end{bmatrix}, \quad B = \begin{bmatrix} 2 & 0 \\ 0 & 1 \\ 1 & 3 \end{bmatrix}, \quad C = \begin{bmatrix} 1 & -2 \\ -1 & 2 \\ -2 & 4 \end{bmatrix}$$

**풀이** (1) $AB = \begin{bmatrix} 1 & 1 & 0 \\ 2 & 0 & 1 \end{bmatrix} \begin{bmatrix} 2 & 0 \\ 0 & 1 \\ 1 & 3 \end{bmatrix} = \begin{bmatrix} \text{row1} \times \text{col1} & \text{row1} \times \text{col2} \\ \text{row2} \times \text{col1} & \text{row2} \times \text{col2} \end{bmatrix}$

$$= \begin{bmatrix} (1)(2)+(1)(0)+(0)(1) & (1)(0)+(1)(1)+(0)(3) \\ (2)(2)+(0)(0)+(1)(1) & (2)(0)+(0)(1)+(1)(3) \end{bmatrix} = \begin{bmatrix} 2 & 1 \\ 5 & 3 \end{bmatrix}$$

(2) $AC = \begin{bmatrix} 1 & 1 & 0 \\ 2 & 0 & 1 \end{bmatrix} \begin{bmatrix} 1 & -2 \\ -1 & 2 \\ -2 & 4 \end{bmatrix} = \begin{bmatrix} 0 & 0 \\ 0 & 0 \end{bmatrix}$ ■

**예제 ❷-11** 다음 행렬의 곱을 구해 보자.

(1) $\begin{bmatrix} 1 & 2 & -1 \\ 0 & -5 & 3 \end{bmatrix}\begin{bmatrix} 4 \\ 3 \\ 7 \end{bmatrix}$  (2) $\begin{bmatrix} 2 & -3 \\ 8 & 0 \\ -5 & 2 \end{bmatrix}\begin{bmatrix} 4 \\ 7 \end{bmatrix}$

(3) $\begin{bmatrix} 1 & 2 & -1 \\ 3 & 1 & 4 \end{bmatrix}\begin{bmatrix} -2 & 5 \\ 4 & -3 \\ 2 & 1 \end{bmatrix}$  (4) $\begin{bmatrix} 1 & 0 & 0 \\ 0 & 1 & 0 \\ 0 & 0 & 1 \end{bmatrix}\begin{bmatrix} r \\ s \\ t \end{bmatrix}$

**풀이** 행과 열의 곱에 따라 두 행렬의 곱의 결과는 다음과 같다.

(1) $$\begin{bmatrix} 1 & 2 & -1 \\ 0 & -5 & 3 \end{bmatrix}\begin{bmatrix} 4 \\ 3 \\ 7 \end{bmatrix} = \begin{bmatrix} 1\cdot 4 + 2\cdot 3 + (-1)\cdot 7 \\ 0\cdot 4 + (-5)\cdot 3 + 3\cdot 7 \end{bmatrix} = \begin{bmatrix} 3 \\ 6 \end{bmatrix}$$

(2) $$\begin{bmatrix} 2 & -3 \\ 8 & 0 \\ -5 & 2 \end{bmatrix}\begin{bmatrix} 4 \\ 7 \end{bmatrix} = \begin{bmatrix} 2\cdot 4 + (-3)\cdot 7 \\ 8\cdot 4 + 0\cdot 7 \\ (-5)\cdot 4 + 2\cdot 7 \end{bmatrix} = \begin{bmatrix} -13 \\ 32 \\ -6 \end{bmatrix}$$

(3) $$\begin{bmatrix} 1 & 2 & -1 \\ 3 & 1 & 4 \end{bmatrix}\begin{bmatrix} -2 & 5 \\ 4 & -3 \\ 2 & 1 \end{bmatrix} =$$

$$\begin{bmatrix} 1\cdot(-2) + 2\cdot 4 + (-1)\cdot 2 & 1\cdot 5 + 2\cdot(-3) + (-1)\cdot 1 \\ 3\cdot(-2) + 1\cdot 4 + 4\cdot 2 & 3\cdot 5 + 1\cdot(-3) + 4\cdot 1 \end{bmatrix}$$

$$= \begin{bmatrix} 4 & -2 \\ 6 & 16 \end{bmatrix}$$

(4) $$\begin{bmatrix} 1 & 0 & 0 \\ 0 & 1 & 0 \\ 0 & 0 & 1 \end{bmatrix}\begin{bmatrix} r \\ s \\ t \end{bmatrix} = \begin{bmatrix} 1\cdot r + 0\cdot s + 0\cdot t \\ 0\cdot r + 1\cdot s + 0\cdot t \\ 0\cdot r + 0\cdot s + 1\cdot t \end{bmatrix} = \begin{bmatrix} r \\ s \\ t \end{bmatrix}$$ ■

C program, MATLAB

**예제 ❷-12** 다음의 두 행렬 $A$, $B$가 주어졌을 때, 이 행렬들의 곱셈에서는 교환법칙이 성립하지 않음을 살펴보자. 즉, $AB \neq BA$임을 보인다.

$$A = \begin{bmatrix} 5 & 1 \\ 3 & -2 \end{bmatrix}, \quad B = \begin{bmatrix} 2 & 0 \\ 4 & 3 \end{bmatrix}$$

**풀이** $AB$와 $BA$의 값이 서로 다르다는 것을 보인다.

$$AB = \begin{bmatrix} 5 & 1 \\ 3 & -2 \end{bmatrix}\begin{bmatrix} 2 & 0 \\ 4 & 3 \end{bmatrix} = \begin{bmatrix} 14 & 3 \\ -2 & -6 \end{bmatrix}$$
$$BA = \begin{bmatrix} 2 & 0 \\ 4 & 3 \end{bmatrix}\begin{bmatrix} 5 & 1 \\ 3 & -2 \end{bmatrix} = \begin{bmatrix} 10 & 2 \\ 29 & -2 \end{bmatrix}$$

따라서 $AB \neq BA$이다. ■

위의 예에서 보듯이 행렬의 곱셈에서는 일반적으로 교환법칙이 성립되지 않는다는 것을 알 수 있다.

**여기서 잠깐!!** 행렬에서 덧셈의 교환법칙은 성립한다. 즉, $A+B=B+A$이다. 그러나 곱셈에서는 교환법칙이 일반적으로 성립되지 않는다. 예를 들어,

$$AB = \begin{bmatrix} 1 & 0 \\ 1 & 0 \end{bmatrix}\begin{bmatrix} 0 & 0 \\ 1 & 1 \end{bmatrix} = \begin{bmatrix} 0 & 0 \\ 0 & 0 \end{bmatrix}$$
$$BA = \begin{bmatrix} 0 & 0 \\ 1 & 1 \end{bmatrix}\begin{bmatrix} 1 & 0 \\ 1 & 0 \end{bmatrix} = \begin{bmatrix} 0 & 0 \\ 2 & 0 \end{bmatrix}$$

이다.

따라서 $\begin{bmatrix} 0 & 0 \\ 0 & 0 \end{bmatrix} \neq \begin{bmatrix} 0 & 0 \\ 2 & 0 \end{bmatrix}$ 이므로 $AB \neq BA$이다.

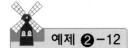

**예제 ❷-13** $\begin{bmatrix} 6 & 5 \\ -4 & -3 \\ 7 & 6 \end{bmatrix}\begin{bmatrix} 2 \\ -3 \end{bmatrix}$의 값을 구하는 방법은 2가지가 있음을 예를 들어 살펴보자.

(1) 앞의 곱셈 방법으로 풀면 다음과 같다.

$$\begin{bmatrix} 6 & 5 \\ -4 & -3 \\ 7 & 6 \end{bmatrix}\begin{bmatrix} 2 \\ -3 \end{bmatrix} = \begin{bmatrix} 6\cdot 2 + 5\cdot(-3) \\ (-4)\cdot 2 + (-3)\cdot(-3) \\ 7\cdot 2 + 6\cdot(-3) \end{bmatrix} = \begin{bmatrix} -3 \\ 1 \\ -4 \end{bmatrix}$$

(2) 다른 방법은 다음과 같이 풀 수 있으며, 그 결과는 항상 같다.

$$\begin{bmatrix} 6 & 5 \\ -4 & -3 \\ 7 & 6 \end{bmatrix}\begin{bmatrix} 2 \\ -3 \end{bmatrix} = 2\begin{bmatrix} 6 \\ -4 \\ 7 \end{bmatrix} - 3\begin{bmatrix} 5 \\ -3 \\ 6 \end{bmatrix} = \begin{bmatrix} 12 \\ -8 \\ 14 \end{bmatrix} + \begin{bmatrix} -15 \\ 9 \\ -18 \end{bmatrix} = \begin{bmatrix} -3 \\ 1 \\ -4 \end{bmatrix}$$ ■

**정리 ❷-2** $A$가 $m \times n$ 행렬이고, $B$와 $C$는 행렬의 합과 곱에서 정의된 크기를 만족한다고 가정하고 $k$가 어떤 스칼라 값일 때 다음의 식들이 성립한다.

(1) $A(BC) = (AB)C$ (곱셈의 결합법칙)

(2) $A(B+C) = AB + AC$ (왼쪽 배분법칙)

(3) $(B+C)A = BA + CA$ (오른쪽 배분법칙)

(4) $k(AB) = (kA)B = A(kB)$ (스칼라 곱)

(5) $I_n A = A = AI_n$ (행렬 곱셈의 항등식)

**여기서 잠깐!!** 집합에서나 행렬의 덧셈에서도 결합법칙과 배분법칙이 성립하고, 행렬의 곱셈에서도 결합법칙과 배분법칙이 성립한다. 그러나 행렬의 곱셈에서의 교환법칙은 성립하지 않는다.

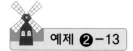

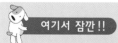

**예제 ❷-14** 다음 행렬에 대하여 곱셈에 관한 결합법칙이 성립하는지를 알아보자.

$$A=\begin{bmatrix}-1 & 3\\ 4 & -2\\ 5 & 0\end{bmatrix},\ B=\begin{bmatrix}-3 & 2\\ -4 & 1\end{bmatrix},\ C=\begin{bmatrix}1 & 0\\ 2 & 3\end{bmatrix}$$

**풀이** 행렬 간의 곱셈에서의 결합법칙이 성립하는 것을 보이기 위해 $(AB)C=A(BC)$임을 보인다.

$$AB=\begin{bmatrix}-1 & 3\\ 4 & -2\\ 5 & 0\end{bmatrix}\begin{bmatrix}-3 & 2\\ -4 & 1\end{bmatrix}=\begin{bmatrix}-9 & 1\\ -4 & 6\\ -15 & 10\end{bmatrix}$$ 이므로

$$(AB)C=\begin{bmatrix}-9 & 1\\ -4 & 6\\ -15 & 10\end{bmatrix}\begin{bmatrix}1 & 0\\ 2 & 3\end{bmatrix}=\begin{bmatrix}-7 & 3\\ 8 & 18\\ 5 & 30\end{bmatrix}$$ 이다.

또한

$$BC=\begin{bmatrix}-3 & 2\\ -4 & 1\end{bmatrix}\begin{bmatrix}1 & 0\\ 2 & 3\end{bmatrix}=\begin{bmatrix}1 & 6\\ -2 & 3\end{bmatrix}$$ 이므로

$$A(BC)=\begin{bmatrix}-1 & 3\\ 4 & -2\\ 5 & 0\end{bmatrix}\begin{bmatrix}1 & 6\\ -2 & 3\end{bmatrix}=\begin{bmatrix}-7 & 3\\ 8 & 18\\ 5 & 30\end{bmatrix}$$ 이 된다.

따라서 $(AB)C=A(BC)$이다. 그러므로 곱셈에서의 결합법칙이 성립한다. ■

**정의 ❷-6** $A$가 $n \times n$ 행렬이고 $k$가 양의 정수라고 할 때 $A^k$은 $A$를 $k$번 곱하는 것이다. 즉, $A^k = \underbrace{A \cdots A}_{k}$를 행렬의 거듭제곱(Powers of a Matrix)이라고 한다.

$$A^0 = I \qquad A^k = A^{k-1} \cdot A$$

여기서 $I$는 항등행렬인데, 주대각선의 항들은 모두 1이고 나머지는 모두 0인 정방행렬을 의미한다(p.81, 정의 ❷-10 참조).

**예제 ❷-15** 다음의 행렬 $A$가 주어졌을 때, 그것의 거듭제곱을 구해 보자.

$$A = \begin{bmatrix} 1 & 1 \\ 1 & 1 \end{bmatrix}$$

**풀이** $A^2 = \begin{bmatrix} 1 & 1 \\ 1 & 1 \end{bmatrix}\begin{bmatrix} 1 & 1 \\ 1 & 1 \end{bmatrix} = \begin{bmatrix} 2 & 2 \\ 2 & 2 \end{bmatrix}$ 이고

$A^3 = AAA = AA^2 = \begin{bmatrix} 1 & 1 \\ 1 & 1 \end{bmatrix}\begin{bmatrix} 2 & 2 \\ 2 & 2 \end{bmatrix} = \begin{bmatrix} 4 & 4 \\ 4 & 4 \end{bmatrix}$ 이다.

일반적인 해는 다음과 같다.

$$A^n = \begin{bmatrix} 2^{n-1} & 2^{n-1} \\ 2^{n-1} & 2^{n-1} \end{bmatrix}$$ ■

**예제 ❷-16** $A=\begin{bmatrix}1 & 2\\3 & 4\end{bmatrix}$이고 $B=\begin{bmatrix}5 & 6\\7 & 8\end{bmatrix}$일 때, $4A+2X=B$를 만족하는 행렬 $X$를 구해 보자.

**풀이** 방정식에서 $2X$에 관하여 정리하여 그 값을 구하고, 관계식으로부터 $X$의 값을 구할 수 있다.

$$\begin{aligned}2X &= -4A+B=-4\begin{bmatrix}1 & 2\\3 & 4\end{bmatrix}+\begin{bmatrix}5 & 6\\7 & 8\end{bmatrix}\\ &= \begin{bmatrix}-4 & -8\\-12 & -16\end{bmatrix}+\begin{bmatrix}5 & 6\\7 & 8\end{bmatrix}\\ &= \begin{bmatrix}1 & -2\\-5 & -8\end{bmatrix}\end{aligned}$$

따라서

$$X=\frac{1}{2}\begin{bmatrix}1 & -2\\-5 & -8\end{bmatrix}=\begin{bmatrix}\frac{1}{2} & -1\\-\frac{5}{2} & -4\end{bmatrix}$$ 이 된다. ■

**예제 ❷-17** 다음에서 행렬 $A$와 $x$가 주어졌을 때 $Ax$를 구해 보자.

$$A=\begin{bmatrix}2 & 3 & 4\\-1 & 5 & -3\\6 & -2 & 8\end{bmatrix},\quad x=\begin{bmatrix}x_1\\x_2\\x_3\end{bmatrix}$$

**풀이** 2가지 방법으로 구할 수 있는데 그 결과는 언제나 같다.

(1) 앞에서 예를 든 방법으로 한 행과 한 열의 곱으로 구하는 방법이다.

$$\begin{bmatrix}2 & 3 & 4\\-1 & 5 & -3\\6 & -2 & 8\end{bmatrix}\begin{bmatrix}x_1\\x_2\\x_3\end{bmatrix}=\begin{bmatrix}2x_1+3x_2+4x_3\\-x_1+5x_2-3x_3\\6x_1-2x_2+8x_3\end{bmatrix}$$

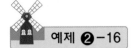

(2) 열을 중심으로 구하는 방법이다.

$$\begin{bmatrix} 2 & 3 & 4 \\ -1 & 5 & -3 \\ 6 & -2 & 8 \end{bmatrix}\begin{bmatrix} x_1 \\ x_2 \\ x_3 \end{bmatrix} = x_1\begin{bmatrix} 2 \\ -1 \\ 6 \end{bmatrix} + x_2\begin{bmatrix} 3 \\ 5 \\ -2 \end{bmatrix} + x_3\begin{bmatrix} 4 \\ -3 \\ 8 \end{bmatrix}$$

$$= \begin{bmatrix} 2x_1 \\ -x_1 \\ 6x_1 \end{bmatrix} + \begin{bmatrix} 3x_2 \\ 5x_2 \\ -2x_2 \end{bmatrix} + \begin{bmatrix} 4x_3 \\ -3x_3 \\ 8x_3 \end{bmatrix}$$

$$= \begin{bmatrix} 2x_1 + 3x_2 + 4x_3 \\ -x_1 + 5x_2 - 3x_3 \\ 6x_1 - 2x_2 + 8x_3 \end{bmatrix}$$ ■

**정의 ❷-7** 행렬 $A$는 다음과 같은 부행렬(submatrix)들로 분할될 수 있다.

$$A = \left[\begin{array}{cc|cc} a_{11} & a_{12} & a_{13} & a_{14} \\ a_{21} & a_{22} & a_{23} & a_{24} \\ \hline a_{31} & a_{32} & a_{33} & a_{34} \\ a_{41} & a_{42} & a_{43} & a_{44} \end{array}\right] = \begin{bmatrix} A_{11} & A_{12} \\ A_{21} & A_{22} \end{bmatrix}$$

여기서

$$A_{11} = \begin{bmatrix} a_{11} & a_{12} \\ a_{21} & a_{22} \end{bmatrix}, \quad A_{12} = \begin{bmatrix} a_{13} & a_{14} \\ a_{23} & a_{24} \end{bmatrix}$$

$$A_{21} = \begin{bmatrix} a_{31} & a_{32} \\ a_{41} & a_{42} \end{bmatrix}, \quad A_{22} = \begin{bmatrix} a_{33} & a_{34} \\ a_{43} & a_{44} \end{bmatrix}$$

**예제 ❷-18** 행렬의 분할을 통해 다음 행렬곱을 구해 보자.

$$A = \begin{bmatrix} 1 & 0 & 1 & 0 \\ 0 & 2 & 3 & -1 \\ 2 & 0 & -4 & 0 \\ 0 & 1 & 0 & 3 \end{bmatrix}, \quad B = \begin{bmatrix} 2 & 0 & 0 & 1 & 1 & -1 \\ 0 & 1 & 1 & -1 & 2 & 2 \\ 1 & 3 & 0 & 0 & 1 & 0 \\ -3 & -1 & 2 & 1 & 0 & -1 \end{bmatrix}$$

**풀이**

$$A=\left[\begin{array}{cc:cc}1&0&1&0\\0&2&3&-1\\ \hdashline 2&0&-4&0\\0&1&0&3\end{array}\right]=\begin{bmatrix}A_{11}&A_{12}\\A_{21}&A_{22}\end{bmatrix}$$

$$B=\left[\begin{array}{ccc:ccc}2&0&0&1&1&-1\\0&1&1&-1&2&2\\ \hdashline 1&3&0&0&1&0\\-3&-1&2&1&0&-1\end{array}\right]=\begin{bmatrix}B_{11}&B_{12}\\B_{21}&B_{22}\end{bmatrix}$$

$$C=AB=\begin{bmatrix}C_{11}&C_{12}\\C_{21}&C_{22}\end{bmatrix}$$

여기서 $C_{11}$은 $A_{11}B_{11}+A_{12}B_{21}$이 된다. 즉

$$\begin{aligned}C_{11}&=A_{11}B_{11}+A_{12}B_{21}\\&=\begin{bmatrix}1&0\\0&2\end{bmatrix}\begin{bmatrix}2&0&0\\0&1&1\end{bmatrix}+\begin{bmatrix}1&0\\3&-1\end{bmatrix}\begin{bmatrix}1&3&0\\-3&-1&2\end{bmatrix}\\&=\begin{bmatrix}2&0&0\\0&2&2\end{bmatrix}+\begin{bmatrix}1&3&0\\6&10&-2\end{bmatrix}\\&=\begin{bmatrix}3&3&0\\6&12&0\end{bmatrix}\end{aligned}$$

이와 같이 $C_{12}$, $C_{21}$, $C_{22}$를 계산하여 적용하면 다음과 같다.

$$AB=C=\begin{bmatrix}C_{11}&C_{12}\\C_{21}&C_{22}\end{bmatrix}=\left[\begin{array}{ccc:ccc}3&3&0&1&2&-1\\6&12&0&-3&7&5\\ \hdashline 0&-12&0&2&-2&-2\\-9&-2&7&2&2&-1\end{array}\right]$$ ■

# 연습 문제 2.1

## Part 1. 진위 문제

다음 문장의 진위를 판단하고, 틀린 경우에는 그 이유를 적으시오.

1. 정방행렬에서는 행과 열의 개수가 같다.
2. 주대각선은 모든 형태의 행렬에 존재한다.
3. 행렬에서는 덧셈에 대한 교환법칙과 결합법칙이 모두 성립한다.
4. 행렬의 곱셈에서는 일반적으로 교환법칙이 성립한다.
5. 행렬의 곱셈에서는 결합법칙과 배분법칙이 항상 성립한다.

## Part 2. 선택 문제

1. 다음 중 행렬 이론에 가장 맞는 것은?

   (1) 행렬 $A$와 행렬 $B$는 언제나 덧셈이 가능하다.

   (2) 행렬의 성분은 정수만으로 되어 있다.

   (3) 행렬의 곱셈에서는 교환법칙이 성립한다.

   (4) 행렬의 곱셈에서는 배분법칙이 성립한다.

2. 행렬의 합(차)과 곱이 성립되는 임의의 행렬 $A$, $B$, $C$에 대하여 행렬의 연산을 나타낸 것 중 틀린 것은?

   (1) $A(BC) = (AB)C$ (2) $A(B \pm C) = AB \pm AC$

   (3) $(A \pm B)C = AC \pm BC$ (4) $ABC = ACB = BAC$

3. 행렬 $\begin{bmatrix} 1 & -1 \\ 5 & 3 \end{bmatrix}$과 행렬 $\begin{bmatrix} 0 & 3 \\ 2 & 1 \end{bmatrix}$과의 곱을 구하면 어떤 행렬이 되는가?

   (1) $\begin{bmatrix} 0 & -3 \\ 10 & 3 \end{bmatrix}$ (2) $\begin{bmatrix} -2 & 2 \\ 6 & 18 \end{bmatrix}$

   (3) $\begin{bmatrix} 0 & 3 \\ 2 & 0 \end{bmatrix}$ (4) $\begin{bmatrix} 0 & -1 \\ 5 & 1 \end{bmatrix}$

4. $A=\begin{bmatrix}1 & -2\\ 3 & 4\end{bmatrix}$일 때, 행렬 $A^2$은 무엇인가?

(1) $\begin{bmatrix}1 & 4\\ 9 & 16\end{bmatrix}$ (2) $5\begin{bmatrix}-1 & -2\\ 3 & 2\end{bmatrix}$

(3) $5\begin{bmatrix}-1 & -2\\ 15 & 10\end{bmatrix}$ (4) $25\begin{bmatrix}-1 & -1\\ 3 & 2\end{bmatrix}$

5. 임의의 행렬 $A$, $B$, $C$의 성질에서 잘못된 것을 찾으면?

(1) $(A+B)C=AC+BC$

(2) $A+B=B+A$

(3) $\alpha(A+B)=\alpha A+\alpha B$ (단, $\alpha$는 스칼라)

(4) $AB=BA$

6. $A=\begin{bmatrix}1 & -2 & 0\\ 0 & 0.5 & 3\\ 2 & 1 & -0.5\end{bmatrix}$, $B=\begin{bmatrix}2\\ 0\\ -1\end{bmatrix}$일 때 $AB$의 값은?

(1) $\begin{bmatrix}2\\ -3\\ 4.5\end{bmatrix}$ (2) $\begin{bmatrix}2\\ -3\\ 1.5\end{bmatrix}$

(3) $\begin{bmatrix}-2\\ 3\\ 4.5\end{bmatrix}$ (4) $\begin{bmatrix}-2\\ 3\\ 1.5\end{bmatrix}$

## Part 3. 주관식 문제

1. $A=\begin{bmatrix}1 & -1\\ 2 & 1\end{bmatrix}$, $B=\begin{bmatrix}-1 & 1\\ 0 & -3\end{bmatrix}$일 때 $A+B$, $A-B$를 구하시오.

2. $A=\begin{bmatrix}1 & -2 & 3\\ 4 & 5 & -6\end{bmatrix}$, $B=\begin{bmatrix}3 & 0 & 2\\ -7 & 1 & 8\end{bmatrix}$일 때 다음 식을 계산하시오.

(1) $A+B$ (2) $2A-3B$

3. 다음 선형방정식에서 $x$의 값을 구하시오.

$$\begin{bmatrix} x^2 & 1 \\ 2 & 3 \end{bmatrix} = \begin{bmatrix} 5x-6 & 1 \\ 2 & 3 \end{bmatrix}$$

4. 다음 선형방정식에서 $x$, $y$, $z$의 값을 구하시오.

(1) $\begin{bmatrix} y & x & -x \\ 0 & 1 & x \\ 2 & 0 & 0 \end{bmatrix} = \begin{bmatrix} 4-x & x^2 & -1 \\ 0 & x & x \\ 2 & 0 & 0 \end{bmatrix}$ (2) $\begin{bmatrix} x & y \\ z & 1 \end{bmatrix} = \begin{bmatrix} y & z \\ 1 & 1 \end{bmatrix}$

(3) $\begin{bmatrix} x & y \\ y & 0 \end{bmatrix} = \begin{bmatrix} 1+y & 1+x \\ y & 0 \end{bmatrix}$

5. $A$, $B$, $C$, $D$가 다음과 같이 주어진 크기를 가진 행렬이라고 가정할 때 다음 중에서 정의될 수 있는 행렬은 무엇인가? 또한 정의되는 행렬의 계산 결과가 어떤 크기의 행렬인지를 말하시오.

| $A$ | $B$ | $C$ | $D$ |
|---|---|---|---|
| $(4\times5)$ | $(4\times5)$ | $(5\times2)$ | $(4\times2)$ |

(1) $AB$ (2) $AC-D$ (3) $DA$

6. 다음에 주어진 한 쌍의 행렬의 곱을 각각 구하시오.

(1) $\begin{bmatrix} -1 & 2 \end{bmatrix}$, $\begin{bmatrix} 0 \\ -1 \end{bmatrix}$ (2) $\begin{bmatrix} -2 & 3 & 5 \end{bmatrix}$, $\begin{bmatrix} 1 \\ 5 \\ 2 \end{bmatrix}$

7. 다음 행렬의 곱을 각각 계산하시오.

(1) $\begin{bmatrix} 8 & -4 & 5 \end{bmatrix}\begin{bmatrix} 3 \\ 2 \\ -1 \end{bmatrix}$ (2) $\begin{bmatrix} 6 & -1 & 7 & 5 \end{bmatrix}\begin{bmatrix} 4 \\ -9 \\ -3 \\ 2 \end{bmatrix}$

(3) $\begin{bmatrix} 3 & 8 & -2 & 4 \end{bmatrix}\begin{bmatrix} 5 \\ -1 \\ 6 \end{bmatrix}$

8. 행렬 $A=\begin{bmatrix}1 & 0\\1 & 1\end{bmatrix}$의 $A^2$과 $A^3$을 구하시오.

9. $A$와 $B$가 다음과 같이 주어졌을 때 다음의 빈칸에 적절한 답을 넣으시오.

$$A=[a_{ij}]=\begin{bmatrix}1 & 2 & 3\\-3 & -2 & -5\\3 & 1 & 2\end{bmatrix},\quad B=[b_{ij}]=\begin{bmatrix}1 & 4 & -2\\2 & 1 & 1\end{bmatrix}$$

(1) $A$의 크기는 (　　　)이고, $B^T$의 크기는 (　　　)이다.
(2) $a_{12}=$ (　　　)이고, $a_{23}=$ (　　　)이다.
(3) $B$의 크기는 (　　　)이다.
(4) $b_{12}=$ (　　　)이고, $b_{21}=$ (　　　)이다.
(5) $(i,\ j)=$ (　　　)일 때 $b_{ij}=4$이다.

10. 다음 행렬들의 곱을 각각 구하시오.

(1) $\begin{bmatrix}-4 & 1\end{bmatrix}\begin{bmatrix}2\\7\end{bmatrix}$
(2) $\begin{bmatrix}-4 & 1\end{bmatrix}\begin{bmatrix}3\\6\end{bmatrix}$
(3) $\begin{bmatrix}-4 & 1\end{bmatrix}\begin{bmatrix}2 & 3\\7 & 6\end{bmatrix}$
(4) $\begin{bmatrix}2 & -3\\4 & 5\end{bmatrix}\begin{bmatrix}-1\\1\end{bmatrix}$

11. 다음 행렬 $A$, $B$가 주어졌을 때 이 행렬들의 곱셈에서는 교환법칙이 성립하지 않음을 보이시오. 즉, $AB \neq BA$임을 보이시오.

$$A=\begin{bmatrix}1 & 2\\3 & 4\end{bmatrix},\quad B=\begin{bmatrix}5 & 6\\0 & -2\end{bmatrix}$$

12. 다음과 같은 행렬 $A$, $B$, $C$가 주어졌을 때 $AB$, $AC$를 각각 구하시오.

$$A=\begin{bmatrix}1 & 2\\2 & 3\end{bmatrix},\quad B=\begin{bmatrix}-3 & 2\\1 & -2\end{bmatrix},\quad C=\begin{bmatrix}1 & 0 & -2\\0 & 1 & 1\end{bmatrix}$$

13. 행렬 $A, B, C$가 다음과 같을 때 다음의 값을 각각 구하시오.

$$A=\begin{bmatrix}1 & 2\\ 3 & 4\end{bmatrix}\quad B=\begin{bmatrix}2 & 3\\ 1 & 2\end{bmatrix}\quad C=\begin{bmatrix}-3 & 1\\ 2 & 3\end{bmatrix}$$

(1) $A(B+C)$ (2) $(A+B)C$

14. 행렬 $A, B, C$가 다음과 같이 주어졌을 때 다음의 식이 성립함을 보이시오.

$$A=\begin{bmatrix}1 & 2\\ 3 & 1\end{bmatrix},\quad B=\begin{bmatrix}3 & 2\\ 1 & 4\end{bmatrix},\quad C=\begin{bmatrix}3 & 2\\ 1 & 0\end{bmatrix}$$

$$A(B+C)=AB+AC$$

15. 다음 두 행렬의 곱이 가능하다면 그 곱을 구하시오.

(1) $\begin{bmatrix}1 & 0 & 0 & 0\\ 0 & 0 & -1 & 0\\ 0 & 1 & 0 & 0\\ 0 & 0 & 0 & 1\end{bmatrix}\begin{bmatrix}1\\ 1\\ 2\\ 1\end{bmatrix}$ (2) $\begin{bmatrix}0 & 0 & 1 & 0\\ 0 & 1 & 0 & 0\\ -1 & 0 & 0 & 0\\ 0 & 0 & 0 & 1\end{bmatrix}\begin{bmatrix}2\\ 5\\ 5\\ 1\end{bmatrix}$

16. 행렬 $AB$의 크기가 $4\times 3$이라면 $A$와 $B$의 크기의 경우를 작은 것부터 5개를 쓰시오.

17. (도전문제) 행렬 $A, B$가 다음과 같이 주어졌을 때 다음 식들의 값을 구하시오.

$$A=\begin{bmatrix}1 & 2 & 3\\ -4 & -4 & -4\\ 5 & 6 & 7\end{bmatrix},\quad B=\begin{bmatrix}2 & -5 & 1\\ 0 & 3 & -2\\ 1 & 2 & -4\end{bmatrix}$$

(1) $A+B$ (2) $2A$ (3) $AB$ (4) $BA$

18. (도전문제) 다음의 행렬 $A, B$와 주어진 방정식을 만족하는 $X$를 각각 구하시오.

$$A=\begin{bmatrix}1 & 2 & 3\\ 0 & 1 & 0\\ -1 & 1 & 1\end{bmatrix},\quad B=\begin{bmatrix}0 & 1 & 0\\ 6 & 7 & -1\\ -2 & 0 & -1\end{bmatrix}$$

(1) $4A+3X=B$ (2) $B-5X=A$ (3) $2A-3B=7X$

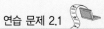

# 2.2 특수한 행렬

## 2.2.1 대각행렬

**정의 ❷-8** $n \times n$ 정방행렬에서 대각선을 제외한 모든 항들이 0인 행렬 $D$를 대각행렬(diagonal matrix)이라고 한다.

$$D = \begin{bmatrix} d_1 & 0 & \cdots & 0 \\ 0 & d_2 & \cdots & 0 \\ \vdots & \vdots & \ddots & \vdots \\ 0 & 0 & \cdots & d_n \end{bmatrix}$$

예를 들면,

$$\begin{bmatrix} 1 & 0 \\ 0 & 5 \end{bmatrix} \text{과} \begin{bmatrix} 4 & 0 & 0 \\ 0 & -3 & 0 \\ 0 & 0 & 2 \end{bmatrix} \text{은 둘 다 대각행렬이다.}$$

**정의 ❷-9** 정방행렬 $A$의 주대각선 위의 모든 성분들을 대각항이라고 하고, 각 대각항의 합을 대각합(trace)이라고 하며 $\mathrm{tr}(A)$ 또는 $\mathrm{trace}(A)$로 표기한다. 즉, 행렬의 대각합은 행과 열 번호가 같은 성분들의 합이다.

예를 들면,

$$A = \begin{bmatrix} -5 & 3 \\ 4 & 2 \end{bmatrix} \text{와 } B = \begin{bmatrix} b_{11} & b_{12} & b_{13} \\ b_{21} & b_{22} & b_{23} \\ b_{31} & b_{32} & b_{33} \end{bmatrix} \text{에 대해}$$

$$\mathrm{tr}(A) = (-5) + 2 = -3 \text{이고 } \mathrm{tr}(B) = b_{11} + b_{22} + b_{33} \text{이다.}$$

MATLAB

**예제 2-19** 다음 행렬 $A$, $B$, $C$에서 대각항과 대각합을 구해 보자.

$$(1)\ A=\begin{bmatrix}1 & 3 & 6\\ 2 & -5 & 8\\ 4 & -2 & 9\end{bmatrix}\qquad (2)\ B=\begin{bmatrix}1 & 2\\ 3 & 4\end{bmatrix}\qquad (3)\ C=\begin{bmatrix}1 & 2 & -3\\ 4 & -5 & 6\end{bmatrix}$$

**풀이** (1) 대각항 $=1,\,-5,\,9$  $\mathrm{tr}(A)=1-5+9=5$

(2) 대각항 $=1,\,4$  $\mathrm{tr}(B)=1+4=5$

(3) 대각항과 대각합은 정방행렬에서만 정의되는데 $C$는 정방행렬이 아니다. ■

**정리 2-3** $A$와 $B$가 같은 크기의 정방행렬일 때 대각합은 다음의 특성들을 가진다.

(1) $\mathrm{tr}(A^T)=\mathrm{tr}(A)$

(2) $\mathrm{tr}(cA)=c\,\mathrm{tr}(A)$

(3) $\mathrm{tr}(A+B)=\mathrm{tr}(A)+\mathrm{tr}(B)$

(4) $\mathrm{tr}(A-B)=\mathrm{tr}(A)-\mathrm{tr}(B)$

(5) $\mathrm{tr}(AB)=\mathrm{tr}(BA)$

### 2.2.2 항등행렬과 영행렬

**정의 2-10** 대각행렬이면서 대각선의 항들이 모두 1인 $n\times n$ 행렬을 항등행렬(identity matrix) 또는 단위행렬이라고 한다. 행렬의 크기가 $n\times n$인 항등행렬을 통상 $I_n$으로 나타내는데, 문맥상 행렬의 크기가 분명할 경우에는 그냥 $I$로 나타내기도 한다. $n\times n$ 항등행렬의 중요한 성질은 $AI_n=A=I_nA$이다.

다음의 행렬들은 각각 $I_2$, $I_3$, $I_4$인 항등행렬이다.

$$\begin{bmatrix} 1 & 0 \\ 0 & 1 \end{bmatrix}, \begin{bmatrix} 1 & 0 & 0 \\ 0 & 1 & 0 \\ 0 & 0 & 1 \end{bmatrix}, \begin{bmatrix} 1 & 0 & 0 & 0 \\ 0 & 1 & 0 & 0 \\ 0 & 0 & 1 & 0 \\ 0 & 0 & 0 & 1 \end{bmatrix}$$

**정의 ❷-11** 성분이 모두 0인 행렬, 즉 모든 $i$, $j$에 대하여 $a_{ij} = 0$인 행렬을 영행렬(zero matrix)이라고 한다. 영행렬은 간단히 굵은 체의 $\boldsymbol{O}$이라고 나타낸다. 만일 그 크기를 강조할 필요가 있는 경우에는 $m \times n$ 영행렬을 $\boldsymbol{O}_{m \times n}$으로 표기하기도 한다. 다음의 행렬들은 모두 영행렬이다.

$$[0], \begin{bmatrix} 0 & 0 \\ 0 & 0 \end{bmatrix}, \begin{bmatrix} 0 & 0 & 0 \\ 0 & 0 & 0 \\ 0 & 0 & 0 \end{bmatrix}, \begin{bmatrix} 0 \\ 0 \\ 0 \\ 0 \end{bmatrix}$$

$$\begin{bmatrix} 0 & 0 & 0 & 0 \\ 0 & 0 & 0 & 0 \end{bmatrix}, \begin{bmatrix} 0 & 0 & \cdots & 0 \\ 0 & 0 & \cdots & 0 \\ \vdots & \vdots & & \vdots \\ 0 & 0 & \cdots & 0 \\ \vdots & \vdots & & \vdots \\ 0 & 0 & \cdots & 0 \end{bmatrix}$$

**정리 ❷-4** $\boldsymbol{O}$를 영행렬이라고 하고, 행렬 $A$가 이 영행렬과 크기가 같은 임의의 행렬일 경우 $A+\boldsymbol{O}=\boldsymbol{O}+A=A$인 관계가 성립한다.

**증명** $\boldsymbol{O}$의 항이 모두 0이므로 $A+\boldsymbol{O}=\boldsymbol{O}+A=A$인 관계가 성립하는 것은 명백하다.

**정의 ❷-12** 임의의 행렬 $A$에 대하여 $-A$는 행렬 $(-a_{ij})$로 정의한다. 실수에서 $a_{ij}-a_{ij}=0$이 되듯이 행렬에서도 마찬가지로 $A+(-A)=\boldsymbol{O}$인 관계가 성립한다. 행렬 $-A$는 행렬 $A$의 덧셈에 대한 역원 또는 덧셈의 역(additive inverse)이라고 부른다.

**여러 가지 행렬들의 예 1**

정방행렬 $\begin{bmatrix} 1 & -1 & 5 \\ 2 & 1 & -1 \\ 3 & 1 & -1 \end{bmatrix}$ 정사각형 형태로 행과 열의 크기가 같은 행렬

$3\times3$

대각행렬 $\begin{bmatrix} 4 & 0 & 0 \\ 0 & -3 & 0 \\ 0 & 0 & 2 \end{bmatrix}$ 주대각선만 빼고는 모든 성분이 0으로만 된 행렬

항등행렬 $\begin{bmatrix} 1 & 0 & 0 \\ 0 & 1 & 0 \\ 0 & 0 & 1 \end{bmatrix}$ 대각행렬 중 주대각선이 모두 1이고 나머지는 0인 행렬

영행렬 $\begin{bmatrix} 0 & 0 \\ 0 & 0 \end{bmatrix}$ 모든 성분이 0으로만 된 행렬

### 2.2.3 전치행렬

**정의 ❷-13** 행렬 $A=[a_{ij}]$를 $m\times n$ 행렬이라고 할 때, $b_{ij}=a_{ji}$가 되는 $n\times m$ 행렬 $B-[b_{ij}]$를 $A$의 전치행렬(transpose matrix)이라 하고 $A^T$로 나타낸다. 다시 말하면 어떤 행렬의 전치행렬은 주어진 행렬의 행과 열을 서로 바꾼 행렬이 된다. 즉,

$$A=\begin{bmatrix} a_{11} & a_{12} & \cdots & a_{1n} \\ a_{21} & a_{22} & \cdots & a_{2n} \\ \vdots & \vdots & & \vdots \\ a_{m1} & a_{m2} & \cdots & a_{mn} \end{bmatrix}_{m\times n} \text{ 일 때, } A^T=\begin{bmatrix} a_{11} & a_{21} & \cdots & a_{m1} \\ a_{12} & a_{22} & \cdots & a_{m2} \\ \vdots & \vdots & & \vdots \\ a_{1n} & a_{2n} & \cdots & a_{mn} \end{bmatrix}_{n\times m} \text{ 이다.}$$

**예제 ❷-20** 다음 행렬들의 전치행렬을 살펴보자.

**풀이** $A=\begin{bmatrix} 2 & 1 & 0 \\ 1 & 3 & 5 \end{bmatrix}$이면 $A^T=\begin{bmatrix} 2 & 1 \\ 1 & 3 \\ 0 & 5 \end{bmatrix}$가 되고,

$A=[2,\ 1,\ -4]$가 $1\times3$ 행벡터이면

$A^T=\begin{bmatrix} 2 \\ 1 \\ -4 \end{bmatrix}$는 $3\times1$ 열벡터가 된다. ■

**예제 ❷-21** 다음 행렬들의 전치행렬을 각각 구해 보자.

$$A=\begin{bmatrix} a & b \\ c & d \end{bmatrix}, \quad B=\begin{bmatrix} 1 & 2 & -1 \\ -3 & 2 & 7 \end{bmatrix}$$

$$C=\begin{bmatrix} -5 & 2 \\ 1 & -3 \\ 0 & 4 \end{bmatrix}, \quad D=\begin{bmatrix} 1 & 1 & 1 & 1 \\ -3 & 5 & -2 & 7 \end{bmatrix}$$

**풀이** 각 행렬에서 행과 열을 교환함으로써 전치행렬을 구할 수 있다.

$$A^T=\begin{bmatrix} a & c \\ b & d \end{bmatrix}, \qquad B^T=\begin{bmatrix} 1 & -3 \\ 2 & 2 \\ -1 & 7 \end{bmatrix}$$

$$C^T=\begin{bmatrix} -5 & 1 & 0 \\ 2 & -3 & 4 \end{bmatrix}, \quad D^T=\begin{bmatrix} 1 & -3 \\ 1 & 5 \\ 1 & -2 \\ 1 & 7 \end{bmatrix} \blacksquare$$

| $A$ | | | $A^T$ | |
|---|---|---|---|---|
| a | -b | | a | b |
| | | ➡ | | |
| b | a | | -b | a |

| 전치행렬 | | | | | | |
|---|---|---|---|---|---|---|
| 8 | 1 | 6 | | 8 | 3 | 4 |
| 3 | 5 | 7 | ➡ | 1 | 5 | 9 |
| 4 | 9 | 2 | | 6 | 7 | 2 |

**정리 ❷-5** 전치행렬에서는 다음과 같은 성질들이 성립한다.

(1) $(A^T)^T=A$

(2) $(A\pm B)^T=A^T\pm B^T$

(3) $(cA)^T=cA^T$($c$는 상수)

(4) $(AB)^T=B^T A^T$

**증명** 여기서는 대표로 (1)과 (3)의 경우에 대해서만 증명한다.

(1) $A^T$는 $A$의 행과 열을 바꾼 것이고, $(A^T)^T$는 $A^T$의 행과 열을 바꾼 것이므로 $(A^T)^T=A$는 자명하다.

(3) $(cA)^T=cA^T$를 증명하기 위해 $A$를 $m\times n$ 행렬이라 하고 $B=cA$라고 한다. 그러면 $b_{ij}=ca_{ij}$이다. 전치행렬의 정의에 따라 어떤 $(i, j)$항에 대해

$$\begin{aligned}(cA)^T\text{의 } (i, j)\text{항} &= cA\text{의 } (j, i)\text{항} \\ &= b_{ji} \\ &= ca_{ji} \\ &= A^T\text{의 } c(i, j) \quad \blacksquare\end{aligned}$$

**예제 ❷-22** $A=\begin{bmatrix} 2 & 3 \\ -1 & 0 \end{bmatrix}$, $B=\begin{bmatrix} -1 & 5 \\ 2 & 1 \end{bmatrix}$일 때 $(AB)^T = B^T A^T$가 성립함을 살펴보자.

**풀이** 두 개의 식의 값을 구하여 그 값이 같음을 보인다.

$$(AB)^T = \left(\begin{bmatrix} 2 & 3 \\ -1 & 0 \end{bmatrix}\begin{bmatrix} -1 & 5 \\ 2 & 1 \end{bmatrix}\right)^T = \left(\begin{bmatrix} 4 & 13 \\ 1 & -5 \end{bmatrix}\right)^T = \begin{bmatrix} 4 & 1 \\ 13 & -5 \end{bmatrix}$$

$$B^T \cdot A^T = \begin{bmatrix} -1 & 5 \\ 2 & 1 \end{bmatrix}^T \begin{bmatrix} 2 & 3 \\ -1 & 0 \end{bmatrix}^T = \begin{bmatrix} -1 & 2 \\ 5 & 1 \end{bmatrix}\begin{bmatrix} 2 & -1 \\ 3 & 0 \end{bmatrix} = \begin{bmatrix} 4 & 1 \\ 13 & -5 \end{bmatrix}$$

따라서 $(AB)^T = B^T A^T$가 성립함을 알 수 있으며 이 사실은 일반적으로 적용된다. ■

### 2.2.4 대칭행렬과 교대행렬

**정의 ❷-14** 어떤 정방행렬 $n \times n$ 행렬이 자신의 전치행렬과 똑같을 때, 즉 행렬 $A$가 $A = A^T$를 만족할 때 행렬 $A$를 대칭행렬(symmetric matrix)이라고 한다. 즉, $A = [a_{ij}]$에서 모든 $i, j$에 대해 $a_{ij} = a_{ji}$가 성립하는 경우이다.

**예제 ❷-23** 다음에 주어진 행렬들이 모두 대칭행렬임을 알아보자.

$$A=\begin{bmatrix} 1 & 2 \\ 2 & 3 \end{bmatrix},\quad B=\begin{bmatrix} 2 & 4 & 0 \\ 4 & 1 & 6 \\ 0 & 6 & 3 \end{bmatrix},\quad C=\begin{bmatrix} 1 & 2 & 3 \\ 2 & 4 & 5 \\ 3 & 5 & 6 \end{bmatrix}$$

**풀이** 행렬 $A$에서는 대각선을 중심으로 2와 2가 같고, 행렬 $B$에서는 대각선을 중심으로 4와 4, 0과 0, 6과 6이 같기 때문이다. 행렬 $C$의 경우 대각선을 중심으로 $a_{12}$와 $a_{21}$의 값이 2로써 같고, $a_{31}$과 $a_{13}$의 값이 3으로써 같으며 $a_{32}$와 $a_{23}$의 값이 5로써 같기 때문에 대칭행렬이 된다. ■

**정의 ❷-15** $A = -A^T$를 만족하는 $n \times n$ 행렬을 교대행렬(skewed-symmetric matrix)이라고 한다. 즉, $A = [a_{ij}]$에서 모든 $i, j$에 대해 $a_{ij} = -a_{ji}$가 성립하는 경우이다.

예를 들면, $\begin{bmatrix} 0 & -2 \\ 2 & 0 \end{bmatrix}$과 $\begin{bmatrix} 0 & 4 & 0 \\ -4 & 0 & -6 \\ 0 & 6 & 0 \end{bmatrix}$은 둘 다 교대행렬이다.

**예제 ❷-24** 다음의 행렬들이 어떤 종류의 행렬인지를 알아보자.

$$A = \begin{bmatrix} 0 & 2 & 3 \\ -2 & 0 & -4 \\ -3 & 4 & 0 \end{bmatrix},\ B = \begin{bmatrix} a & h & g \\ h & b & f \\ g & f & c \end{bmatrix},\ C = \begin{bmatrix} 0 & a & b \\ -a & 0 & c \\ -b & -c & 0 \end{bmatrix}$$

**풀이** 행렬 $A$는 주대각선을 중심으로 $-2$와 2, 3과 $-3$, $-4$와 4가 부호가 다르면서 대칭을 이루기 때문에 교대행렬이다. 행렬 $B$는 주대각선을 중심으로 모든 항들이 대칭이므로 대칭행렬이지만, 행렬 $C$는 주대각선을 중심으로 부호만 다르기 때문에 교대행렬이다. ■

**여기서 잠깐!!** 대칭행렬에서는 주대각선에 대하여 대칭의 위치에 있는 모든 항들은 같다. 교대행렬에서는 주대각선에 대하여 대칭의 위치에 있는 항은 절대값은 같고, 부호는 서로 반대이다.

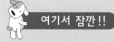

## 2.2.5 삼각행렬

**정의 ❷-16** 주대각선 아래에 있는 모든 항들이 0인 $n\times n$ 행렬 $A$를 상부삼각행렬(upper triangular matrix)이라고 하며, 주대각선 위에 있는 모든 항들이 0인 $n\times n$ 행렬 $A$를 하부삼각행렬(lower triangular matrix)이라고 한다. 상부삼각행렬과 하부삼각행렬을 통칭하여 삼각행렬(triangular matrix)이라고 한다.

예를 들어, $\begin{bmatrix}1 & 2\\ 0 & 3\end{bmatrix}$과 $\begin{bmatrix}7 & 1 & -1\\ 0 & 2 & 1\\ 0 & 0 & 3\end{bmatrix}$은 각각 $2\times2$, $3\times3$ 상부삼각행렬이고,

$\begin{bmatrix}7 & 0 & 0\\ 1 & -4 & 0\\ -1 & 1 & -5\end{bmatrix}$은 하부삼각행렬이다.

**정리 ❷-6** 상부삼각행렬의 전치는 하부삼각행렬이고, 하부삼각행렬의 전치는 상부삼각행렬이다.

예를 들어, 하부삼각행렬인 $\begin{bmatrix}7 & 0 & 0\\ 1 & -4 & 0\\ -1 & 1 & -5\end{bmatrix}$의 전치행렬은

$\begin{bmatrix}7 & 1 & -1\\ 0 & -4 & 1\\ 0 & 0 & -5\end{bmatrix}$이 되는데 이것은 상부삼각행렬이 된다.

상부삼각행렬과 하부삼각행렬은 통상 다음과 같이 간략히 표현될 수 있다.

상부삼각행렬은 $\begin{bmatrix} & *\\ 0 & \end{bmatrix}$로 나타내고 하부삼각행렬은 $\begin{bmatrix} & 0\\ * & \end{bmatrix}$로 나타낸다.

**여러 가지 행렬들의 예 2**

전치행렬 $A=\begin{bmatrix} 2 & 1 & 0 \\ 1 & 3 & 5 \end{bmatrix}$이면 $A^T=\begin{bmatrix} 2 & 1 \\ 1 & 3 \\ 0 & 5 \end{bmatrix}$ 행과 열을 바꾸어 놓은 행렬

대칭행렬 $\begin{bmatrix} 2 & 4 & 0 \\ 4 & 1 & 6 \\ 0 & 6 & 3 \end{bmatrix}$ 대칭되는 행과 열을 바꾸어도 여전히 같은 행렬

교대행렬 $\begin{bmatrix} 2 & -4 & 0 \\ 4 & 1 & 6 \\ 0 & -6 & 3 \end{bmatrix}$ 대칭행렬 중 대칭되는 항들이 서로 −를 넣은 관계인 행렬

상부삼각행렬 $\begin{bmatrix} 7 & 1 & -1 \\ 0 & 2 & 1 \\ 0 & 0 & 3 \end{bmatrix}$ 주대각선 아래가 모두 0인 행렬

하부삼각행렬 $\begin{bmatrix} 7 & 0 & 0 \\ 1 & -4 & 0 \\ -1 & 1 & -5 \end{bmatrix}$ 주대각선 위가 모두 0인 행렬

## 연습 문제 2.2

### Part 1. 진위 문제

다음 문장의 진위를 판단하고, 틀린 경우에는 그 이유를 적으시오.

1. 대각행렬은 항등행렬의 특수한 형태에 속한다.
2. 항등행렬에서 주대각선의 항들을 모든 곱한 값은 항상 1이 된다.
3. 크기가 같은 임의의 행렬 $A$와 영행렬의 합은 $A$이고 곱은 항상 0이다.
4. 전치행렬에다 다시 전치한(transpose) 것은 대칭행렬이 된다.
5. 주어진 행렬의 대칭행렬과 교대행렬은 주대각선을 중심으로 각각 대칭이다.

### Part 2. 선택 문제

1. 다음에서 교대행렬은 어느 것인가?

(1) $\begin{bmatrix} 1 & 0 & 3 \\ 0 & 5 & -4 \\ 1 & 0 & -1 \end{bmatrix}$　(2) $\begin{bmatrix} 0 & 0 & -1 \\ 0 & 0 & 2 \\ 1 & -2 & 0 \end{bmatrix}$

(3) $\begin{bmatrix} 0 & 0 & 1 \\ 0 & 1 & 0 \\ 0 & 1 & 0 \end{bmatrix}$　(4) $\begin{bmatrix} 0 & 2 & 3 \\ 2 & 1 & 2 \\ 3 & 2 & 1 \end{bmatrix}$

2. 다음 중 왼쪽의 행렬을 오른쪽에 표시한 것이 옳지 않은 것은?

(1) 대각행렬 $\begin{bmatrix} 3 & 0 & 0 \\ 0 & 1 & 0 \\ 0 & 0 & 5 \end{bmatrix}$　(2) 단위행렬 $\begin{bmatrix} 1 & 0 & 0 \\ 0 & 1 & 0 \\ 0 & 0 & 1 \end{bmatrix}$

(3) 삼각행렬 $\begin{bmatrix} 2 & 3 & 5 \\ 0 & 1 & 2 \\ 0 & 0 & 2 \end{bmatrix}$　(4) 정방행렬 $\begin{bmatrix} 1 & 2 & 3 & 4 \\ 8 & 7 & 6 & 5 \\ 9 & 10 & 11 & 12 \end{bmatrix}$

3. 다음과 같은 행렬 $A$, $B$의 관계에서 항상 옳은 것은?

(1) $AB=0$이면 $A=0$ 또는 $B=0$　(2) $AB=BA$

(3) $(AB)^T=B^T A^T$　(4) $\left((A-B)^T\right)^T=-(A-B^T)$

4. 다음 (　　) 안에 들어갈 알맞은 말은?

$m \times n$ 행렬 $A=[a_{ij}]$의 모든 원소 $a_{ij}=0$일 때 $A$를 $m \times n$ (　)행렬이라고 한다.

(1) 단위　　(2) 전치　　(3) 영　　(4) 대칭

5. 다음 중 전치행렬의 성질 중 틀린 것은? (단, $I$는 항등행렬)

(1) $(AB)^T = A^T B^T$　　(2) $(A^T)^T = A$

(3) $(BA)^T = A^T B^T$　　(4) $(I^T) = I$

6. $A=\begin{bmatrix} 2 & 3 \\ 1 & 0 \\ 9 & 4 \end{bmatrix}$, $B=\begin{bmatrix} 0 & 1 \\ 5 & 4 \end{bmatrix}$일 때 $(AB)^T$를 구하면?

(1) $\begin{bmatrix} 15 & 14 \\ 0 & 1 \\ 20 & 25 \end{bmatrix}$　　(2) $\begin{bmatrix} 15 & 0 & 20 \\ 14 & 1 & 25 \end{bmatrix}$

(3) $\begin{bmatrix} 15 & 14 & 25 \\ 1 & 0 & 20 \end{bmatrix}$　　(4) $\begin{bmatrix} 15 & 0 & 14 \\ 20 & 1 & 25 \end{bmatrix}$

7. 행렬 $A=\begin{bmatrix} 1 & 0 & 0 \\ 2 & 4 & 0 \\ 3 & 0 & 6 \end{bmatrix}$는 무슨 행렬인가?

(1) 하부삼각행렬　　(2) 상부삼각행렬　　(3) 역행렬　　(4) 대각행렬

8. 정방행렬 $A$의 전치행렬을 $A^T$라고 할 때, 다음 중 옳은 것은?

(1) $A \neq A^T$이면 교대행렬이다.　　(2) $A=-A^T$이면 대칭행렬이다.

(3) $(AB)^T = B^T A^T$　　(4) $(A+B)^2 = A^2 + 2AB + B^2$

## Part 3. 주관식 문제

1. 다음 각 행렬들의 대각합을 구하시오.

(1) $\begin{bmatrix} 7 & 2 \\ -1 & 5 \end{bmatrix}$　　(2) $\begin{bmatrix} 0 & 9 \\ -1 & 0 \end{bmatrix}$

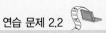

(3) $\begin{bmatrix} 1 & 0 & 0 \\ 0 & 1 & 0 \\ 0 & 0 & 1 \end{bmatrix}$ (4) $\begin{bmatrix} 7 & 2 & 1 \\ 8 & 2 & 3 \\ 9 & -1 & -4 \end{bmatrix}$

2. 다음 행렬 $A$에서 대각항과 대각합을 구하시오.

$$A = \begin{bmatrix} 2 & 4 & 8 \\ 3 & -7 & 9 \\ -5 & 0 & 2 \end{bmatrix}$$

3. 다음 행렬들의 전치행렬을 구하시오.

(1) $\begin{bmatrix} 5 & -1 & 4 \end{bmatrix}$ (2) $\begin{bmatrix} 1 & -1 \\ 2 & 0 \\ 1 & 3 \end{bmatrix}$

4. 다음 행렬 $A$, $B$, $C$, $D$의 전치행렬을 각각 구하시오.

$$A = \begin{bmatrix} 3 & -2 & -3 \\ 7 & 8 & 1 \end{bmatrix},\quad B = \begin{bmatrix} 1 & -4 & 3 \\ 4 & 5 & 6 \\ 7 & 8 & 9 \end{bmatrix},\quad C = \begin{bmatrix} 1 & -3 & 5 \end{bmatrix},\quad D = \begin{bmatrix} 2 \\ 3 \\ 4 \end{bmatrix}$$

5. 다음 행렬 $A$의 전치행렬을 구하시오.

$$A = \begin{bmatrix} 4 & 2 & 4 & 6 \\ 1 & -1 & 0 & 3 \\ 4 & 2 & 1 & 1 \\ 5 & 2 & 3 & 6 \end{bmatrix}$$

6. 주어진 행렬 $A$, $B$로부터 다음 식의 값을 각각 구하시오.

$$A = \begin{bmatrix} 1 \\ 2 \\ -3 \end{bmatrix} \quad B = \begin{bmatrix} 2 & 4 & -1 \end{bmatrix}$$

(1) $A^T A$ (2) $A + B^T$

7. 다음 행렬 $A$, $B$가 대칭행렬인지 교대행렬인지를 판단하시오.

$$A=\begin{bmatrix}7 & 4 & 1\\ 4 & -1 & 5\\ 1 & 5 & 3\end{bmatrix}\quad B=\begin{bmatrix}0 & 7 & 1\\ -7 & 0 & 5\\ -1 & -5 & 0\end{bmatrix}$$

8. 다음 행렬 $A$, $B$가 대칭행렬일 때 $x$, $y$, $z$를 각각 구하시오.

(1) $A=\begin{bmatrix}2 & x & 3\\ 4 & 5 & y\\ z & 1 & 7\end{bmatrix}$ (2) $B=\begin{bmatrix}7 & -6 & 2x\\ y & z & -2\\ x & -2 & 5\end{bmatrix}$

9. 다음 행렬이 대칭행렬인지 교대행렬인지 판단하시오.

(1) $A=\begin{bmatrix}5 & -7 & 1\\ -7 & 8 & 2\\ 1 & 2 & -4\end{bmatrix}$ (2) $B=\begin{bmatrix}0 & 4 & -3\\ -4 & 0 & 5\\ 3 & -5 & 0\end{bmatrix}$

(3) $C=\begin{bmatrix}0 & 0 & 0\\ 0 & 0 & 0\end{bmatrix}$

10. 다음 행렬 $A$가 교대행렬이라고 할 때, 미지수 $a$, $b$, $c$의 값을 각각 구하시오.

$$A=\begin{bmatrix}3 & a & 3\\ 0 & 3 & c\\ b & -2 & 3\end{bmatrix}$$

11. 행렬 $A=\begin{bmatrix}1 & -2 & 3\\ 4 & 5 & -6\end{bmatrix}$일 때, 항등행렬 $I_2$, $I_3$에 대하여 다음의 식이 성립함을 보이시오.

$$I_2A=A=AI_3$$

12. (도전문제) $A\neq O$이고 $B\neq O$이 되는 경우 중에서 $AB=O$이 되는 두 행렬들을 구하시오.

13. (도전문제) $A^2$은 대각행렬이면서 $A$는 대각행렬이 아닌 $2\times2$ 행렬을 구하시오.

# 2.3 행렬의 기본 연산과 사다리꼴

## 2.3.1 행렬의 기본 연산

**정의 ❷-17** 어떤 행렬 $A$의 다음 세 가지 타입의 연산들을 기본 행 연산(elementary row operation)이라고 한다.

(1) Type Ⅰ : 어떤 2개의 행을 서로 바꾼다.

(2) Type Ⅱ : 어떤 행에다 0이 아닌 상수를 곱한다.

(3) Type Ⅲ : 어떤 행에다 상수를 곱한 후 다른 행에다 더한다.

**정의 ❷-18** 기본 행 연산을 필요에 따라 한 번 또는 여러 번 거친 것을 행 동치(row equivalent)라고 한다. 또한 $n\times n$ 항등행렬 $I_n$에서 한 번의 기본 행 연산을 거쳐 만들어지는 $n\times n$ 행렬을 기본행렬(elementary matrix)이라고 한다.

**예제 ❷-25** $3\times 3$ 항등행렬 $A$가 주어졌을 때, 다음의 기본 행 연산에 대응하는 행렬들을 각각 구해 보자.

$$A=\begin{bmatrix}1&0&0\\0&1&0\\0&0&1\end{bmatrix}$$

**풀이** (1) 1행의 성분과 2행의 성분을 서로 바꾼다. $[R_1 \leftrightarrow R_2]$

$$\begin{bmatrix}0&1&0\\1&0&0\\0&0&1\end{bmatrix}$$

(2) 3행의 성분에다 $(-2)$를 곱한다. $[(-2)\times R_3 \rightarrow R_3]$

$$\begin{bmatrix} 1 & 0 & 0 \\ 0 & 1 & 0 \\ 0 & 0 & -2 \end{bmatrix}$$

(3) 2행의 성분에다 (−3)을 곱하여 3행에 더한다. $[(-3)\times R_2 + R_3 \rightarrow R_3]$

$$\begin{bmatrix} 1 & 0 & 0 \\ 0 & 1 & 0 \\ 0 & -3 & 1 \end{bmatrix}$$ ■

**여기서 잠깐 !!** 위의 $R_1 \leftrightarrow R_2$, $(-2)\times R_3 \rightarrow R_3$, $(-3)\times R_2 + R_3 \rightarrow R_3$ 등은 일반적으로 통용되는 간결한 표현인데, 이 책에서도 이와 같은 표기법을 병행하여 사용한다.

**예제 ❷−26** 다음 3개의 기본행렬이 항등행렬로부터 만들어지는 연산을 살펴보자.

**풀이** 항등행렬로부터 기본행렬이 만들어진다.

$$\begin{bmatrix} 1 & 0 \\ 0 & -2 \end{bmatrix}$$ ← $I_2$의 2행을 (−2)배하여 만들어진 행렬

$$\begin{bmatrix} 1 & 0 & 0 & 0 \\ 0 & 1 & 0 & 0 \\ 0 & 0 & 0 & 1 \\ 0 & 0 & 1 & 0 \end{bmatrix}$$ ← $I_4$의 3행과 4행을 서로 바꾼 행렬

$$\begin{bmatrix} 1 & 0 & 3 \\ 0 & 1 & 0 \\ 0 & 0 & 1 \end{bmatrix}$$ ← $I_3$의 3행을 3배해서 1행에 더한 행렬 ■

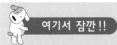

**행렬의 기본 행 연산**

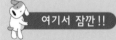

(1) Type Ⅰ : 어떤 두 개의 행을 서로 바꾼다.
(2) Type Ⅱ : 어떤 행에다 0이 아닌 상수를 곱한다.
(3) Type Ⅲ : 어떤 행에다 상수를 곱한 후 다른 행에다 더한다.
행렬의 기본 행 연산 자체는 다소 복잡하지만 선형방정식을 풀거나 행렬을 다루는 등 여러 가지 응용에 있어서 문제 해결을 더욱 쉽게 만들어 준답니다.
행렬에서 기본 행 연산은 왜 하나요?
기본 행 연산은 선형방정식, 행렬, 행렬식, 응용 문제 등에 많이 쓰입니다.

**정의 ❷-19** 행렬의 각 행에서 0이 아닌 가장 처음 나타나는 수 $a_{1_{j1}}, a_{2_{j2}}, \cdots, a_{r_{j_r}}$를 행렬에서의 피벗(pivot)으로 삼을 수 있다.

**여기서 잠깐!!** 피벗을 책에 따라 선행자(leading one)로 표현하는 경우가 있는데 그 의미는 유사하다. 이 책에서는 피벗 개념으로 여러 가지를 일관되게 설명한다.

### 2.3.2 행 사다리꼴(Echelon Form)

**정의 ❷-20** $m \times n$ 행렬 $A$가 기본 행 연산들을 거친 후 다음 3가지 조건을 만족시키면 행 사다리꼴(row echelon form)이라고 한다. 이것을 영어 약자로 REF로 표시하기도 한다.

(1) 0으로만 이루어진 행들은, 만약 있는 경우, 행렬의 아래쪽에 나타낸다.

(2) 모두가 0은 아닌 행의 가장 왼쪽에 가장 처음 나타나는 0이 아닌 수를 피벗으로 삼는다.

(3) 모두가 0은 아닌 연이은 두 행이 있으면 아래쪽 행의 피벗은 위쪽 행의 피벗보다 오른쪽에 있다.

**정의 ❷-21** $m \times n$ 행렬 $A$가 기본 행 연산들을 거친 후 행 사다리꼴(row echelon form)의 3가지 조건에다 다음의 4번째 조건까지를 만족시키면 **기약 행 사다리꼴(reduced row echelon form)**이라고 한다. 이것을 영어 약자로 **RREF**로 표시하기도 한다.

(4) 각 행의 피벗을 포함하는 열(column)에는 피벗 이외의 항들은 모두 0이다.

**예제 ❷-27** 다음 행렬이 모두 행 사다리꼴임을 알아보자.

$$\begin{bmatrix} 1 & 2 & 3 \\ 0 & 1 & 5 \\ 0 & 0 & 1 \end{bmatrix}, \begin{bmatrix} 1 & -1 & 6 & 4 \\ 0 & 1 & 2 & -8 \\ 0 & 0 & 0 & 1 \end{bmatrix}, \begin{bmatrix} 1 & 0 & 2 & 5 \\ 0 & 0 & 1 & 2 \end{bmatrix}, \begin{bmatrix} 1 & 2 \\ 0 & 1 \end{bmatrix}, \begin{bmatrix} 1 & 3 & 2 & 5 \\ 0 & 1 & 3 & 6 \\ 0 & 0 & 0 & 0 \end{bmatrix}$$

**풀이** 피벗의 아래 수들이 모두 0이므로 행 사다리꼴이다. ■

**예제 ❷-28** 다음 행렬이 모두 기약 행 사다리꼴임을 알아보자.

$$\begin{bmatrix}1&0&0\\0&1&0\\0&0&1\end{bmatrix}, \begin{bmatrix}1&0&0&0\\0&1&0&0\\0&0&0&1\end{bmatrix}, \begin{bmatrix}1&0&0&5\\0&0&1&2\end{bmatrix}, \begin{bmatrix}1&0\\0&1\end{bmatrix}, \begin{bmatrix}1&0&2&5\\0&1&3&6\\0&0&0&0\end{bmatrix}$$

**풀이** 피벗의 위와 아래의 수들이 모두 0이므로 기약 행 사다리꼴이다. ■

**예제 ❷-29**

다음의 어떤 행렬이 기약 행 사다리꼴이고, 어떤 행렬이 행 사다리꼴인지를 판단해 보자.

(1) $\begin{bmatrix}1&0&0&0\\0&1&0&0\\0&0&1&1\end{bmatrix}$ (2) $\begin{bmatrix}1&0&1&0\\0&1&1&0\\0&0&0&1\end{bmatrix}$

(3) $\begin{bmatrix}1&0&0&0\\0&1&1&0\\0&0&0&1\\0&0&0&0\end{bmatrix}$ (4) $\begin{bmatrix}1&1&0&1&1\\0&2&0&2&2\\0&0&4&3&3\\0&0&1&0&4\end{bmatrix}$

**풀이** (1), (2), (3)은 기약 행 사다리꼴이고, (4)는 어느 경우에도 해당되지 않는다. ■

**정의 ❷-22**

기약 행 사다리꼴을 구하기 위한 기본 행 연산 방법은 다음과 같이 두 단계로 이루어진다. 전향단계(forward phase)에서는 피벗의 아랫부분이 0이 되도록 하고, 후향단계(backward phase)에서는 피벗의 윗부분까지 0이 되도록 행 연산을 실행한다. 전향단계까지만 연산 과정을 실행하면 행 사다리꼴을 구할 수 있는데, 이것을 가우스 소거법(Gauss elimination)이라고 한다. 한편 전향단계에다 후향단계까지 실행하면 가우스-조단 소거법(Gauss-Jordan elimination)이라고 한다.

선형시스템을 더욱 효율적으로 풀기 위해 가우스 소거법이나 가우스-조단 소거법을 이용할 수 있다. 자세한 사항은 제4장에서 상세히 다룬다. 가우스 소거법에서는 앞에서 언급한 행 사다리꼴과 행 동치인 첨가행렬을 구할 때까지 행 연산을 실행한다. 한편 가우스-조단 소거법에서는 기약 행 사다리꼴의 첨가행렬을 얻을 때까지 행 연산을 실행한다.

**여기서 잠깐!!** 이 책에서는 전체에 걸쳐 피벗은 ① 과 같이 표시하고, 소거될 항은 $\boxed{2}$ 와 같이 표시하여 훨씬 쉽고 정확하게 행 연산을 할 수 있게 한다.

**예제 ❷-30** 다음 행렬 $A$의 기약 행 사다리꼴을 구해 보자.

$$A=\begin{bmatrix} 1 & 1 & 0 & 0 \\ 2 & 2 & 1 & 0 \\ -3 & -3 & 1 & 1 \end{bmatrix}$$

**풀이**

$$\begin{bmatrix} \textcircled{1} & 1 & 0 & 0 \\ \boxed{2} & 2 & 1 & 0 \\ -3 & -3 & 1 & 1 \end{bmatrix}$$

① 은 피벗 $\boxed{2}$ 는 소거될 항

$(-2)\times R_1+R_2\rightarrow R_2$

(1행에다 (−2)를 곱하여 2행에다 더한다.)

$$\begin{bmatrix} \textcircled{1} & 1 & 0 & 0 \\ 0 & 0 & 1 & 0 \\ \boxed{-3} & -3 & 1 & 1 \end{bmatrix}$$

$3\times R_1+R_3\rightarrow R_3$

(1행에다 3을 곱하여 3행에다 더한다.)

$$\begin{bmatrix} 1 & 1 & 0 & 0 \\ 0 & 0 & \textcircled{1} & 0 \\ 0 & 0 & \boxed{1} & 1 \end{bmatrix}$$

$(-1)\times R_2+R_3\rightarrow R_3$

(2행에다 (−1)을 곱하여 3행에다 더한다.)

$$\begin{bmatrix} \textcircled{1} & 1 & 0 & 0 \\ 0 & 0 & \textcircled{1} & 0 \\ 0 & 0 & 0 & \textcircled{1} \end{bmatrix}$$

그 결과 세 개 피벗의 위와 아래 항들이 모두 0이므로 기약 행 사다리꼴이다. ■

기본 행 연산에서 전향단계만 거치면 가우스 소거법이고, 후향단계까지 거치는 것을 가우스-조단 소거법이라고 합니다.
가우스-조단 소거법
• 전향단계
• 후향단계
가우스 소거법은 행 사다리꼴을 만들어 내고, 가우스-조단 소거법은 기약 행 사다리꼴을 만들어 낸다는 말씀이지요?
그렇지! 바로 그거예요. 행렬이나 선형방정식을 다룰 때 사용하는 매우 중요한 방법이지요.

**예제 ❷-31** 다음 행렬 $A$를 기약 행 사다리꼴로 바꿔 보자.

$$A=\begin{bmatrix} 1 & 2 & 3 & 4 \\ 5 & 6 & 7 & 8 \\ 9 & 10 & 11 & 12 \end{bmatrix}$$

**풀이** 먼저 주어진 행렬을 행 사다리꼴로 바꾼 후 계속해서 기약 행 사다리꼴로 바꾼다.

$$A=\begin{bmatrix} \textcircled{1} & 2 & 3 & 4 \\ \boxed{5} & 6 & 7 & 8 \\ 9 & 10 & 11 & 12 \end{bmatrix} \qquad (-5)\times R_1+R_2\rightarrow R_2$$

$$\begin{bmatrix} \textcircled{1} & 2 & 3 & 4 \\ 0 & -4 & -8 & -12 \\ \boxed{9} & 10 & 11 & 12 \end{bmatrix} \qquad (-9)\times R_1+R_3\rightarrow R_3$$

$$\begin{bmatrix} 1 & 2 & 3 & 4 \\ 0 & \textcircled{-4} & -8 & -12 \\ 0 & \boxed{-8} & -16 & -24 \end{bmatrix} \qquad (-2)\times R_2+R_3\rightarrow R_3$$

$$\begin{bmatrix} 1 & 2 & 3 & 4 \\ 0 & \textcircled{-4} & -8 & -12 \\ 0 & 0 & 0 & 0 \end{bmatrix} \qquad \left(-\frac{1}{4}\right)\times R_2\rightarrow R_2$$

$$\begin{bmatrix} 1 & \boxed{2} & 3 & 4 \\ 0 & \textcircled{1} & 2 & 3 \\ 0 & 0 & 0 & 0 \end{bmatrix} \qquad (-2)\times R_2+R_1\rightarrow R_1$$

$$\begin{bmatrix} 1 & 0 & -1 & -2 \\ 0 & 1 & 2 & 3 \\ 0 & 0 & 0 & 0 \end{bmatrix}$$

이 결과에서 알 수 있듯이 1행과 2행의 피벗 아래와 위는 모두 0이다. 따라서 이 결과는 기약 행 사다리꼴이다. ■

### 2.3.3 계수(Rank)

**정의 ❷-23** 주어진 행렬을 행 사다리꼴로 만들었을 때 행 전체가 0이 아닌 행의 개수는 수학적으로 중요한 의미를 가지는데, 이 수를 주어진 행렬의 계수(rank)라고 한다.

**예제 ❷-32** 다음은 피벗들이 동그라미로 그려진 행 사다리꼴이다. 이들 행렬의 계수는 무엇인가?

$$(1)\ \begin{bmatrix} \textcircled{2} & 3 & 4 & 5 & 9 & 0 & 7 \\ 0 & 0 & \textcircled{3} & 4 & 1 & 2 & 5 \\ 0 & 0 & 0 & 0 & \textcircled{5} & 7 & 2 \\ 0 & 0 & 0 & 0 & 0 & \textcircled{8} & 6 \\ 0 & 0 & 0 & 0 & 0 & 0 & 0 \end{bmatrix} \qquad (2)\ \begin{bmatrix} \textcircled{1} & 2 & 3 \\ 0 & 0 & \textcircled{1} \\ 0 & 0 & 0 \end{bmatrix}$$

$$(3)\ \begin{bmatrix} \textcircled{2} & 3 & 2 & 0 & 4 & 5 & -6 \\ 0 & 0 & 0 & \textcircled{1} & -3 & 2 & 0 \\ 0 & 0 & 0 & 0 & 0 & \textcircled{6} & 2 \\ 0 & 0 & 0 & 0 & 0 & 0 & 0 \end{bmatrix} \qquad (4)\ \begin{bmatrix} \textcircled{1} & 3 & 0 & 0 & 4 \\ 0 & 0 & \textcircled{1} & 0 & -3 \\ 0 & 0 & 0 & \textcircled{1} & 2 \end{bmatrix}$$

**풀이** 행렬의 계수는 피벗의 개수와 같으므로 4, 2, 3, 3이 된다. ■

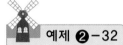

MATLAB

예제 ❷-33 다음에 주어진 행렬 $A$의 계수를 구해 보자.

$$A=\begin{bmatrix}1 & 2 & -3 & 1 & 2\\ 2 & 4 & -4 & 6 & 10\\ 3 & 6 & -6 & 9 & 13\end{bmatrix}$$

풀이 먼저 $a_{11}$ 아래의 항들을 0으로 만들기 위해 $a_{11}=1$을 피벗으로 사용한다.

$$\begin{bmatrix}\textcircled{1} & 2 & -3 & 1 & 2\\ \boxed{2} & 4 & -4 & 6 & 10\\ 3 & 6 & -6 & 9 & 13\end{bmatrix} \quad (-2)\times R_1+R_2\rightarrow R_2$$

$$\begin{bmatrix}\textcircled{1} & 2 & -3 & 1 & 2\\ 0 & 0 & 2 & 4 & 6\\ \boxed{3} & 6 & -6 & 9 & 13\end{bmatrix} \quad (-3)\times R_1+R_3\rightarrow R_3\ \ (a_{11}=1\text{을 피벗으로 사용})$$

$$\begin{bmatrix}1 & 2 & -3 & 1 & 2\\ 0 & 0 & \textcircled{2} & 4 & 6\\ 0 & 0 & \boxed{3} & 6 & 7\end{bmatrix} \quad \left(-\frac{3}{2}\right)\times R_2+R_3\rightarrow R_3\ \ (a_{23}=2\text{를 피벗으로 사용})$$

그 결과 다음과 같은 행 사다리꼴이 만들어진다.

$$\begin{bmatrix}1 & 2 & -3 & 1 & 2\\ 0 & 0 & 2 & 4 & 6\\ 0 & 0 & 0 & 0 & -2\end{bmatrix}$$

따라서 주어진 행렬의 계수는 3이 된다. ■

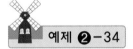

행렬의 계수를 구하기 위해서는 주어진 행렬에다 기본 행 연산을 하여 행 사다리꼴로 만듭니다. 그 결과 모두가 0인 행을 제외한 행의 개수가 바로 행렬의 계수이지요.
예를 들면
$\begin{bmatrix} 1 & 1 & 0 & 0 & 0 \\ 0 & 0 & 1 & 0 & -1 \\ 0 & 0 & 0 & 1 & 0 \end{bmatrix}$ 의 계수는 3이고,
$\begin{bmatrix} 1 & 1 & 0 & 0 & 0 \\ 0 & 0 & 1 & 0 & -1 \\ 0 & 0 & 0 & 0 & 0 \end{bmatrix}$ 의 계수는 2입니다.
그렇다면 피벗의 개수와 같은 개념인가요?
그렇지요!
행렬의 계수
= 피벗의 개수

MATLAB

**예제 ❷-34** 다음 행렬 $A$의 계수를 구해 보자.

$$A=\begin{bmatrix} 3 & -3 & 0 \\ 1 & 4 & 6 \\ 4 & 6 & -3 \end{bmatrix}$$

**풀이** 주어진 행렬 $A$에 기본 행 연산을 필요에 따라 적용한다. 먼저 1행은 3으로 나누어지므로 일단 나누고 나서 그 수를 피벗으로 사용한다.

$$\begin{bmatrix} \textcircled{3} & -3 & 0 \\ 1 & 4 & 6 \\ 4 & 6 & -3 \end{bmatrix} \qquad \left(\frac{1}{3}\right)\times R_1 \rightarrow R_1$$

$$\begin{bmatrix} \textcircled{1} & -1 & 0 \\ \boxed{1} & 4 & 6 \\ 4 & 6 & -3 \end{bmatrix} \qquad (-1)\times R_1 + R_2 \rightarrow R_2$$

$$\begin{bmatrix} \textcircled{1} & -1 & 0 \\ \boxed{0} & 5 & 6 \\ 4 & 6 & -3 \end{bmatrix} \quad (-4)\times R_1 + R_3 \to R_3$$

$$\begin{bmatrix} 1 & -1 & 0 \\ 0 & \textcircled{5} & 6 \\ 0 & \boxed{10} & -3 \end{bmatrix} \quad (-2)\times R_2 + R_3 \to R_3$$

$$\begin{bmatrix} 1 & -1 & 0 \\ 0 & 5 & 6 \\ 0 & 0 & -15 \end{bmatrix}$$

그 결과 행의 각 항들이 모두가 0이 아닌 행의 개수가 3개이므로 행렬 $A$의 계수는 3이다. ■

**예제 ❷-35** 다음 행렬 $A$가 주어졌을 때 이 행렬의 계수를 구해 보자.

$$A = \begin{bmatrix} 1 & 1 & 2 & -1 \\ 1 & 2 & 1 & 0 \\ -1 & -4 & 1 & -2 \\ 1 & -2 & 5 & -4 \end{bmatrix}$$

**풀이** $A$와 행 동치인 행렬을 만들기 위해 다음과 같은 여러 단계의 행 연산을 한다.

$$\begin{bmatrix} \textcircled{1} & 1 & 2 & -1 \\ \boxed{1} & 2 & 1 & 0 \\ -1 & -4 & 1 & -2 \\ 1 & -2 & 5 & -4 \end{bmatrix} \quad (-1)\times R_1 + R_2 \to R_2$$

$$\begin{bmatrix} \textcircled{1} & 1 & 2 & -1 \\ 0 & 1 & -1 & 1 \\ \boxed{-1} & -4 & 1 & -2 \\ 1 & -2 & 5 & -4 \end{bmatrix} \quad R_1 + R_3 \to R_3$$

$$\begin{bmatrix} \textcircled{1} & 1 & 2 & -1 \\ 0 & 1 & -1 & 1 \\ 0 & -3 & 3 & -3 \\ \boxed{1} & -2 & 5 & -4 \end{bmatrix} \quad (-1) \times R_1 + R_4 \to R_4$$

$$\begin{bmatrix} 1 & 1 & 2 & -1 \\ 0 & \textcircled{1} & -1 & 1 \\ 0 & \boxed{-3} & 3 & -3 \\ 0 & -3 & 3 & -3 \end{bmatrix} \quad 3 \times R_2 + R_3 \to R_3$$

$$\begin{bmatrix} 1 & 1 & 2 & -1 \\ 0 & \textcircled{1} & -1 & 1 \\ 0 & 0 & 0 & 0 \\ 0 & \boxed{-3} & 3 & -3 \end{bmatrix} \quad 3 \times R_2 + R_4 \to R_4$$

$$\begin{bmatrix} 1 & 1 & 2 & -1 \\ 0 & 1 & -1 & 1 \\ 0 & 0 & 0 & 0 \\ 0 & 0 & 0 & 0 \end{bmatrix}$$

그 결과 행의 각 항들이 모두가 0이 아닌 행의 개수가 2개이므로 행렬 $A$의 계수는 2이다. ■

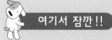

**여기서 잠깐!!**

행렬의 계수는 $n$차 정방행렬인 경우에 $\text{Rank}(A) = n$이면 역행렬이 존재하는 지표로 사용되어 제3장에 나오는 크래머의 규칙이나 기타 응용에 적용할 수 있는지를 쉽게 판별할 수 있다.

## 2.3.4 행렬의 표현과 응용

예제 ❷-36

행렬은 그래프의 표현이나 응용에도 폭넓게 활용될 수 있다. 어떤 점 $i$에서 점 $j$로의 연결이 있을 경우를 행렬로 나타낸 것을 인접행렬(adjacency matrix)이라고 하는데, 주어진 점의 개수가 $n$일 때 다음과 같이 $n \times n$ 행렬로 나타낸다. 만약 두 점 사이에 연결이 있을 경우에는 $a_{ij}=1$이고, 그렇지 않은 경우에는 $a_{ij}=0$이다.

다음 〈그림 2.1〉의 그래프에 대응하는 인접행렬은 다음과 같다.

$$A = \begin{array}{c} \\ 1 \\ 2 \\ 3 \\ 4 \end{array} \begin{array}{c} \begin{array}{cccc} 1 & 2 & 3 & 4 \end{array} \\ \begin{bmatrix} 0 & 1 & 0 & 1 \\ 1 & 0 & 1 & 1 \\ 0 & 1 & 0 & 1 \\ 1 & 1 & 1 & 0 \end{bmatrix} \end{array}$$

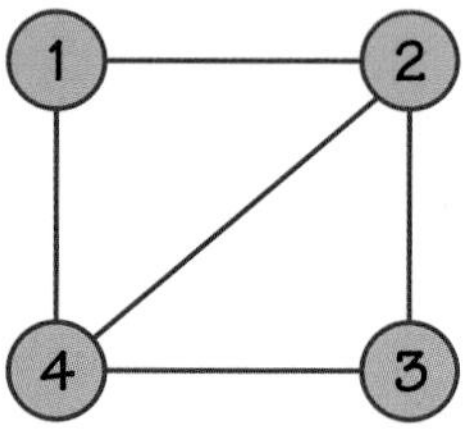


〈그림 2.1〉 연결 그래프

이와 같은 개념을 확장하면 〈그림 2.2〉와 같은 최단 거리 경로(path), 통신 네트워크의 연결, 그래프 이론 등과 관련된 다양한 분야에 응용할 수 있다.

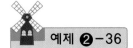

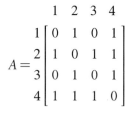

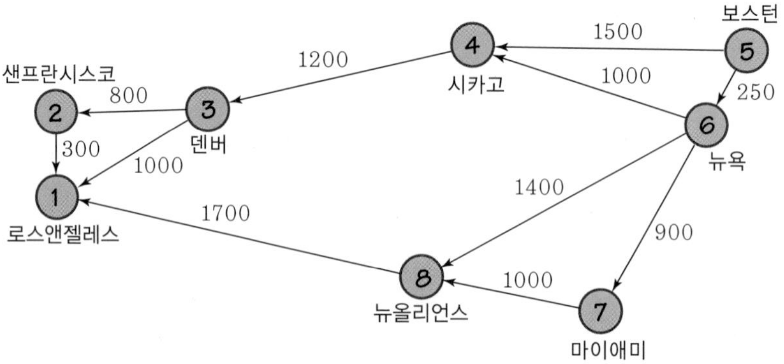


〈그림 2.2〉 최단 거리를 구하는 경로 문제

**예제 ❷-37** 미국에 있는 어느 지방 도시의 패스트푸드 음식점에서는 햄버거(hamburger), 달걀(egg), 칩(chip), 삶은 콩(bean) 들을 결합한 세트메뉴를 제공한다. 그런데 주문하는 사람의 취향에 따라 A, B, C, D 4가지 형태의 세트메뉴를 제공한다.

| | | | | |
|---|---|---|---|---|
| A세트 | – | 칩 120g | 삶은 콩 100g | 햄버거 1개 |
| B세트 | 달걀 1개 | 칩 250g | 삶은 콩 150g | 햄버거 1개 |
| C세트 | 달걀 2개 | 칩 350g | 삶은 콩 200g | 햄버거 2개 |
| D세트 | 달걀 1개 | 칩 200g | 삶은 콩 150g | – |

한 그룹의 단체 손님이 들어와서 A세트 1개, B세트 4개, C세트 2개, D세트 2개를 주문했다고 가정하면 주방에서는 얼마나 많은 음식 재료를 준비해야 할까? 그리고 고객 중 한 명은 C세트를 주문해 놓고 D세트로 주문을 변경할 수 있다고 가정한다. 이 경우에 주방에서는 원래보다 얼마나 적은 음식 재료를 준비해야 할까?

**풀이** A, B, C, D 각 세트메뉴를 만드는 데 필요한 음식재료를 행렬로 나타내면 다음과 같다.

$$A=\begin{bmatrix}0\\120\\100\\1\end{bmatrix},\quad B=\begin{bmatrix}1\\250\\150\\1\end{bmatrix},\quad C=\begin{bmatrix}2\\350\\200\\2\end{bmatrix},\quad D=\begin{bmatrix}1\\200\\150\\0\end{bmatrix}$$

따라서 주방에서 필요한 음식 재료의 양은 다음과 같은 행렬로 표현할 수 있다.

$$A+4B+2C+2D=\begin{bmatrix}10\\2220\\1400\\9\end{bmatrix}$$

어느 한 고객이 $C$세트에서 $D$세트로 주문을 변경할 경우에 달라지는 음식 재료의 행렬은 다음과 같이 변경될 것이다.

$$C-D=\begin{bmatrix}2\\350\\200\\2\end{bmatrix}-\begin{bmatrix}1\\200\\150\\0\end{bmatrix}=\begin{bmatrix}1\\150\\50\\2\end{bmatrix}$$

비록 이런 예가 얼핏 보기에는 단순해 보일지는 몰라도 대량의 부품 공급을 필요로 하는 생산공정 등의 문제와 기본 원리는 같다. 그러므로 다양한 분야에 폭넓게 응용될 수 있다는 것을 보여 준다. ■

**예제 ❷-38**

행렬은 함수의 변환을 위한 응용에 있어서 매우 편리한 계산을 제공할 수 있다. 예를 들면

$$A=\begin{bmatrix}1&0\\0&-1\end{bmatrix},\quad x=\begin{bmatrix}a\\b\end{bmatrix} \text{ 일 때}$$

$y=Ax$를 구해 보자.

**풀이**

$$y=Ax=\begin{bmatrix}1&0\\0&-1\end{bmatrix}\begin{bmatrix}a\\b\end{bmatrix}=\begin{bmatrix}a\\-b\end{bmatrix}$$

이므로 $a$는 그대로 두고 $b$는 $-b$에 대응시킨다. 이것은 〈그림 2.3〉과 같이 주어진 좌표 $(a,\ b)$를 $x$축에 반사시킨 $(a,\ -b)$로 대응시키는 역할을 한다.

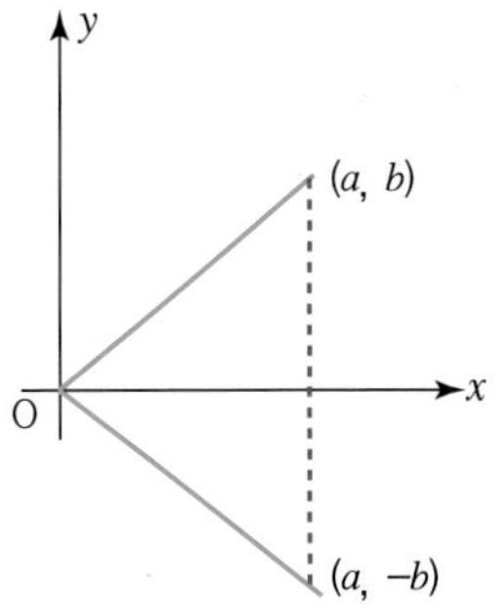


〈그림 2.3〉 행렬의 함수 변환에의 적용

만약 $A=\begin{bmatrix} -1 & 0 \\ 0 & -1 \end{bmatrix}$이라면

$$y=Ax=\begin{bmatrix} -1 & 0 \\ 0 & 1 \end{bmatrix}\begin{bmatrix} a \\ b \end{bmatrix}=\begin{bmatrix} -a \\ b \end{bmatrix}$$가 되어

〈그림 2.4〉와 같이 $y$축 반사의 역할을 한다.

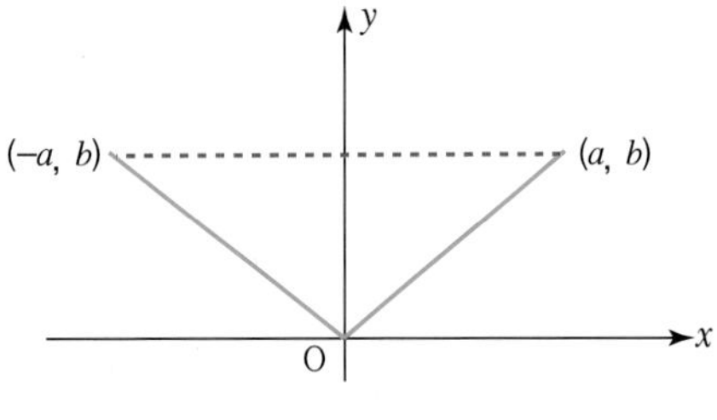


〈그림 2.4〉 행렬의 $y$축 반사 변환

또한 $A=\begin{bmatrix} -1 & 0 \\ 0 & -1 \end{bmatrix}$이라면

$$y=Ax=\begin{bmatrix} -1 & 0 \\ 0 & -1 \end{bmatrix}\begin{bmatrix} a \\ b \end{bmatrix}=\begin{bmatrix} -a \\ -b \end{bmatrix}$$가 되어

〈그림 2.5〉와 같이 행렬의 원점 대칭의 역할을 한다.

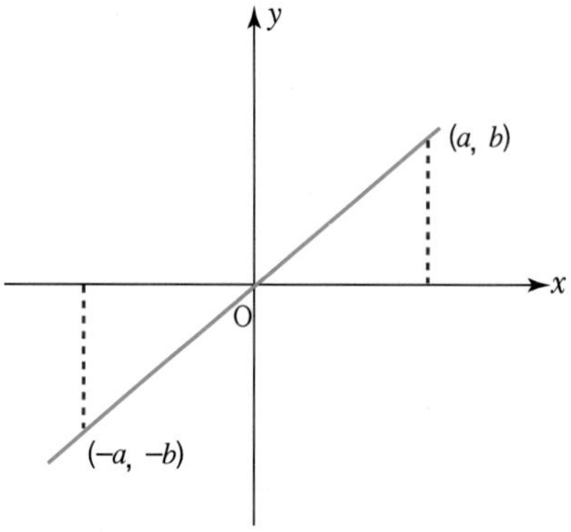


〈그림 2.5〉 행렬의 원점 대칭 변환

# 연습 문제 2.3

## Part 1. 진위 문제

다음 문장의 진위를 판단하고, 틀린 경우에는 그 이유를 적으시오.

1. 주어진 행렬에다 행 연산을 한 것을 행 동치라고 한다.
2. 세 개의 미지수를 가지는 선형시스템에서 어느 두 행이 교환되어도 해집합은 변하지 않는다.
3. 일반적으로 행 사다리꼴은 기약 행 사다리꼴에서 추가적인 행 연산을 통해 이루어지는 경우가 많다.
4. 가우스 소거법을 거친 후에는 피벗의 아래와 위의 항들이 모두 0으로 바뀐다.
5. 정방행렬 $A$에서 $\text{Rank}(A) = n$이면 $A$는 역함수를 구할 수 있는 정칙행렬이다.
6. 모든 행렬은 그 자신의 REF나 RREF와 행 동치이다.
7. 만약 $A$가 $n \times n$ 행렬이고, 그 계수(rank)가 $n$이라면 $A$는 정칙행렬이다.
8. 만일 $I_1$과 $I_2$가 크기가 다를 경우에도 모두 항등행렬이면, 항상 $I_1 I_2 = I_2 I_1$이다.
9. 주어진 행렬 $A$에서 행 연산을 거친 후 적어도 하나의 항은 0이 아닌 행의 개수를 $A$의 계수라고 할 수 있다.

## Part 2. 선택 문제

1. 다음 중 행 사다리꼴이 아닌 것을 찾으시오.

(1) $\begin{bmatrix} 1 & 0 & 0 \\ 0 & 1 & 0 \\ 0 & 0 & 1 \end{bmatrix}$ (2) $\begin{bmatrix} 1 & 2 & 0 \\ 0 & 1 & 0 \\ 0 & 0 & 0 \end{bmatrix}$

(3) $\begin{bmatrix} 1 & 0 & 0 \\ 0 & 1 & 0 \\ 0 & 2 & 0 \end{bmatrix}$ (4) $\begin{bmatrix} 1 & 0 & 0 \\ 0 & 3 & 0 \\ 0 & 0 & 0 \end{bmatrix}$

2. 다음 중 기본행렬이 아닌 것은?

(1) $\begin{bmatrix} -5 & 1 \\ 1 & 0 \end{bmatrix}$　(2) $\begin{bmatrix} 0 & 0 & 1 \\ 0 & 1 & 0 \\ 1 & 0 & 0 \end{bmatrix}$

(3) $\begin{bmatrix} 1 & 0 \\ 0 & 5 \end{bmatrix}$　(4) $\begin{bmatrix} 1 & 0 \\ -7 & 1 \end{bmatrix}$

3. 다음 3×3 행렬 중에서 기약 행 사다리꼴이 아닌 것은?

(1) $\begin{bmatrix} 1 & 0 & 0 \\ 0 & 0 & 0 \\ 0 & 0 & 1 \end{bmatrix}$　(2) $\begin{bmatrix} 1 & 0 & 0 \\ 0 & 1 & 0 \\ 0 & 0 & 0 \end{bmatrix}$

(3) $\begin{bmatrix} 0 & 1 & 0 \\ 0 & 0 & 1 \\ 0 & 0 & 0 \end{bmatrix}$　(4) $\begin{bmatrix} 1 & 0 & 0 \\ 0 & 0 & 1 \\ 0 & 0 & 0 \end{bmatrix}$

4. 다음 3×3 행렬 중에서 기약 행 사다리꼴이 아닌 것은?

(1) $\begin{bmatrix} 1 & 0 & 0 \\ 0 & 1 & 0 \\ 0 & 0 & 1 \end{bmatrix}$　(2) $\begin{bmatrix} 1 & 1 & 0 \\ 0 & 1 & 0 \\ 0 & 0 & 0 \end{bmatrix}$

(3) $\begin{bmatrix} 1 & 0 & 2 \\ 0 & 1 & 3 \\ 0 & 0 & 0 \end{bmatrix}$　(4) $\begin{bmatrix} 0 & 0 & 1 \\ 0 & 0 & 0 \\ 0 & 0 & 0 \end{bmatrix}$

5. 다음과 같은 2×4 행렬 $A$의 계수는 얼마인가?

$$A = \begin{bmatrix} 4 & 2 & 0 & 3 \\ 6 & 1 & 0 & 0 \end{bmatrix}$$

(1) 4　(2) 3　(3) 2　(4) 1

## Part 3. 주관식 문제

1. 다음 행렬 중에서 행 사다리꼴이 되는 것을 찾으시오.

$$A=\begin{bmatrix}2&1&6&4&-2\\0&1&0&2&4\\0&0&3&1&5\\0&0&0&1&4\end{bmatrix},\ B=\begin{bmatrix}1&5&0&2&3\\0&0&6&1&1\\0&0&0&2&4\\0&0&0&0&0\end{bmatrix},\ C=\begin{bmatrix}3&1&4&6\\0&1&3&6\\0&2&8&15\\0&3&7&19\end{bmatrix}$$

$$D=\begin{bmatrix}2&1&6&0&3&4\\0&0&2&0&4&3\\0&0&0&0&1&1\\0&0&0&0&0&-1\end{bmatrix},\ E=\begin{bmatrix}0&5&3&1\\2&6&1&5\\0&0&2&1\\0&0&0&0\end{bmatrix}$$

2. 다음 중 어떤 행렬이 행 사다리꼴이고 어떤 행렬이 기약 행 사다리꼴인가?

(1) $\begin{bmatrix}1&2&3&4\\0&0&1&2\end{bmatrix}$

(2) $\begin{bmatrix}1&0&0\\0&0&0\\0&0&1\end{bmatrix}$

(3) $\begin{bmatrix}1&3&0\\0&0&1\\0&0&0\end{bmatrix}$

(4) $\begin{bmatrix}0&1\\0&0\\0&0\end{bmatrix}$

(5) $\begin{bmatrix}1&1&1\\0&1&2\\0&0&1\end{bmatrix}$

(6) $\begin{bmatrix}1&4&6\\0&0&1\\0&1&3\end{bmatrix}$

(7) $\begin{bmatrix}1&0&0&1&2\\0&1&0&2&4\\0&0&1&3&6\end{bmatrix}$

(8) $\begin{bmatrix}0&1&3&4\\0&0&1&3\\0&0&0&0\end{bmatrix}$

3. 다음과 같이 주어진 행렬 $A$의 계수를 구하시오.

$$A=\begin{bmatrix}2&3\\3&5\\7&-1\\4&5\end{bmatrix}$$

4. 다음 행렬 $B$의 계수를 구하시오.

$$B=\begin{bmatrix} 2 & 9 & 3 & -1 \\ 1 & 5 & -2 & 3 \\ 4 & 7 & 0 & 6 \end{bmatrix}$$

5. 다음 행렬 $A$의 계수를 구하시오.

$$A=\begin{bmatrix} 3 & -3 & 0 \\ 1 & 4 & 5 \\ 4 & 4 & 8 \end{bmatrix}$$

6. 다음 행렬 $A$의 계수를 행 사다리꼴을 이용하여 구하시오.

$$A=\begin{bmatrix} 3 & -1 & 2 \\ 2 & 1 & 3 \\ 7 & 1 & 8 \end{bmatrix}$$

7. 다음 행렬 $A$를 행 사다리꼴로 바꾸고, 기약 행 사다리꼴로도 바꾸시오.

$$A=\begin{bmatrix} 0 & 1 & 2 & 3 \\ 0 & 3 & 8 & 12 \\ 0 & 0 & 4 & 6 \\ 0 & 2 & 7 & 10 \end{bmatrix}$$

8. 다음 행렬들을 기약 행 사다리꼴로 바꾸시오.

(1) $A=\begin{bmatrix} 2 & 2 & -1 & 6 & 4 \\ 4 & 4 & 1 & 10 & 13 \\ 8 & 8 & -1 & 26 & 23 \end{bmatrix}$　　(2) $B=\begin{bmatrix} 5 & -9 & 6 \\ 0 & 2 & 3 \\ 0 & 0 & 7 \end{bmatrix}$

9. 다음 행렬 $A$의 계수를 구하시오.

$$A=\begin{bmatrix} 3 & 4 & 1 & 3 & 4 \\ 0 & 3 & 2 & 0 & 8 \\ 1 & 7 & 3 & 9 & 7 \end{bmatrix}$$

10. 다음 행렬들의 계수를 각각 구하시오.

(1) $\begin{bmatrix} 2 & 1 & 1 & 1 \\ 4 & 2 & 2 & 3 \\ 0 & 0 & 0 & 1 \\ -4 & -2 & -2 & 0 \end{bmatrix}$ (2) $\begin{bmatrix} 1 & 1 & 1 & 1 \\ 2 & 1 & 2 & 1 \\ 0 & 1 & 0 & 1 \\ 1 & 0 & 1 & 1 \end{bmatrix}$

11. 다음 행렬들의 계수를 각각 구하시오.

(1) $\begin{bmatrix} -4 & 0 & 3 \\ 1 & 7 & 9 \end{bmatrix}$ (2) $\begin{bmatrix} 9 & 1 \\ 0 & 4 \\ 2 & 6 \end{bmatrix}$

12. 다음 행렬들의 계수를 각각 구하시오.

(1) $\begin{bmatrix} 3 & -3 & 0 \\ 1 & 4 & 5 \\ 4 & 4 & 8 \end{bmatrix}$ (2) $\begin{bmatrix} 8 & 1 & 3 & 6 \\ 0 & 3 & 2 & 2 \\ -8 & -1 & -3 & 4 \end{bmatrix}$

13. 주어진 행렬 $A$를 피벗을 사용하여 행 사다리꼴로 바꾸시오.

$$A = \begin{bmatrix} 2 & -2 & 2 & 1 \\ -3 & 6 & 0 & -1 \\ 1 & -7 & 10 & 2 \end{bmatrix}$$

14. 다음 〈그림 2.6〉은 독일 쾨니히스베르크의 다리 연결을 나타낸 것이다. 이것을 추상적인 개념의 그래프로 나타내면 4개 점들로 이루어진 그래프가 된다. 이들 점들의 연결 관계를 인접행렬로 만드시오.

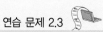

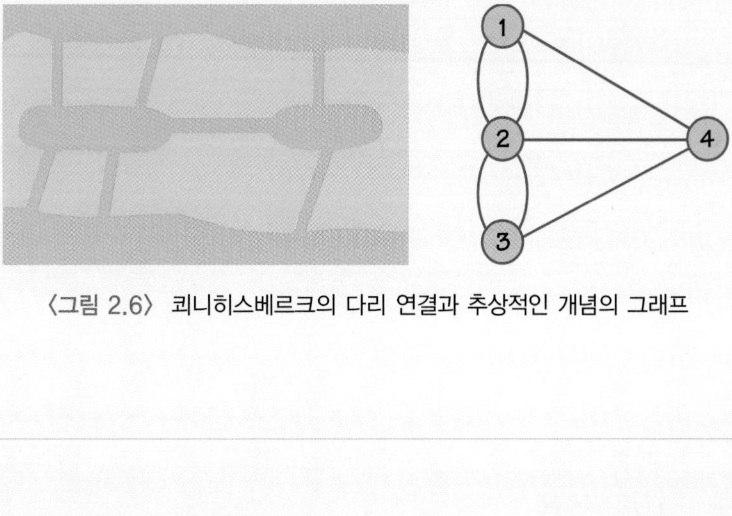


〈그림 2.6〉 쾨니히스베르크의 다리 연결과 추상적인 개념의 그래프

15. (도전문제) $\operatorname{rank}(A) = \operatorname{rank}(A^T)$임을 입증하시오.

16. (도전문제) 다음 행렬 $A$를 행 사다리꼴로 바꾸고, 기약 행 사다리꼴로도 바꾸시오. 또한 이 행렬의 계수를 구하시오.

$$A = \begin{bmatrix} 1 & 2 & 1 & 2 & 1 & 2 \\ 2 & 4 & 3 & 5 & 5 & 7 \\ 3 & 6 & 4 & 9 & 10 & 11 \\ 1 & 2 & 4 & 3 & 6 & 9 \end{bmatrix}$$

## 2.4 컴퓨터 프로그램에 의한 연산

20세기 중반에 컴퓨터가 처음으로 개발된 이후 컴퓨터 기술의 급속한 발달은 인간이 하기 어려운 복잡한 계산을 컴퓨터가 대신해 주기에 이르렀다. 현대의 디지털 컴퓨터의 이론적 바탕은 영국의 천재 수학자 튜링과 현대적 노이만형 컴퓨터를 개발한 노이만에 힘입은 바 크다.

따라서 지금은 많은 사람들이 C 언어로 만들어진 C 프로그램을 이용하거나, 계산용 소프트웨어 패키지인 MATLAB, Mathematica, Maple 등을 이용하여 복잡한 계산도 순식간에 처리할 수 있게 되었다. 여기서는 C 프로그램과 MATLAB을 이용하는 방법을 보여 준다.

튜링(Alan Turing, 1912~1954)

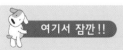

영국의 수학자이자 논리학자인 튜링은 현대의 디지털 컴퓨터의 이론적 바탕을 이루어 흔히 '컴퓨터 과학의 아버지' 라고도 불린다. 인공지능 연구의 중요한 테스트가 되는 튜링 테스트(Turing)를 창안하였고, 1936년에 고안한 튜링 기계(Turing Machine)는 현대 컴퓨터 기능의 수학적 바탕을 이루었다. 1943년 개발한 디지털 컴퓨터인 콜로서스를 사용하여 독일의 암호를 해독함으로써 제2차 세계대전을 승리로 이끄는 데 크게 공헌하였다. 컴퓨터 분야에는 노벨상이 없지만 튜링의 위대한 업적을 기려서 해마다 수여되는 튜링상(Turing Award)은 컴퓨터 분야의 가장 영예로운 상으로 여겨지고 있다.

**여기서 잠깐!!** C 프로그램과 MATLAB에 의한 풀이는 본문에 있는 예제를 대상으로 풀이와 답을 비교할 수 있도록 구성되어 있다.

**컴퓨터 프로그램에 의한 행렬의 연산**

선형대수학에 있어서 C 프로그램은 매우 널리 쓰이고 있습니다.
• 손으로 계산하면 시간이 많이 걸리고 정확성을 기하기 어렵다.
• 따라서 C-Program이나 MATLAB으로 계산하면 빠르고 정확하다.
C-Program
int main(void)
{
int i, j;
int n = 0;
이 책에 있는 여러 가지 C 프로그램으로 실습하면 됩니다.

## 2.4.1 C 프로그램에 의한 연산

### (1) 행렬의 합을 구하는 C 프로그램

```
#include <stdio.h>

#define MAX 30                              // 배열의 임시 최대값 선언

int main(void)
{
   int i, j;                                // 루프를 수행하기 위한 변수 선언
int n = 0;                                  // 행렬의 행 변수 값(n x m 행렬)
   int m = 0;                               // 행렬의 열 변수 값
   int vMatrixA[MAX][MAX] = {0,};           // 행렬 A 배열 선언
   int vMatrixB[MAX][MAX] = {0,};           // 행렬 B 배열 선언
   int vResult[MAX][MAX] = {0,};            // 행렬 덧셈 결과 값 배열 선언

   printf(" ************************************************************\n");
   printf(" **                                                        **\n");
   printf(" **                  행렬의 합 계산 프로그램                  **\n");
   printf(" **                                                        **\n");
   printf(" ************************************************************\n\n");
```

```
// 행렬의 행과 열 개수 입력(행렬의 덧셈은 두 행렬이 같아야 하기 때문에 한 번
   만 입력한다)
printf(" 덧셈하려는 행렬의 크기를 입력하세요\n");
printf(" 행렬의 행 크기 입력: ");
scanf("%d", &n);
printf(" 행렬의 열 크기 입력: ");
scanf("%d", &m);

// 첫 번째 행렬 값 입력(A 행렬)
printf("\n");
printf(" 첫번째 행렬의 값을 입력하세요. \n");

// 입력받은 값을 A 행렬 배열에 넣는다.
for(i = 0; i < n; i++)
{
   for(j = 0; j < m; j++)
   {
      printf(" %d X %d 행렬의 값을 입력하세요: ", i+1, j+1);
      scanf("%d", &vMatrixA[i][j]);
   }
}

// 두 번째 행렬 값 입력(B 행렬)
printf("\n");
printf(" 두번째 행렬의 값을 입력하세요. \n");

// 입력받은 값을 B 행렬 배열에 삽입한다
for(i = 0; i < n; i++)
{
   for(j = 0; j < m; j++)
   {
      printf(" %d X %d 행렬의 값을 입력하세요: ", i+1, j+1);
      scanf("%d", &vMatrixB[i][j]);
   }
}

// 행렬 A + B 연산
// 행렬의 덧셈은 두 행렬의 크기가 같아야 하므로 행렬 크기에 변화가 없다(입력
   받은 n과 m의 크기 즉 n x m 형태의 행렬 결과 값)
```

```
    for(i = 0; i < n; i++)
    {
        for(j = 0; j < m; j++)
        {
            vResult[i][j] += vMatrixA[i][j] + vMatrixB[i][j];
        }
    }

    // A + B의 결과 값을 출력한다.
    printf("\n");
    printf(" 두 행렬 덧셈의 결과값\n");

    for(i = 0; i < n; i++)
    {
        for(j = 0; j < m; j++)
        {
            printf("%4d ", vResult[i][j]);
        }
        printf("\n");
    }
    printf("\n");

    return 0;
}
```

예제 ❷-2 | C program, MATLAB

**실습 ❷-1** $A=\begin{bmatrix} 3 & -1 \\ 2 & 4 \end{bmatrix}$, $B=\begin{bmatrix} 2 & 1 \\ -3 & 2 \end{bmatrix}$일 때 $A+B$를 구해 보자.

**풀이** $$A+B=\begin{bmatrix} 3+2 & -1+1 \\ 2+(-3) & 4+2 \end{bmatrix}=\begin{bmatrix} 5 & 0 \\ -1 & 6 \end{bmatrix}$$

이 된다. ■

```
C:\WINDOWS\system32\cmd.exe
*********************************************************
**                                                     **
**               행렬의 합 계산 프로그램                **
**                                                     **
*********************************************************

덧셈하려는 행렬의 크기를 입력하세요
행렬의 행 크기 입력 : 2
행렬의 열 크기 입력 : 2

첫번째 행렬의 값을 입력하세요.
1 X 1 행렬의 값을 입력하세요 : 3
1 X 2 행렬의 값을 입력하세요 : -1
2 X 1 행렬의 값을 입력하세요 : 2
2 X 2 행렬의 값을 입력하세요 : 4

두번째 행렬의 값을 입력하세요.
1 X 1 행렬의 값을 입력하세요 : 2
1 X 2 행렬의 값을 입력하세요 : 1
2 X 1 행렬의 값을 입력하세요 : -3
2 X 2 행렬의 값을 입력하세요 : 2

 두 행렬 덧셈의 결과값
   5     0
  -1     6

계속하려면 아무 키나 누르십시오 . . .
```

예제 ❷-3 | C program, MATLAB

**실습 ❷-2** 다음 두 행렬 $A$, $B$의 합을 구해 보자.

$$A=\begin{bmatrix}3 & -1 & 3\\ 0 & 4 & 6\\ 2 & 7 & -5\end{bmatrix},\quad B=\begin{bmatrix}0 & -2 & -4\\ 1 & 6 & -2\\ 1 & -1 & 2\end{bmatrix}$$

**풀이** $$A+B=\begin{bmatrix}3+0 & -1+(-2) & 3+(-4)\\ 0+1 & 4+6 & 6+(-2)\\ 2+1 & 7+(-1) & (-5)+2\end{bmatrix}=\begin{bmatrix}3 & -3 & -1\\ 1 & 10 & 4\\ 3 & 6 & -3\end{bmatrix}$$ ■

노이만(John von Neumann, 1903~1957)

노이만은 헝가리 출신 미국인 수학자로서, 양자역학, 함수해석학, 집합론, 위상수학, 컴퓨터 과학, 수치해석, 경제학, 통계학 등 여러 학문 분야에 걸쳐 다양한 업적을 남겼다. 어렸을 적 놀이 삼아 두꺼운 전화번호부를 완벽하게 암기했다는 일화에서 보듯이 그는 놀라울 정도의 기억력과 뛰어난 계산력을 발휘했다고 한다. 실제로 노이만은 그가 발명한 컴퓨터와 경쟁해서 이긴 적도 있었다. 그가 컴퓨터 개발에 끼친 영향은 실로 막대한데, 현재의 컴퓨터를 노이만형 컴퓨터라고 부르는 이유도 바로 그 때문이다.

### (2) 행렬의 곱을 구하는 C 프로그램

```
#include <stdio.h>

#define MAX 30                              // 배열의 임시 최대값 선언

int main(void)
{
   int i, j, k;                             // 루프를 수행하기 위한 변수 선언
   int An = 0;                              // A 행렬의 행 변수 값
   int Am = 0;                              // A 행렬의 열 변수 값
   int Bn = 0;                              // B 행렬의 행 변수 값
   int Bm = 0;                              // B 행렬의 열 변수 값
   int vMatrixA[MAX][MAX] = {0,};           // 행렬 A 배열 선언
   int vMatrixB[MAX][MAX] = {0,};           // 행렬 B 배열 선언
   int vResult[MAX][MAX] = {0,};            // 행렬 곱 결과 값 배열 선언

   printf(" ********************************************************\n");
   printf(" **                                                    **\n");
   printf(" **                 행렬의 곱 계산 프로그램             **\n");
   printf(" **                                                    **\n");
   printf(" ********************************************************\n\n");

   // 첫 번째 행렬을 입력한다(A 행렬)
   printf(" 첫번째 행렬을 입력하세요\n");
   printf(" 첫번째 행렬의 행 크기 입력: ");
   scanf("%d", &An);
   printf(" 첫번째 행렬의 열 크기 입력: ");
   scanf("%d", &Am);

   printf("\n");
   printf(" 첫번째 행렬의 값을 입력하세요. \n");

   // 입력받은 값을 A 행렬 배열에 넣는다.
   for(i = 0; i < An; i++)
   {
```

```
        for(j = 0; j < Am; j++)
        {
            printf(" %d X %d 행렬의 값을 입력하세요: ", i+1, j+1);
            scanf("%d", &vMatrixA[i][j]);
        }
    }

    // 두 번째 행렬을 입력한다(B 행렬)
    printf("\n");
    printf(" 두번째 행렬을 입력하세요\n");
    printf(" 두번째 행렬의 행 크기 입력: ");
    scanf("%d", &Bn);
    printf(" 두번째 행렬의 열 크기 입력: ");
    scanf("%d", &Bm);

    printf("\n");
    printf(" 두번째 행렬의 값을 입력하세요. \n");

    // 입력받은 값을 B 행렬 배열에 삽입한다.
    for(i = 0; i < Bn; i++)
    {
        for(j = 0; j < Bm; j++)
        {
            printf(" %d X %d 행렬의 값을 입력하세요: ", i+1, j+1);
            scanf("%d", &vMatrixB[i][j]);
        }
    }

    // 행렬의 곱 A X B 연산
    // 행렬 곱 연산의 결과는 행렬의 형태가 (A 행렬의 행 x B 행렬의 열)의 형태로
       나타난다.(An x Bm의 행렬 형태)
    for(i = 0; i < An; i++)
    {
        for(j = 0; j < Bm; j++)
        {
            vResult[i][j] = 0;            // 결과 값 행렬을 초기화한다.
```

```
            for(k = 0; k < Am; k++)
            {
               vResult[i][j] += vMatrixA[i][k] * vMatrixB[k][j];
            }
         }
      }

      // A X B의 결과 값을 출력한다.
      printf("\n");
      printf(" 두 행렬 곱의 결과값\n");

      for(i = 0; i < An; i++)
      {
         for(j = 0; j < Bm; j++)
         {
            printf(" %4d ", vResult[i][j]);
         }
         printf("\n");
      }
      printf("\n");

      return 0;
   }
```

예제 ❷-9 C program, MATLAB

**실습 ❷-3**

행렬 $A$와 행렬 $B$가 다음과 같이 주어졌을 때, 행렬의 곱 $AB$의 두 번째 행의 값을 구해 보자.

$$A=\begin{bmatrix} 2 & 4 & -1 \\ -1 & 3 & 3 \\ 4 & -2 & 1 \\ -3 & 0 & 2 \end{bmatrix},\quad B=\begin{bmatrix} 4 & -2 \\ -2 & 1 \\ 3 & -1 \end{bmatrix}$$

풀이 $AB=\begin{bmatrix} -3 & 1 \\ -1 & 2 \\ 23 & -11 \\ -6 & 4 \end{bmatrix}$ ■

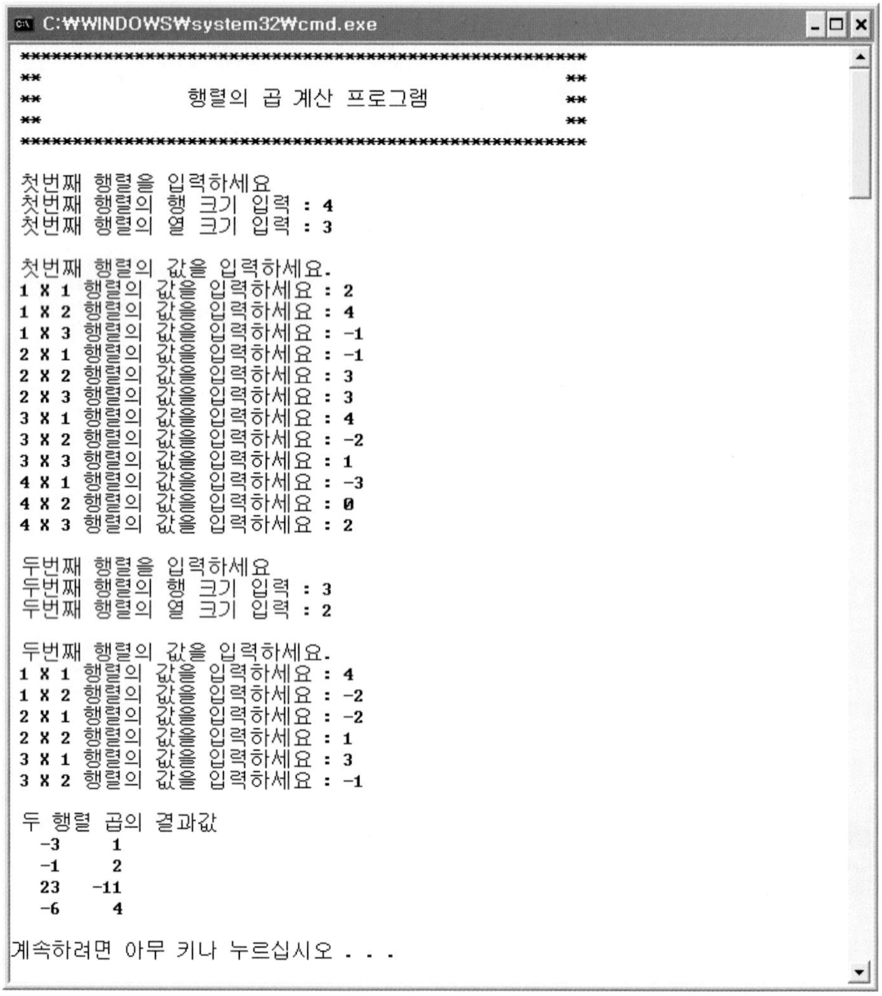

```
C:\WINDOWS\system32\cmd.exe
*******************************************************
**                                                   **
**              행렬의 곱 계산 프로그램              **
**                                                   **
*******************************************************

첫번째 행렬을 입력하세요
첫번째 행렬의 행 크기 입력 : 4
첫번째 행렬의 열 크기 입력 : 3

첫번째 행렬의 값을 입력하세요.
1 X 1 행렬의 값을 입력하세요 : 2
1 X 2 행렬의 값을 입력하세요 : 4
1 X 3 행렬의 값을 입력하세요 : -1
2 X 1 행렬의 값을 입력하세요 : -1
2 X 2 행렬의 값을 입력하세요 : 3
2 X 3 행렬의 값을 입력하세요 : 3
3 X 1 행렬의 값을 입력하세요 : 4
3 X 2 행렬의 값을 입력하세요 : -2
3 X 3 행렬의 값을 입력하세요 : 1
4 X 1 행렬의 값을 입력하세요 : -3
4 X 2 행렬의 값을 입력하세요 : 0
4 X 3 행렬의 값을 입력하세요 : 2

두번째 행렬을 입력하세요
두번째 행렬의 행 크기 입력 : 3
두번째 행렬의 열 크기 입력 : 2

두번째 행렬의 값을 입력하세요.
1 X 1 행렬의 값을 입력하세요 : 4
1 X 2 행렬의 값을 입력하세요 : -2
2 X 1 행렬의 값을 입력하세요 : -2
2 X 2 행렬의 값을 입력하세요 : 1
3 X 1 행렬의 값을 입력하세요 : 3
3 X 2 행렬의 값을 입력하세요 : -1

두 행렬 곱의 결과값
  -3     1
  -1     2
  23   -11
  -6     4

계속하려면 아무 키나 누르십시오 . . .
```

예제 ❷-10 | C program, MATLAB

**실습 ❷-4** 행렬 $A$, $B$, $C$가 다음과 같이 주어졌을 때, $AB$와 $AC$를 구해 보자.

$$A=\begin{bmatrix}1 & 1 & 0\\ 2 & 0 & 1\end{bmatrix},\quad B=\begin{bmatrix}2 & 0\\ 0 & 1\\ 1 & 3\end{bmatrix},\quad C=\begin{bmatrix}1 & -2\\ -1 & 2\\ -2 & 4\end{bmatrix}$$

**풀이** (1) $AB=\begin{bmatrix}1 & 1 & 0\\ 2 & 0 & 1\end{bmatrix}\begin{bmatrix}2 & 0\\ 0 & 1\\ 1 & 3\end{bmatrix}$

$$=\begin{bmatrix}(1)(2)+(1)(0)+(0)(1) & (1)(0)+(1)(1)+(0)(3)\\ (2)(2)+(0)(0)+(1)(1) & (2)(0)+(0)(1)+(1)(3)\end{bmatrix}=\begin{bmatrix}2 & 1\\ 5 & 3\end{bmatrix}$$ ■

여기서는 $AB$의 값만 구해 본다.

```
C:\WINDOWS\system32\cmd.exe
*******************************************************
**                                                   **
**              행렬의 곱 계산 프로그램               **
**                                                   **
*******************************************************

첫번째 행렬을 입력하세요
첫번째 행렬의 행 크기 입력 : 2
첫번째 행렬의 열 크기 입력 : 3

첫번째 행렬의 값을 입력하세요.
1 X 1 행렬의 값을 입력하세요 : 1
1 X 2 행렬의 값을 입력하세요 : 1
1 X 3 행렬의 값을 입력하세요 : 0
2 X 1 행렬의 값을 입력하세요 : 2
2 X 2 행렬의 값을 입력하세요 : 0
2 X 3 행렬의 값을 입력하세요 : 1

두번째 행렬을 입력하세요
두번째 행렬의 행 크기 입력 : 3
두번째 행렬의 열 크기 입력 : 2

두번째 행렬의 값을 입력하세요.
1 X 1 행렬의 값을 입력하세요 : 2
1 X 2 행렬의 값을 입력하세요 : 0
2 X 1 행렬의 값을 입력하세요 : 0
2 X 2 행렬의 값을 입력하세요 : 1
3 X 1 행렬의 값을 입력하세요 : 1
3 X 2 행렬의 값을 입력하세요 : 3

두 행렬 곱의 결과값
  2     1
  5     3

계속하려면 아무 키나 누르십시오 . . .
```

예제 ❷-12 C program, MATLAB

**실습 ❷-5**

다음의 $A$, $B$ 두 행렬이 주어졌을 때, 이 행렬들의 곱셈에서는 교환법칙이 성립하지 않음을 살펴보자. 즉, $AB \neq BA$임을 보인다.

$$A = \begin{bmatrix} 5 & 1 \\ 3 & -2 \end{bmatrix}, \quad B = \begin{bmatrix} 2 & 0 \\ 4 & 3 \end{bmatrix}$$

**풀이** $AB$와 $BA$의 값이 다름을 보인다.

$$AB = \begin{bmatrix} 5 & 1 \\ 3 & -2 \end{bmatrix}\begin{bmatrix} 2 & 0 \\ 4 & 3 \end{bmatrix} = \begin{bmatrix} 14 & 3 \\ -2 & -6 \end{bmatrix}$$

$$BA = \begin{bmatrix} 2 & 0 \\ 4 & 3 \end{bmatrix}\begin{bmatrix} 5 & 1 \\ 3 & -2 \end{bmatrix} = \begin{bmatrix} 10 & 2 \\ 29 & -2 \end{bmatrix}$$ ■

여기서는 $AB$의 값만 구해 본다.

```
C:\WINDOWS\system32\cmd.exe
*******************************************************
**                                                   **
**              행렬의 곱 계산 프로그램              **
**                                                   **
*******************************************************

첫번째 행렬을 입력하세요
첫번째 행렬의 행 크기 입력 : 2
첫번째 행렬의 열 크기 입력 : 2

첫번째 행렬의 값을 입력하세요.
1 X 1 행렬의 값을 입력하세요 : 5
1 X 2 행렬의 값을 입력하세요 : 1
2 X 1 행렬의 값을 입력하세요 : 3
2 X 2 행렬의 값을 입력하세요 : -2

두번째 행렬을 입력하세요
두번째 행렬의 행 크기 입력 : 2
두번째 행렬의 열 크기 입력 : 2

두번째 행렬의 값을 입력하세요.
1 X 1 행렬의 값을 입력하세요 : 2
1 X 2 행렬의 값을 입력하세요 : 0
2 X 1 행렬의 값을 입력하세요 : 4
2 X 2 행렬의 값을 입력하세요 : 3

두 행렬 곱의 결과값
  14     3
  -2    -6

계속하려면 아무 키나 누르십시오 . . .
```

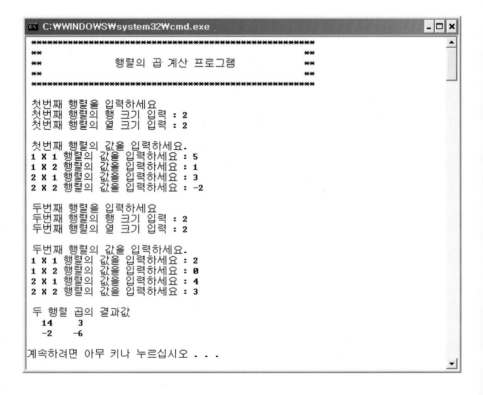

## 2.4.2 MATLAB에 의한 연산

### (1) MATLAB의 개요

MATLAB은 MathWorks사에서 개발한 수치해석 및 프로그래밍 환경을 제공하는 공학용 소프트웨어이다. 행렬을 이용한 처리가 용이하며, 함수와 데이터의 그래프 표현이 가능하고, 사용자 인터페이스 생성도 가능하다. 각종 내장 함수를 포함한 이와 같은 기능을 활용하여 과학과 공학 분야에서의 여러 가지 문제들을 편리하고 빠르게 풀 수 있다. 2010년 3월 현재의 최신 버전은 2010년 3월에 출시된 R2010a이다.

MATLAB은 행렬 연산뿐만 아니라, 행렬 연산을 기초로 하여 과학 계산을 위한 하나의 프로그래밍 언어와 데이터를 그래픽하게 처리하기 위한 후처리기와 GUI 및 기타 애플리케이션 등으로 사용할 수도 있고, SIMULINK라는 도구를 내장하여 동적 시스템을 그래픽하게 시뮬레이션 할 수도 있다. 또한 MATLAB은 M-file을 분야별로 모아 놓은 Toolbox(도구 상자)를 제공하여 해당 분야에서 MATLAB을 강력하고 편리하게 사용할 수 있도록 해 준다.

그러나 대부분의 MATLAB 기능은 행렬 연산을 기초로 하여 수행되기 때문에

MATLAB을 유용하게 사용하기 위해서는 먼저 행렬에 대해 충분히 이해하고 있어야 한다.

### (2) MATLAB의 특징과 연산 명령어

MATLAB의 주요 특징들은 다음과 같다.

- 행렬 데이터가 기본 연산
- M-file을 사용한 프로그래밍
- Toolbox(도구 상자)
- 심볼로 이루어진 수식을 계산하는 기호 계산
- GUI 프로그래밍
- SIMULINK

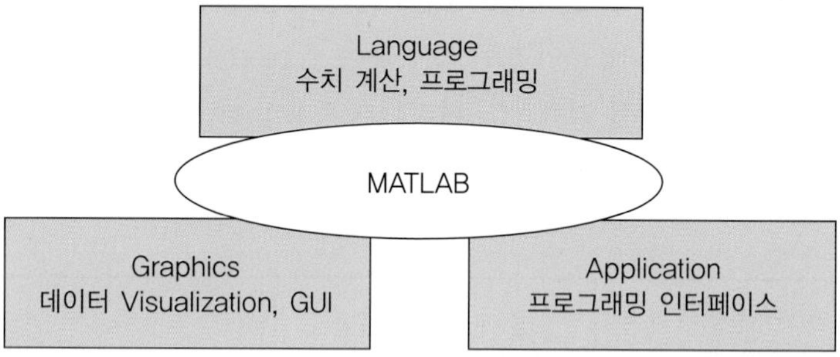


MATLAB에서는 행렬 데이터가 기본 연산이다. 따라서 C와 같은 프로그래밍 언어에서는 기본 데이터가 스칼라이고 행렬이나 벡터 데이터를 사용하기 위해서는 배열을 이용해야 한다. 그러나 MATLAB에서는 기본 데이터가 행렬이므로 MATLAB에서 행렬을 사용하기 위해 별도의 함수를 만들 필요 없이 단지 행렬을 스칼라와 같이 생각하여 사용하면 된다.

다음과 같은 행렬 $A$가 주어졌을 때의 기본 연산, 행렬식, 역행렬, Trace, 고유값 등의 명령어는 다음과 같다.

$$A = \begin{bmatrix} 1 & 2 & 3 \\ 4 & 5 & 6 \\ 7 & 8 & 9 \end{bmatrix}$$

| | |
|---|---|
| ● 입력식 | $A = [1, 2, 3; 4, 5, 6; 7, 8, 9];$ |
| ● 기본연산 | $A + B,\ A - B,\ A * B,\ A / B$ |
| ● 행렬식 | det(A) |
| ● 역행렬 | inv(A) |
| ● Trace | trace(A) |
| ● 고유값(eigenvalue) | eig(A) |

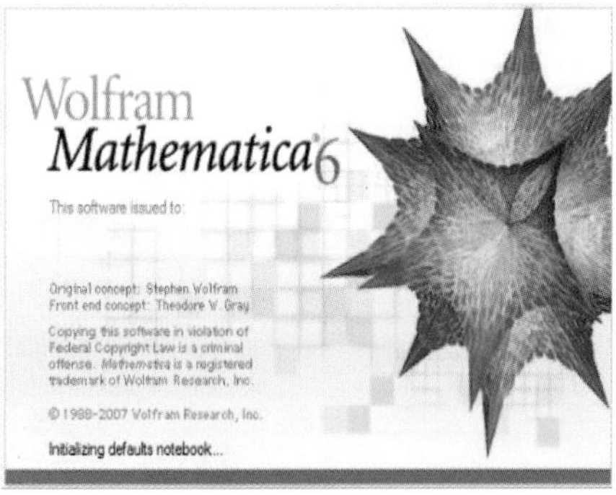

### (3) 행렬의 합을 구하는 MATLAB 실습

예제 ❷-2 | C program, MATLAB

**실습 ❷-6**

$A=\begin{bmatrix}3 & -1\\ 2 & 4\end{bmatrix}$, $B=\begin{bmatrix}2 & 1\\ -3 & 2\end{bmatrix}$일 때 $A+B$를 구해 보자.

**풀이** $$A+B=\begin{bmatrix}3+2 & (-1)+1\\ 2+(-3) & 4+2\end{bmatrix}=\begin{bmatrix}5 & 0\\ -1 & 6\end{bmatrix}$$

이 된다. ■

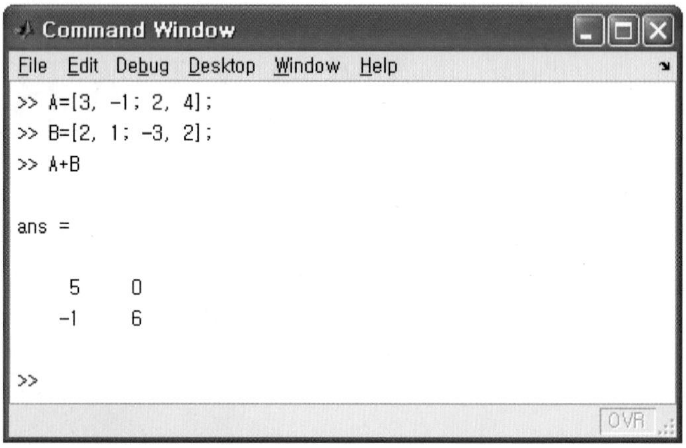


예제 ❷-3 | C program, MATLAB

**실습 ❷-7**

다음 두 행렬 $A$, $B$의 합을 구해 보자.

$$A=\begin{bmatrix}3 & -1 & 3\\ 0 & 4 & 6\\ 2 & 7 & -5\end{bmatrix},\quad B=\begin{bmatrix}0 & -2 & -4\\ 1 & 6 & -2\\ 1 & -1 & 2\end{bmatrix}$$

**풀이** $$A+B=\begin{bmatrix}3+0 & (-1)+(-2) & 3+(-4)\\ 0+1 & 4+6 & 6+(-2)\\ 2+1 & 7+(-1) & (-5)+2\end{bmatrix}=\begin{bmatrix}3 & -3 & -1\\ 1 & 10 & 4\\ 3 & 6 & -3\end{bmatrix}$$ ■

```
Command Window
File Edit Debug Desktop Window Help
>> A=[3, -1, 3; 0, 4, 6; 2, 7, -5];
>> B=[0, -2, -4; 1, 6, -2; 1, -1, 2];
>> A+B

ans =

     3    -3    -1
     1    10     4
     3     6    -3

>>
```

### (4) 행렬의 곱을 구하는 MATLAB 실습

예제 ❷-9　C program, MATLAB

**실습 ❷-8**

행렬 $A$와 행렬 $B$가 다음과 같이 주어졌을 때, 행렬의 곱 $AB$의 두 번째 행의 값을 구해 보자.

$$A=\begin{bmatrix} 2 & 4 & -1 \\ -1 & 3 & 3 \\ 4 & -2 & 1 \\ -3 & 0 & 2 \end{bmatrix},\quad B=\begin{bmatrix} 4 & -2 \\ -2 & 1 \\ 3 & -1 \end{bmatrix}$$

**풀이** $AB$의 값을 구하면

$$AB=\begin{bmatrix} -3 & 1 \\ -1 & 2 \\ 23 & -11 \\ -6 & 4 \end{bmatrix}$$

가 된다. ■

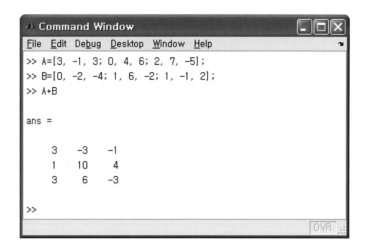

```
Command Window
File Edit Debug Desktop Window Help
>> A=[2, 4, -1; -1, 3, 3; 4, -2, 1; -3, 0, 2];
>> B=[4, -2; -2, 1; 3, -1];
>> A*B

ans =

    -3     1
    -1     2
    23   -11
    -6     4

>>
```

예제 ②-10 C program, MATLAB

**실습 ❷-9** 행렬 $A$, $B$, $C$가 다음과 같이 주어졌을 때, $AB$와 $AC$를 구해 보자.

$$A=\begin{bmatrix}1 & 1 & 0\\ 2 & 0 & 1\end{bmatrix},\quad B=\begin{bmatrix}2 & 0\\ 0 & 1\\ 1 & 3\end{bmatrix},\quad C=\begin{bmatrix}1 & -2\\ -1 & 2\\ -2 & 4\end{bmatrix}$$

**풀이** (1) $AB=\begin{bmatrix}1 & 1 & 0\\ 2 & 0 & 1\end{bmatrix}\begin{bmatrix}2 & 0\\ 0 & 1\\ 1 & 3\end{bmatrix}$

$$=\begin{bmatrix}(1)(2)+(1)(0)+(0)(1) & (1)(0)+(1)(1)+(0)(3)\\ (2)(2)+(0)(0)+(1)(1) & (2)(0)+(0)(1)+(1)(3)\end{bmatrix}=\begin{bmatrix}2 & 1\\ 5 & 3\end{bmatrix}$$ ■

여기서는 $AB$의 값만 구해 본다.

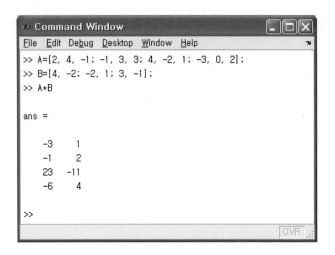

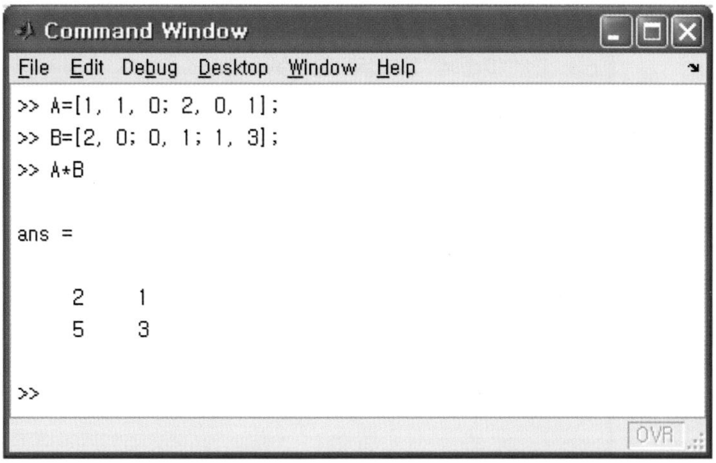


예제 ❷-12 C program, MATLAB

**실습 ❷-10**

다음의 $A$, $B$ 두 행렬이 주어졌을 때, 이 행렬들의 곱셈에서는 교환법칙이 성립하지 않음을 살펴보자. 즉, $AB \neq BA$임을 보인다.

$$A=\begin{bmatrix} 5 & 1 \\ 3 & -2 \end{bmatrix}, \quad B=\begin{bmatrix} 2 & 0 \\ 4 & 3 \end{bmatrix}$$

**풀이** $AB$와 $BA$의 값이 다르다는 것을 보인다.

$$AB=\begin{bmatrix} 5 & 1 \\ 3 & -2 \end{bmatrix}\begin{bmatrix} 2 & 0 \\ 4 & 3 \end{bmatrix}=\begin{bmatrix} 14 & 3 \\ -2 & -6 \end{bmatrix}$$

$$BA=\begin{bmatrix} 2 & 0 \\ 4 & 3 \end{bmatrix}\begin{bmatrix} 5 & 1 \\ 3 & -2 \end{bmatrix}=\begin{bmatrix} 10 & 2 \\ 29 & -2 \end{bmatrix}$$ ■

여기서는 $AB$의 값만 구해 본다.

```
Command Window
File Edit Debug Desktop Window Help
>> A=[5, 1; 3, -2];
>> B=[2, 0; 4, 3];
>> A+B

ans =

    14     3
    -2    -6

>>
```

### (5) 행렬의 대각합을 구하는 MATLAB 실습

예제 ❷-19 MATLAB

실습 ❷-11

다음 행렬 $A$, $B$, $C$에서 대각항과 대각합을 구해 보자.

(1) $A=\begin{bmatrix} 1 & 3 & 6 \\ 2 & -5 & 8 \\ 4 & -2 & 9 \end{bmatrix}$ (2) $B=\begin{bmatrix} 1 & 2 \\ 3 & 4 \end{bmatrix}$ (3) $C=\begin{bmatrix} 1 & 2 & -3 \\ 4 & -5 & 6 \end{bmatrix}$

**풀이** (1) 대각항 $= 1, -5, 9$ $\quad \mathrm{tr}(A) = 1-5+9 = 5$

(2) 대각항 $= 1, 4$ $\quad \mathrm{tr}(B) = 1+4=5$

(3) 대각항과 대각합은 정방행렬에서만 정의되는데 $C$는 정방행렬이 아니다. ■

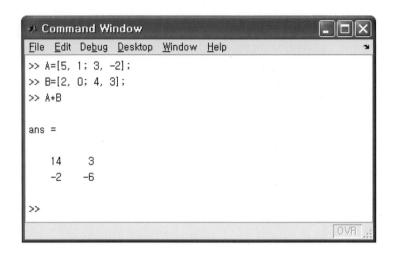

Trace($A$)

```
>> A=[1, 3, 6; 2, -5, 8; 4, -2, 9];
>> trace(A)

ans =

     5

>>
```

Trace($B$)

```
>> B=[1, 2; 3, 4];
>> trace(B)

ans =

     5

>>
```

### (6) 행렬의 계수를 구하는 MATLAB 실습

실습 ❷-12

예제 ❷-33 MATLAB

다음에 주어진 행렬 $A$의 계수를 구해 보자.

$$A=\begin{bmatrix} 1 & 2 & -3 & 1 & 2 \\ 2 & 4 & -4 & 6 & 10 \\ 3 & 6 & -6 & 9 & 13 \end{bmatrix}$$

풀이 그 결과 다음과 같은 행 사다리꼴이 만들어진다.

$$\begin{bmatrix} 1 & 2 & -3 & 1 & 2 \\ 0 & 0 & 2 & 4 & 6 \\ 0 & 0 & 0 & 0 & -2 \end{bmatrix}$$

따라서 주어진 행렬의 계수는 3이 된다. ■

```
Command Window
File Edit Debug Desktop Window Help
>> A=[1, 2, -3, 1, 2; 2, 4, -4, 6, 10; 3, 6, -6, 9, 13];
>> rank(A)

ans =

     3

>>
```

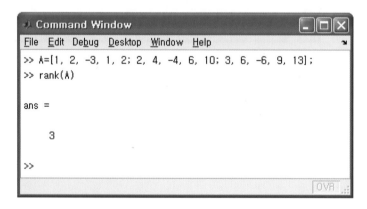

예제 ❷-34 MATLAB

**실습 ❷-13** 다음 행렬 $A$의 계수를 구해 보자.

$$A = \begin{bmatrix} 3 & -3 & 0 \\ 1 & 4 & 6 \\ 4 & 6 & -3 \end{bmatrix}$$

**풀이**

$$\begin{bmatrix} 1 & -1 & 0 \\ 0 & 5 & 6 \\ 0 & 0 & -15 \end{bmatrix}$$

그 결과 행의 각 항들이 모두가 0이 아닌 행의 개수가 3개이므로 행렬 $A$의 계수는 3이다. ■

Command Window

File Edit Debug Desktop Window Help

```
>> A=[3, -3, 0; 1, 4, 6; 4, 6, -3];
>> rank(A)

ans =

     3

>>
```

## 행렬의 생활 속의 응용

- 행렬은 선형방정식을 간단하게 표현할 수 있으며, 더욱 쉽게 연산을 할 수 있도록 해 준다. 예를 들어, $2x + 3y = -5$와 $-3x + y = 2$인 방정식을 $\begin{bmatrix} 2 & 3 & -5 \\ -3 & 1 & 2 \end{bmatrix}$와 같이 행렬로 간단히 나타낼 수 있다.

- 경영에 있어서의 재무 분석과 손익 분기점이나 위기 관리에 매우 중요한 역할을 한다.

- 인공위성을 통한 자동위치측정시스템, 즉 GPS(Global Positioning System)에의 응용을 통하여 선박, 항공기, 자동차 등의 행로나 길 안내에 응용된다.

- 컴퓨터 통신에서의 네트워크 관리 문제도 선형방정식을 통한 행렬을 통해 분석할 수 있다.

- 가계의 총 수입과 항목별로 가격과 단위의 다양한 지출 관계를 행렬로 표현하면 효과적인 계산과 현명한 소비를 도와준다.

- 어떤 사회 현상들에 대한 판단을 위한 근사값을 짐작할 수 있고 사회적 통찰의 직관을 넓힐 수 있게 도와준다.

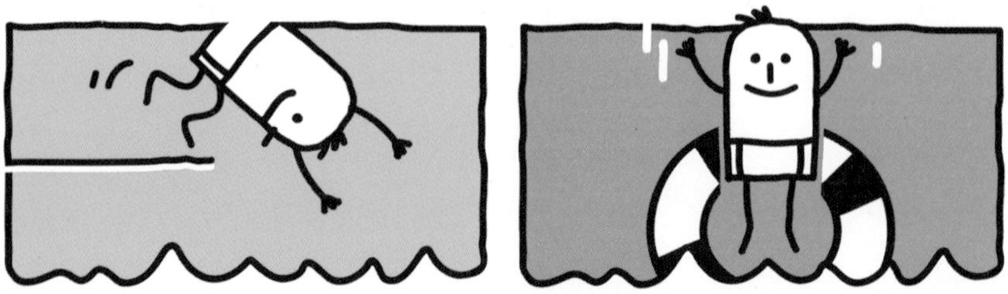

**03**

CHAPTER

# 행렬식

LINEAR ALGEBRA

## 개 요

제3장에서는 행렬식과 관련된 전반적인 논제들을 학습한다. 먼저 행렬식의 기본적인 개념과 여인수에 의한 행렬식을 계산하며, 행렬식에서 기본 행 연산을 통한 행렬식의 계산법을 살펴본다. 또한 역행렬의 정의와 성질을 고찰하고, 가우스-조단 방법과 수반행렬에 의한 역행렬을 구하는 방법을 탐구한다. 그리고 역행렬과 크래머의 규칙을 이용한 선형방정식의 해를 구하는 방법을 고찰하고 행렬식을 이용한 응용도 살펴본다. 마지막으로 행렬식과 관련된 문제를 컴퓨터로 손쉽게 풀 수 있는 C 프로그램과 MATLAB을 통하여 본문에 있는 행렬식, 역행렬, 크래머의 규칙 등의 결과를 비교하며 실습해 보고 학습한다.

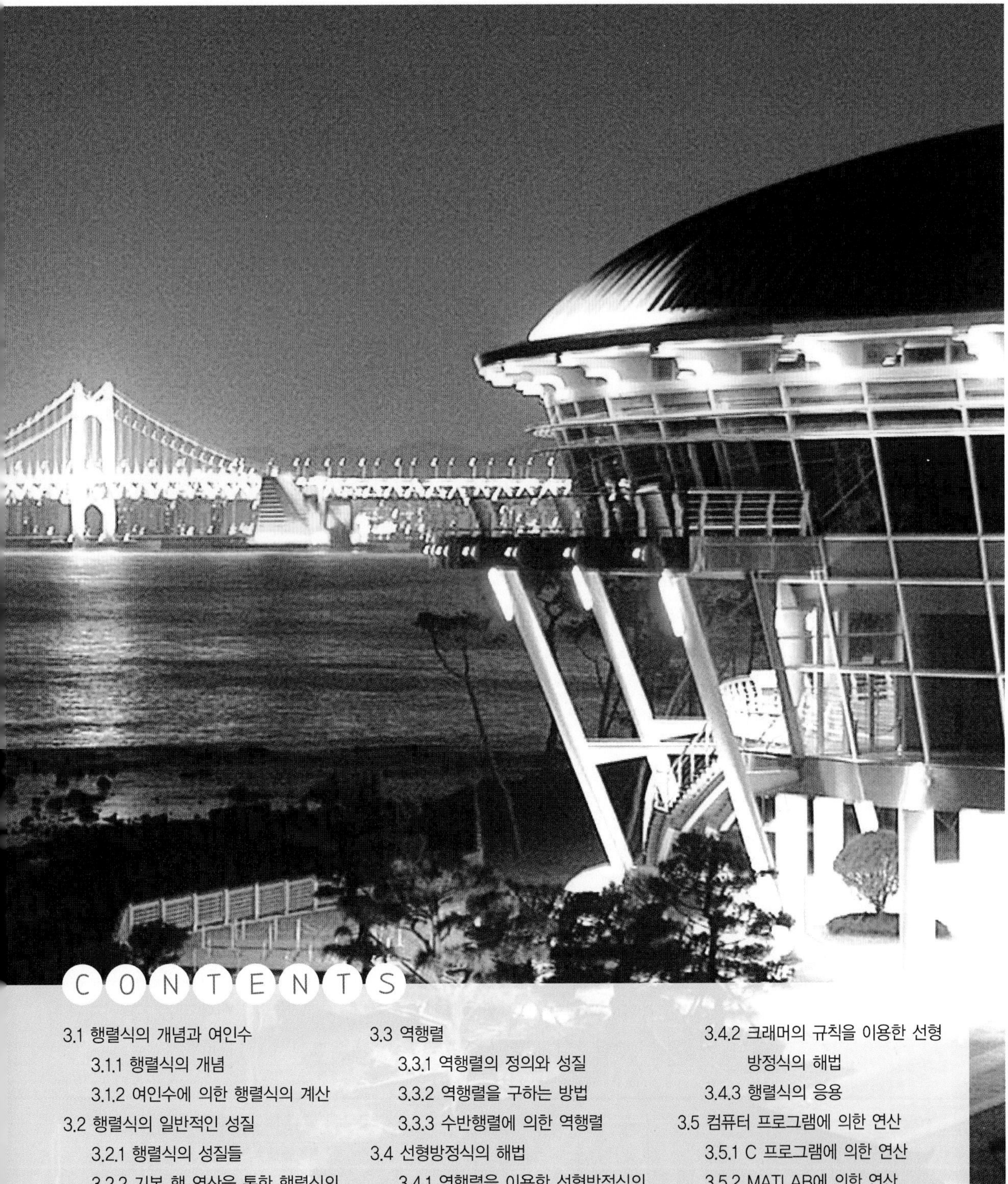

CONTENTS

CHAPTER

# 03 행렬식

## 3.1 행렬식의 개념과 여인수

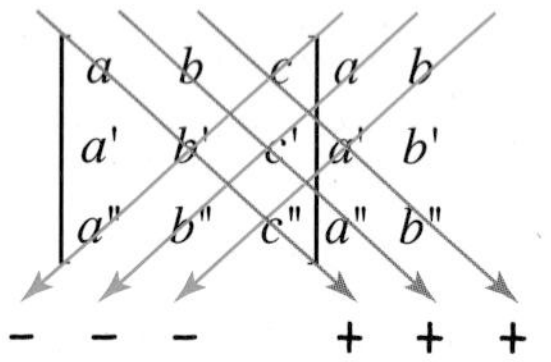

$$\begin{vmatrix} x^2 & x & y & 1 \\ 9 & 3 & 5 & 1 \\ 4 & -2 & 3 & 1 \\ 36 & 6 & 9 & 1 \end{vmatrix} = 0$$

### 3.1.1 행렬식의 개념

행렬식(Determinant, 行列式)이란 정방행렬 $A$에 하나의 스칼라 값을 대응시키는 함수로써 보통 Det($A$) 또는 $|A|$로 표시한다. $n$차 정방행렬의 행렬식을 $n$차 행렬식이라고도 부른다.

즉, $A$를 $n \times n$ 행렬이라고 할 때 행렬 $A$에 대해 $A$의 행렬식이라는 수가 대응된다. 기호로는 행렬 $A$의 괄호 대신 수직 막대선을 그어서 나타낸다.

$$A = \begin{bmatrix} a_{11} & a_{12} & \cdots & a_{1n} \\ a_{21} & a_{22} & \cdots & a_{2n} \\ \vdots & \vdots & & \vdots \\ a_{n1} & a_{n2} & \cdots & a_{nn} \end{bmatrix} \qquad \text{Det}(A) = \begin{vmatrix} a_{11} & a_{12} & \cdots & a_{1n} \\ a_{21} & a_{22} & \cdots & a_{2n} \\ \vdots & \vdots & & \vdots \\ a_{n1} & a_{n2} & \cdots & a_{nn} \end{vmatrix}$$

**여기서 잠깐!!** 행렬식이란 용어는 가우스(Gauss)에 의해 처음으로 소개되었는데, 그는 행렬식이 행렬의 성질을 결정할 수 있다고 믿었다. 그 후 코시(Cauchy)에 의해 현실적 개념의 행렬식이 쓰여졌다. 행렬의 개념은 우리의 짐작과는 달리 행렬식의 개념이 소개된 지 무려 150년이 지난 후에야 널리 알려졌다.

**정의 ❸-1** $1\times1$ 행렬 $A=[a_{11}]$의 행렬식은 다음과 같이 정의된다.

$$\mathrm{Det}(A)=|a_{11}|=a_{11}$$

$2\times2$ 행렬 $A=\begin{bmatrix}a_{11} & a_{12}\\ a_{21} & a_{22}\end{bmatrix}$의 행렬식은 다음과 같이 정의된다.

$$\mathrm{Det}(A)=\begin{vmatrix}a_{11} & a_{12}\\ a_{21} & a_{22}\end{vmatrix}=a_{11}a_{22}-a_{12}a_{21}$$

따라서 $1\times1$ 행렬 $[a]$의 행렬식은 $|a|$로써 행렬식의 값은 $a$이고,

$2\times2$ 행렬 $\begin{bmatrix}a & b\\ c & d\end{bmatrix}$의 행렬식은 $\begin{vmatrix}a & b\\ c & d\end{vmatrix}$로써 행렬식의 값은 $ad-bc$이다.

**정의 ❸-2** $3\times3$ 행렬 $A$의 행렬식은 다음과 같이 정의된다.

$A=\begin{bmatrix}a_{11} & a_{12} & a_{13}\\ a_{21} & a_{22} & a_{23}\\ a_{31} & a_{32} & a_{33}\end{bmatrix}$의 행렬식은 다음과 같다.

$$\mathrm{Det}(A)=\begin{vmatrix}a_{11} & a_{12} & a_{13}\\ a_{21} & a_{22} & a_{23}\\ a_{31} & a_{32} & a_{33}\end{vmatrix}=a_{11}a_{22}a_{33}+a_{12}a_{23}a_{31}+a_{13}a_{21}a_{32}\\ -a_{11}a_{23}a_{32}-a_{12}a_{21}a_{33}-a_{13}a_{22}a_{31}$$

C program, MATLAB

**예제 ❸-1** 다음 행렬 $A$, $B$의 행렬식을 각각 구해 보자.

$$A=\begin{bmatrix} 2 & 1 \\ 1 & 4 \end{bmatrix},\quad B=\begin{bmatrix} -2 & -3 \\ 4 & 5 \end{bmatrix}$$

**풀이** $A$의 행렬식은 $2\cdot 4-1\cdot 1=7$이다.
또한 $B$의 행렬식은 $(-2)\cdot 5-(-3)\cdot 4=-10+12=2$이다. ■

**예제 ❸-2** 행렬 $A=\begin{bmatrix} 1 & 2 & 3 \\ 2 & 1 & 3 \\ 3 & 1 & 2 \end{bmatrix}$가 주어졌을 때 $|A|$를 구해 보자.

**풀이** $3\times 3$ 행렬의 행렬식을 구하는 공식에 따라 계산하면

$$|A|=\begin{vmatrix} 1 & 2 & 3 \\ 2 & 1 & 3 \\ 3 & 1 & 2 \end{vmatrix}=1\cdot 1\cdot 2+2\cdot 3\cdot 3+3\cdot 2\cdot 1 \\ -1\cdot 3\cdot 1-2\cdot 2\cdot 2-3\cdot 1\cdot 3=6$$ ■

또한 우리는 〈그림 3.1〉과 같은 사루스의 공식(Sarrus's Formula)에 따라 행렬식을 구할 수도 있는데, 그 결과는 위의 방법과 같다. $2\times 2$ 행렬식이나 $3\times 3$ 행렬식의 경우 도식적인 방법을 쓰면 계산이 더 편리한데, 화살표가 지나는 문자를 곱한 것에다 화살표 끝의 부호를 붙여서 합하면 된다.

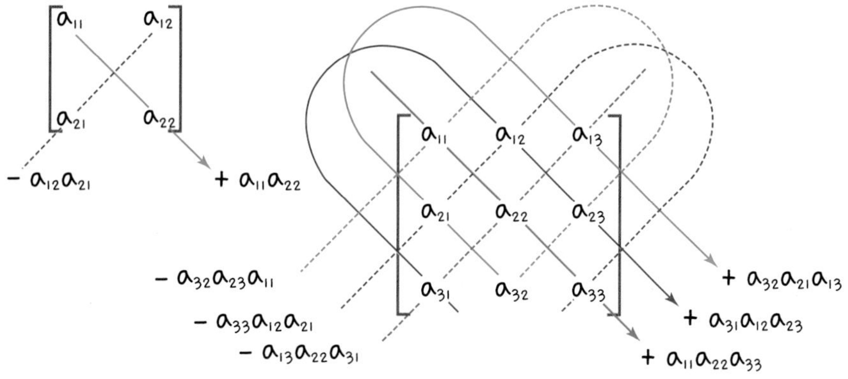


〈그림 3.1〉 사루스의 공식

### 3.1.2 여인수에 의한 행렬식의 계산

행렬식을 계산하는 더 일반적인 방법을 살펴보자. 여기서는 편의상 3×3 행렬식에 관한 것부터 고찰한다. 위의 사루스의 공식에 따라

$$\mathrm{Det}(A)=\begin{vmatrix} a_{11} & a_{12} & a_{13} \\ a_{21} & a_{22} & a_{23} \\ a_{31} & a_{32} & a_{33} \end{vmatrix}=a_{11}a_{22}a_{33}-a_{11}a_{23}a_{32}-a_{12}a_{21}a_{33} +a_{12}a_{23}a_{31}+a_{13}a_{21}a_{32}-a_{13}a_{22}a_{31} \qquad (1)$$

(1)의 식을 더욱 쉽게 다루기 위해 공통된 항을 묶어서 인수분해를 하면 다음과 같다.

$$\mathrm{Det}(A)=a_{11}(a_{22}a_{33}-a_{23}a_{32})+a_{12}(-a_{21}a_{33}+a_{23}a_{31}) +a_{13}(a_{21}a_{32}-a_{22}a_{31})$$

위의 식을 자세히 관찰해 보면 괄호 안의 각 항은 2×2 행렬의 행렬식

$$\mathrm{Det}(A)=a_{11}\begin{vmatrix} a_{22} & a_{23} \\ a_{32} & a_{33} \end{vmatrix}-a_{12}\begin{vmatrix} a_{21} & a_{23} \\ a_{31} & a_{33} \end{vmatrix}+a_{13}\begin{vmatrix} a_{21} & a_{22} \\ a_{31} & a_{32} \end{vmatrix} \qquad (2)$$

로 나타낼 수 있음을 알 수 있다.

이것은 다음 행렬식들에서 $a_{11}$, $a_{12}$, $a_{13}$을 기준으로 해서, 해당하는 행과 열을 제외하고 연산을 하는 것과 같은 결과를 가져온다.

$$a_{11}\begin{vmatrix} a_{11} & a_{12} & a_{13} \\ a_{21} & a_{22} & a_{23} \\ a_{31} & a_{32} & a_{33} \end{vmatrix} - a_{12}\begin{vmatrix} a_{11} & a_{12} & a_{13} \\ a_{21} & a_{22} & a_{23} \\ a_{31} & a_{32} & a_{33} \end{vmatrix} + a_{13}\begin{vmatrix} a_{11} & a_{12} & a_{13} \\ a_{21} & a_{22} & a_{23} \\ a_{31} & a_{32} & a_{33} \end{vmatrix}$$

여기서 우리는 $a_{ij}$를 포함하는 행과 열을 제외한 나머지 행과 열로 이루어진 $(n-1)\times(n-1)$ 행렬식 $M_{ij}$를 $a_{ij}$의 소행렬식(minor)으로 정의한다. 소행렬식 $M_{ij}$는 $A$의 제$i$행과 제$j$열을 제거하여 얻어진 부분행렬의 행렬식이다. 따라서 $M_{11}$은 $A$의 제1행과 제1열을 제거하여 얻어진 부분행렬식이고, $M_{12}$는 $A$의 제1행과 제2열을 제거하여 얻은 부분행렬식이며, $M_{13}$은 $A$의 제1행과 제3열을 제거하여 얻은 부분행렬식이다. 즉,

$$M_{11}=\begin{vmatrix} a_{22} & a_{23} \\ a_{32} & a_{33} \end{vmatrix},\quad M_{12}=\begin{vmatrix} a_{21} & a_{23} \\ a_{31} & a_{33} \end{vmatrix},\quad M_{13}=\begin{vmatrix} a_{21} & a_{22} \\ a_{31} & a_{32} \end{vmatrix}\text{이다.}$$

따라서 (2)식은 다음과 같이 표현될 수 있다.

$$\mathrm{Det}(A) = a_{11}M_{11} - a_{12}M_{12} + a_{13}M_{13} \tag{3}$$

$M_{ij}$에다 $i+j$의 값에 따라 부호를 넣은 $A_{ij}$를 여인수(cofactor, 餘因數) 또는 여인자(餘因子)라고 하는데

$$A_{ij} = (-1)^{i+j}M_{ij}$$

를 적용하면 3개의 여인수는 각각

$$A_{11}=\begin{vmatrix} a_{22} & a_{23} \\ a_{32} & a_{33} \end{vmatrix}$$

$$A_{12} = -\begin{vmatrix} a_{21} & a_{23} \\ a_{31} & a_{33} \end{vmatrix}$$

$$A_{13} = \begin{vmatrix} a_{21} & a_{22} \\ a_{31} & a_{32} \end{vmatrix}$$

과 같이 된다. 따라서 (3)식은

$$\text{Det}(A) = a_{11}A_{11} + a_{12}A_{12} + a_{13}A_{13} \tag{4}$$

와 같이 된다.

(4)식을 제1행에 대해 여인수들로 전개되었다라고 말한다.

여인수는 소행렬식에다 부호를 붙인 것인데, $i+j$가 짝수이면 $A_{ij} = M_{ij}$이고, $i+j$가 홀수이면 $A_{ij} = -M_{ij}$이다.

3×3 행렬은 다음과 같이 모두 9개의 여인수를 가진다.

$$\begin{array}{lll} A_{11} = \ \ M_{11} & A_{12} = -M_{12} & A_{13} = \ \ M_{13} \\ A_{21} = -M_{21} & A_{22} = \ \ M_{22} & A_{23} = -M_{23} \\ A_{31} = \ \ M_{31} & A_{32} = -M_{32} & A_{33} = \ \ M_{33} \end{array}$$

여인수에 대응하는 부호는 3×3 행렬인 경우 (5)와 같이 행과 열의 합의 값에 따라 교대로 부호가 바뀐다.

$$\begin{array}{ccc} + & - & + \\ - & + & - \\ + & - & + \end{array} \tag{5}$$

4×4 행렬인 경우에는 (6)과 같이 확장될 수 있다.

$$\begin{array}{cccc} + & - & + & - \\ - & + & - & + \\ + & - & + & - \\ - & + & - & + \end{array} \tag{6}$$

그 이상을 초과하는 경우에는 다음과 같은 서양 장기판(Chess)의 양식에 따라 + 또는 −부호가 결정된다.

$$\begin{bmatrix} + & - & + & - & \cdots \\ - & + & - & + & \cdots \\ + & - & + & - & \cdots \\ \vdots & \vdots & \vdots & \vdots & \cdots \end{bmatrix}$$

**여기서 잠깐!!**

행렬식을 구할 때 사루스 공식에 의한 방법과 여인수에 의한 방법의 결과와 차이점은 다음과 같다. 사루스 공식에 의한 방법은 행렬의 크기가 3×3 이하인 경우에만 계산이 가능하고, 그보다 큰 행렬인 경우에는 사루스의 공식을 적용할 수 없으므로 여인수에 의한 방법을 사용해야 한다. 하지만 두 방법의 결과는 같다.

C program, MATLAB

**예제 ❸-3**

다음 행렬 $A$의 행렬식을 제1행에 대한 여인수들로 전개하여 구해 보자.

$$A = \begin{bmatrix} 2 & 4 & 7 \\ 6 & 0 & 3 \\ 1 & 5 & 3 \end{bmatrix}$$

**풀이** 제1행에 대해 여인수들로 전개하면 다음과 같다.

$$\text{Det}(A) = \begin{vmatrix} 2 & 4 & 7 \\ 6 & 0 & 3 \\ 1 & 5 & 3 \end{vmatrix} = 2A_{11} + 4A_{12} + 7A_{13}$$

$$\begin{vmatrix} \textcircled{2} & 4 & 7 \\ 6 & 0 & 3 \\ 1 & 5 & 3 \end{vmatrix} \qquad \begin{vmatrix} 2 & \textcircled{4} & 7 \\ 6 & 0 & 3 \\ 1 & 5 & 3 \end{vmatrix} \qquad \begin{vmatrix} 2 & 4 & \textcircled{7} \\ 6 & 0 & 3 \\ 1 & 5 & 3 \end{vmatrix}$$

이제 $A$의 제1행에 있는 원소들의 여인수들은 다음과 같다.

$$A_{11}=(-1)^{1+1}\begin{vmatrix}0 & 3\\5 & 3\end{vmatrix}$$

$$A_{12}=(-1)^{1+2}\begin{vmatrix}6 & 3\\1 & 3\end{vmatrix}$$

$$A_{13}=(-1)^{1+3}\begin{vmatrix}6 & 0\\1 & 5\end{vmatrix}$$

따라서 구하고자 하는 행렬식 Det($A$)는 다음과 같다.

$$\begin{aligned}\mathrm{Det}(A) &= 2(-1)^{1+1}\begin{vmatrix}0 & 3\\5 & 3\end{vmatrix}+4(-1)^{1+2}\begin{vmatrix}6 & 3\\1 & 3\end{vmatrix}+7(-1)^{1+3}\begin{vmatrix}6 & 0\\1 & 5\end{vmatrix}\\ &=2(0\cdot 3-3\cdot 5)-4(6\cdot 3-3\cdot 1)+7(6\cdot 5-0\cdot 1)\\ &=120\end{aligned}$$ ■

행렬식의 값은 위의 경우와 같이 반드시 제1행에 대해서만 여인수들로 전개하여 구하는 것이 아니라, 모든 행 또는 열에 대해 여인수들로 전개하여 구할 수 있다. 특히 특정한 행이나 열에 0이 많이 포함되어 있는 경우에는 그 행이나 열에 대해 여인수들로 전개함으로써 행렬식 계산의 양을 줄일 수 있다.

따라서 (예제 ❸-3)의 경우 제2행에 따라 여인수들로 전개하면 다음과 같다.

$$\begin{aligned}\mathrm{Det}(A) &= 6A_{21}+0A_{22}+3A_{23}=6A_{21}+3A_{23}\\ &=6(-1)^{1+2}\begin{vmatrix}4 & 7\\5 & 3\end{vmatrix}+0+3(-1)^{2+3}\begin{vmatrix}2 & 4\\1 & 5\end{vmatrix}\\ &=-6(-23)-3(6)=120\end{aligned}$$

이 결과에서 보듯이 어떤 행으로 여인수들로 전개해도 행렬식의 값은 같다는 것을 확인할 수 있다.

**예제 ❸-4** 다음의 주어진 행렬 $A$에 대한 행렬식의 값을 구해 보자.

$$A=\begin{bmatrix} 2 & 1 & 0 \\ 1 & 1 & 4 \\ -3 & 2 & 6 \end{bmatrix}$$

**풀이** 제1행에 대해 $M_{ij}$를 구하면

$M_{11}=\begin{vmatrix} 1 & 4 \\ 2 & 6 \end{vmatrix}$, $M_{12}=\begin{vmatrix} 1 & 4 \\ -3 & 6 \end{vmatrix}$, $M_{13}=\begin{vmatrix} 1 & 1 \\ -3 & 2 \end{vmatrix}$ 이다. 따라서 $A$의 행렬식의 값은

$$\mathrm{Det}(A)=2(-1)^{1+1}\begin{vmatrix} 1 & 4 \\ 2 & 6 \end{vmatrix}+1(-1)^{1+2}\begin{vmatrix} 1 & 4 \\ -3 & 6 \end{vmatrix}+0(-1)^{1+2}\begin{vmatrix} 1 & 1 \\ -3 & 2 \end{vmatrix}$$

$=2(6-8)-1(6+12)+0$

$=-22$가 된다. ■

**예제 ❸-5** 다음의 주어진 행렬 $A$에 대한 행렬식의 값을 구해 보자.

$$A=\begin{bmatrix} 1 & 2 & -1 \\ -2 & 0 & 7 \\ 3 & 0 & 7 \end{bmatrix}$$

**풀이**

$$\text{Det}\begin{bmatrix} 1 & 2 & -1 \\ -2 & 0 & 7 \\ 3 & 0 & 7 \end{bmatrix} = 1(-1)^{1+1}\begin{vmatrix} 0 & 7 \\ 0 & 7 \end{vmatrix} + 2(-1)^{1+2}\begin{vmatrix} -2 & 7 \\ 3 & 7 \end{vmatrix}$$

$$+(-1)(-1)^{1+3}\begin{vmatrix} -2 & 0 \\ 3 & 0 \end{vmatrix}$$

$$=1(0-0)-2(-14-21)-(0-0)$$

$$=70 \quad \blacksquare$$

**여기서 잠깐!!** 행렬식을 구할 때는 어떤 행을 기준으로 여인수들로 전개해도 좋고, 어떤 열을 기준으로 여인수들로 전개해도 좋은데 그 결과는 같다. 다만 중간에 0이 많이 들어 있는 행이나 열을 기준으로 하면 계산량이 줄어들므로 훨씬 간편하다.

**예제 ❸-6** 다음 행렬식을 행이 아닌 열에 대해 여인수들로 전개하여 구해 보자.

$$\text{Det}(A)=\begin{vmatrix} 3 & 0 & 1 \\ 1 & 2 & 5 \\ -1 & 4 & 2 \end{vmatrix}$$

**풀이** 제2열에 대해 전개하여 계산하면 다음과 같다.

$$\begin{vmatrix} 3 & \textcircled{0} & 1 \\ 1 & 2 & 5 \\ -1 & 4 & 2 \end{vmatrix} \qquad \begin{vmatrix} 3 & 0 & 1 \\ 1 & \textcircled{2} & 5 \\ -1 & 4 & 2 \end{vmatrix} \qquad \begin{vmatrix} 3 & 0 & 1 \\ 1 & 2 & 5 \\ -1 & \textcircled{4} & 2 \end{vmatrix}$$

이 행렬식은

$$(-1)^{1+2}0\begin{vmatrix} 1 & 5 \\ -1 & 2 \end{vmatrix}+(-1)^{2+2}2\begin{vmatrix} 3 & 1 \\ -1 & 2 \end{vmatrix}+(-1)^{3+2}4\begin{vmatrix} 3 & 1 \\ 1 & 5 \end{vmatrix}$$
$$=2\{6-(-1)\}-4(15-1)$$
$$=-42$$

와 같다. 여기서는 특히 제2열에 0이 포함되어 있으므로 전개 과정에서 한 항이 0이 되어 계산 과정이 줄어든다.

또한 위 행렬식을 제3열에 대해 전개하여 계산할 수도 있다.

$$\begin{vmatrix} 3 & 0 & \textcircled{1} \\ 1 & 2 & 5 \\ -1 & 4 & 2 \end{vmatrix} \qquad \begin{vmatrix} 3 & 0 & 1 \\ 1 & 2 & \textcircled{5} \\ -1 & 4 & 2 \end{vmatrix} \qquad \begin{vmatrix} 3 & 0 & 1 \\ 1 & 2 & 5 \\ -1 & 4 & \textcircled{2} \end{vmatrix}$$

이 경우의 행렬식은 다음과 같다.

$$(-1)^{1+3}1\begin{vmatrix} 1 & 2 \\ -1 & 4 \end{vmatrix}+(-1)^{2+3}5\begin{vmatrix} 3 & 0 \\ -1 & 4 \end{vmatrix}+(-1)^{3+3}2\begin{vmatrix} 3 & 0 \\ 1 & 2 \end{vmatrix}=-42$$

따라서 행렬식의 값을 구할 때 어느 열을 선택하여 여인수들로 전개를 하여도 그 결과 값이 같다는 것을 확인할 수 있다. ■

**정의 ❸-3** $n \times n$ 정방행렬 $A$의 행렬식 $|A|$의 값이 0이 아닐 때 $A$를 정칙행렬(non-singular matrix)이라고 하고, $|A|=0$일 때 $A$를 특이행렬(singular matrix)이라고 한다.

**여기서 잠깐 !!** $n \times n$ 행렬 $A$, $B$가 정칙행렬인 경우를 가역적(nonsingular, invertible)이라고도 하는데, $AB=BA=I$인 경우를 말한다.

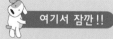

# 연습 문제 3.1

## Part 1. 진위 문제

다음 문장의 진위를 판단하고, 틀린 경우에는 그 이유를 적으시오.

1. 행렬식은 정방행렬에 대해서만 정의될 수 있다.
2. 사루스의 공식을 적용하면 어떤 크기의 정방행렬의 행렬식의 값도 구할 수 있다.
3. $3\times3$ 행렬에서는 9개의 여인수가 나올 수 있다.
4. 여인수는 소행렬식에다 $i+j$의 값에 해당하는 부호를 넣은 것 이외에는 차이가 없다.
5. 정칙행렬은 항상 가역적이다.
6. 여인수 전개에서 행에 대해 전개하거나 열에 대해 전개하거나 그 결과는 항상 같다.

## Part 2. 선택 문제

1. 다음 $A=\begin{bmatrix} 2 & 3 & 0 \\ 4 & 2 & 1 \\ 6 & 5 & 2 \end{bmatrix}$의 소행렬식이 될 수 없는 것은?

(1) $\begin{vmatrix} 2 & 1 \\ 5 & 2 \end{vmatrix}$ (2) $\begin{vmatrix} 4 & 1 \\ 6 & 2 \end{vmatrix}$

(3) $\begin{vmatrix} 4 & 2 \\ 6 & 5 \end{vmatrix}$ (4) $\begin{vmatrix} 2 & 3 \\ 4 & 1 \end{vmatrix}$

2. 다음 행렬 $A$의 행렬식의 값은?

$$A=\begin{bmatrix} 1 & 2 & 3 \\ 4 & 5 & 6 \\ 7 & 8 & 0 \end{bmatrix}$$

(1) 18 (2) 27 (3) 105 (4) 48

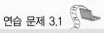

3. 다음 중에서 행렬식의 값이 0인 것은?

(1) $\begin{bmatrix} 3 & 1 \\ 6 & 2 \end{bmatrix}$　　(2) $\begin{bmatrix} 3 & 1 \\ 4 & 2 \end{bmatrix}$

(3) $\begin{bmatrix} 3 & 3 & 1 \\ 0 & 1 & 2 \\ 0 & 2 & 3 \end{bmatrix}$　　(4) $\begin{bmatrix} 2 & 1 & 1 \\ 4 & 3 & 5 \\ 2 & 1 & 2 \end{bmatrix}$

4. 행렬 $A=\begin{bmatrix} a_{11} & a_{12} \\ a_{21} & a_{22} \end{bmatrix}$라 할 때, $A$의 행렬식 $|A|$의 값은?

(1) $a_{11}a_{12}-a_{21}a_{22}$　　(2) $a_{11}a_{21}-a_{12}a_{22}$

(3) $a_{11}a_{22}-a_{12}a_{21}$　　(4) $a_{22}a_{21}-a_{11}a_{12}$

5. 행렬 $A=\begin{bmatrix} 2 & 5 & 7 \\ 3 & 1 & 0 \\ 1 & 4 & 5 \end{bmatrix}$라 할 때, $A$의 행렬식 $|A|$의 값은?

(1) 10　　(2) 11　　(3) 12　　(4) 13

6. 행렬식 $|A|=\begin{vmatrix} a_{11} & a_{12} & a_{13} \\ a_{21} & a_{22} & a_{23} \\ a_{31} & a_{32} & a_{33} \end{vmatrix}$라 할 때, $a_{11}$의 소행렬식 $M_{11}$은 무엇인가?

(1) $M_{11}=\begin{vmatrix} a_{21} & a_{22} \\ a_{31} & a_{32} \end{vmatrix}$　　(2) $M_{11}=\begin{vmatrix} a_{21} & a_{23} \\ a_{31} & a_{33} \end{vmatrix}$

(3) $M_{11}=\begin{vmatrix} a_{11} & a_{13} \\ a_{21} & a_{23} \end{vmatrix}$　　(4) $M_{11}=\begin{vmatrix} a_{22} & a_{23} \\ a_{32} & a_{33} \end{vmatrix}$

7. 행렬식 $|A|=\begin{vmatrix} x & 2 \\ 2 & x \end{vmatrix}=12$라 할 때, $x$의 값은 무엇인가?

(1) $x=\pm 2$　　(2) $x=\pm 4$　　(3) $x=\pm 5$　　(4) $x=\pm 6$

## Part 3. 주관식 문제

1. 다음 행렬식의 값을 각각 구하시오.

(1) $\text{Det}\begin{bmatrix} 1 & 0 \\ -1 & 0 \end{bmatrix}$ (2) $\text{Det}\begin{bmatrix} -1 & -1 \\ -1 & -1 \end{bmatrix}$

(3) $\text{Det}\begin{bmatrix} 1 & 2 \\ 6 & -3 \end{bmatrix}$ (4) $\text{Det}\begin{bmatrix} -3 \end{bmatrix}$

2. 다음 행렬식의 값을 각각 구하시오.

(1) $|D| = \begin{vmatrix} 5 & 4 \\ 3 & 2 \end{vmatrix}$ (2) $D = \begin{vmatrix} 1 & 2 & 1 \\ 1 & 0 & 3 \\ 2 & 1 & 1 \end{vmatrix}$

3. 다음 행렬들에 대하여 행렬식을 각각 구하시오.

$$A = \begin{bmatrix} 6 & 5 \\ 2 & 3 \end{bmatrix},\ B = \begin{bmatrix} 2 & -3 \\ 4 & 7 \end{bmatrix},\ C = \begin{bmatrix} 4 & -5 \\ -1 & -2 \end{bmatrix},\ D = \begin{bmatrix} t-5 & 6 \\ 3 & t+2 \end{bmatrix}$$

4. 다음 행렬 $A$의 행렬식의 값을 구하시오.

$$A = \begin{bmatrix} \cos\theta & -\sin\theta \\ \sin\theta & \cos\theta \end{bmatrix}$$

5. 다음 행렬식의 값을 각각 구하시오.

(1) $\begin{vmatrix} 2 & 6 \\ 4 & 1 \end{vmatrix}$ (2) $\begin{vmatrix} 5 & 1 \\ 3 & -2 \end{vmatrix}$ (3) $\begin{bmatrix} -2 & 8 \\ -5 & -3 \end{bmatrix}$

(4) $\begin{vmatrix} 4 & 9 \\ 1 & -3 \end{vmatrix}$ (5) $\begin{vmatrix} a+b & a \\ b & a+b \end{vmatrix}$

6. 주어진 행렬 $A$에 대하여 다음의 소행렬식과 여인수를 계산하시오.

$$A = \begin{bmatrix} 1 & 2 & 3 \\ 4 & 5 & 6 \\ 7 & 8 & 9 \end{bmatrix}$$

(1) $|M_{23}|$과 $A_{23}$ (2) $|M_{31}|$과 $A_{31}$

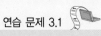

7. $A=\begin{bmatrix} 3 & 5 & 2 \\ 4 & 2 & 3 \\ -1 & 2 & 4 \end{bmatrix}$ 일 때 사루스의 공식이나 여인수 방법을 이용하여 $|A|$를 계산하시오.

8. 다음 행렬식의 값을 사루스의 공식을 이용하여 각각 구하시오.

(1) $\begin{vmatrix} 1 & 2 \\ 4 & 3 \end{vmatrix}$ (2) $\begin{vmatrix} 4 & 6 & 5 \\ 0 & 1 & -7 \\ 0 & 0 & 6 \end{vmatrix}$ (3) $\begin{vmatrix} 4 & 7 & -1 \\ 3 & 2 & 2 \\ 1 & 5 & -3 \end{vmatrix}$

9. 다음 행렬 $A$의 행렬식의 값을 여인수를 이용하여 구하시오.

$$A=\begin{bmatrix} 1 & 2 & 3 \\ 4 & -2 & 3 \\ 0 & 5 & -1 \end{bmatrix}$$

10. 다음 행렬식의 값을 여인수를 이용하여 각각 구하시오.

(1) $\begin{vmatrix} 3 & 0 & 4 \\ 2 & 3 & 2 \\ 0 & 5 & -1 \end{vmatrix}$ (2) $\begin{vmatrix} 2 & 3 & -4 \\ 4 & 0 & 5 \\ 5 & 1 & 6 \end{vmatrix}$

11. 다음 $3\times3$ 행렬식의 값을 여인수를 이용하여 각각 구하시오.

(1) $\begin{vmatrix} 1 & 0 & 1 \\ 0 & 1 & 2 \\ 1 & 1 & 0 \end{vmatrix}$ (2) $\begin{vmatrix} 1 & 0 & 1 \\ 1 & 1 & 0 \\ 0 & 1 & 2 \end{vmatrix}$

12. 다음 행렬식의 값을 여인수를 이용하여 각각 구하시오.

(1) $\begin{vmatrix} 2 & -4 & 3 \\ 3 & 1 & 2 \\ 1 & 4 & -1 \end{vmatrix}$ (2) $\begin{vmatrix} 4 & 3 & 0 \\ 6 & 5 & 2 \\ 9 & 7 & 3 \end{vmatrix}$

13. 다음과 같이 주어진 선형시스템이 유일한 해를 가질 때 행렬식을 이용하여 $k$ 값을 구하시오.

$$\begin{aligned} kx + y + z &= 1 \\ x + ky + z &= 1 \\ x + y + kz &= 1 \end{aligned}$$

14. (도전문제) 다음 행렬식의 값을 각각 구하시오.

(1) $\begin{vmatrix} 2 & 3 & 4 \\ 5 & 6 & 7 \\ 8 & 9 & 1 \end{vmatrix}$ (2) $\begin{vmatrix} 4 & -6 & 8 & 9 \\ 0 & -2 & 7 & -3 \\ 0 & 0 & 5 & 6 \\ 0 & 0 & 0 & 3 \end{vmatrix}$

15. (도전문제) 다음 행렬식의 값을 각각 구하시오.

(1) $\begin{vmatrix} 1 & 2 & 2 & 3 \\ 1 & 0 & -2 & 0 \\ 3 & -1 & 1 & -2 \\ 4 & -3 & 0 & 2 \end{vmatrix}$ (2) $\begin{vmatrix} 2 & 1 & 3 & 2 \\ 3 & 0 & 1 & -2 \\ 1 & -1 & 4 & 3 \\ 2 & 2 & -1 & 1 \end{vmatrix}$

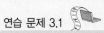

# 3.2 행렬식의 일반적인 성질

$$\begin{vmatrix} 1 & 4 & 2 & 3 \\ 0 & 1 & 4 & 4 \\ -1 & 0 & 1 & 0 \\ 2 & 0 & 4 & 1 \end{vmatrix} = - \begin{vmatrix} -1 & 0 & 1 & 0 \\ 0 & 1 & 4 & 4 \\ 1 & 4 & 2 & 3 \\ 2 & 0 & 4 & 1 \end{vmatrix}$$

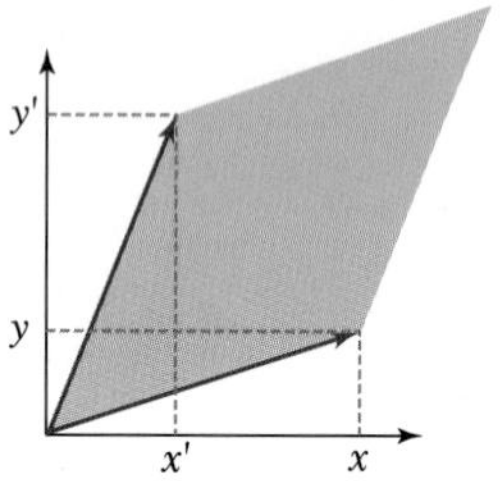


## 3.2.1 행렬식의 성질들

다음은 행렬식의 일반적인 성질들이다. 이 성질들을 활용하면 경우에 따라 훨씬 쉽게 행렬식의 값을 구할 수 있다.

**정리 ❸-1** $n \times n$ 행렬 $A$에서 임의의 두 행(또는 열)이 같으면 행렬식의 값은 0이다. 예를 들어, 다음과 같이 두 행이 같은 행렬식을 살펴보자.

$$A = \begin{vmatrix} 4 & 5 & -1 \\ 3 & 3 & 3 \\ 3 & 3 & 3 \end{vmatrix}$$

이 행렬식은 두 번째 행과 세 번째 행이 같기 때문에 행렬식

$$\text{Det}(A) = \begin{vmatrix} 4 & 5 & -1 \\ 3 & 3 & 3 \\ 3 & 3 & 3 \end{vmatrix} = 0$$
이 된다.

이것은 여인수 전개를 이용하여 계산하면 쉽게 확인할 수 있다.

$$\text{Det}(A) = 4\begin{vmatrix} 3 & 3 \\ 3 & 3 \end{vmatrix} - 5\begin{vmatrix} 3 & 3 \\ 3 & 3 \end{vmatrix} - 1\begin{vmatrix} 3 & 3 \\ 3 & 3 \end{vmatrix} = 0$$

**정리 ❸-2** $n \times n$ 행렬 $A$의 임의의 두 행(열)을 서로 바꾸어서 만들어진 행렬을 $B$라고 하면 $\text{Det}(B) = -\text{Det}(A)$이다.

예를 들어, 1열과 2열을 서로 바꾼 행렬식은 값은 같고 부호만 바뀐다.

$$\begin{vmatrix} 1 & 2 \\ 3 & 4 \end{vmatrix} = -\begin{vmatrix} 2 & 1 \\ 4 & 3 \end{vmatrix} = -2$$

또한 행렬 $B$가 행렬 $A = \begin{bmatrix} 2 & 1 & 3 \\ 5 & 4 & 6 \\ 8 & 7 & 9 \end{bmatrix}$의 첫째 열과 둘째 열을 바꾸어서 만들어진 행렬이라면 $\text{Det}(B) = -\text{Det}(A)$이다.

$$\text{Det}(B) = \begin{vmatrix} 1 & 2 & 3 \\ 4 & 5 & 6 \\ 7 & 8 & 9 \end{vmatrix} = -\begin{vmatrix} 2 & 1 & 3 \\ 5 & 4 & 6 \\ 8 & 7 & 9 \end{vmatrix} = -\text{Det}(A)$$

**정리 ❸-3** 행렬 $A$의 행렬식의 값은 그 전치행렬의 행렬식의 값과 같다.
즉, $\text{Det}(A) = \text{Det}(A^T)$이다.

예를 들어, $\text{Det}\begin{bmatrix} a & b \\ c & d \end{bmatrix} = \text{Det}\begin{bmatrix} a & c \\ b & d \end{bmatrix}$이고, $\begin{vmatrix} 1 & 2 \\ 3 & 4 \end{vmatrix} = \begin{vmatrix} 1 & 3 \\ 2 & 4 \end{vmatrix} = -2$이다.

**정리 ❸-4** $A$와 $B$가 $n \times n$ 행렬이면 곱의 행렬식은 행렬식의 곱과 같다.
즉, $\mathrm{Det}(AB) = \mathrm{Det}(A) \cdot \mathrm{Det}(B)$가 성립한다.

예를 들어, 행렬 $A = \begin{bmatrix} 1 & -1 & 2 \\ 3 & 1 & 4 \\ 0 & -2 & 5 \end{bmatrix}$와 $B = \begin{bmatrix} 1 & -2 & 3 \\ 0 & -1 & 4 \\ 2 & 0 & -2 \end{bmatrix}$에 대해

각각의 행렬식을 구하면 $\mathrm{Det}(A) = 16$, $\mathrm{Det}(B) = -8$이다.

그리고 $AB = \begin{bmatrix} 5 & -1 & -5 \\ 11 & -7 & 5 \\ 10 & 2 & -18 \end{bmatrix}$이므로

$\mathrm{Det}(AB) = -128$이고,

$\mathrm{Det}(A) \cdot \mathrm{Det}(B) = 16 \cdot (-8) = -128$이다.

따라서 $\mathrm{Det}(AB) = \mathrm{Det}(A) \cdot \mathrm{Det}(B)$가 성립한다.

**정리 ❸-5** 행렬식의 어떤 행(또는 열)의 각 원소에 같은 수 $k$를 곱하여 얻은 행렬식은 처음 행렬식에 $k$를 곱한 것과 같다. 예를 들어, 행렬식 $\begin{vmatrix} 2 & 3 \\ -1 & 1 \end{vmatrix}$의 1열에 5를 곱하거나 행렬식 $\begin{vmatrix} a_{11} & a_{12} \\ a_{21} & a_{22} \end{vmatrix}$의 2행에 $k$를 곱하면 다음과 같은 식이 성립한다.

$$\begin{vmatrix} 5 \times 2 & 3 \\ 5 \times (-1) & 1 \end{vmatrix} = 5 \begin{vmatrix} 2 & 3 \\ -1 & 1 \end{vmatrix} = 25$$

$$\begin{vmatrix} a_{11} & a_{12} \\ ka_{21} & ka_{22} \end{vmatrix} = k \begin{vmatrix} a_{11} & a_{12} \\ a_{21} & a_{22} \end{vmatrix}$$

**정리 ❸-6** $n \times n$ 행렬 $A$의 한 행(열)에 있는 모든 원소가 0이면 $\mathrm{Det}(A)=0$이다.

예를 들어, $A=\begin{vmatrix} 0 & 0 \\ 5 & -2 \end{vmatrix}$인 경우 제1행의 항들이 모두 0이므로 $\begin{vmatrix} 0 & 0 \\ 5 & -2 \end{vmatrix}=0$이고,

$A=\begin{vmatrix} 1 & 2 & 0 \\ 1 & 3 & 0 \\ 7 & -1 & 0 \end{vmatrix}$인 경우 제3열의 항들이 모두 0이므로

$\begin{vmatrix} 1 & 2 & 0 \\ 1 & 3 & 0 \\ 7 & -1 & 0 \end{vmatrix}=0$이다.

**정리 ❸-7** $A$를 $n \times n$ 삼각행렬(상부삼각행렬 또는 하부삼각행렬)이라고 하면, $\mathrm{Det}(A)$는 주대각선상의 원소들인 $a_{11}, a_{22}, \cdots, a_{nn}$을 모두 곱한 값과 일치한다. 즉,

$$\mathrm{Det}(A)=a_{11} \times a_{22} \times \cdots \times a_{nn}$$

이다.

**증명** $n$에 대한 수학적 귀납법으로 증명할 수 있으나, 여기서는 $n=3$인 경우에 대해 입증한다.

$3 \times 3$인 하부삼각행렬 $A$에서 $\mathrm{Det}(A)$를 제1행에 따라 여인수들로 전개하면 다음과 같다.

$$A=\begin{bmatrix} a_{11} & 0 & 0 \\ a_{21} & a_{22} & 0 \\ a_{31} & a_{32} & a_{33} \end{bmatrix}$$

$$\mathrm{Det}(A)=a_{11}\begin{vmatrix} a_{22} & 0 \\ a_{32} & a_{33} \end{vmatrix}=a_{11}(a_{22}a_{33}-0 \cdot a_{32})=a_{11}a_{22}a_{33}$$

따라서 위의 정리가 성립한다. ■

**예제 ③-7** 대각행렬과 상부(하부)삼각행렬의 행렬식은 암산으로도 가능한지를 살펴보자.

**풀이** (1) 대각행렬 $A=\begin{bmatrix}2&0&0\\0&3&0\\0&0&4\end{bmatrix}$의 행렬식은

$$\mathrm{Det}(A)=\begin{vmatrix}2&0&0\\0&3&0\\0&0&4\end{vmatrix}=2\times3\times4=24\text{이다.}$$

(2) 하부삼각행렬 $A=\begin{bmatrix}2&0&0&0\\1&1&0&0\\2&9&-3&0\\3&4&5&2\end{bmatrix}$의 행렬식은

$$\mathrm{Det}(A)=\begin{vmatrix}2&0&0&0\\1&1&0&0\\2&9&-3&0\\3&4&5&2\end{vmatrix}=2\times1\times(-3)\times2=-12\text{이다.}$$

(3) $I$가 단위행렬이면 $\mathrm{Det}(I)=\begin{vmatrix}1&0&0\\0&1&0\\0&0&1\end{vmatrix}=1$이다. ■

**정리 ③-8** 상부삼각행렬과 하부삼각행렬이 가역적(invertible)이기 위한 필요충분조건은 그 대각선상의 모든 성분들이 0이 아니어야 한다.

예를 들어, 다음과 같이 주대각선상에 0이 있는 상부삼각행렬의 행렬식의 값은 무조건 0이 된다. 따라서 이 경우에는 $|A|=0$이므로 가역적일 수가 없다.

$$\begin{vmatrix}7&1&5\\0&0&-3\\0&0&-2\end{vmatrix}=0$$

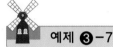

그러므로 상부삼각행렬과 하부삼각행렬이 가역적(invertible)이기 위한 필요충분 조건은 그 대각선상의 모든 성분들이 0이 아니어야 한다.

### 3.2.2 기본 행 연산을 통한 행렬식의 계산

행렬식을 구하기 위해 앞에 나온 행렬식의 성질들을 이용하더라도 4차 이상의 정방행렬인 경우에는 계산이 매우 복잡하고 시간도 많이 걸린다. 따라서 다음과 같은 기본 행 연산을 통한 행렬식의 성질을 활용하면 더욱 편리하게 행렬식의 값을 구할 수 있다.

**정리 ❸-9** 기본 행 연산에서의 행렬식의 성질은 다음과 같다.

(1) 한 개의 행(또는 열)에 $k$배를 한 행렬식은 원래 행렬식의 $k$배와 같다.

(2) 두 개의 행(또는 열)을 교환한 행렬식은 원래 행렬식에서 부호만 바뀐다.

(3) 한 개의 행(또는 열)에 $k$배를 하여 다른 행(또는 열)에 더하여 만든 행렬식은 원래의 행렬식과 같다.

**예제 ❸-8** 행렬식의 성질을 이용하여 다음 행렬식의 값을 구해 보자.

$$\mathrm{Det}(A)=\begin{vmatrix} 1 & 2 & 3 \\ 2 & 3 & 5 \\ 3 & -3 & 7 \end{vmatrix}$$

**풀이** 다음과 같이 여러 번의 기본 행 연산을 통하여 행 사다리꼴로 만든 후 주대각선상에 있는 원소들을 곱하기만 하면 행렬식의 값을 비교적 쉽게 구할 수 있다.

$$\mathrm{Det}(A)=\begin{vmatrix} \textcircled{1} & 2 & 3 \\ \boxed{2} & 3 & 5 \\ 3 & -3 & 7 \end{vmatrix}$$

$(-2)\times R_1+R_2\rightarrow R_2$

(1행에다 $-2$를 곱하여 2행에 더한다.)

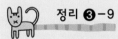

$$=\begin{vmatrix} 1 & 2 & 3 \\ 0 & -1 & -1 \\ 3 & -3 & 7 \end{vmatrix}$$

$(-3)\times R_1+R_3\rightarrow R_3$
(1행에다 −3을 곱하여 3행에 더한다.)

$$=\begin{vmatrix} 1 & 2 & 3 \\ 0 & -1 & -1 \\ 0 & -9 & -2 \end{vmatrix}$$

$(-9)\times R_2+R_3\rightarrow R_3$
(2행에다 −9를 곱하여 3행에 더한다.)

$$=\begin{vmatrix} 1 & 2 & 3 \\ 0 & -1 & -1 \\ 0 & 0 & 7 \end{vmatrix}$$

$$=1\times(-1)\times 7=-7$$ ■

**여기서 잠깐!!** 제2장에서 언급한 바와 같이 $R_1\leftrightarrow R_2$, $(-2)\times R_3\rightarrow R_3$, $(-3)\times R_2+R_3\rightarrow R_3$ 등은 일반적으로 통용되는 간결한 표현인데, 이 책에서도 이와 같은 표기법을 병행하여 사용한다.

**예제 ❸-9** C program, MATLAB

행렬식의 성질을 이용하여 다음 행렬식의 값을 구해 보자.

$$|A|=\begin{vmatrix} 2 & 1 & 3 & 4 \\ 0 & 1 & 1 & 0 \\ 1 & 0 & 1 & 1 \\ 4 & 2 & 1 & -1 \end{vmatrix}$$

**풀이** 기본 행 연산을 통하여 행 사다리꼴로 변형시켜 삼각행렬로 만들면 그 값을 쉽게 구할 수 있다.

$$|A|=\begin{vmatrix}2&1&3&4\\0&1&1&0\\1&0&1&1\\4&2&1&-1\end{vmatrix}$$

$R_1 \leftrightarrow R_3$

(행 교환을 하면 부호가 바뀐다.)

$$=-\begin{vmatrix}\textcircled{1}&0&1&1\\0&1&1&0\\\boxed{2}&1&3&4\\4&2&1&-1\end{vmatrix}$$

$(-2)\times R_1+R_3 \rightarrow R_3$

$$=-\begin{vmatrix}\textcircled{1}&0&1&1\\0&1&1&0\\0&1&1&2\\\boxed{4}&2&1&-1\end{vmatrix}$$

$(-4)\times R_1+R_4 \rightarrow R_4$

$$=-\begin{vmatrix}1&0&1&1\\0&\textcircled{1}&1&0\\0&\boxed{1}&1&2\\0&2&-3&-5\end{vmatrix}$$

$(-1)\times R_2+R_3 \rightarrow R_3$

$$=-\begin{vmatrix}1&0&1&1\\0&\textcircled{1}&1&0\\0&0&0&2\\0&\boxed{2}&-3&5\end{vmatrix}$$

$(-2)\times R_2+R_4 \rightarrow R_4$

$$=-\begin{vmatrix}1&0&1&1\\0&1&1&0\\0&0&0&2\\0&0&-5&5\end{vmatrix}$$

$R_3 \leftrightarrow R_4$

(행 교환을 하면 부호가 바뀐다.)

$$=+\begin{vmatrix}1&0&1&1\\0&1&1&0\\0&0&-5&5\\0&0&0&2\end{vmatrix}$$

삼각행렬이 되었으므로 주대각선상의 원소들을 모두 곱한다.

$$=1\times1\times(-5)\times2=-10$$ ■

## 연습 문제 3.2

### Part 1. 진위 문제

다음 문장의 진위를 판단하고, 틀린 경우에는 그 이유를 적으시오.

1. 임의의 두 행이나 두 열이 서로 같으면 행렬식은 항상 0이 된다.
2. 행렬식에서 임의의 두 행을 교환하더라도 행렬식은 변함이 없다.
3. 행렬식에서 임의의 두 열을 교환해도 그 행렬식은 같다.
4. 대각행렬의 행렬식은 그 주대각선상의 원소들을 모두 곱한 값과 같다.
5. 행렬 $A$의 모든 성분이 0이면, $\text{Det}(A)=0$이다.
6. $\text{Det}(A)=2$이고 $\text{Det}(B)=3$이면 $\text{Det}(A+B)=5$이다.
7. 행렬 $I$가 항등행렬이면 $\text{Det}(I)=-1$이다.
8. 만약 $A$ 행렬의 3행에다 5를 곱하여 $B$ 행렬을 만든다면, $\text{Det}(B)=5\cdot\text{Det}(A)$이다.
9. 모든 성분이 1인 $n\times n$ 행렬의 행렬식의 값은 1이다.

### Part 2. 선택 문제

1. 행렬식 $|A|=\begin{vmatrix} a_{11} & a_{12} \\ a_{21} & a_{22} \end{vmatrix}$라고 할 때 $|A|$의 성질로써 맞지 않는 것은?

(1) $\begin{vmatrix} a_{11} & a_{12} \\ a_{21} & a_{22} \end{vmatrix}=-\begin{vmatrix} a_{12} & a_{11} \\ a_{22} & a_{21} \end{vmatrix}$  (2) $\begin{vmatrix} ka_{11} & a_{12} \\ ka_{21} & a_{22} \end{vmatrix}=k\begin{vmatrix} a_{11} & a_{12} \\ a_{21} & a_{22} \end{vmatrix}$

(3) $\begin{vmatrix} a_{11} & a_{12} \\ ka_{11} & ka_{12} \end{vmatrix}=k\begin{vmatrix} a_{11} & a_{12} \\ a_{21} & a_{22} \end{vmatrix}$  (4) $\begin{vmatrix} a_{11} & a_{12} \\ a_{21} & a_{22} \end{vmatrix}=a_{11}a_{22}-a_{12}a_{21}$

2. 다음 중 기본 행 연산을 한 후 결과가 맞지 않는 것은?

(1) $\begin{vmatrix} 0 & 5 & -2 \\ 1 & -3 & 6 \\ 4 & -1 & 8 \end{vmatrix}=-\begin{vmatrix} 1 & -3 & 6 \\ 0 & 5 & -2 \\ 4 & -1 & 8 \end{vmatrix}$

(2) $\begin{vmatrix} 2 & -6 & 4 \\ 3 & 5 & -2 \\ 1 & 6 & 3 \end{vmatrix}=2\begin{vmatrix} 1 & -3 & 2 \\ 3 & 5 & -2 \\ 1 & 6 & 3 \end{vmatrix}$

(3) $\begin{vmatrix} 1 & 3 & -4 \\ 2 & 0 & -3 \\ 5 & -4 & 7 \end{vmatrix} = \begin{vmatrix} 1 & 3 & -4 \\ 0 & -6 & 5 \\ 5 & -4 & 7 \end{vmatrix}$

(4) $\begin{vmatrix} 1 & 2 & 3 \\ 0 & 5 & -4 \\ 3 & 7 & 4 \end{vmatrix} = \begin{vmatrix} 1 & 2 & 3 \\ 3 & 7 & 4 \\ 0 & 5 & -4 \end{vmatrix}$

3. 다음 행렬 $A$의 행렬식의 값을 구하면 어느 것인가?

$$A = \begin{bmatrix} 3 & -2 & -4 \\ 2 & 5 & -1 \\ 0 & 6 & 1 \end{bmatrix}$$

(1) $-59$　　(2) $-11$　　(3) $-9$　　(4) 11

4. 행렬식 $\begin{vmatrix} 2 & -3 & 4 \\ 1 & 2 & -3 \\ -1 & -2 & x \end{vmatrix} = 14$일 때 $x$의 값은?

(1) 4　　(2) 5　　(3) 6　　(4) 7

5. 다음 행렬식의 값이 0이 아닌 것은?

(1) $\begin{vmatrix} 0 & 1 & -2 & 5 \\ 0 & 2 & 5 & 6 \\ 0 & 0 & -6 & 1 \\ 0 & 0 & 0 & 2 \end{vmatrix}$　　(2) $\begin{vmatrix} 2 & 0 & 0 \\ 4 & 1 & 0 \\ 7 & 3 & -2 \end{vmatrix}$

(3) $\begin{vmatrix} 3 & 0 & 0 \\ 2 & 1 & 1 \\ 1 & 2 & 2 \end{vmatrix}$　　(4) $\begin{vmatrix} 4 & 0 & 2 & 1 \\ 5 & 0 & 4 & 2 \\ 2 & 0 & 3 & 4 \\ 1 & 0 & 2 & 3 \end{vmatrix}$

## Part 3. 주관식 문제

1. $A = \begin{bmatrix} 3 & 0 \\ -1 & 4 \end{bmatrix}$이고 $B = \begin{bmatrix} 7 & 8 \\ 4 & 3 \end{bmatrix}$일 때 $|AB|$와 $|BA|$를 구하시오.

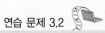

2. $|A| = \begin{vmatrix} 1 & 2 \\ 3 & 4 \end{vmatrix} = -2$, $|B| = \begin{vmatrix} 5 & 6 \\ 8 & 7 \end{vmatrix} = -13$일 때 $|AB|$를 구하시오.

3. 행렬식의 성질을 이용하여 다음 행렬들의 행렬식의 값을 각각 구하시오.

(1) $\begin{bmatrix} 1 & 2 & 5 \\ 0 & 1 & 7 \\ 0 & 0 & 3 \end{bmatrix}$ (2) $\begin{bmatrix} 1 & 4 & 6 \\ 0 & 0 & 1 \\ 0 & 0 & 8 \end{bmatrix}$

4. 행렬식의 성질을 이용하여 다음 행렬들의 행렬식의 값을 각각 구하시오.

(1) $\begin{bmatrix} 1 & 5 & 2 & 3 \\ 0 & 2 & 7 & 6 \\ 0 & 0 & 4 & 1 \\ 0 & 0 & 0 & 5 \end{bmatrix}$ (2) $\begin{bmatrix} -5 & 0 & 0 & 0 \\ 7 & 2 & 0 & 0 \\ -9 & 4 & 1 & 0 \\ 96 & 2 & 3 & 1 \end{bmatrix}$

5. 다음 행렬식의 값을 각각 구하시오.

(1) $\begin{vmatrix} 0 & 0 & 3 \\ 0 & 4 & 1 \\ 2 & 3 & 1 \end{vmatrix}$ (2) $\begin{vmatrix} 1 & 1 & 1 & 3 \\ 0 & 3 & 1 & 1 \\ 0 & 0 & 2 & 2 \\ -1 & -1 & -1 & 2 \end{vmatrix}$ (3) $\begin{vmatrix} 0 & 0 & 0 & 1 \\ 1 & 0 & 0 & 0 \\ 0 & 1 & 0 & 0 \\ 0 & 0 & 1 & 0 \end{vmatrix}$

6. 다음과 같이 주어진 삼각행렬 $A$, $B$의 행렬식의 값을 각각 구하시오.

(1) $A = \begin{bmatrix} -3 & -1 & 4 \\ 0 & 4 & 0 \\ 0 & 0 & 5 \end{bmatrix}$ (2) $B = \begin{bmatrix} 3 & 5 \\ 2 & 4 \end{bmatrix}$

7. 다음 기본 행렬들의 행렬식의 값을 구하시오.

(1) $\begin{bmatrix} 1 & 0 & 0 \\ 0 & 1 & 0 \\ 0 & k & 1 \end{bmatrix}$ (2) $\begin{bmatrix} k & 0 & 0 \\ 0 & 1 & 0 \\ 0 & 0 & 1 \end{bmatrix}$

(3) $\begin{bmatrix} 1 & 0 & 0 \\ 0 & k & 0 \\ 0 & 0 & 1 \end{bmatrix}$ (4) $\begin{bmatrix} 0 & 1 & 0 \\ 1 & 0 & 0 \\ 0 & 0 & 1 \end{bmatrix}$

8. 다음 상부삼각행렬 $A$의 행렬식의 값을 구하시오.

$$A=\begin{bmatrix}1 & 6 & -2 & 3 & 7\\ 0 & -1 & 7 & -3 & 1\\ 0 & 0 & 1 & 9 & 2\\ 0 & 0 & 0 & -1 & 8\\ 0 & 0 & 0 & 0 & 1\end{bmatrix}$$

9. 다음 행렬 $A$의 행렬식의 값을 구하시오.

$$A=\begin{bmatrix}1 & 2 & 3\\ -2 & 3 & 1\\ 4 & 5 & -2\end{bmatrix}$$

10. 기본 행 연산을 통해 다음 행렬의 행렬식의 값을 각각 구하시오.

(1) $\begin{bmatrix}3 & 0 & 2\\ -1 & 5 & 0\\ 1 & 9 & 6\end{bmatrix}$ (2) $\begin{bmatrix}1 & 2 & -1\\ 0 & 1 & 0\\ 2 & 6 & 0\end{bmatrix}$

11. 다음 행렬식의 값을 구하시오.

$$\begin{vmatrix}1 & 2 & 3 & 4\\ 5 & 6 & 7 & 8\\ 9 & 10 & 11 & 12\\ 13 & 14 & 15 & 16\end{vmatrix}$$

12. 어떤 $3\times3$ 행렬 $A$가 다음과 같은 두 개 행렬의 곱으로 인수분해되었다고 할 때 행렬 $A$의 행렬식의 값은?

$$A=\begin{bmatrix}1 & 0 & 0\\ 2 & 1 & 0\\ 3 & 4 & 1\end{bmatrix}\begin{bmatrix}1 & 4 & 5\\ 0 & 2 & 6\\ 0 & 0 & 3\end{bmatrix}$$

13. 다음과 같이 주어진 행렬에 대한 행렬식의 값을 각각 구하시오.

(1) $\begin{bmatrix} 2 & 3 & 7 \\ -1 & 5 & 0 \\ 0 & 1 & -1 \end{bmatrix}$ (2) $\begin{bmatrix} 1 & 2 \\ 3 & 0 \end{bmatrix}$

(3) $\begin{bmatrix} 3 & 5 & 0 \\ -1 & 2 & 1 \\ 3 & -6 & 4 \end{bmatrix}$

14. 다음 행렬식의 값을 각각 계산하시오.

(1) $\begin{vmatrix} 2 & 1 & 2 \\ 0 & 3 & -1 \\ 4 & 1 & 1 \end{vmatrix}$ (2) $\begin{vmatrix} 3 & -1 & 5 \\ -1 & 2 & 1 \\ -2 & 4 & 3 \end{vmatrix}$

(3) $\begin{vmatrix} 2 & 4 & 3 \\ -1 & 3 & 0 \\ 0 & 2 & 1 \end{vmatrix}$ (4) $\begin{vmatrix} 1 & 2 & -1 \\ 0 & 2 & -1 \\ 0 & 2 & 7 \end{vmatrix}$

15. (도전문제) 다음 행렬식의 값을 구하시오.

$$\begin{vmatrix} 1 & 2 & 3 & 4 & 5 \\ 5 & 4 & 3 & 2 & 1 \\ 0 & 0 & 6 & 5 & 1 \\ 0 & 0 & 0 & 7 & 4 \\ 0 & 0 & 0 & 2 & 3 \end{vmatrix}$$

16. (도전문제) 다음 행렬식의 값을 구하시오.

$$\begin{vmatrix} 3 & 7 & 4 & 6 \\ 2 & -3 & 5 & -7 \\ -2 & 3 & -3 & 4 \\ 10 & 5 & 6 & 7 \end{vmatrix}$$

17. (도전문제) 다음 행렬식의 값을 구하시오.

$$\begin{vmatrix} a^2+1 & ab & ac \\ ab & b^2+1 & bc \\ ac & bc & c^2+1 \end{vmatrix}$$

$$M^{-1} = \frac{1}{ad-bc}\begin{bmatrix} d & -b \\ -c & a \end{bmatrix}$$

$$\frac{1}{\text{행렬식}}$$

부호만
바뀐다

자리가
바뀐다

$$[A \mid I] = \begin{bmatrix} 1 & 2 & 3 & | & 1 & 0 & 0 \\ 2 & 5 & 3 & | & 0 & 1 & 0 \\ 1 & 0 & 8 & | & 0 & 0 & 1 \end{bmatrix} \longrightarrow \begin{bmatrix} 1 & 0 & 0 & | & -40 & 16 & 9 \\ 0 & 1 & 0 & | & 13 & -5 & -3 \\ 0 & 0 & 1 & | & 5 & -2 & -1 \end{bmatrix}$$

### 3.3.1 역행렬의 정의와 성질

역행렬이란 스칼라 값에서의 곱셈에 대한 역원과 유사한 개념으로 선형방정식의 풀이에서 매우 중요한 역할을 한다.

**정의 ❸-4** 행렬 $A$와 $B$가 모두 $n \times n$ 행렬일 때, $AB = BA = I(I :$ 항등행렬)인 행렬 $B$가 존재하는 경우 $A$를 가역적(nonsingular, invertible)이라 한다. 이 경우 $AB = BA = I$가 성립하는 하나뿐인 행렬 $B$를 $A$의 역행렬(inverse matrix)이라고 하고 $A^{-1}$로 나타내는데, $AA^{-1} = A^{-1}A = I$가 항상 성립한다.

가역적인 행렬, 즉 역행렬이 존재하는 행렬을 정칙행렬(nonsingular matrix)이라고 하고, 그렇지 않은 행렬을 특이행렬(singular matrix)이라고 한다.

**정리 ❸-10** 행렬 $A$에서 $AB = BA = I$인 행렬 $B$가 존재하면 그것은 오직 하나뿐이다.

 $AC = CA = I$인 행렬 $C$가 존재한다면

$$C = CI = C(AB) = (CA)B = IB = B$$

따라서 $C = B$가 되므로 $B$는 유일하다. ■

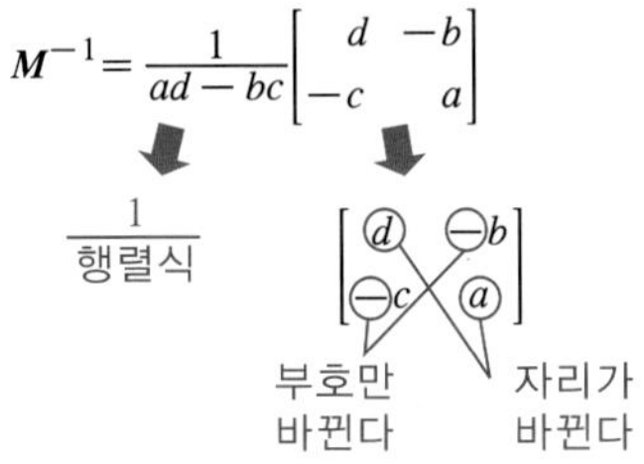

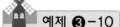

역행렬을 구하는 방법은
매우 많고 다양합니다.
이 책에서는 여러 가지
방법들을 살펴볼 거예요.

**역행렬을 구하는 방법**

(1) 가우스–조단의 방법

(2) 한 행렬을 변수로 놓고 곱을 구해서 항등행렬이 되도록 하는 방법

(3) 수반행렬을 이용하여 구하는 방법

**예제 ❸-10** 다음의 행렬 $A$와 $B$의 곱이 항등행렬이 됨을 보임으로써 가역적임을 입증해 보자.

$$A=\begin{bmatrix}2 & 5\\ 1 & 3\end{bmatrix},\quad B=\begin{bmatrix}3 & -5\\ -1 & 2\end{bmatrix}$$

**풀이**

$$AB=\begin{bmatrix}6-5 & -10+10\\ 3-3 & -5+6\end{bmatrix}=\begin{bmatrix}1 & 0\\ 0 & 1\end{bmatrix}$$

$$BA=\begin{bmatrix}6-5 & 15-15\\ -2+2 & -5+6\end{bmatrix}=\begin{bmatrix}1 & 0\\ 0 & 1\end{bmatrix}$$

$AB$와 $BA$의 결과가 항등행렬이 되므로 행렬 $A$와 $B$는 가역적이다. ■

**예제 ❸-11** 다음의 행렬 $A$와 $B$가 서로 역행렬 관계임을 입증해 보자.

$$A=\begin{bmatrix}1 & 0 & 2\\ 2 & -1 & 3\\ 4 & 1 & 8\end{bmatrix},\quad B=\begin{bmatrix}-11 & 2 & 2\\ -4 & 0 & 1\\ 6 & -1 & -1\end{bmatrix}$$

**풀이** 행렬의 곱 $AB$를 구하면,

$$AB=\begin{bmatrix}-11+0+12 & 2+0-2 & 2+0-2\\ -22+4+18 & 4+0-3 & 4-1-3\\ -44-4+48 & 8+0-8 & 8+1-8\end{bmatrix}=\begin{bmatrix}1&0&0\\0&1&0\\0&0&1\end{bmatrix}=I$$

$AB=I$이기 때문에 정의에 따라 $A$와 $B$는 서로 역행렬이다. ■

**정리 ❸-11** $n\times n$ 정칙행렬 $A$, $B$에 대해 다음과 같은 역행렬의 성질들이 성립한다.

(1) $(A^{-1})^{-1}=A$　　　(2) $(AB)^{-1}=B^{-1}A^{-1}$

**증명** (1) $A$가 정칙행렬이면 $AA^{-1}=A^{-1}A=I$이므로 $A$의 역행렬은 $A^{-1}$이고 $A^{-1}$의 역행렬 $(A^{-1})^{-1}$은 $A$이다. 따라서 $(A^{-1})^{-1}=A$이다.

(2) $A$, $B$가 정칙행렬이면 역행렬 $A^{-1}$, $B^{-1}$가 존재하여 $AA^{-1}=A^{-1}A=I$이고 $BB^{-1}=B^{-1}B=I$이다.

$$(AB)(B^{-1}A^{-1})=A(BB^{-1})A^{-1}=AIA^{-1}=AA^{-1}=I$$
$$(B^{-1}A^{-1})(AB)=B^{-1}(A^{-1}A)B=B^{-1}IB=B^{-1}B=I$$

그러므로 $(AB)(B^{-1}A^{-1})=(B^{-1}A^{-1})(AB)=I$

따라서 $B^{-1}A^{-1}$은 $AB$의 역행렬이다. ■

**예제 ❸-12** 두 행렬 $A=\begin{bmatrix}1&2\\1&3\end{bmatrix}$, $B=\begin{bmatrix}3&2\\2&2\end{bmatrix}$에 대하여 $(AB)^{-1}=B^{-1}A^{-1}$임을 확인해 보자.

**풀이** 두 개의 식을 계산하여 그 결과가 같음을 보인다.

$A^{-1}=\begin{bmatrix}3&-2\\-1&1\end{bmatrix}$, $B^{-1}=\begin{bmatrix}1&-1\\-1&\frac{3}{2}\end{bmatrix}$이고 $AB=\begin{bmatrix}7&6\\9&8\end{bmatrix}$이므로

$$(AB)^{-1}=\begin{bmatrix} 4 & -3 \\ -\frac{9}{2} & \frac{7}{2} \end{bmatrix}$$

$$B^{-1}A^{-1}=\begin{bmatrix} 1 & -1 \\ -1 & \frac{3}{2} \end{bmatrix}\begin{bmatrix} 3 & -2 \\ -1 & 1 \end{bmatrix}=\begin{bmatrix} 4 & -3 \\ -\frac{9}{2} & \frac{7}{2} \end{bmatrix}$$

따라서 $(AB)^{-1}=B^{-1}A^{-1}$이다. ■

**여기서 잠깐!!** $A$, $B$가 정방행렬이면서 가역적일 때 $(A^{-1})^{-1}=A$는 역의 역이라서 원래의 행렬이 되는 것은 대충 짐작이 된다. 하지만 $(AB)^{-1}=B^{-1}A^{-1}$의 의미는 무엇일까? 그것은 두 행렬을 곱한 후에 역행렬을 만들면 원래의 순서와는 반대인 역행렬의 곱으로 나온다는 의미이다.

## 3.3.2 역행렬을 구하는 방법

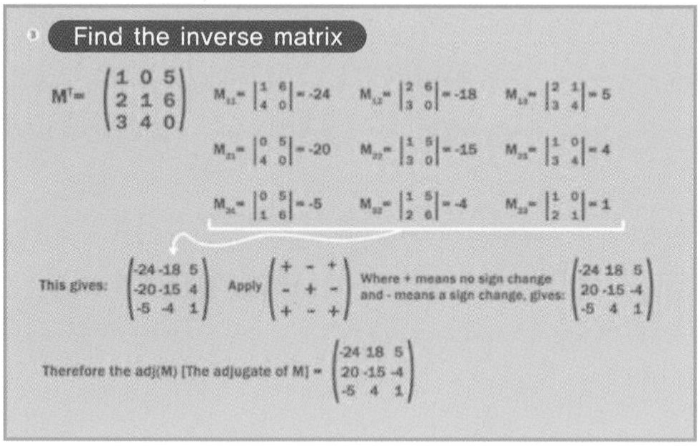


**정의 ❸-5** 주어진 행렬 $A$의 오른쪽에다 추가적으로 첨가하여(augmented) 만든 행렬을 첨가행렬(augmented matrix)이라고 한다.

역행렬은 스칼라에서 곱셈에 대한 역원과 유사한 개념입니다. 곱셈에서 7의 역은 $\frac{1}{7}$이고, 7과 $\frac{1}{7}$을 곱하면 1이 나오지요? 이와 마찬가지로 역행렬 관계에 있는 두 행렬을 곱하면 항등행렬, 즉

$$\begin{bmatrix} 1 & 0 \\ 0 & 1 \end{bmatrix}$$이 나옵니다.

예를 들면,

$$\begin{bmatrix} 1 & 1 \\ 1 & 2 \end{bmatrix}\begin{bmatrix} 2 & -1 \\ -1 & 1 \end{bmatrix}=\begin{bmatrix} 1 & 0 \\ 0 & 1 \end{bmatrix}$$

일 때 두 행렬은 서로에 대해 역행렬이라고 해요.

역행렬과 가역적이란 것과는 어떤 관계인가요?

$A$, $B$가 모두 정방행렬인 경우,

$AB = BA = I$일 때 $B$를 $A$의 역행렬이라고 하고 가역적이라고 하지요.

가역적이란 말은 역행렬을 구할 수 있을 경우를 말합니다. 이 경우 영어로는 non-singular 또는 invertible이라고 말하는데 non-singular란 말을 더 많이 사용한답니다.

**정리 ❸-12** 가우스-조단의 역행렬을 구하는 알고리즘을 이용하여 $A$의 역행렬인 $A^{-1}$를 구할 수 있다. 우선 〈그림 3.2〉와 같이 첨가행렬 $[A \mid I]$를 만들고 행 연산을 한다. 만약 행 연산을 하여 $[A \mid I]$를 $[I \mid A^{-1}]$의 형태로 변환했을 경우 $A$의 역행렬인 $A^{-1}$를 구할 수 있다.

여러 번의 행 연산을 통하여 $A$를 $I$로 변환함

$$[A \mid I] \qquad [I \mid A^{-1}]$$

구하고자 하는 역행렬

$A$의 행 연산 중 $I$ 부분도 같이 변환됨

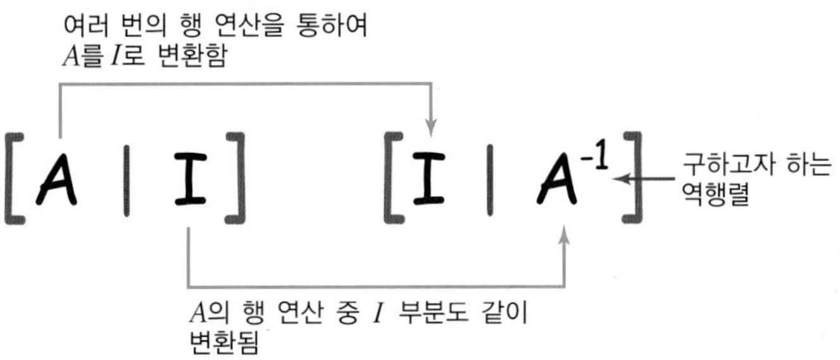

〈그림 3.2〉 가우스-조단 방식의 역행렬 구하기

**가우스-조단의 역행렬을 구하는 알고리즘**

**단계 1** 원래의 $A$ 행렬에다 항등행렬 $I$를 첨가하여 첨가행렬 $[A \mid I]$로 만든다.

**단계 2** 행렬 $A$ 부분이 항등행렬로 바뀔 때까지 행 연산을 계속한다.

**단계 3** $A$가 가역적 행렬인지를 결정한다.

(1) $A$를 항등행렬로 변환할 수 있으면 원래 $I$ 위치에 있는 행렬이 $A^{-1}$가 된다 $(I \mid A)$ .

(2) 만약 $A$의 행 연산 과정에서 한 행이 모두 0이 되면 $A$는 비가역적 행렬이므로 역행렬을 구하는 과정을 중단한다.

**예제 ❸-13** 행렬 $A=\begin{bmatrix} 3 & 4 \\ 2 & 3 \end{bmatrix}$의 역행렬을 가우스-조단의 방법으로 구해 보자.

**풀이** 가우스-조단 알고리즘을 적용하여 역행렬을 구한다.
먼저 $a_{11}$의 값을 1로 만들기 위해 $\frac{1}{3}$을 곱한다.

$$\left[\begin{array}{cc|cc} \textcircled{3} & 4 & 1 & 0 \\ 2 & 3 & 0 & 1 \end{array}\right] \quad \left(\frac{1}{3}\right)\times R_1 \to R_1$$

$$\left[\begin{array}{cc|cc} \textcircled{1} & \frac{4}{3} & \frac{1}{3} & 0 \\ \boxed{2} & 3 & 0 & 1 \end{array}\right] \quad (-2)\times R_1 + R_2 \to R_2$$

$$\left[\begin{array}{cc|cc} 1 & \frac{4}{3} & \frac{1}{3} & 0 \\ 0 & \frac{1}{3} & -\frac{2}{3} & 1 \end{array}\right] \quad 3\times R_2 \to R_2$$

$$\left[\begin{array}{cc|cc} 1 & \textcircled{\frac{4}{3}} & \frac{1}{3} & 0 \\ 0 & \boxed{1} & -2 & 3 \end{array}\right] \quad \left(-\frac{4}{3}\right)\times R_2 + R_1 \to R_1$$

$$\left[\begin{array}{cc|cc} 1 & 0 & 3 & -4 \\ 0 & 1 & -2 & 3 \end{array}\right]$$을 얻는다.

따라서 다음과 같은 역행렬을 구할 수 있다.

$$A^{-1}=\begin{bmatrix} 3 & -4 \\ -2 & 3 \end{bmatrix}$$ ■

**예제 3-14** 기본 행 연산을 이용하여 다음 행렬의 역행렬을 구해 보자.

$$A=\begin{bmatrix} 1 & 2 & 3 \\ 2 & 5 & 3 \\ 1 & 0 & 8 \end{bmatrix}$$

**풀이** 행렬 $A$의 오른쪽에 항등행렬을 같이 써서 아래와 같은 첨가행렬을 만든다. 이 행렬에 대해 기본 행 연산을 적용하여 왼쪽을 항등행렬로 만들면 오른쪽에 얻어지는 행렬이 바로 $A$의 역행렬이 된다.

$$\left[\begin{array}{ccc|ccc} 1 & 2 & 3 & 1 & 0 & 0 \\ 2 & 5 & 3 & 0 & 1 & 0 \\ 1 & 0 & 8 & 0 & 0 & 1 \end{array}\right] \quad \begin{array}{l} (-2)\times R_1+R_2\rightarrow R_2 \\ (-1)\times R_1+R_3\rightarrow R_3 \end{array}$$

$$\left[\begin{array}{ccc|ccc} 1 & 2 & 3 & 1 & 0 & 0 \\ 0 & 1 & -3 & -2 & 1 & 0 \\ 0 & -2 & 5 & -1 & 0 & 1 \end{array}\right] \quad 2\times R_2+R_3\rightarrow R_3$$

$$\left[\begin{array}{ccc|ccc} 1 & 2 & 3 & 1 & 0 & 0 \\ 0 & 1 & -3 & -2 & 1 & 0 \\ 0 & 0 & -1 & -5 & 2 & 1 \end{array}\right] \quad (-1)\times R_3\rightarrow R_3$$

$$\left[\begin{array}{ccc|ccc} 1 & 2 & 3 & 1 & 0 & 0 \\ 0 & 1 & -3 & -2 & 1 & 0 \\ 0 & 0 & 1 & 5 & -2 & -1 \end{array}\right] \quad \begin{array}{l} (-3)\times R_3+R_1\rightarrow R_1 \\ 3\times R_3+R_2\rightarrow R_2 \end{array}$$

$$\left[\begin{array}{ccc|ccc} 1 & 2 & 0 & -14 & 6 & 3 \\ 0 & 1 & 0 & 13 & -5 & -3 \\ 0 & 0 & 1 & 5 & -2 & -1 \end{array}\right] \quad (-2)\times R_2+R_1\rightarrow R_1$$

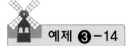

$$\left[\begin{array}{ccc|ccc} 1 & 0 & 0 & -40 & 16 & 9 \\ 0 & 1 & 0 & 13 & -5 & -3 \\ 0 & 0 & 1 & 5 & -2 & -1 \end{array}\right]$$

이 단계에서 왼쪽 행렬이 항등행렬이 되었다. 따라서

$$A^{-1} = \begin{bmatrix} -40 & 16 & 9 \\ 13 & -5 & -3 \\ 5 & -2 & -1 \end{bmatrix}$$ 이다.

이 행렬이 실제로 $A$의 역행렬인지를 확인하기 위해서는 $AA^{-1}=I$를 계산해 보면 된다. ■

**예제 3-15**

$A = \begin{bmatrix} 1 & -3 & 4 \\ 2 & -5 & 7 \\ 0 & -1 & 1 \end{bmatrix}$일 때 $A^{-1}$이 존재할 경우 역행렬을 구해 보자.

**풀이** $(A|I)$를 이용하여 역행렬을 구하는 방법을 적용하면 다음과 같다.

$$\left[\begin{array}{ccc|ccc} \textcircled{1} & -3 & 4 & 1 & 0 & 0 \\ \boxed{2} & -5 & 7 & 0 & 1 & 0 \\ 0 & -1 & 1 & 0 & 0 & 1 \end{array}\right]$$

$(-2)\times R_1 + R_2 \rightarrow R_2$

$$\left[\begin{array}{ccc|ccc} 1 & \boxed{-3} & 4 & 1 & 0 & 0 \\ 0 & \textcircled{1} & -1 & -2 & 1 & 0 \\ 0 & \boxed{-1} & 1 & 0 & 0 & 1 \end{array}\right]$$

$R_2 + R_3 \rightarrow R_3$
$3\times R_2 + R_1 \rightarrow R_1$

$$\left[\begin{array}{ccc|ccc} 1 & 0 & 1 & -5 & 3 & 0 \\ 0 & 1 & -1 & -2 & 1 & 0 \\ 0 & 0 & 0 & -2 & 1 & 1 \end{array}\right]$$

왼쪽의 결과로 볼 때 제일 아래 부분의 항들이 모두 0이 되었으므로 더 이상의 행 연산을 진행할 필요가 없다. 즉, 행렬 $A$ 부분의 행 연산 결과가 항등행렬이 될 수 없으므로 $A$는 가역적일 수가 없고 역행렬을 구할 수 없다. ■

### 3.3.3 수반행렬에 의한 역행렬

$2\times 2$ 역행렬

$$A^{-1}=\frac{1}{D}\cdot[\mathrm{Adj}(A)]=\frac{1}{2}\begin{bmatrix}4 & -5\\ -2 & 3\end{bmatrix}=\begin{bmatrix}2 & -\frac{5}{2}\\ -1 & \frac{3}{2}\end{bmatrix}$$

$$A=\begin{bmatrix}3 & 5\\ 2 & 4\end{bmatrix}\begin{bmatrix}2 & -\frac{5}{2}\\ -1 & \frac{3}{2}\end{bmatrix}=\begin{bmatrix}6-5 & -\frac{15}{2}+\frac{15}{2}\\ 4-4 & -\frac{10}{2}+\frac{12}{2}\end{bmatrix}=\begin{bmatrix}1 & 0\\ 0 & 1\end{bmatrix}=1$$

제3장 1절에서 소행렬식에다 $(-1)^{i+j}$의 부호를 붙인 것을 여인수로 정의한 바 있다. 여인수를 행렬에다 차례로 모아 놓은 것을 여인수 행렬이라고 하는데, 수반행렬은 그 여인수 행렬을 다시 전치행렬로 바꾼 것이다. 즉, 다음과 같이 $A$의 여인수를 성분으로 가지는 행렬 $B=[A_{ij}]$를 행렬 $A$의 여인수 행렬이라고 할 때 여인수 행렬 $B$의 전치행렬을 $A$의 수반행렬(Adiugate matrix)이라고 하며 Adj($A$)와 같이 나타낸다.

$$B=\begin{bmatrix}A_{11} & A_{12} & \cdots & A_{1n}\\ A_{21} & A_{22} & \cdots & A_{2n}\\ \vdots & \vdots & & \vdots\\ A_{m1} & A_{m2} & \cdots & A_{mn}\end{bmatrix}$$

$$\mathrm{Adj}(A)=B^{T}=\begin{bmatrix}A_{11} & A_{21} & \cdots & A_{n1}\\ A_{12} & A_{22} & \cdots & A_{n2}\\ \vdots & \vdots & & \vdots\\ A_{1m} & A_{2m} & \cdots & A_{mn}\end{bmatrix}$$

**예제 ❸-16**

$A=\begin{bmatrix}2 & 4 & 3\\ 0 & 1 & -1\\ 3 & 5 & 7\end{bmatrix}$일 때 Adj$(A)$를 계산해 보자.

**풀이** 먼저 $A$의 소행렬식은 다음과 같다.

$$M_{11}=\begin{vmatrix}1 & -1\\5 & 7\end{vmatrix}=12 \quad M_{12}=\begin{vmatrix}0 & -1\\3 & 7\end{vmatrix}=3 \quad M_{13}=\begin{vmatrix}0 & 1\\3 & 5\end{vmatrix}=-3$$

$$M_{21}=\begin{vmatrix}4 & 3\\5 & 7\end{vmatrix}=13 \quad M_{22}=\begin{vmatrix}2 & 3\\3 & 7\end{vmatrix}=5 \quad M_{23}=\begin{vmatrix}2 & 4\\3 & 5\end{vmatrix}=-2$$

$$M_{31}=\begin{vmatrix}4 & 3\\1 & -1\end{vmatrix}=-7 \quad M_{32}=\begin{vmatrix}2 & 3\\0 & -1\end{vmatrix}=-2 \quad M_{33}=\begin{vmatrix}2 & 4\\0 & 1\end{vmatrix}=2$$

따라서 $(-1)^{i+j}$의 값에 따라 부호를 붙인 $A$의 여인수는 다음과 같다.

$$\begin{array}{lll} A_{11}=\ 12 & A_{12}=-3 & A_{13}=-3 \\ A_{21}=-13 & A_{22}=\ 5 & A_{23}=\ 2 \\ A_{31}=\ -7 & A_{32}=\ 2 & A_{33}=\ 2 \end{array}$$

그러므로 여인수 행렬 $B$는

$$B=\begin{bmatrix}12 & -3 & -3\\-13 & 5 & 2\\-7 & 2 & 2\end{bmatrix}$$ 이므로

$B$의 전치행렬을 구하면 된다.

$$\text{Adj}(A)=B^T=\begin{bmatrix}12 & -13 & -7\\-3 & 5 & 2\\-3 & 2 & 2\end{bmatrix}$$ 이다. ■

**예제 3-17** 다음 행렬의 소행렬식, 여인수, 수반행렬을 구해 보자.

$$A=\begin{bmatrix}1 & 2 & 3\\4 & 5 & 6\\7 & 8 & 9\end{bmatrix}$$

**풀이** 먼저 $A$의 소행렬식은 다음과 같이 9개를 구할 수 있다.

$$M_{11}=\begin{vmatrix}5 & 6\\ 8 & 9\end{vmatrix}=45-48=-3$$

$$M_{12}=\begin{vmatrix}4 & 6\\ 7 & 9\end{vmatrix}=36-42=-6$$

$$M_{13}=\begin{vmatrix}4 & 5\\ 7 & 8\end{vmatrix}=32-35=-3$$

$$M_{21}=\begin{vmatrix}2 & 3\\ 8 & 9\end{vmatrix}=18-24=-6$$

$$M_{22}=\begin{vmatrix}1 & 3\\ 7 & 9\end{vmatrix}=9-21=-12$$

$$M_{23}=\begin{vmatrix}1 & 2\\ 7 & 8\end{vmatrix}=8-14=-6$$

$$M_{31}=\begin{vmatrix}2 & 3\\ 5 & 6\end{vmatrix}=12-15=-3$$

$$M_{32}=\begin{vmatrix}1 & 3\\ 4 & 6\end{vmatrix}=6-12=-6$$

$$M_{33}=\begin{vmatrix}1 & 2\\ 4 & 5\end{vmatrix}=5-8=-3$$

따라서 $A$의 여인수는

$$A_{11}=(-1)^{1+1}(-3)=-3$$
$$A_{21}=(-1)^{2+1}(-6)=6$$
$$A_{31}=(-1)^{3+1}(-3)=-3$$

$$A_{12}=(-1)^{1+2}(-6)=6$$
$$A_{22}=(-1)^{2+2}(-12)=-12$$
$$A_{32}=(-1)^{3+2}(-6)=6$$

$$A_{13} = (-1)^{1+3}(-3) = -3$$
$$A_{23} = (-1)^{2+3}(-6) = 6$$
$$A_{33} = (-1)^{3+3}(-3) = -3$$

그러므로 여인수 행렬 $B = \begin{bmatrix} -3 & 6 & -3 \\ 6 & -12 & 6 \\ -3 & 6 & -3 \end{bmatrix}$이 된다.

따라서 수반행렬은 $B$의 전치행렬이 된다.

$\mathrm{Adj}(A) = B^T = \begin{bmatrix} -3 & 6 & -3 \\ 6 & -12 & 6 \\ -3 & 6 & -3 \end{bmatrix}$이다. ■

**수반행렬을 이용하여 역행렬을 구하는 방법**

(1) 소행렬식, 여인수를 구한다.

(2) $A_{ij} = (-1)^{i+j} M_{ij}$를 이용한다.

(3) 여인수 행렬의 전치행렬을 구한다.

**정리 3-13** $A$가 $n\times n$ 행렬일 때 다음의 2가지가 성립한다.

(1) $A$가 가역적이기 위한 필요충분조건은 $\mathrm{Det}(A)\neq 0$이다.

(2) $\mathrm{Det}(A)\neq 0$이면 $A$의 역행렬은 다음과 같다.

$$A^{-1}=\frac{1}{\mathrm{Det}(A)}\mathrm{Adj}(A)$$

$2\times 2$ 행렬에 대한 역행렬은 이 정리의 특별한 경우로, $\mathrm{Det}(A)\neq 0$이면 다음과 같은 방법으로 $A$의 역행렬을 구하는 것이 매우 편리하다.

$$A^{-1}=\frac{1}{\mathrm{Det}(A)}\begin{bmatrix} a_{22} & -a_{12} \\ -a_{21} & a_{11} \end{bmatrix}$$

**예제 3-18** $A=\begin{bmatrix} 1 & 4 \\ 2 & 10 \end{bmatrix}$의 역행렬을 구해 보자.

**풀이** $\mathrm{Det}(A)=10-8=2\neq 0$이므로 $A$는 가역적이다. 따라서 $A^{-1}$는 위의 간단한 역행렬 공식에 따라 다음과 같이 구할 수 있다.

$$A^{-1}=\frac{1}{2}\begin{bmatrix} 10 & -4 \\ -2 & 1 \end{bmatrix}=\begin{bmatrix} 5 & -2 \\ -1 & \frac{1}{2} \end{bmatrix}$$ ■

C program, MATLAB

**예제 3-19** $A=\begin{bmatrix} 3 & 1 \\ 4 & 2 \end{bmatrix}$일 때 수반행렬을 이용하여 $A$의 역행렬을 구해 보자.

**풀이** $|A|=\begin{vmatrix} 3 & 1 \\ 4 & 2 \end{vmatrix}=2$이므로 가역적이다. 그리고 여인수를 구하면 다음과 같다.

$$A_{11} = (-1)^{1+1} \cdot 2 = 2 \qquad A_{12} = (-1)^{1+2} \cdot 4 = -4$$
$$A_{21} = (-1)^{2+1} \cdot 1 = -1 \qquad A_{22} = (-1)^{2+2} \cdot 3 = 3$$

그러므로 $A$의 여인수 행렬 $B$는

$$B = \begin{bmatrix} 2 & -4 \\ -1 & 3 \end{bmatrix} \text{이므로 } \mathrm{Adj}(A) = \begin{bmatrix} 2 & -1 \\ -4 & 3 \end{bmatrix} \text{이다.}$$

따라서 $A^{-1} = \frac{1}{|A|}\begin{bmatrix} 2 & -1 \\ -4 & 3 \end{bmatrix} = \frac{1}{2}\begin{bmatrix} 2 & -1 \\ -4 & 3 \end{bmatrix}$이 된다. ■

**여기서 잠깐!!** 수반행렬을 구할 경우에는 여인수 행렬에다 전치(transpose)하는 것을 잊지 말자. 또한 최종적으로 역행렬을 구할 때에는 수반행렬에다 $\frac{1}{\mathrm{Det}(A)}$을 곱하는 것도 잊지 말자.

**예제 ❸-20** C program, MATLAB

다음에서 행렬식과 Adj$(A)$를 각각 구하고 역행렬이 존재하면 역행렬을 구해 보자.

$$(1)\ A = \begin{bmatrix} 2 & -3 & 1 \\ 5 & 4 & 1 \\ 2 & -2 & -1 \end{bmatrix} \quad (2)\ A = \begin{bmatrix} 3 & 1 & 0 \\ 2 & -1 & 1 \\ 5 & 5 & -7 \end{bmatrix} \quad (3)\ A = \begin{bmatrix} 2 & -1 & 4 \\ 5 & -2 & 9 \\ 3 & 2 & -1 \end{bmatrix}$$

**풀이** 먼저 행렬식을 구하고 Adj$(A)$를 만든 후 역행렬을 구한다.

$$(1)\ |A| = 2(-1)^{1+1}\begin{vmatrix} 4 & 1 \\ -2 & -1 \end{vmatrix} - 3(-1)^{1+2}\begin{vmatrix} 5 & 1 \\ 2 & -1 \end{vmatrix} + 1(-1)^{1+3}\begin{vmatrix} 5 & 4 \\ 2 & -2 \end{vmatrix}$$
$$= 2(-4+2) + 3(-5-2) + 1(-10-8) = -43$$

먼저 $A$의 소행렬식은 다음과 같다.

$$M_{11}=\begin{vmatrix} 4 & 1 \\ -2 & -1 \end{vmatrix}=-2 \quad M_{12}=\begin{vmatrix} 5 & 1 \\ 2 & -1 \end{vmatrix}=-7 \quad M_{13}=\begin{vmatrix} 5 & 4 \\ 2 & -2 \end{vmatrix}=-18$$

$$M_{21}=\begin{vmatrix} -3 & 1 \\ -2 & -1 \end{vmatrix}=5 \quad M_{22}=\begin{vmatrix} 2 & 1 \\ 2 & -1 \end{vmatrix}=-4 \quad M_{23}=\begin{vmatrix} 2 & -3 \\ 2 & -2 \end{vmatrix}=2$$

$$M_{31}=\begin{vmatrix} -3 & 1 \\ 4 & 1 \end{vmatrix}=-7 \quad M_{32}=\begin{vmatrix} 2 & 1 \\ 5 & 1 \end{vmatrix}=-3 \quad M_{33}=\begin{vmatrix} 2 & -3 \\ 5 & 4 \end{vmatrix}=23$$

따라서 $(-1)^{i+j}$의 값에 따라 부호를 붙인 $A$의 여인수는 다음과 같다.

$$\begin{array}{lll} A_{11}=-2 & A_{12}=\ \ 7 & A_{13}=-18 \\ A_{21}=-5 & A_{22}=-4 & A_{23}=\ -2 \\ A_{31}=-7 & A_{32}=\ \ 3 & A_{33}=\ \ 23 \end{array}$$

그러므로 여인수 행렬 $B$는

$$B=\begin{bmatrix} -2 & 7 & -18 \\ -5 & -4 & -2 \\ -7 & 3 & 23 \end{bmatrix}\text{이므로}$$

$B$의 전치행렬을 구하면 된다.

$$\text{Adj}(A)=B^T=\begin{bmatrix} -2 & -5 & -7 \\ 7 & -4 & 3 \\ -18 & -2 & 23 \end{bmatrix}\text{이고}$$

$$A^{-1}=\frac{1}{\text{Det}(A)}\text{Adj}(A)\text{이므로}$$

$$A^{-1}=\frac{1}{43}\begin{bmatrix} 2 & 5 & 7 \\ -7 & 4 & -3 \\ 18 & 2 & -23 \end{bmatrix}\text{이다.}$$

(2) $|A|=25$, $\text{Adj}(A)=\begin{bmatrix} 2 & 7 & 1 \\ 19 & -21 & -3 \\ 15 & -10 & -5 \end{bmatrix}$, $A^{-1}=\frac{1}{25}\begin{bmatrix} 2 & 7 & 1 \\ 19 & -21 & -3 \\ 15 & -10 & -5 \end{bmatrix}$인데

이 문제의 자세한 풀이는 각자 해 보기로 한다.

(3) $|A|=0$, $\text{Adj}(A)=\begin{bmatrix} -16 & 7 & -1 \\ 32 & -14 & 2 \\ 16 & -7 & 1 \end{bmatrix}$, $|A|=0$이므로

$A^{-1}$가 존재하지 않는다. ■

# 연습 문제 3.3

## Part 1. 진위 문제

다음 문장의 진위를 판단하고, 틀린 경우에는 그 이유를 적으시오.

1. 정칙행렬에서는 역행렬이 항상 존재한다.
2. $A$와 $B$가 같은 크기의 정방행렬이고 $AB = I$이면 $A$와 $B$는 모두 가역행렬이다.
3. 주어진 행렬 $A$의 역행렬에다 다시 역행렬을 만들면 원래의 행렬 $A$와는 다소 다른 결과가 나온다.
4. $2 \times 2$ 행렬에서는 가역적일 경우 간단한 공식에다 대입하면 비교적 쉽게 역행렬을 구할 수 있다.
5. 주어진 행렬 $A$와 항등행렬 $I$의 첨가행렬에서 역행렬을 구하는 방법을 가우스-조단 방법이라고 한다.
6. 역행렬을 구하는 방법은 단 한 가지 방법밖에 없다.
7. $\mathrm{Adj}(A)$는 여인수 행렬의 전치행렬이다.
8. $\mathrm{Det}(A)$가 0이 아니면 수반행렬을 통한 역행렬이 반드시 존재한다.

## Part 2. 선택 문제

1. 행렬 $A = \begin{bmatrix} 1 & 1 \\ 1 & 2 \end{bmatrix}$의 역행렬은 무엇인가?

(1) $\begin{bmatrix} 2 & 1 \\ 1 & 1 \end{bmatrix}$ (2) $\begin{bmatrix} 2 & -1 \\ -1 & 1 \end{bmatrix}$

(3) $\begin{bmatrix} 2 & 1 \\ 1 & -1 \end{bmatrix}$ (4) $\begin{bmatrix} 1 & 1 \\ -1 & 2 \end{bmatrix}$

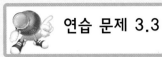

2. 다음 행렬 중 가역적이지 않은 것은?

(1) $\begin{bmatrix} 3 & 0 \\ 0 & -2 \end{bmatrix}$ (2) $\begin{bmatrix} -1 & 0 & 0 \\ 0 & 2 & 0 \\ 0 & 0 & 7 \end{bmatrix}$

(3) $\begin{bmatrix} 4 & 0 & 0 \\ 0 & 0 & 0 \\ 0 & 0 & 5 \end{bmatrix}$ (4) $\begin{bmatrix} 1 & 0 & 0 \\ 0 & 2 & 0 \\ 0 & 0 & -1 \end{bmatrix}$

3. 행렬 $A=\begin{bmatrix} 4 & -3 \\ x & -4 \end{bmatrix}$가 자신의 역행렬이 되는 $x$의 값은?

(1) 2 (2) −3 (3) 6 (4) 5

4. 다음 행렬 $A$에 대한 역행렬 $A^{-1}$의 2행 1열의 원소는?

$$A=\begin{bmatrix} 3 & 1 & -1 \\ 1 & 2 & 1 \\ 1 & 1 & 1 \end{bmatrix}$$

(1) −1 (2) 0 (3) $\frac{1}{2}$ (4) 1

5. 다음 행렬 $A$의 역행렬은 어느 것인가?
(힌트: 보기의 행렬을 곱하여 $I$가 나오는 행렬이 역행렬이다.)

$$A=\begin{bmatrix} 1 & 2 \\ 3 & 4 \end{bmatrix}$$

(1) $\begin{bmatrix} 6 & 4 \\ -2 & -1 \end{bmatrix}$ (2) $\begin{bmatrix} -2 & 1 \\ \frac{3}{2} & -\frac{1}{2} \end{bmatrix}$ (3) $\begin{bmatrix} 2 & 0 \\ 0 & 3 \end{bmatrix}$ (4) $\begin{bmatrix} 3 & 0 \\ 0 & -2 \end{bmatrix}$

6. $A=\begin{bmatrix} 2 & 3 & 1 \\ 1 & -2 & -1 \\ 1 & 4 & 1 \end{bmatrix}$일 때 $A^{-1}=\frac{1}{4}\begin{bmatrix} 2 & 1 & x \\ -1 & y & 3 \\ z & -5 & -1 \end{bmatrix}$이다.

$x+y+z$의 값은?

(1) −6 (2) −1 (3) 1 (4) 6

## Part 3. 주관식 문제

1. 다음과 같이 주어진 행렬 $A$에 대한 역행렬을 간편한 방법으로 구하시오.

$$A=\begin{bmatrix}8 & 6\\5 & 4\end{bmatrix}$$

2. 행렬 $A$와 역행렬 $A^{-1}$가 다음과 같을 때 변수 $a$를 구하시오.

$$A=\begin{bmatrix}1 & 2\\0 & 1\end{bmatrix},\quad A^{-1}=\begin{bmatrix}1 & a\\0 & 1\end{bmatrix}$$

3. 다음 행렬들의 역행렬을 각각 구하시오.

(1) $A=\begin{bmatrix}-1 & 0\\0 & 1\end{bmatrix}$ (2) $A=\begin{bmatrix}2 & 3\\1 & 1\end{bmatrix}$

4. 다음 행렬들을 $[A|I]$의 형태로 만들어 $A^{-1}$를 각각 구하시오.

(1) $\begin{bmatrix}1 & 1\\2 & 3\end{bmatrix}$ (2) $\begin{bmatrix}1 & 2\\2 & 1\end{bmatrix}$

5. 만약 $A^{-1}$가 정칙행렬이라면 그것의 역인 $A$를 구하시오.

$$A^{-1}=\begin{bmatrix}4 & 2\\1 & 1\end{bmatrix}$$

6. 다음 행렬 $A$의 역행렬을 구하고, 그들끼리의 곱의 결과가 항등행렬이 됨을 확인하시오.

$$A=\begin{bmatrix}14 & -5\\-25 & 9\end{bmatrix}$$

7. 다음 행렬 $A$의 역행렬을 구하시오.

$$A=\begin{bmatrix}1 & 0 & 1\\ 3 & 3 & 4\\ 2 & 2 & 3\end{bmatrix}$$

8. 다음 행렬이 가역적인지를 판단하시오. 그리고 그 근거를 밝히시오.

$$A=\begin{bmatrix}0 & 3 & -5\\ 1 & 0 & 2\\ -4 & -9 & 7\end{bmatrix}$$

9. 다음과 같이 주어진 행렬 $B$의 역행렬을 구하시오.

$$B=\begin{bmatrix}1 & 4 & 2\\ 0 & 2 & 1\\ 3 & 5 & 3\end{bmatrix}$$

10. 주어진 $3\times3$ 행렬 $A$의 역행렬을 가우스–조단의 방법으로 구하시오.

$$A=\begin{bmatrix}1 & 0 & -1\\ 1 & 2 & 1\\ 2 & 2 & 3\end{bmatrix}$$

11. 수반행렬을 이용하여 $A$의 역행렬을 구하시오.

$$A=\begin{bmatrix}2 & 3 & -4\\ 0 & -4 & 2\\ 1 & -1 & 5\end{bmatrix}$$

12. $A=\begin{bmatrix}2 & 4 & 3\\ 0 & 1 & -1\\ 3 & 5 & 7\end{bmatrix}$일 때, $A$가 가역적인지를 $\text{Det}(A)$를 구하여 판단하고, 만일 가역적이면 역행렬을 구하시오.

13. 다음 행렬들을 여인수를 이용하여 역행렬을 각각 구하시오.

(1) $A=\begin{bmatrix}1 & 1\\ 2 & 2\end{bmatrix}$ (2) $A=\begin{bmatrix}-1 & 0\\ 0 & 1\end{bmatrix}$

14. $AB=I$이고 $BA=I$일 때 $B=A^{-1}$임을 증명하시오.

15. 다음 선형시스템이 해를 가지는지를 판단하시오.

$$\begin{bmatrix}2 & 1 & 3\\ 1 & -2 & 2\\ 0 & 1 & 3\end{bmatrix}\begin{bmatrix}x_1\\ x_2\\ x_3\end{bmatrix}=\begin{bmatrix}1\\ 2\\ 3\end{bmatrix}$$

16. (도전문제) 다음 행렬들의 역행렬이 존재하면 구하시오.

$$A=\begin{bmatrix}1 & -2 & -1\\ 2 & -3 & 1\\ 3 & -4 & 4\end{bmatrix},\quad B=\begin{bmatrix}1 & 2 & 3\\ 2 & 6 & 1\\ 3 & 10 & -1\end{bmatrix},\quad C=\begin{bmatrix}1 & 3 & -2\\ 2 & 8 & -3\\ 1 & 7 & 1\end{bmatrix}$$

17. (도전문제) 주어진 행렬 $A$의 역행렬을 구하시오.

$$A=\begin{bmatrix}1 & 2 & 3 & 1\\ -1 & 0 & 2 & 1\\ 2 & 1 & -3 & 0\\ 1 & 1 & 2 & 1\end{bmatrix}$$

# 3.4 선형방정식의 해법

## 3.4.1 역행렬을 이용한 선형방정식의 해법

**정리 ❸-14** $Ax=b$가 $n$개의 변수에 대한 $n$개의 방정식으로 이루어진 선형시스템이고, 행렬 $A$가 가역적이면 선형시스템은 유일한 해 $x=A^{-1}b$를 가진다.

$Ax=b$와 $x=A^{-1}b$의 관계는 〈그림 3.3〉과 같이 나타낼 수 있는데, $Ax=b$이므로 $A$를 오른쪽으로 넘기면 $x=A^{-1}b$가 된다. 따라서 주어진 행렬의 역행렬을 알 때 $A^{-1}$에다 $b$를 곱하면 이 선형시스템의 해를 구할 수 있다.

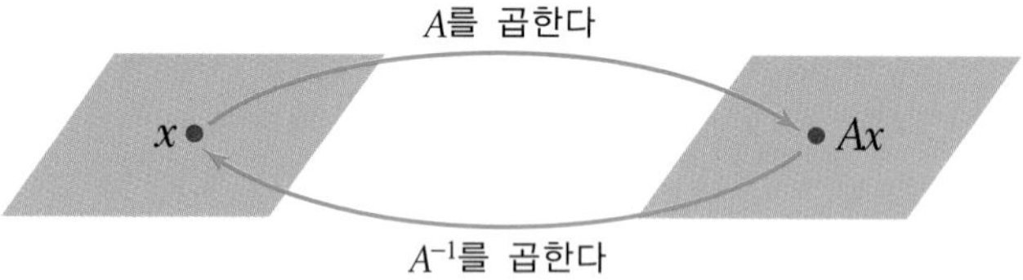


〈그림 3.3〉 $Ax=b$와 $x=A^{-1}b$의 관계

**예제 ❸-21** 다음 선형시스템에서 역행렬을 이용하여 해를 구해 보자.

$$\begin{aligned} x\ +2y+\ 3z&=1\\ x\ +3y+\ 6z&=3\\ 2x+6y+13z&=5 \end{aligned}$$

**풀이** 먼저 이 시스템에서 $A$ 행렬과 $b$ 행렬은 다음과 같다.

$$A=\begin{bmatrix}1&2&3\\1&3&6\\2&6&13\end{bmatrix}\qquad b=\begin{bmatrix}1\\3\\5\end{bmatrix}$$

만약 역행렬 $A^{-1}=\begin{bmatrix} 3 & -8 & 3 \\ -1 & 7 & -3 \\ 0 & -2 & 1 \end{bmatrix}$가 구해졌다면 이 시스템의 유일한 해는

$$A^{-1}b=\begin{bmatrix} 3 & -8 & 3 \\ -1 & 7 & -3 \\ 0 & -2 & 1 \end{bmatrix}\begin{bmatrix} 1 \\ 3 \\ 5 \end{bmatrix}=\begin{bmatrix} -6 \\ 5 \\ -1 \end{bmatrix}$$ 이 된다.

따라서 최종적인 해는 $x=-6,\ y=5,\ z=-1$이다. ■

**예제 3-22** 다음 선형시스템의 해를 역행렬을 이용하여 구해 보자.

$$\begin{aligned} 3x_1+2x_2+\ x_3&=5 \\ x_1+\ x_2+2x_3&=1 \\ 2x_1+\ x_2+\ x_3&=2 \end{aligned}$$

**풀이** 주어진 선형시스템을 $Ax=b$의 형태로 쓸 수 있다. 여기서 $|A|\neq 0$이므로 $A^{-1}$가 존재하게 되며 역행렬을 구하면

$$A^{-1}=\frac{1}{2}\begin{bmatrix} -1 & -1 & 3 \\ 3 & 1 & -5 \\ -1 & 1 & 1 \end{bmatrix}$$ 이므로

이 선형시스템의 해는 $x=A^{-1}b$가 된다.

$$x=\begin{bmatrix} x_1 \\ x_2 \\ x_3 \end{bmatrix}=\frac{1}{2}\begin{bmatrix} -1 & -1 & 3 \\ 3 & 1 & -5 \\ -1 & 1 & 1 \end{bmatrix}\begin{bmatrix} 5 \\ 1 \\ 2 \end{bmatrix}=\frac{1}{2}\begin{bmatrix} 0 \\ 6 \\ -2 \end{bmatrix}=\begin{bmatrix} 0 \\ 3 \\ -1 \end{bmatrix}$$ 이다.

따라서 최종적인 해는 $x_1=0,\ x_2=3,\ x_3=-1$이다. ■

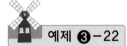

### 3.4.2 크래머의 규칙을 이용한 선형방정식의 해법

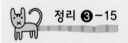

$$\frac{\begin{vmatrix} a_1 & b_1 & d_1 \\ a_2 & b_2 & d_2 \\ a_3 & b_3 & d_3 \end{vmatrix}}{D}$$

크래머의 규칙은 $n \times n$ 선형시스템을 푸는 데 매우 중요한 역할을 하는데, 특히 계수행렬이 가역적일 때 더욱 유용하다.

**정리 ❸-15** 크래머의 규칙(Cramer's rule)은 다음과 같다.

만약 $A=[a_{ij}]$가 가역적이고

$$b=\begin{bmatrix} b_1 \\ \vdots \\ b_n \end{bmatrix}$$ 라면

$Ax=b$의 해집합은 다음과 같다.

$$x=\begin{bmatrix} x_1 \\ x_2 \\ \vdots \\ x_n \end{bmatrix}$$

$x_1$의 값을 구하기 위해서는 행렬 $A$의 첫 번째 열 대신에 $b$가 대체된다.

$$x_1 = \frac{1}{\mathrm{Det}(A)} \mathrm{Det} \begin{bmatrix} b_1 & a_{12} & \cdots & a_{1n} \\ b_2 & a_{22} & \cdots & a_{2n} \\ \vdots & \vdots & \cdots & \vdots \\ b_n & a_{n2} & \cdots & a_{nn} \end{bmatrix}$$

$x_2$의 경우에는 행렬 $A$의 두 번째 열 대신에 $b$가 대체된다.

$$x_2 = \frac{1}{\mathrm{Det}(A)} \mathrm{Det} \begin{bmatrix} a_{11} & b_1 & \cdots & a_{1n} \\ a_{21} & b_2 & \cdots & a_{2n} \\ \vdots & \vdots & \cdots & \vdots \\ a_{n1} & b_n & \cdots & a_{nn} \end{bmatrix}$$

이와 같은 방식으로 $x_n$은 $A$의 $n$번째 열 대신에 $b$가 대체되어 만들어진다.

$$x_n = \frac{1}{\mathrm{Det}(A)} \mathrm{Det} \begin{bmatrix} a_{11} & a_{12} & \cdots & a_{1,n-1} & b_1 \\ a_{21} & a_{22} & \cdots & a_{2,n-1} & b_2 \\ \vdots & \vdots & \cdots & \vdots & \vdots \\ a_{n1} & a_{n2} & \cdots & a_{n,n-1} & b_n \end{bmatrix}$$

우리가 가장 자주 만나는 방정식은 3개의 변수를 가지는 경우가 많으므로 $3 \times 3$ 행렬의 경우를 살펴보면 다음과 같다.

3개의 변수를 가진 선형시스템이 다음과 같이 주어졌을 경우

$$\begin{aligned} a_{11}x + a_{12}y + a_{13}z &= b_1 \\ a_{21}x + a_{22}y + a_{23}z &= b_2 \\ a_{31}x + a_{32}y + a_{33}z &= b_3 \end{aligned}$$

크래머의 규칙에 따라 $x$, $y$, $z$의 값을 다음 식에 의해 비교적 간편하게 구할 수 있다.

$$x=\frac{\begin{vmatrix} b_1 & a_{12} & a_{13} \\ b_2 & a_{22} & a_{23} \\ b_3 & a_{32} & a_{33} \end{vmatrix}}{\begin{vmatrix} a_{11} & a_{12} & a_{13} \\ a_{21} & a_{22} & a_{23} \\ a_{31} & a_{32} & a_{33} \end{vmatrix}} \quad y=\frac{\begin{vmatrix} a_{11} & b_1 & a_{13} \\ a_{21} & b_2 & a_{23} \\ a_{31} & b_3 & a_{33} \end{vmatrix}}{\begin{vmatrix} a_{11} & a_{12} & a_{13} \\ a_{21} & a_{22} & a_{23} \\ a_{31} & a_{32} & a_{33} \end{vmatrix}} \quad z=\frac{\begin{vmatrix} a_{11} & a_{12} & b_1 \\ a_{21} & a_{22} & b_2 \\ a_{31} & a_{32} & b_3 \end{vmatrix}}{\begin{vmatrix} a_{11} & a_{12} & a_{13} \\ a_{21} & a_{22} & a_{23} \\ a_{31} & a_{32} & a_{33} \end{vmatrix}}$$

C program

**예제 3-23** 크래머의 규칙을 이용하여 다음 선형시스템의 해를 구해 보자.

$$\begin{aligned} 3x_1-2x_2&=6 \\ -5x_1+4x_2&=8 \end{aligned}$$

**풀이** 주어진 시스템을 $Ax=b$로 보고 크래머의 규칙을 적용한다.

$$A=\begin{bmatrix} 3 & -2 \\ -5 & 4 \end{bmatrix}$$

이고 $A$의 행렬식 $\mathrm{Det}(A)=2$이므로 이 시스템은 유일한 해를 가진다는 것을 알 수 있다. 주어진 선형시스템의 해를 크래머의 규칙에 따라 구하면 다음과 같다.

$$x_1=\frac{\begin{vmatrix} 6 & -2 \\ 8 & 4 \end{vmatrix}}{\mathrm{Det}(A)}=\frac{24+16}{2}=20$$

$$x_2=\frac{\begin{vmatrix} 3 & 6 \\ -5 & 8 \end{vmatrix}}{\mathrm{Det}(A)}=\frac{24+30}{2}=27 \quad ■$$

**예제 3-24** 다음과 같은 선형시스템을 크래머의 규칙을 이용하여 풀어 보자.

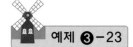

$$\begin{aligned} x_1 - x_2 + x_3 &= 0 \\ x_1 + x_2 - 2x_3 &= 1 \\ x_1 + 2x_2 + x_3 &= 6 \end{aligned}$$

**풀이** 먼저 $|A|$를 구하면

$$|A| = \begin{vmatrix} 1 & -1 & 1 \\ 1 & 1 & -2 \\ 1 & 2 & 1 \end{vmatrix} = 9$$이므로 주어진 선형시스템은 유일한 해를 가진다.

따라서

$$x_1 = \frac{\begin{vmatrix} 0 & -1 & 1 \\ 1 & 1 & -2 \\ 6 & 2 & 1 \end{vmatrix}}{9} = 1, \quad x_2 = \frac{\begin{vmatrix} 1 & 0 & 1 \\ 1 & 1 & -2 \\ 1 & 6 & 1 \end{vmatrix}}{9} = 2,$$

$$x_3 = \frac{\begin{vmatrix} 1 & -1 & 0 \\ 1 & 1 & 1 \\ 1 & 2 & 6 \end{vmatrix}}{9} = 1$$이다. ■

C program

**예제 3-25** 다음과 같은 선형시스템을 크래머의 규칙에 따라 해를 구해 보자.

$$\begin{aligned} 2x_1 + 3x_2 - x_3 &= 2 \\ x_1 + 2x_2 + x_3 &= -1 \\ 2x_1 + x_2 - 6x_3 &= 4 \end{aligned}$$

여기서 위의 식을 행렬의 형태로 각각 바꾸면

$$A = \begin{bmatrix} 2 & 3 & -1 \\ 1 & 2 & 1 \\ 2 & 1 & -6 \end{bmatrix}, \quad b = \begin{bmatrix} 2 \\ -1 \\ 4 \end{bmatrix}$$

와 같다. 먼저 $\text{Det}(A)$를 구하면 $\text{Det}(A)=1$이 된다. 따라서 크래머의 규칙을 적용하면

$$x_1=\text{Det}\begin{bmatrix}2&3&-1\\-1&2&1\\4&1&-6\end{bmatrix}=-23$$

$$x_2=\text{Det}\begin{bmatrix}2&2&-1\\1&-1&1\\2&4&-6\end{bmatrix}=14$$

$$x_3=\text{Det}\begin{bmatrix}2&3&2\\1&2&-1\\2&1&4\end{bmatrix}=-6$$

을 얻을 수 있다. ■

크래머(Gabriel Cramer(1704~1752))

스위스의 수학자 크래머는 선형시스템의 해를 행렬식으로 표현하는 방법을 통해 해를 구하는 크래머의 규칙(Cramer' s rule)을 창안하여 선형대수학 분야에 커다란 공헌을 하였다. 선형방정식의 개수가 많은 경우 행렬식을 구하는 데 상당히 많은 시간이 걸리므로 실제로 크래머의 규칙을 사용하여 해를 구하는 것은 그리 유용하지 않다. 그러나 작은 크기의 행렬에서는 가우스 소거법보다 훨씬 더 효율적이다.

### 3.4.3 행렬식의 응용

**예제 ❸-26** 〈그림 3.4〉에서 전선에 있는 장력의 크기 $T_1$과 $T_2$는 방정식

$$(\cos 25^\circ)T_1-(\cos 15^\circ)T_2=0$$
$$(\sin 25^\circ)T_1+(\sin 15^\circ)T_2=30$$

을 만족한다고 할 때 크래머의 규칙을 이용하여 $T_1$과 $T_2$의 해를 구해 보자.

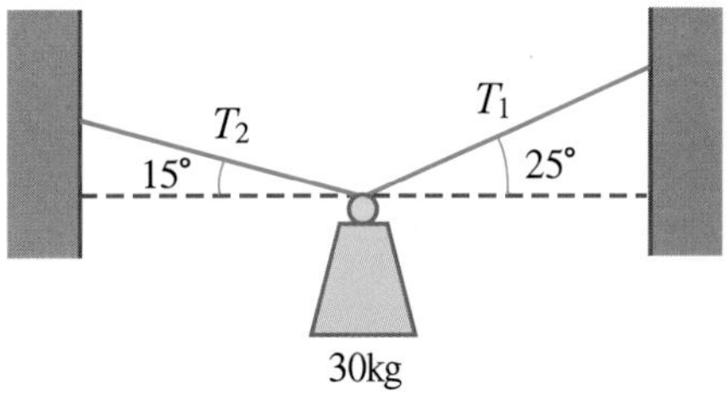


〈그림 3.4〉 전선의 장력

**풀이** 먼저 행렬식을 구하면

$$\begin{aligned}\text{Det}(A) &= \cos 25°\cdot \sin 15° + \sin 25°\cdot \cos 15° \\ &= \sin(25+15)° \\ &= \sin 40°\end{aligned}$$

다음으로 크래머의 규칙에 따라 대입하면 다음과 같은 값을 구할 수 있다.

$$T_1 = \frac{\begin{vmatrix} 0 & -\cos 15° \\ 30 & \sin 15° \end{vmatrix}}{\sin 40°} = \frac{30\cos 15°}{\sin 40°} = 45.08\text{kg}$$

$$T_2 = \frac{\begin{vmatrix} \cos 25° & 0 \\ \sin 25° & 30 \end{vmatrix}}{\sin 40°} = \frac{30\cos 25°}{\sin 40°} = 42.30\text{kg}$$ ■

행렬식은 면적과 체적(부피)을 구하는 데에도 매우 유용하다. $\boldsymbol{u}_1, \boldsymbol{u}_2, \cdots, \boldsymbol{u}_n$이 $R^n$상의 벡터라고 할 때 $S$는 다음의 벡터들에 의해 만들어지는 평행육면체(parallelepiped)가 된다.

$$S = \{a_1\boldsymbol{u}_1 + a_2\boldsymbol{u}_2 + \cdots + a_n u_n \mid a \le a_i \le 1,\ i = 1, \cdots, n\}$$

특히 $n=2$일 때는 평행사변형의 면적이 되고 그 면적은 Det$(A)$로 나타낸다.

$n=3$일 경우 행렬식의 값은 평행육면체의 체적이 된다.

**예제 ❸-27** $R^3$상의 세 개의 벡터가 주어졌을 때, 평행육면체 $S$의 체적인 $V(S)$를 구해 보자.

$$\boldsymbol{u}_1=(1,\ 1,\ 0),\qquad \boldsymbol{u}_2=(1,\ 1,\ 1),\qquad \boldsymbol{u}_3=(0,\ 2,\ 3)$$

**풀이** 각각의 행이 $\boldsymbol{u}_1$, $\boldsymbol{u}_2$, $\boldsymbol{u}_3$인 행렬식의 값을 구하면 〈그림 3.5〉와 같은 평행육면체의 체적이 된다.

$$\begin{vmatrix} 1 & 1 & 0 \\ 1 & 1 & 1 \\ 0 & 2 & 3 \end{vmatrix}=3+0+0-0-2-3=-2$$

따라서 $V(S)=|-2|=2$이다. ■

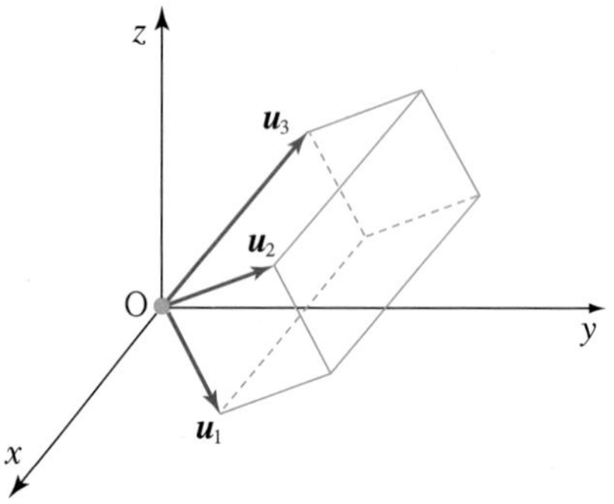

〈그림 3.5〉 행렬식에 의해 결정되는 평행육면체의 체적

# 연습 문제 3.4

## Part 1. 진위 문제

다음 문장의 진위를 판단하고, 틀린 경우에는 그 이유를 적으시오.

1. 크래머의 규칙은 역행렬을 구하는 데 직접적으로 이용되는 방법이다.
2. 크래머의 규칙은 복잡한 선형방정식을 행렬식과 역행렬을 동시에 이용하여 푼다.
3. 크래머의 규칙으로 해를 구하는 것은 유일한 해를 가질 경우에만 가능하다.
4. 크래머의 규칙에서는 계수들로 이루어진 행렬식의 값이 0이 아니어야 한다.
5. 크래머의 규칙을 적용하기 위해서는 변수의 개수와 선형방정식의 식의 개수가 같아야 한다.

## Part 2. 선택 문제

1. 다음 중 역행렬의 성질로써 맞는 것은?
   (1) 행렬 $A$의 역행렬이 존재하려면 $|A| \neq 0$이어야 한다.
   (2) $(AB)^{-1} = A^{-1}B^{-1}$이다.
   (3) 역행렬은 항상 존재한다.
   (4) 항등행렬의 역행렬은 행렬식이 $|I| = 0$이므로 구할 수 없다.

2. 다음 중 선형방정식 $Ax = b$에서 옳은 것은?
   (1) 역행렬을 구할 수 있으면 $Ax = b$의 해를 구할 수 있다.
   (2) 선형방정식 $Ax = 0$이면 $x = 0$이다.
   (3) 선형방정식 $Ax = 0$이면 $A = 0$이다.
   (4) $x$는 항상 $A^{-1}b$이다.

3. 주어진 행렬 $A$에 대해 크래머의 규칙이 성립되지 않은 경우는?
   (1) $\mathrm{Det}(A) = 1$　　(2) $\mathrm{Det}(A) = 0$
   (3) $\mathrm{Det}(A) = 2$　　(4) $\mathrm{Det}(A) = 3$

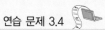

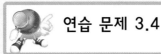

4. 다음 선형방정식 중 크래머의 규칙을 적용할 때 해가 없는 경우는?

(1) $4x - 2y = 14$, $2x + y = 5$

(2) $2x - 2y = 0$, $x + 3y = -8$

(3) $8x + 3y = 59$, $-2x + y = -13$

(4) $4x - 2y = 14$, $2x - y = 5$

5. 다음의 응용 분야 중 행렬식으로 계산할 수 없는 경우는?

(1) 전선의 장력 계산

(2) 평행사변형의 면적 계산

(3) 평행육면체의 체적 계산

(4) 최단 거리 경로 계산

## Part 3. 주관식 문제

1. 역행렬을 이용하여 다음 선형시스템의 해를 구하시오.

$$\begin{aligned} x_1 + 2x_2 &= 3 \\ 2x_1 - x_2 &= 1 \end{aligned}$$

2. 역행렬을 이용하여 주어진 선형시스템의 해를 구하시오.

$$\begin{aligned} x_1 + x_2 &= 4 \\ 2x_1 - x_2 &= 14 \end{aligned}$$

3. 다음 선형시스템들을 행렬의 형태로 변환시키고 역행렬을 이용하여 그 해를 구하시오.

(1) $4x - 2y = 14$, $2x + y = 5$

(2) $2x - 2y = 0$, $x + 3y = -8$

(3) $8x + 3y = 59$, $-2x + y = -13$

4. 역행렬을 이용하여 다음 선형시스템의 해를 구하시오.

$$\begin{aligned} 2x + 2y - z &= 1 \\ x + y - z &= 0 \\ 3x + 2y - 3z &= 1 \end{aligned}$$

5. 다음 선형시스템을 크래머의 규칙을 이용하여 해를 구하시오.

$$\begin{aligned} x_1 + 5x_2 &= 7 \\ -2x_1 - 7x_2 &= -5 \end{aligned}$$

6. 다음 선형시스템의 해를 크래머의 규칙을 이용하여 구하시오.

(1) $$\begin{aligned} x_1 - 2x_2 &= 3 \\ 2x_1 - x_2 &= 9 \end{aligned}$$

(2) $$\begin{aligned} x_1 + x_2 &= -1 \\ 4x_1 - 3x_2 &= 3 \end{aligned}$$

7. 크래머의 규칙을 이용하여 다음 선형시스템의 해를 구하시오.

$$\begin{aligned} x - 3y - 2z &= 6 \\ 2x - 4y - 3z &= 8 \\ -3x + 6y + 8z &= -5 \end{aligned}$$

8. 다음 선형시스템의 해를 크래머의 규칙으로 구하시오.

$$\begin{aligned} 2x_1 + x_2 + 3x_3 &= 1 \\ x_1 + x_2 - 2x_3 &= 0 \\ 3x_1 - 2x_2 + x_3 &= 2 \end{aligned}$$

9. 다음의 선형시스템에서 크래머의 규칙이 아닌 방법으로 해를 구하시오.

$$\begin{aligned} 3x + y - z &= 3 \\ 2x + 2y - 3z &= 1 \\ -x + y - 2z &= -2 \end{aligned}$$

10. 크래머의 규칙을 이용하여 다음 선형시스템의 해를 구하시오.

$$\begin{aligned} 2x_1 + 4x_2 + 6x_3 &= 18 \\ 4x_1 + 5x_2 + 6x_3 &= 24 \\ 3x_1 + x_2 - 2x_3 &= 4 \end{aligned}$$

11. 크래머의 규칙을 이용하여 다음 선형시스템의 해를 각각 구하시오.

(1) $$\begin{aligned} 3x - 2y &= 9 \\ -x + 6y &= -3 \end{aligned}$$

(2) $$\begin{aligned} 3x + 2y + z &= 5 \\ x + y + 2z &= 1 \\ 2x + y + z &= 2 \end{aligned}$$

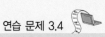

12. 다음과 같이 $R^3$상에 있는 세 벡터 $\boldsymbol{u}_1$, $\boldsymbol{u}_2$, $\boldsymbol{u}_3$의 체적인 $V(S)$를 행렬식을 이용하여 구하시오.

$$\boldsymbol{u}_1=\begin{bmatrix}1\\1\\1\end{bmatrix},\quad \boldsymbol{u}_2=\begin{bmatrix}1\\3\\-4\end{bmatrix},\quad \boldsymbol{u}_3=\begin{bmatrix}1\\2\\-5\end{bmatrix}$$

13. (도전문제) 크래머의 규칙을 이용하여 다음 식의 해를 각각 구하시오.

(1) $$\begin{aligned}2x-3y+z&=0\\5x+4y+z&=10\\2x-2y-z&=-1\end{aligned}$$

(2) $$\begin{aligned}4x+y+z&=13\\2x-y&=4\\x+y-z&=-3\end{aligned}$$

14. (도전문제) 크래머의 규칙을 이용하여 다음 선형시스템의 해를 구하시오.

$$\begin{aligned}x_1+2x_2-x_3+3x_4&=2\\-x_1+x_2+3x_3-2x_4&=-1\\2x_1+7x_2-x_3+9x_4&=8\\3x_1+3x_2-2x_3+4x_4&=-6\end{aligned}$$

# 3.5 컴퓨터 프로그램에 의한 연산

## 3.5.1 C 프로그램에 의한 연산

### (1) 여인수를 이용하여 행렬식을 구하는 C 프로그램

```
#include <stdio.h>
#include <stdlib.h>
#include <math.h>

#define N 4                                   // 행과 열의 최대값

double det(double (*A)[N], int n);            // 행렬식을 구하는 자기호출 함수

// main 함수
void main()
{

    int i = 0, j = 0;                         // 루프를 수행하기 위한 변수 선언
    int n;                                    // 입력받을 행렬 값의 변수
    double A[N][N] = {0,};                    // 입력받을 행렬의 2차원 배열

    printf(" ************************************************************\n");
    printf(" **                                                        **\n");
    printf(" **                   행렬식 계산 프로그램                   **\n");
    printf(" **                                                        **\n");
    printf(" ************************************************************\n\n");

    // 행렬의 크기 값 입력
    printf(" 행렬의 크기 입력: ");
    scanf("%d", &n);

    printf("\n");
    printf(" 행렬의 값을 입력하세요. \n");
```

```
    // 각각의 행렬 값 입력
    for(i = 0; i < n; i++)
    {
        for(j = 0; j < n; j++)
        {
            printf(" %d X %d 행렬의 값을 입력하세요: ", i+1, j+1);
            scanf("%lf", &A[i][j]);
        }
    }

    // 입력한 행렬 값 출력
    printf("\n 입력한 행렬 A = \n");
    for(i = 0;i < n;i++)
    {
        printf("\t|\t");
        for(j = 0;j < n;j++)
        {
            printf("%.f\t", A[i][j]);
        }
        printf("|\n");
    }
    printf("\n");

    // 행렬식 값을 출력
    printf(" 입력한 행렬의 행렬식 값\n");
    printf(" Det(A) = %.f\n\n", det(A,n));

}

// 행렬식 값 계산 함수
double det(double (*A)[N], int n)
{
    int i, j, k, y;                  // 루프를 수행하기 위한 변수 선언
    double det_a = 0;                // 결과 값 저장 변수
    double temp[N][N];               // 행렬식 값 임시 저장 배열
```

```
    // 알고리즘
    if(n != 1)
    {
        for(i = 0; i < n; i++)
        {
            for(j = 1; j < n; j++)
            {
                y = 0;

                for(k = 0; k < n; k++)
                {
                    if(k != i)
                    {
                        temp[j-1][y++] = *(A[0]+j*N+k);
// 소행렬식을 구하기 위해 각 행렬의 원소들을 재배치한다.
                    }
                }
            }
            det_a = det_a + *(A[0]+i) * (pow(-1,i)) * det(temp,n-1);
// 소행렬식들의 전체 합을 구한다.
        }
        return det_a;
    }
    else
    {
        return *A[0];
    }
}
```

예제 ❸-1 C program, MATLAB

**실습 ❸-1** 다음 행렬 $A$, $B$의 행렬식을 각각 구해 보자.

$$A = \begin{bmatrix} 2 & 1 \\ 1 & 4 \end{bmatrix}, \quad B = \begin{bmatrix} -2 & -3 \\ 4 & 5 \end{bmatrix}$$

**풀이** $A$의 행렬식은 $2 \cdot 4 - 1 \cdot 1 = 7$이다.
또한 $B$의 행렬식은 $(-2) \cdot 5 - (-3) \cdot 4 = -10 + 12 = 2$이다. ■

```
C:\WINDOWS\system32\cmd.exe
*******************************************************
**                                                   **
**                 행렬식 계산 프로그램                  **
**                                                   **
*******************************************************

행렬의 크기 입력 : 2

행렬의 값을 입력하세요.
1 X 1 행렬의 값을 입력하세요 : 2
1 X 2 행렬의 값을 입력하세요 : 1
2 X 1 행렬의 값을 입력하세요 : 1
2 X 2 행렬의 값을 입력하세요 : 4

입력한 행렬 A =
       |       2       1       |
       |       1       4       |

입력한 행렬의 행렬식 값
Det(A) = 7

계속하려면 아무 키나 누르십시오 . . .
```

```
C:\WINDOWS\system32\cmd.exe
*******************************************************
**                                                   **
**                 행렬식 계산 프로그램                  **
**                                                   **
*******************************************************

행렬의 크기 입력 : 2

행렬의 값을 입력하세요.
1 X 1 행렬의 값을 입력하세요 : -2
1 X 2 행렬의 값을 입력하세요 : -3
2 X 1 행렬의 값을 입력하세요 : 4
2 X 2 행렬의 값을 입력하세요 : 5

입력한 행렬 A =
       |       -2      -3      |
       |       4       5       |

입력한 행렬의 행렬식 값
Det(A) = 2

계속하려면 아무 키나 누르십시오 . . .
```

**실습 ❸-2** 예제 ❸-3 C program, MATLAB

다음 행렬 $A$의 행렬식을 제1행에 대한 여인수들로 전개하여 구해 보자.

$$A = \begin{bmatrix} 2 & 4 & 7 \\ 6 & 0 & 3 \\ 1 & 5 & 3 \end{bmatrix}$$

**풀이** $\mathrm{Det}(A) = 2(-1)^{1+1}\begin{vmatrix} 0 & 3 \\ 5 & 3 \end{vmatrix} + 4(-1)^{1+2}\begin{vmatrix} 6 & 3 \\ 1 & 3 \end{vmatrix} + 7(-1)^{1+3}\begin{vmatrix} 6 & 0 \\ 1 & 5 \end{vmatrix}$

$$= 2(0\cdot 3 - 3\cdot 5) - 4(6\cdot 3 - 3\cdot 1) + 7(6\cdot 5 - 0\cdot 1)$$

$$= 120$$ ■

```
C:\WINDOWS\system32\cmd.exe
*******************************************************
**                                                   **
**              행렬식 계산 프로그램                    **
**                                                   **
*******************************************************

행렬의 크기 입력 : 3

행렬의 값을 입력하세요.
1 X 1 행렬의 값을 입력하세요 : 2
1 X 2 행렬의 값을 입력하세요 : 4
1 X 3 행렬의 값을 입력하세요 : 7
2 X 1 행렬의 값을 입력하세요 : 6
2 X 2 행렬의 값을 입력하세요 : 0
2 X 3 행렬의 값을 입력하세요 : 3
3 X 1 행렬의 값을 입력하세요 : 1
3 X 2 행렬의 값을 입력하세요 : 5
3 X 3 행렬의 값을 입력하세요 : 3

입력한 행렬 A =
        |       2       4       7       |
        |       6       0       3       |
        |       1       5       3       |

입력한 행렬의 행렬식 값
Det(A) = 120

계속하려면 아무 키나 누르십시오 . . .
```

예제 ❸-9 | C program, MATLAB

**실습 ❸-3** 행렬식의 성질을 이용하여 다음 행렬식의 값을 구해 보자.

$$|A| = \begin{vmatrix} 2 & 1 & 3 & 4 \\ 0 & 1 & 1 & 0 \\ 1 & 0 & 1 & 1 \\ 4 & 2 & 1 & -1 \end{vmatrix}$$

**풀이** $|A| = 1 \times 1 \times (-5) \times 2 = -10$ ■

```
C:\WINDOWS\system32\cmd.exe
******************************************************
**                                                  **
**               행렬식 계산 프로그램                 **
**                                                  **
******************************************************

행렬의 크기 입력 : 4

행렬의 값을 입력하세요.
1 X 1 행렬의 값을 입력하세요 : 2
1 X 2 행렬의 값을 입력하세요 : 1
1 X 3 행렬의 값을 입력하세요 : 3
1 X 4 행렬의 값을 입력하세요 : 4
2 X 1 행렬의 값을 입력하세요 : 0
2 X 2 행렬의 값을 입력하세요 : 1
2 X 3 행렬의 값을 입력하세요 : 1
2 X 4 행렬의 값을 입력하세요 : 0
3 X 1 행렬의 값을 입력하세요 : 1
3 X 2 행렬의 값을 입력하세요 : 0
3 X 3 행렬의 값을 입력하세요 : 1
3 X 4 행렬의 값을 입력하세요 : 1
4 X 1 행렬의 값을 입력하세요 : 4
4 X 2 행렬의 값을 입력하세요 : 2
4 X 3 행렬의 값을 입력하세요 : 1
4 X 4 행렬의 값을 입력하세요 : -1

입력한 행렬 A =
       |      2       1       3       4       |
       |      0       1       1       0       |
       |      1       0       1       1       |
       |      4       2       1      -1       |

입력한 행렬의 행렬식 값
Det(A) = -10

계속하려면 아무 키나 누르십시오 . . .
```

### (2) 수반행렬을 이용하여 역행렬을 구하는 C 프로그램

```
#include <stdio.h>
#include <stdlib.h>
#include <math.h>

typedef struct _MATRIX
{
   double **m_data;
   int m_size;
}MATRIX;

void initMatrix(MATRIX *A, int n);                         // 동적배열 생성함수
void deleteMatrix(MATRIX *A);                              // 동적배열 해제함수
void inputMatrix(MATRIX *A);                               // 행렬 값 입력함수
void printMatrix(MATRIX matrix);                           // 행렬 값 출력함수
double determinant(MATRIX matrix);                         // 행렬식 계산함수
MATRIX transpose(MATRIX matrix);                           // 전치행렬 계산함수
MATRIX minorMatrix(MATRIX matrix, int col, int row);       // 소행렬식 계산함수
MATRIX cofactorMatrix(MATRIX matrix);                      // 여인자행렬 계산함수
MATRIX adjoint(MATRIX matrix);                             // 수반행렬 계산함수
MATRIX inverseMatrix(MATRIX matrix);                       // 역행렬 계산함수

int main (void)
{
   MATRIX matrix;
   MATRIX inverse;

   int n;
   double det = 0;

   printf(" ****************************************************\n");
   printf(" **                                                **\n");
   printf(" **          수반행렬을 이용한 역행렬 계산 프로그램          **\n");
   printf(" **                                                **\n");
   printf(" ****************************************************\n\n");
```

```
    // 행렬의 크기 값을 입력한다.
    printf(" 행렬의 크기입력: ");
    scanf("%d", &n);

    // matrix 구조체와 inverse 구조체를 동적배열로 행렬을 생성한다.
    initMatrix(&matrix, n);
    initMatrix(&inverse, n);

    // matrix 구조체에 사용자의 입력 값을 받는다.
    inputMatrix(&matrix);

    // matrix 구조체의 행렬식 값을 계산하여 det 변수에 저장한다.
    det = determinant(matrix);

    // matrix 구조체의 역행렬 값을 계산하여 inverse 구조체에 저장한다.
    inverse = inverseMatrix(matrix);

    // 입력한 행렬의 행렬식 값을 출력한다.
    printf("\n 입력한 행렬의 행렬식 값\n");
    printf(" Det(A) = %.3lf\n\n", det);

    // 입력한 행렬의 역행렬을 출력한다.
    printf(" 역행렬= \n");
    printMatrix(inverse);
    printf("\n");

    // matrix 구조체와 inverse 구조체에 할당된 동적배열을 해제한다.
    deleteMatrix(&matrix);
    deleteMatrix(&inverse);

    return 0;
}

// 입력의 크기에 따라 동적배열을 생성한다.
void initMatrix (MATRIX *A , int n)
{
```

```
    int i = 0;

    A->m_data = (double **)malloc(sizeof(double*) * n);

    for( i = 0; i < n; i++ )
    {
        A->m_data[i] = (double*)malloc(sizeof(double) * n);
    }

    A->m_size = n;
}

// 사용하고 난 후 다른 입력을 위해 동적배열을 해제한다.
void deleteMatrix (MATRIX *A)
{
    int i = 0;

    for( i = 0 ; i < A->m_size ; i++ )
    {
        free(A->m_data[i]);
    }
    free (A->m_data);
}

// 행렬 값을 입력한다.
void inputMatrix(MATRIX* A)
{
    int i = 0, j = 0;
    double input = 0;

    printf("\n");
    printf(" 행렬의 값을 입력하세요. \n");

    // 각각의 행렬 값을 입력한다.
    for( i = 0; i < A->m_size; i++ )
    {
```

```
        for( j = 0; j < A->m_size; j++ )
        {
            fflush(stdin);
            printf(" %d X %d 행렬의 값을 입력하세요: " , i+1, j+1);
            scanf("%lf", &input);
            A->m_data[i][j] = input;
        }
    }
}

// 행렬 값을 출력한다.
void printMatrix(MATRIX matrix)
{
    int i = 0, j = 0;

    for( i = 0; i < matrix.m_size; i++ )
    {
        printf("\t|\t");
        for( j = 0; j < matrix.m_size; j++)
        {
            printf("%.3lf \t", matrix.m_data[i][j]);
        }
        printf("|\n");
    }
}

// 행렬식을 계산한다(어떤 크기의 행렬 값도 계산한다).
double determinant(MATRIX matrix)
{
    int i = 0;
    double det = 0;
    int sign = 1;

    // 2x2일 경우 행렬식을 구하는 과정
    if( matrix.m_size == 2 )
    {
```

```
        det = matrix.m_data[0][0] * matrix.m_data[1][1] -matrix.m_data[1][0] *
matrix.m_data[0][1];
        return det;
    }

    // 3x3 이상인 경우 소행렬식을 이용하여 행렬식을 구하는 과정
    for( i = 0 ; i < matrix.m_size ; i++ )
    {
        MATRIX minor;
        initMatrix(&minor, matrix.m_size);

        minor = minorMatrix(matrix, 0, i);
        det = det + sign * matrix.m_data[i][0] * determinant(minor);
        sign = sign * -1;
    }

    return det;
}

// 행과 열을 서로 바꾸어 전치행렬로 만든다.
MATRIX transpose(MATRIX matrix)
{
    MATRIX Result;
    int i, j;

    initMatrix( &Result , matrix.m_size);

    for( i = 0 ; i < matrix.m_size ; i++ )
    {
        for( j = 0 ; j < matrix.m_size ; j++ )
        {
            Result.m_data[i][j] = matrix.m_data[j][i];
        }
    }

    return Result;
```

```
}

// 행과 열의 크기를 각각 1씩 줄인 소행렬식의 값을 구한다.
MATRIX minorMatrix(MATRIX matrix, int col, int row)
{
    MATRIX Result;
    int i, j;
    int rowIndex = 0;
    int colIndex = 0;

    initMatrix( &Result , matrix.m_size - 1 );

    for( i = 0 ; i < matrix.m_size ; i++ )
    {
        for( j = 0 ; j < matrix.m_size ; j++ )
        {
            if( i != row && j != col )
            {
                Result.m_data[rowIndex][colIndex] = matrix.m_data[i][j];
                colIndex++;
            }
        }

        if( i != row && j != col )
        {
            colIndex = 0;
            rowIndex++;
        }
    }

    return Result;
}

// 여인수행렬을 계산하여 만든다.
MATRIX cofactorMatrix(MATRIX matrix)
{
```

```
    MATRIX Result;
    int i, j;

    initMatrix(&Result, matrix.m_size);

    for( i = 0 ; i < matrix.m_size ; i++ )
    {
        for( j = 0 ; j < matrix.m_size ; j++ )
        {
            Result.m_data[j][i] = determinant(minorMatrix(matrix , i , j));
        }
    }

    return Result;
}

// 여인수행렬을 전치하여 수반행렬을 만든다.
MATRIX adjoint(MATRIX matrix)
{
    MATRIX Result;
    MATRIX confactor;
    MATRIX transposed;
    int i, j;
    double ipow = 1;

    initMatrix(&Result , matrix.m_size);
    initMatrix(&confactor , matrix.m_size);
    initMatrix(&transposed , matrix.m_size);

    confactor = cofactorMatrix(matrix);
    transposed = transpose(confactor);

    for( i = 0 ; i < matrix.m_size ; i++ )
    {
        for( j = 0 ; j < matrix.m_size ; j++ )
        {
```

```
            ipow = pow(-1, (i+j));
            Result.m_data[i][j] = ipow *transposed.m_data[i][j];
        }
    }
    deleteMatrix(&confactor);
    deleteMatrix(&transposed);

    return Result;
}

// 수반행렬을 이용한 최종적인 역행렬을 생성한다.
MATRIX inverseMatrix(MATRIX matrix)
{
    MATRIX Result;
    MATRIX temp;
    double det;
    int i, j;

    det = determinant(matrix);

    initMatrix(&temp, matrix.m_size);
    initMatrix(&Result, matrix.m_size);

    // 2x2일 경우 역행렬을 구하는 과정
    if(matrix.m_size == 2)
    {
        temp.m_data[0][0] = matrix.m_data[1][1];
        temp.m_data[1][1] = matrix.m_data[0][0];
        temp.m_data[0][1] = -(matrix.m_data[0][1]);
        temp.m_data[1][0] = -(matrix.m_data[1][0]);

        for(i = 0; i < matrix.m_size; i++)
        {
            for(j = 0; j < matrix.m_size; j++)
            {
                Result.m_data[i][j] = (double)((double)1/det) * temp.m_data[i][j];
```

```
            }
        }
        deleteMatrix(&temp);

        return Result;
    }

    // 3x3 이상인 일반적인 경우 역행렬을 구하는 과정
    temp = adjoint(matrix);

    for( i = 0 ; i < matrix.m_size ; i++ )
    {
        for( j = 0 ; j < matrix.m_size ; j++ )
        {
            Result.m_data[i][j] = (double)((double)1/det) * temp.m_data[i][j];
        }
    }
    deleteMatrix(&temp);

    return Result;
}
```

예제 3-19 C program, MATLAB

**실습 3-4**

$A=\begin{bmatrix}3 & 1\\ 4 & 2\end{bmatrix}$일 때 수반행렬을 이용하여 $A$의 역행렬을 구해 보자.

**풀이** $|A|=\begin{vmatrix}3 & 1\\ 4 & 2\end{vmatrix}=2$이므로 가역적이다.

따라서 $A^{-1}=\frac{1}{2}\begin{bmatrix}2 & -1\\ -4 & 3\end{bmatrix}$이 된다. ■

```
C:\WINDOWS\system32\cmd.exe
*****************************************************
**                                                 **
**      수반행렬을 이용한 역행렬 계산 프로그램       **
**                                                 **
*****************************************************

행렬의 크기 입력 : 2

행렬의 값을 입력하세요.
1 X 1 행렬의 값을 입력하세요 : 3
1 X 2 행렬의 값을 입력하세요 : 1
2 X 1 행렬의 값을 입력하세요 : 4
2 X 2 행렬의 값을 입력하세요 : 2

입력한 행렬의 행렬식 값
Det(A) = 2.000

역행렬 =
       |       1.000    -0.500   |
       |       -2.000   1.500    |

계속하려면 아무 키나 누르십시오 . . .
```

예제 ❸-20 C program, MATLAB

**실습 ❸-5** 다음에서 행렬식과 Adj($A$)를 각각 구하고 역행렬이 존재하면 구해 보자.

$$(2)\ A=\begin{bmatrix}3 & 1 & 0\\ 2 & -1 & 1\\ 5 & 5 & -7\end{bmatrix}$$

**풀이** 먼저 행렬식을 구하고 Adj($A$)를 만든 후 역행렬을 구한다.

$$(2)\ |A|=25,\quad \mathrm{Adj}(A)=\begin{bmatrix}2 & 7 & 1\\ 19 & -21 & -3\\ 15 & -10 & -5\end{bmatrix},$$

$$A^{-1}=\frac{1}{25}\begin{bmatrix}2 & 7 & 1\\ 19 & -21 & -3\\ 15 & -10 & -5\end{bmatrix}$$ ■

```
C:\WINDOWS\system32\cmd.exe
*******************************************************
**                                                   **
**      수반행렬을 이용한 역행렬 계산 프로그램       **
**                                                   **
*******************************************************

행렬의 크기 입력 : 3

행렬의 값을 입력하세요.
1 X 1 행렬의 값을 입력하세요 : 3
1 X 2 행렬의 값을 입력하세요 : 1
1 X 3 행렬의 값을 입력하세요 : 0
2 X 1 행렬의 값을 입력하세요 : 2
2 X 2 행렬의 값을 입력하세요 : -1
2 X 3 행렬의 값을 입력하세요 : 1
3 X 1 행렬의 값을 입력하세요 : 5
3 X 2 행렬의 값을 입력하세요 : 5
3 X 3 행렬의 값을 입력하세요 : -7

입력한 행렬의 행렬식 값
Det(A) = 25.000

역행렬 =
       |       0.080    0.280    0.040   |
       |       0.760   -0.840   -0.120   |
       |       0.600   -0.400   -0.200   |

계속하려면 아무 키나 누르십시오 . . .
```

### (3) 크래머의 규칙을 이용하여 선형방정식의 해를 구하는 C 프로그램

```
#include <stdio.h>
#include <stdlib.h>
#include <math.h>

#define N 5                                    // 행과 열의 최대값

double det(double (*A)[N], int n);            // 행렬식을 구하는 자기호출함수
void cramer(double (*A)[N], double C[N], int n, int c);
// 크래머의 규칙을 이용한 선형방정식 결과 값 계산함수

// main 함수
void main()
{
    int i = 0, j = 0;                          // 루프를 수행하기 위한 변수 선언
    int n;                                     // 입력받을 행렬 값의 변수
    double A[N][N] = {0,};                     // 입력받을 행렬의 2차원 배열(방정식)
```

```
double C[N] = {0,};                          // 입력받을 행렬의 1차원 배열(결과 값)

printf(" ***************************************************\n");
printf(" **                                               **\n");
printf(" **     크래머의 규칙을 이용한 선형방정식 계산 프로그램      **\n");
printf(" **                                               **\n");
printf(" ***************************************************\n\n");

// 행렬의 크기 값을 입력한다.
printf(" 선형방정식의 최대 차수를 입력하세요: ");
scanf("%d", &n);

printf("\n");

// 선형방정식의 수식을 입력한다.
printf(" 선형방정식의 수식을 입력하세요. \n");

for(i = 0; i < n; i++)
{
   for(j = 0; j < n; j++)
   {
      printf(" %d 번째 선형방정식 x%d 의 값: ", i+1, j+1);
      scanf("%lf", &A[i][j]);
   }
}
printf("\n");

// 선형방정식의 결과 값을 입력한다.
printf(" 선형방정식의 결과 값을 입력하세요. \n");

for(i = 0; i < n; i++)
{
   printf(" %d 번째 선형방정식의 결과 값: ", i+1);
   scanf("%lf", &C[i]);
}
```

```
    // 입력한 행렬 값을 출력한다.
    printf("\n 입력한 선형방정식의 행렬= \n\n");
    for(i = 0; i < n; i++)
    {
        printf(" |\t");
        for(j = 0; j < n; j++)
        {
            printf(" %.f x%d\t", A[i][j], j+1);
        }
        printf("=\t");
        printf("%.f\t", C[i]);
        printf("|\n");
    }
    printf("\n");

    // 입력한 행렬 A(선형방정식)의 행렬식 값을 출력한다.
    printf(" 입력한 선형방정식의 행렬식 값\n");
    printf(" Det(A) = %.f\n\n", det(A, n));

    // 입력한 행렬 A(선형방정식)에 대한 해답을 출력한다.
    printf(" 입력한 선형방정식의 해답\n");

    for(i = 1; i < n+1; i++)
    {
        cramer(A, C, n, i);
    }
    printf("\n\n");

}


// 행렬식 값을 구하는 자기호출함수
double det(double (*A)[N], int n)
{

    int i, j, k, y;                 // 루프를 수행하기 위한 변수 선언
```

```
    double det_a = 0;                   // 결과 값 저장 변수
    double temp[N][N];                  // 행렬식 값 임시 저장 배열

    if(n != 1)
    {
        for(i = 0; i < n; i++)
        {
            for(j = 1; j < n; j++)
            {
                y = 0;

                for(k = 0; k < n; k++)
                {
                    if(k != i)
                    {
                        temp[j-1][y++] = *(A[0]+j*N+k);
// 소행렬식을 구하기 위해 각 행렬의 원소들을 재배치한다.
                    }
                }
            }

            det_a = det_a + *(A[0]+i) * (pow(-1,i)) * det(temp,n-1);
// 소행렬식들의 전체합을 구한다.

        } return det_a;

    } else return *A[0];

}

// 크래머의 규칙을 이용한 선형방정식 결과 값 계산함수
void cramer(double (*A)[N], double C[N], int n, int c)
{
    int i = 0, j = 0;                   // 루프를 수행하기 위한 변수 선언

    double temp[N][N] = {0,};
```

```
    // 입력받은 행렬 A의 값을 임시 배열에 저장한다.
    for(i = 0; i < n; i++)
    {
        for(j = 0; j < n; j++)
        {
            temp[i][j] = A[i][j];
        }
    }

    // 행렬 A의 값을 넘겨받은 임시 배열 temp의 각 열에 C의 값을 대입한다.
    for(i = 0; i < n; i++)
    {
        for(j = c-1; j < c; j++)
        {
            temp[i][j] = C[i];
        }
    }

    // 선형방정식의 해를 출력한다(부분행렬의 행렬식/전체행렬의 행렬식).
    printf(" x%d = %.f \t", c, (det(temp, n) / det(A,n)) );

}
```

예제 ❸-23 | C program

**실습 ❸-6**

크래머의 규칙을 이용하여 다음 선형시스템의 해를 구해 보자.

$$\begin{aligned} 3x_1 - 2x_2 &= 6 \\ -5x_1 + 4x_2 &= 8 \end{aligned}$$

**풀이** $x_1 = 20,\ x_2 = 27$ ■

```
C:\WINDOWS\system32\cmd.exe
*****************************************************
**                                                 **
**  크래머의 규칙을 이용한 선형방정식 계산 프로그램 **
**                                                 **
*****************************************************

선형방정식의 최대 차수를 입력하세요 : 2

선형방정식의 수식을 입력하세요.
1 번째 선형방정식 x1 의 값 : 3
1 번째 선형방정식 x2 의 값 : -2
2 번째 선형방정식 x1 의 값 : -5
2 번째 선형방정식 x2 의 값 : 4

선형방정식의 결과값을 입력하세요.
1 번째 선형방정식의 결과값 : 6
2 번째 선형방정식의 결과값 : 8

입력한 선형방정식의 행렬 =

|       3 x1    -2 x2   =       6       |
|       -5 x1   4 x2    =       8       |

입력한 선형방정식의 행렬식 값
Det(A) = 2

입력한 선형방정식의 해답
x1 = 20         x2 = 27

계속하려면 아무 키나 누르십시오 . . .
```

예제 ❸-25 C program

**실습 ❸-7**

다음과 같은 선형시스템에서 크래머의 규칙에 따라 해를 구해 보자.

$$\begin{aligned} 2x_1 + 3x_2 - x_3 &= 2 \\ x_1 + 2x_2 + x_3 &= -1 \\ 2x_1 + x_2 - 6x_3 &= 4 \end{aligned}$$

여기서 이것을 행렬의 형태로 바꾸면

$$A = \begin{bmatrix} 2 & 3 & -1 \\ 1 & 2 & 1 \\ 2 & 1 & -6 \end{bmatrix}, \quad b = \begin{bmatrix} 2 \\ -1 \\ 4 \end{bmatrix}$$

**풀이** $x_1 = -23,\ x_2 = 14,\ x_3 = -6$ ■

```
C:\WINDOWS\system32\cmd.exe
*******************************************************
**                                                   **
**  크래머의 규칙을 이용한 선형방정식 계산 프로그램 **
**                                                   **
*******************************************************

선형방정식의 최대 차수를 입력하세요 : 3

선형방정식의 수식을 입력하세요.
1 번째 선형방정식 x1 의 값 : 2
1 번째 선형방정식 x2 의 값 : 3
1 번째 선형방정식 x3 의 값 : -1
2 번째 선형방정식 x1 의 값 : 1
2 번째 선형방정식 x2 의 값 : 2
2 번째 선형방정식 x3 의 값 : 1
3 번째 선형방정식 x1 의 값 : 2
3 번째 선형방정식 x2 의 값 : 1
3 번째 선형방정식 x3 의 값 : -6

선형방정식의 결과값을 입력하세요.
1 번째 선형방정식의 결과값 : 2
2 번째 선형방정식의 결과값 : -1
3 번째 선형방정식의 결과값 : 4

입력한 선형방정식의 행렬 =

|       2 x1     3 x2     -1 x3   =        2        |
|       1 x1     2 x2     1 x3    =        -1       |
|       2 x1     1 x2     -6 x3   =        4        |

입력한 선형방정식의 행렬식 값
Det(A) = 1

입력한 선형방정식의 해답
x1 = -23          x2 = 14          x3 = -6

계속하려면 아무 키나 누르십시오 . . .
```

## 3.5.2 MATLAB에 의한 연산

### (1) MATLAB에 의한 행렬식 구하기

예제 ❸-1 C program, MATLAB

실습 ❸-8

다음 행렬 $A$, $B$의 행렬식을 각각 구해 보자.

$$A = \begin{bmatrix} 2 & 1 \\ 1 & 4 \end{bmatrix}, \quad B = \begin{bmatrix} -2 & -3 \\ 4 & 5 \end{bmatrix}$$

**풀이** $A$의 행렬식은 $2 \cdot 4 - 1 \cdot 1 = 7$이다.

또한 $B$의 행렬식은 $(-2) \cdot 5 - (-3) \cdot 4 = -10 + 12 = 2$이다. ■

```
Command Window                                    [_][□][X]
File  Edit  Debug  Desktop  Window  Help              ↘
>> A=[2, 1; 1, 4];
>> det(A)

ans =

     7

>>
                                                [OVR]
```

```
Command Window                                    [_][□][X]
File  Edit  Debug  Desktop  Window  Help              ↘
>> B=[-2, -3; 4, 5];
>> det(B)

ans =

     2

>>
                                                [OVR]
```

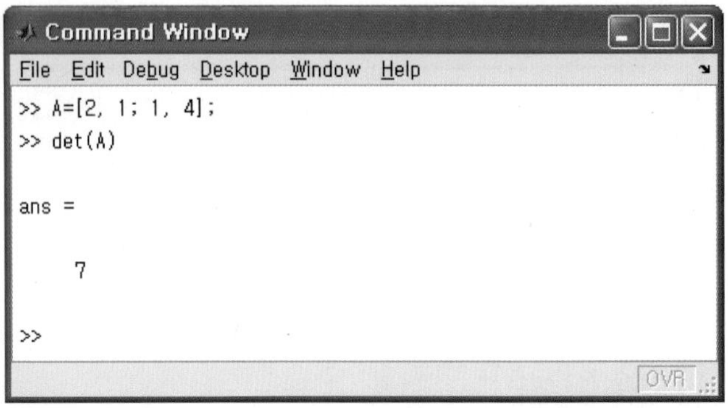

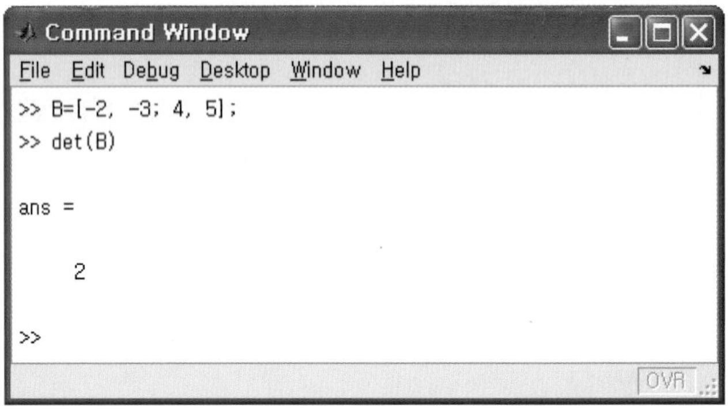

예제 ❸-3    C program, MATLAB

실습 ❸-9  다음 행렬 $A$의 행렬식을 제1행에 대한 여인수들로 전개하여 구해 보자.

$$A = \begin{bmatrix} 2 & 4 & 7 \\ 6 & 0 & 3 \\ 1 & 5 & 3 \end{bmatrix}$$

풀이  $\text{Det}(A) = 2(-1)^{1+1}\begin{vmatrix} 0 & 3 \\ 5 & 3 \end{vmatrix} + 4(-1)^{1+2}\begin{vmatrix} 6 & 3 \\ 1 & 3 \end{vmatrix} + 7(-1)^{1+3}\begin{vmatrix} 6 & 0 \\ 1 & 5 \end{vmatrix}$

$= 2(0 \cdot 3 - 3 \cdot 5) - 4(6 \cdot 3 - 3 \cdot 1) + 7(6 \cdot 5 - 0 \cdot 1)$

$= 120$ ■

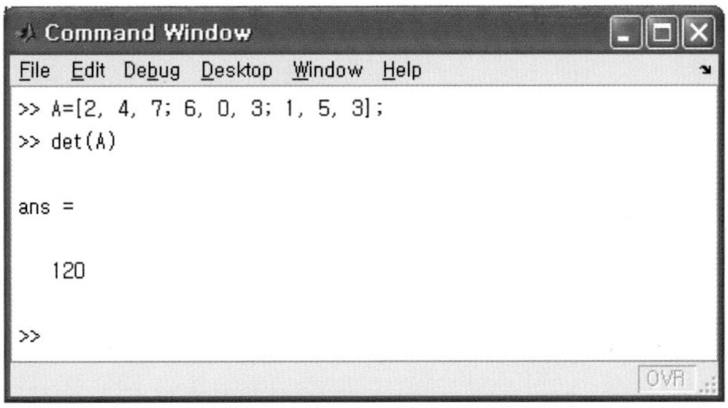

예제 ❸-9 | C program, MATLAB

**실습 ❸-10** 행렬식의 성질을 이용하여 다음 행렬식의 값을 구해 보자.

$$|A| = \begin{vmatrix} 2 & 1 & 3 & 4 \\ 0 & 1 & 1 & 0 \\ 1 & 0 & 1 & 1 \\ 4 & 2 & 1 & -1 \end{vmatrix}$$

**풀이** $|A| = (1)(1)(-5)(2) = -10$ ■

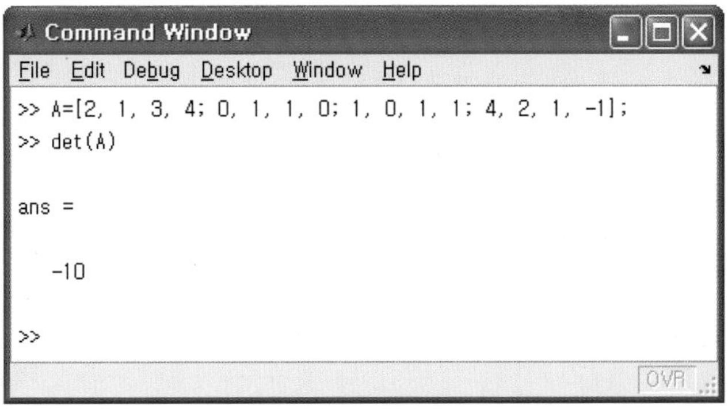

### (2) MATLAB에 의한 역행렬 구하기

예제 ❸-19 C program, MATLAB

실습 ❸-11

$A=\begin{bmatrix}3 & 1\\4 & 2\end{bmatrix}$일 때 수반행렬을 이용하여 $A$의 역행렬을 구해 보자.

풀이 $|A|=\begin{vmatrix}3 & 1\\4 & 2\end{vmatrix}=2$이므로 가역적이다.

따라서 $A^{-1}=\frac{1}{2}\begin{bmatrix}2 & -1\\-4 & 3\end{bmatrix}$이 된다. ■

```
Command Window
File Edit Debug Desktop Window Help
>> A=[3, 1; 4, 2];
>> inv(A)

ans =

    1.0000   -0.5000
   -2.0000    1.5000

>>
```

예제 ❸-20 C program, MATLAB

실습 ❸-12

다음에서 행렬식과 Adj($A$)를 각각 구하고 역행렬이 존재하면 구해 보자.

(2) $A=\begin{bmatrix}3 & 1 & 0\\2 & -1 & 1\\5 & 5 & -7\end{bmatrix}$

풀이 먼저 행렬식을 구하고 Adj($A$)를 만든 후 역행렬을 구한다.

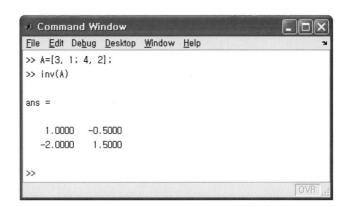

$$(2)\ |A| = 25, \quad \mathrm{Adj}(A) = \begin{bmatrix} 2 & 7 & 1 \\ 19 & -21 & -3 \\ 15 & -10 & -5 \end{bmatrix},$$

$$A^{-1} = \frac{1}{25}\begin{bmatrix} 2 & 7 & 1 \\ 19 & -21 & -3 \\ 15 & -10 & -5 \end{bmatrix}$$ ■

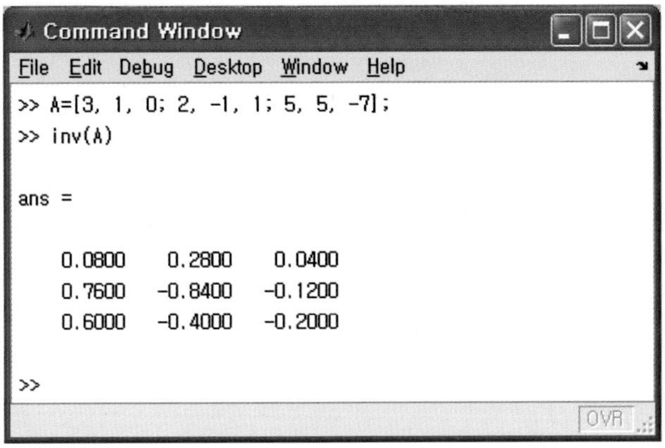

## 행렬식의 생활 속의 응용

- 행렬식의 값이 0인지의 여부를 통해 역행렬을 구할 수 있는지를 즉각 판정할 수 있다. 따라서 제1장과 제2장에 기술된 응용 문제들을 빠르고 효율적으로 해결할 수 있다.

- 행렬식을 이용하여 특정한 암세포의 활동을 모델링하려는 연구가 시도되고 있다.

- 행렬식을 이용하여 좌표가 주어진 삼각형의 면적을 쉽게 구할 수 있다.

- 행렬식은 벡터미적분학에서 체적을 계산하는 데에 쓰일 수 있다. 실벡터들로 이루어진 행렬의 행렬식의 절대값은 그 벡터들을 각 변으로 가지는 평행육면체의 체적과 같다.

- 컴퓨터 보안이나 극비 문서의 보안을 위해 어떤 주어진 메시지를 암호화하는 방법으로는 정수론과 더불어 행렬이 많이 쓰인다. 암호로의 변환에는 행렬의 곱이 쓰이고, 전달받은 암호를 해독하기 위해서는 역행렬이 활용된다.

**04**

CHAPTER

# 선형방정식의 해법과 응용

LINEAR ALGEBRA

## 개요

제4장에서는 선형방정식의 해법과 다양한 응용 문제들을 다룬다. 제1장에서는 선형방정식을 가우스 소거법에 의하여 해를 구하는 방법을 학습했지만, 이 장에서는 선형방정식을 행렬을 이용한 첨가행렬로 바꾼 후 행 사다리꼴 형태의 기본 행 연산을 함으로써 더 편리하게 선형방정식의 해를 구하는 방법과 $LU$-분해법에 의한 선형방정식의 해법을 알아본다. 선형방정식의 응용 부분에서는 선형방정식을 활용하여 실제 문제들을 해결하는 데 필요한 직관력과 응용력을 높일 수 있도록 화학방정식, 교통 흐름, 마르코프 체인, 암호 해독, 키르히호프의 법칙 등 다양한 응용들을 살펴본다.

CONTENTS

CHAPTER

# 04 선형방정식의 해법과 응용

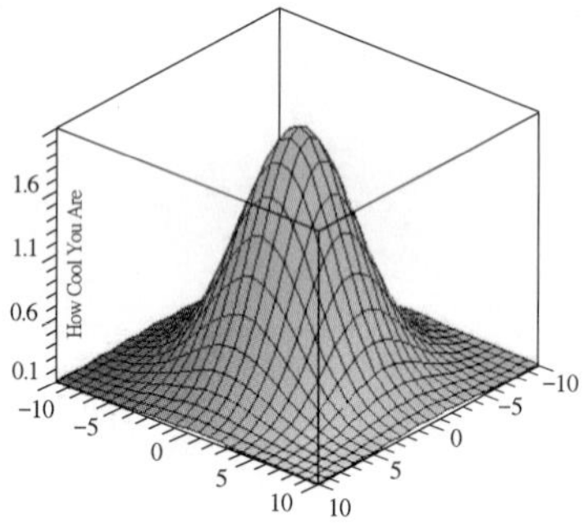


$$\left[\begin{array}{cc|c|c} 1 & 2 & 2 & 1 \\ 3 & 7 & 8 & 7 \end{array}\right] \quad (-3)\times R_1 + R_2 \rightarrow R_2$$

$$\left[\begin{array}{cc|c|c} 1 & 2 & 2 & 1 \\ 0 & 1 & 2 & 4 \end{array}\right] \quad (-2)\times R_2 + R_1 \rightarrow R_1$$

$$\left[\begin{array}{cc|c|c} 1 & 0 & -2 & -7 \\ 0 & 1 & 2 & 4 \end{array}\right]$$

## 4.1 가우스 소거법을 이용한 선형방정식의 해법

### 4.1.1 첨가행렬로의 표현

$$\left[\begin{array}{ccc|c} 2 & 5 & 2 & 7 \\ 0 & -7 & -3 & -8 \\ 0 & 0 & 2 & 4 \end{array}\right] \quad \left[\begin{array}{ccc|c} 5 & -5 & 4 & 17 \\ 0 & 3 & 1 & 6 \\ 2 & -1 & 2 & 9 \end{array}\right]$$

가우스 소거법을 이용하여 선형시스템의 해를 구할 경우, 먼저 주어진 선형방정식을 계수행렬(coefficient matrix)과 열벡터(column vector)의 곱으로 나타낸 후 그것을 첨가행렬의 형태로 나타낸다. 그런 다음 기본 행 연산을 통하여 행 사다리꼴의 형태로 변형시킨 후 가우스-조단의 방법으로 해를 구한다.

다음과 같은 선형시스템이 주어졌다고 가정할 때

$$\begin{cases} a_{11}x_1 + a_{12}x_2 + \cdots + a_{1n}x_n = b_1 \\ a_{21}x_1 + a_{22}x_2 + \cdots + a_{2n}x_n = b_2 \\ \qquad\qquad\vdots \\ a_{m1}x_1 + a_{m2}x_2 + \cdots + a_{mn}x_n = b_m \end{cases}$$

이 선형시스템을 다음과 같이 행렬과 열벡터의 곱으로 나타낼 수 있다.

$$\begin{bmatrix} a_{11} & a_{12} & \cdots & a_{1n} \\ a_{21} & a_{22} & \cdots & a_{2n} \\ \vdots & \vdots & \ddots & \vdots \\ a_{m1} & a_{m2} & \cdots & a_{mn} \end{bmatrix} \begin{bmatrix} x_1 \\ x_2 \\ \vdots \\ x_n \end{bmatrix} = \begin{bmatrix} b_1 \\ b_2 \\ \vdots \\ b_m \end{bmatrix}$$

$A$를 $m \times n$ 행렬이라 하고 $x$와 $b$를 각각

$$x = \begin{bmatrix} x_1 \\ x_2 \\ \vdots \\ x_n \end{bmatrix}, \quad b = \begin{bmatrix} b_1 \\ b_2 \\ \vdots \\ b_m \end{bmatrix}$$

라고 하면 위의 선형시스템은 $Ax = b$의 형태로 나타낼 수 있으며, 이 첨가행렬에 다 행 연산을 함으로써 주어진 선형시스템의 해를 더욱 쉽게 구할 수 있다.

**예제 4-1** 다음과 같은 선형시스템에서 계수행렬과 첨가행렬을 구해 보자.

$$\begin{aligned} 2x_1 + 3x_2 - 4x_3 + x_4 &= 5 \\ -2x_1 \qquad\quad + x_3 \qquad &= 7 \\ 3x_1 + 2x_2 \qquad\quad - 4x_4 &= 3 \end{aligned}$$

**풀이** 위의 식을 행렬의 곱 형태로 나타내면 다음과 같다.

$$\begin{bmatrix} 2 & 3 & -4 & 1 \\ -2 & 0 & 1 & 0 \\ 3 & 2 & 0 & -4 \end{bmatrix} \begin{bmatrix} x_1 \\ x_2 \\ x_3 \\ x_4 \end{bmatrix} = \begin{bmatrix} 5 \\ 7 \\ 3 \end{bmatrix}$$

그러면 이 시스템의 계수행렬은

$$\begin{bmatrix} 2 & 3 & -4 & 1 \\ -2 & 0 & 1 & 0 \\ 3 & 2 & 0 & -4 \end{bmatrix}$$

이고, 첨가행렬은 다음과 같다.

$$\left[\begin{array}{cccc|c} 2 & 3 & -4 & 1 & 5 \\ -2 & 0 & 1 & 0 & 7 \\ 3 & 2 & 0 & -4 & 3 \end{array}\right]$$ ■

**예제 ❹-2** 다음 선형시스템을 $Ax=b$의 형태로 나타내고, 계수행렬과 첨가행렬을 구해 보자.

$$\begin{aligned} x+2y-3z &= -3 \\ 3x+3y-4z &= 2 \\ 4x-2y+6z &= -1 \end{aligned}$$

**풀이** 이 선형시스템의 계수행렬 $A$와 첨가행렬 $[A|b]$는 다음과 같이 구할 수 있다.

$$A=\begin{bmatrix} 1 & 2 & -3 \\ 3 & 3 & -4 \\ 4 & -2 & 6 \end{bmatrix},\quad x=\begin{bmatrix} x \\ y \\ z \end{bmatrix},\quad b=\begin{bmatrix} -3 \\ 2 \\ -1 \end{bmatrix}$$ 일 때 $Ax=b$가 된다.

또한 첨가행렬은

$$[A|b]=\left[\begin{array}{ccc|c} 1 & 2 & -3 & -3 \\ 3 & 3 & -4 & 2 \\ 4 & -2 & 6 & -1 \end{array}\right]$$이 된다. ■

### 4.1.2 가우스-조단 소거법에 의한 선형방정식의 해법

Gauss-Jordan Elimination

$(-2)\times R_2+R_3 \rightarrow R_3$

$(-3)\times R_2+R_1 \rightarrow R_1$

$$\left(\begin{array}{cc|cc} 1 & 1 & 1 & 0 \\ 2 & -1 & 0 & 1 \end{array}\right) \xrightarrow{-2\rho_1+\rho_2} \left(\begin{array}{cc|cc} 1 & 1 & 1 & 0 \\ 0 & -3 & -2 & 1 \end{array}\right) \xrightarrow{-1/3\rho_2} \left(\begin{array}{cc|cc} 1 & 1 & 1 & 0 \\ 0 & 1 & 2/3 & -1/3 \end{array}\right) \xrightarrow{-\rho_2+\rho_1} \left(\begin{array}{cc|cc} 1 & 0 & 1/3 & 1/3 \\ 0 & 1 & 2/3 & -1/3 \end{array}\right)$$

#### (1) 가우스-조단 소거법

우리는 제2장에서 주어진 행렬을 기본 행 연산을 통하여 원래의 행렬과 동치인 행 사다리꼴의 형태로 변형한 바 있다. 여기서는 주어진 선형시스템을 첨가행렬로 변형한 후 행 연산을 통하여 행 사다리꼴을 만들어 선형방정식의 해를 구하는 효과적인 방법을 고찰한다.

**정리 ❹-1** 다음과 같은 선형시스템에서의 소거법과 첨가행렬에서의 기본 행 연산은 동치이다.

(1) 선형시스템에서의 가우스 소거법

① 한 방정식에 0이 아닌 상수 $k$를 곱한다.

② 선형시스템의 두 방정식을 바꾼다.

③ 한 방정식을 $k(\neq 0)$배하여 다른 방정식에 더한다.

(2) 첨가행렬에서의 기본 행 연산

① 한 행에 0이 아닌 상수 $k$를 곱한다.

② 두 행을 바꾼다.

③ 한 행을 $k(\neq 0)$배하여 다른 행에 더한다.

선형시스템에서의 소거법에 의한 풀이 과정 및 결과와 첨가행렬에서의 행 연산을 통한 풀이 과정 및 결과는 서로 동치이다. 따라서 다음의 예에서 볼 때 행 연산을 통한 방법이 더 효율적이라는 것을 알 수 있다.

$$\begin{cases} x+3y+3z=3 & (1) \\ 2x+7y+8z=4 & (2) \\ x+5y+\ \ z=5 & (3) \end{cases} \Leftrightarrow \left[\begin{array}{ccc|c} \textcircled{1} & 3 & 3 & 3 \\ \boxed{2} & 7 & 8 & 4 \\ \boxed{1} & 5 & 1 & 5 \end{array}\right]$$

$(-2)\times(1)$식$+(2)$식 $\to(2)$식
$(-1)\times(1)$식$+(3)$식 $\to(3)$식

$(-2)\times R_1+R_2\to R_2$
$(-1)\times R_1+R_3\to R_3$

$$\begin{cases} x+3y+3z=\ \ 3 & (1) \\ y+2z=-2 & (2) \\ 2y-2z=\ \ 2 & (3) \end{cases} \Leftrightarrow \left[\begin{array}{ccc|c} 1 & \boxed{3} & 3 & 3 \\ 0 & \textcircled{1} & 2 & -2 \\ 0 & \boxed{2} & -2 & 2 \end{array}\right]$$

$(-2)\times(2)$식$+(3)$식 $\to(3)$식
$(-3)\times(2)$식$+(1)$식 $\to(1)$식

$(-2)\times R_2+R_3\to R_3$
$(-3)\times R_2+R_1\to R_1$

$$\begin{cases} x-3z=\ \ 9 & (1) \\ y+2z=-2 & (2) \\ -6z=\ \ 6 & (3) \end{cases} \Leftrightarrow \left[\begin{array}{ccc|c} 1 & 0 & -3 & 9 \\ 0 & 1 & 2 & -2 \\ 0 & 0 & \textcircled{-6} & 6 \end{array}\right]$$

$\left(-\frac{1}{6}\right)\times(3)$식 $\to(3)$식

$\left(-\frac{1}{6}\right)\times R_3\to R_3$

$$\begin{cases} x-3z=\ \ 9 & (1) \\ y+2z=-2 & (2) \\ z=-1 & (3) \end{cases} \Leftrightarrow \left[\begin{array}{ccc|c} 1 & 0 & \boxed{-3} & 9 \\ 0 & 1 & \boxed{2} & -2 \\ 0 & 0 & \textcircled{1} & -1 \end{array}\right]$$

$(-2)\times(3)$식$+(2)$식 $\to(2)$식
$3\times(3)$식$+(1)$식 $\to(1)$식

$(-2)\times R_3+R_2\to R_2$
$3\times R_3+R_1\to R_1$

$$\begin{cases} x = 6 \\ y = 0 \\ z = -1 \end{cases} \Leftrightarrow \left[\begin{array}{ccc|c} 1 & 0 & 0 & 6 \\ 0 & 1 & 0 & 0 \\ 0 & 0 & 1 & -1 \end{array}\right] \quad 즉, \begin{cases} x = 6 \\ y = 0 \\ z = -1 \end{cases}$$ ■

**여기서 잠깐!!**

여기서 다루는 가우스-조단 소거법은 행렬의 행 간의 연산이다. 이러한 행 연산을 통하여 행렬로 구성된 방정식의 해를 구할 수 있다. 또한 가우스-조단 방법으로 행 연산(row operation)을 하는 것을 행 줄임(row reduce)이라고도 한다. 선형시스템에서 변수를 가지고 소거해 나가는 것보다는 기본 행 연산으로 하는 것이 결과는 같으면서도 훨씬 편리하다.

C program

**예제 4-3** 다음 선형시스템의 해를 가우스-조단 소거법을 이용하여 구해 보자.

$$\begin{aligned} -x_2 - x_3 + x_4 &= 0 \\ x_1 + x_2 + x_3 + x_4 &= 6 \\ 2x_1 + 4x_2 + x_3 - 2x_4 &= -1 \\ 3x_1 + x_2 - 2x_3 + 2x_4 &= 3 \end{aligned}$$

**풀이** 주어진 시스템의 첨가행렬은 다음과 같다.

$$\left[\begin{array}{cccc|c} 0 & -1 & -1 & 1 & 0 \\ 1 & 1 & 1 & 1 & 6 \\ 2 & 4 & 1 & -2 & -1 \\ 3 & 1 & -2 & 2 & 3 \end{array}\right]$$

여기서 0을 피벗으로 사용할 수 없으므로 첫째 행과 둘째 행을 서로 바꾼다. 따라서 새로운 첫 번째 행이 피벗 행이 되고 피벗은 1이 된다.

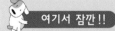

$$\text{피벗} \rightarrow \left[\begin{array}{cccc|c} 1 & 1 & 1 & 1 & 6 \\ 0 & -1 & -1 & 1 & 0 \\ 2 & 4 & 1 & -2 & -1 \\ 3 & 1 & -2 & 2 & 3 \end{array}\right] \leftarrow \text{피벗행} \qquad \begin{array}{l} (-2)\times R_1+R_3 \rightarrow R_3 \\ (-3)\times R_1+R_4 \rightarrow R_4 \end{array}$$

$$\left[\begin{array}{cccc|c} 1 & 1 & 1 & 1 & 6 \\ 0 & -1 & -1 & 1 & 0 \\ 0 & 2 & -1 & -4 & -13 \\ 0 & -2 & -5 & -1 & -15 \end{array}\right] \qquad \begin{array}{l} 2\times R_2+R_3 \rightarrow R_3 \\ (-2)\times R_2+R_4 \rightarrow R_4 \end{array}$$

$$\left[\begin{array}{cccc|c} 1 & 1 & 1 & 1 & 6 \\ 0 & -1 & -1 & 1 & 0 \\ 0 & 0 & -3 & -2 & -13 \\ 0 & 0 & -3 & -3 & -15 \end{array}\right] \qquad (-1)\times R_3+R_4 \rightarrow R_4$$

$$\left[\begin{array}{cccc|c} 1 & 1 & 1 & 1 & 6 \\ 0 & -1 & -1 & 1 & 0 \\ 0 & 0 & -3 & -2 & -13 \\ 0 & 0 & 0 & -1 & -2 \end{array}\right]$$

그 결과 이 첨가행렬은 행 사다리꼴이 되고 역대입법에 의해

$x_1=2,\ x_2=-1,\ x_3=3,\ x_4=2$인 해를 구할 수 있다. ■

**여기서 잠깐!!** 역행렬을 이용하거나 크래머의 규칙으로 해를 구하는 것은 유일한 해를 가질 경우에만 적용할 수 있다. 즉, 행렬식이 0이 아니어야 한다. 그러나 가우스-조단 소거법의 경우에는 유일한 해가 아닐 경우에도 언제든지 적용할 수 있다.

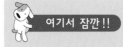

### (2) 가우스-조단 소거법에 의한 해를 가지는지 여부의 판별

어떤 선형시스템이 '최소한 하나의 해를 가지는가?'라는 점과 '만약 해가 존재한다면 그것이 유일한 해인가?'라는 점을 판별하기 위한 방법으로 가우스-조단 소거법은 매우 유용하다. 여기서는 어떤 선형시스템이 해가 없는 경우, 하나의 해를 가지는 경우, 무한히 많은 해를 가지는 경우를 행 연산을 통한 가우스-조단 소거법에 의해 판별할 수 있다.

C program

**예제 ❹-4** 다음의 선형시스템이 해를 가지는지를 판별해 보자.

$$\begin{aligned} x_1 - 2x_2 + x_3 &= 0 \\ 2x_2 - 8x_3 &= 8 \\ -4x_1 + 5x_2 + 9x_3 &= -9 \end{aligned}$$

**풀이** 삼각형 형태(triangular form)를 얻기 위해 필요한 행 연산을 하면 다음과 같다.

$$\begin{aligned} x_1 - 2x_2 + x_3 &= 0 \\ x_2 - 4x_3 &= 4 \\ x_3 &= 3 \end{aligned} \qquad \left[\begin{array}{ccc|c} 1 & -2 & 1 & 0 \\ 0 & 1 & -4 & 4 \\ 0 & 0 & 1 & 3 \end{array}\right]$$

이 단계에서 세 번째 식으로부터 $x_3 = 3$임을 알 수 있다. 그리고는 $x_3$의 값을 두 번째 식에 대입하여 $x_2 = 16$의 값을 구하고, 이 값들을 첫 번째 식에 대입하여 $x_1 = 29$의 값까지 구할 수 있다. 따라서 이 시스템은 $x_1 = 29$, $x_2 = 16$, $x_3 = 3$인 유일한 해를 가진다. ■

**예제 ❹-5** 다음의 선형시스템이 해를 가지는지를 판별해 보자.

$$\begin{aligned} x_2 - 4x_3 &= 8 \\ 2x_1 - 3x_2 + 2x_3 &= 1 \\ 5x_1 - 8x_2 + 7x_3 &= 1 \end{aligned}$$

풀이 이 시스템을 첨가행렬로 나타내면 다음과 같다.

$$\left[\begin{array}{ccc|c} 0 & 1 & -4 & 8 \\ 2 & -3 & 2 & 1 \\ 5 & -8 & 7 & 1 \end{array}\right]$$

첫 번째 행의 첫 항이 0이므로 첫 번째 행과 두 번째 행을 서로 교환한다.

$$\left[\begin{array}{ccc|c} \textcircled{2} & -3 & 2 & 1 \\ 0 & 1 & -4 & 8 \\ \boxed{5} & -8 & 7 & 1 \end{array}\right] \qquad \left(-\frac{5}{2}\right)\times R_1 + R_3 \rightarrow R_3$$

$$\left[\begin{array}{ccc|c} 2 & -3 & 2 & 1 \\ 0 & \textcircled{1} & -4 & 8 \\ 0 & \boxed{-\frac{1}{2}} & 2 & -\frac{3}{2} \end{array}\right] \qquad \frac{1}{2}\times R_2 + R_3 \rightarrow R_3$$

$$\left[\begin{array}{ccc|c} 2 & -3 & 2 & 1 \\ 0 & 1 & -4 & 8 \\ 0 & 0 & 0 & \frac{5}{2} \end{array}\right]$$

그 결과 첨가행렬이 상부삼각행렬로 바뀌었다. 이것을 원래의 방정식 형태로 나타내면 다음과 같은 선형시스템을 얻는다.

$$\begin{aligned} 2x_1 - 3x_2 + 2x_3 &= 1 \\ x_2 - 4x_3 &= 8 \\ 0 &= \frac{5}{2} \end{aligned}$$

$0=\frac{5}{2}$는 원래의 방정식 $0x_1+0x_2+0x_3=\frac{5}{2}$로 명백한 모순이다. 따라서 주어진 식을 만족시키는 해 $x_1$, $x_2$, $x_3$이 존재하지 않는다. ■

**예제 ④-6** 다음의 동차 선형시스템에서 해의 개수를 판별해 보자.

$$
\begin{aligned}
x_1 + x_2 + x_3 + x_4 &= 0 \\
x_1 \qquad\qquad + x_4 &= 0 \\
x_1 + 2x_2 + x_3 \qquad &= 0
\end{aligned}
$$

**풀이** 먼저 이 시스템의 첨가행렬을 구하면

$$A = \left[\begin{array}{cccc|c} 1 & 1 & 1 & 1 & 0 \\ 1 & 0 & 0 & 1 & 0 \\ 1 & 2 & 1 & 0 & 0 \end{array}\right]$$ 가 된다.

이것에다 행 연산을 반복하면

$$\left[\begin{array}{cccc|c} 1 & 0 & 0 & 1 & 0 \\ 0 & 1 & 0 & -1 & 0 \\ 0 & 0 & 1 & 1 & 0 \end{array}\right]$$

과 같은 행 사다리꼴이 만들어진다. 따라서 구하는 해는 다음과 같다.

$$
\begin{aligned}
x_1 &= -r \\
x_2 &= \ \ r \\
x_3 &= -r \\
x_4 &= \ \ r \quad (r\text{은 임의의 실수})
\end{aligned}
$$

그러므로 이 선형시스템의 해의 개수는 무한히 많다. ■

### (3) 같은 계수행렬을 가지는 여러 개의 선형시스템의 해법

크기가 같고 같은 계수를 가진 다음과 같은 선형시스템들에서는 첨가행렬에다 $b_1, b_2, \cdots, b_k$를 병렬로 놓고 가우스-조단 소거법을 동시에 적용함으로써 $k$개의 선형시스템들의 해를 한꺼번에 구할 수 있는 장점을 가지고 있다.

$$Ax = b_1,\ Ax = b_2,\ Ax = b_3,\ \cdots,\ Ax = b_k$$

일 경우에 다음과 같은 형태로 만들고 해를 구할 수 있다.

$$[A \mid b_1 \mid b_2 \mid \cdots \mid b_k]$$

**예제 4-7** 다음과 같이 계수가 같은 두 개의 선형시스템에서 두 식의 해를 동시에 구해 보자.

(1) $x_1 + 2x_2 = 2$
$3x_1 + 7x_2 = 8$

(2) $x_1 + 2x_2 = 1$
$3x_1 + 7x_2 = 7$

**풀이** 2개의 선형시스템은 크기도 같고 같은 계수행렬을 가지므로, 계수행렬의 오른쪽에 상수항의 열들을 첨가하면 다음과 같은 첨가행렬을 만들 수 있다.

$$\left[\begin{array}{cc|c|c} \textcircled{1} & 2 & 2 & 1 \\ \boxed{3} & 7 & 8 & 7 \end{array}\right] \quad (-3)\times R_1 + R_2 \rightarrow R_2$$

$$\left[\begin{array}{cc|c|c} 1 & \boxed{2} & 2 & 1 \\ 0 & \textcircled{1} & 2 & 4 \end{array}\right] \quad (-2)\times R_2 + R_1 \rightarrow R_1$$

$$\left[\begin{array}{cc|c|c} 1 & 0 & -2 & -7 \\ 0 & 1 & 2 & 4 \end{array}\right]$$

따라서 (1)식의 해는 $x_1 = -2,\ x_2 = 2$이고 (2)식의 해는 $x_1 = -7,\ x_2 = 4$이다. ■

### 4.1.3 *LU*-분해법에 의한 선형방정식의 해법

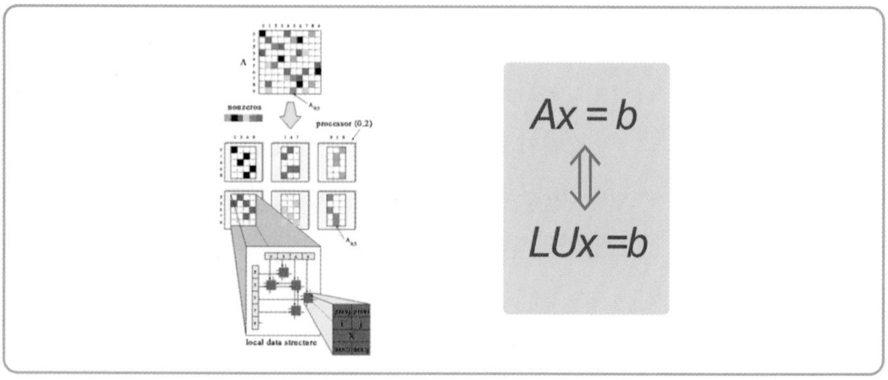

선형시스템의 해를 구하는 또 다른 방법으로는 먼저 정방행렬을 하부삼각행렬 $L$과 상부삼각행렬 $U$의 곱의 형태로 인수분해하여 구하는 방법이다. 즉, $Ax = b$에서 $A$를 $A = LU$로 인수분해하여 중간 해를 구한 후 다시 원래의 해를 구하게 되는데, 이러한 방법을 $LU$-분해법($LU$-decomposition)이라고 한다. $L$과 $U$가 둘 다 삼각행렬이기 때문에 인수분해하는 과정을 제외하고는 일반적으로 계산이 쉬운 편이다.

$L$과 $U$는 원래의 행렬을 가우스 소거법을 이용하여 하부삼각행렬과 상부삼각행렬로 각각 만들 수 있다.

$LU$를 구하는 알고리즘

(1) 주어진 행렬 $A$에 가우스 소거법을 적용하여 상부삼각행렬 $U$를 구한다.

(2) 단위행렬 $I$에 (1) 연산의 역($+ \leftrightarrow -$, $\times \leftrightarrow \div$)을 역순으로 적용하여 $L$을 구한다.

**예제 4-8** 다음의 행렬 $A$로부터 $U$와 $L$을 구해 보자.

$$A = \begin{bmatrix} 1 & 2 & 1 \\ 2 & 3 & 3 \\ -3 & -10 & 2 \end{bmatrix}$$

**풀이**

$$A = \begin{bmatrix} 1 & 2 & 1 \\ 2 & 3 & 3 \\ -3 & -10 & 2 \end{bmatrix} \qquad (-2)R_1 + R_2 \to R_2$$

$$\begin{bmatrix} 1 & 2 & 1 \\ 0 & -1 & 1 \\ -3 & -10 & 2 \end{bmatrix} \qquad 3R_1 + R_3 \to R_3$$

$$\begin{bmatrix} 1 & 2 & 1 \\ 0 & -1 & 1 \\ 0 & -4 & 5 \end{bmatrix} \qquad (-4)R_2 + R_3 \to R_3$$

$$\begin{bmatrix} 1 & 2 & 1 \\ 0 & -1 & 1 \\ 0 & 0 & 1 \end{bmatrix} \qquad = U$$

$L$을 구하기 위해 $I$로부터 시작한다.

$$I=\begin{bmatrix} 1 & 0 & 0 \\ 0 & 1 & 0 \\ 0 & 0 & 1 \end{bmatrix} \qquad 4R_2+R_3 \to R_3$$

$$\begin{bmatrix} 1 & 0 & 0 \\ 0 & 1 & 0 \\ 0 & 4 & 1 \end{bmatrix} \qquad (-3)R_1+R_3 \to R_3$$

$$\begin{bmatrix} 1 & 0 & 0 \\ 0 & 1 & 0 \\ -3 & 4 & 1 \end{bmatrix} \qquad 2R_1+R_2 \to R_2$$

$$\begin{bmatrix} 1 & 0 & 0 \\ 2 & 1 & 0 \\ -3 & 4 & 1 \end{bmatrix} \qquad =L$$ ■

**알고리즘**

$LU$–분해법($LU$–decomposition)은 다음의 4단계로 이루어진다.

**1단계** 선형시스템 $Ax=b$를 $LUx=b$로 분해한다.

**2단계** 새로운 변수 $y$를 $Ux=y$로 나타내고 원래의 시스템을 $Ly=b$로 대체한다.

**3단계** $Ly=b$를 변수 벡터 $y$에 대하여 해를 구한다.

**4단계** 벡터 $y$를 $Ux=y$에 대입하여 $x$에 대하여 최종 해를 구한다.

**예제 ❹-9** 다음과 같이 주어진 선형시스템에서 $LU$–분해법에 의해 해를 구해 보자.

$$\begin{aligned} x_1+\ \ x_2+\ \ x_3&=7 \\ x_1+2x_2+2x_3&=7 \\ x_1+2x_2+3x_3&=5 \end{aligned}$$

**풀이** **1단계** 주어진 식을 다음과 같이 $Ax = b$의 형태로 바꾼 후, $A = LU$로 인수분해되었다고 가정한다.

$$\begin{bmatrix}1&1&1\\1&2&2\\1&2&3\end{bmatrix}\begin{bmatrix}x_1\\x_2\\x_3\end{bmatrix}=\begin{bmatrix}7\\7\\5\end{bmatrix}$$

$$A=\begin{bmatrix}1&1&1\\1&2&2\\1&2&3\end{bmatrix}=\underset{L}{\begin{bmatrix}1&0&0\\1&1&0\\1&1&1\end{bmatrix}}\underset{U}{\begin{bmatrix}1&1&1\\0&1&1\\0&0&1\end{bmatrix}}$$

$Ax = b$를 다음과 같이 $LUx = b$와 같이 표현한다.

$$\underset{L}{\begin{bmatrix}1&0&0\\1&1&0\\1&1&1\end{bmatrix}}\underset{U}{\begin{bmatrix}1&1&1\\0&1&1\\0&0&1\end{bmatrix}}\underset{x}{\begin{bmatrix}x_1\\x_2\\x_3\end{bmatrix}}=\underset{b}{\begin{bmatrix}7\\7\\5\end{bmatrix}}$$

**2단계** $Ux = y$로 나타내고 $y$를 $y_1$, $y_2$, $y_3$의 열벡터라고 하면 원래의 식은 다음과 같다.

$$\underset{L}{\begin{bmatrix}1&0&0\\1&1&0\\1&1&1\end{bmatrix}}\underset{y}{\begin{bmatrix}y_1\\y_2\\y_3\end{bmatrix}}=\underset{b}{\begin{bmatrix}7\\7\\5\end{bmatrix}}$$

**3단계** $Ly = b$를 변수 벡터 $y$에 대하여 해를 구한다.

$$\begin{aligned}y_1 &= 7\\ y_1+y_2 &= 7\\ y_1+y_2+y_3 &= 5\end{aligned}$$

$y$의 벡터 값을 구하면

$y_1=7,\ y_2=0,\ y_3=-2$이다.

**4단계** 벡터 $y$를 $Ux=y$에 대입하여 $x$에 대한 해를 구한다.

$$\begin{bmatrix}1&1&1\\0&1&1\\0&0&1\end{bmatrix}\begin{bmatrix}x_1\\x_2\\x_3\end{bmatrix}=\begin{bmatrix}7\\0\\-2\end{bmatrix}$$

따라서

$$\begin{aligned}x_1+x_2+x_3&=\ \ 7\\x_2+x_3&=\ \ 0\\x_3&=-2\end{aligned}$$

이 식에다 역대입법을 적용하면 주어진 선형시스템의 최종 해인 $x_1=7,\ x_2=2,\ x_3=-2$를 얻는다. ■

**예제 ❹-10** 다음과 같이 주어진 시스템에서 $LU$-분해법에 의해 해를 구해 보자.

$$\begin{aligned}6x_1-\ 2x_2-\ 4x_3+4x_4&=\ \ 2\\3x_1-\ 3x_2-\ 6x_3+\ x_4&=-4\\-12x_1+\ 8x_2+21x_3-8x_4&=\ \ 8\\-\ 6x_1\qquad\ -10x_3+7x_4&=-43\end{aligned}$$

**풀이** **1단계** 주어진 식을 다음과 같이 $Ax=b$의 형태로 바꾼 후, $A=LU$로 인수분해되었다고 가정한다.

$$\begin{bmatrix}6&-2&-4&4\\3&-3&-6&1\\-12&8&21&-8\\-6&0&-10&7\end{bmatrix}\begin{bmatrix}x_1\\x_2\\x_3\\x_4\end{bmatrix}=\begin{bmatrix}2\\-4\\8\\-43\end{bmatrix}$$

$$A=\begin{bmatrix} 6 & -2 & -4 & 4 \\ 3 & -3 & -6 & 1 \\ -12 & 8 & 21 & -8 \\ -6 & 0 & -10 & 7 \end{bmatrix}=\underbrace{\begin{bmatrix} 2 & 0 & 0 & 0 \\ 1 & -1 & 0 & 0 \\ -4 & 2 & 1 & 0 \\ -2 & -1 & -2 & 2 \end{bmatrix}}_{L}\underbrace{\begin{bmatrix} 3 & -1 & -2 & 2 \\ 0 & 2 & 4 & 1 \\ 0 & 0 & 5 & -2 \\ 0 & 0 & 0 & 4 \end{bmatrix}}_{U}$$

$Ax=b$를 다음과 같이 $LUx=b$와 같이 표현한다.

$$\underbrace{\begin{bmatrix} 2 & 0 & 0 & 0 \\ 1 & -1 & 0 & 0 \\ -4 & 2 & 1 & 0 \\ -2 & -1 & -2 & 2 \end{bmatrix}}_{L}\underbrace{\begin{bmatrix} 3 & -1 & -2 & 2 \\ 0 & 2 & 4 & 1 \\ 0 & 0 & 5 & -2 \\ 0 & 0 & 0 & 4 \end{bmatrix}}_{U}\underbrace{\begin{bmatrix} x_1 \\ x_2 \\ x_3 \\ x_4 \end{bmatrix}}_{x}\underset{=}{=}\underbrace{\begin{bmatrix} 2 \\ -4 \\ 8 \\ -43 \end{bmatrix}}_{b}$$

**2단계** $Ux=y$로 나타내고 $y$를 $y_1$, $y_2$, $y_3$, $y_4$의 열벡터라고 하면 원래의 식은 다음과 같다.

$$\begin{bmatrix} 2 & 0 & 0 & 0 \\ 1 & -1 & 0 & 0 \\ -4 & 2 & 1 & 0 \\ -2 & -1 & -2 & 2 \end{bmatrix}\begin{bmatrix} y_1 \\ y_2 \\ y_3 \\ y_4 \end{bmatrix}=\begin{bmatrix} 2 \\ -4 \\ 8 \\ -43 \end{bmatrix}$$

**3단계** $Ly=b$를 변수 벡터 $y$에 대하여 해를 구한다.

$$y_1=1$$

$$y_2=\frac{-4-y_1}{-1}=5$$

$$y_3=8+4y_1-2y_2=2$$

$$y_4=\frac{-43+2y_1+y_2+2y_3}{2}=-16$$

**4단계** 벡터 $y$를 $Ux = y$에 대입하여 $x$에 대한 해를 구한다.

$$\begin{bmatrix} 3 & -1 & -2 & 2 \\ 0 & 2 & 4 & 1 \\ 0 & 0 & 5 & -2 \\ 0 & 0 & 0 & 4 \end{bmatrix} \begin{bmatrix} x_1 \\ x_2 \\ x_3 \\ x_4 \end{bmatrix} = \begin{bmatrix} 1 \\ 5 \\ 2 \\ -16 \end{bmatrix}$$

따라서

$$x_4 = -4$$
$$x_3 = \frac{2 + 2x_4}{5} = -1.2$$
$$x_2 = \frac{5 - 4x_3 - x_4}{2} = 6.9$$
$$x_1 = \frac{1 + x_2 + 2x_3 - 2x_4}{3} = 4.5$$

를 얻는다. ■

# 연습 문제 4.1

## Part 1. 진위 문제

다음 문장의 진위를 판단하고, 틀린 경우에는 그 이유를 적으시오.

1. 주어진 선형시스템에서 상수를 나타내는 열벡터를 행렬에 포함시킨 것을 첨가행렬이라고 한다.
2. 선형시스템에서 변수들을 소거하는 가우스 소거법과 첨가행렬에서 행 연산을 하는 것은 같은 개념이다.
3. 첨가행렬에서 행 연산을 할 때 한 행을 $k$배해서 다른 행에 더할 수 있다.
4. 기본 행 연산에서는 피벗을 정해진 규칙 없이 임의로 정할 수 있다.
5. 가우스 소거법에서는 크래머의 규칙과는 달리 유일한 해가 아닐지라도 언제든지 적용할 수 있다.
6. 같은 계수행렬을 가지는 여러 개의 선형시스템을 동시에 풀 수 있는 방법이 있다.

## Part 2. 선택 문제

1. 첨가행렬의 기본 행 연산에서 가능하지 않은 연산은?

   (1) 한 행에 0이 아닌 상수 $c$를 곱한다.

   (2) 두 행을 서로 바꾼다.

   (3) 한 행과 한 열을 서로 바꾼다.

   (4) 한 행을 $c\,(\neq 0)$배하여 다른 행에 더한다

2. 다음 선형시스템을 만족하는 $x$, $y$의 값이 존재하지 않도록 상수 $a$의 값을 정하면?

   $$\begin{bmatrix} a & -5 \\ 2 & a-7 \end{bmatrix}\begin{bmatrix} x \\ y \end{bmatrix}=\begin{bmatrix} a \\ 2a \end{bmatrix}$$

   (1) 2 또는 5　　　(2) 4

   (3) 6　　　(4) 7

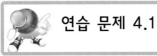

3. 다음과 같은 선형시스템의 해가 오직 한 쌍만 존재할 조건은?

$$\begin{bmatrix} a-5 & a^2-3a-10 \\ 5 & a+2 \end{bmatrix}\begin{bmatrix} x \\ y \end{bmatrix}=\begin{bmatrix} a+2 \\ 0 \end{bmatrix}$$

(1) $a \neq 5,\ a \neq -2$　(2) $a \neq 5,\ a = -2$

(3) $a \neq -2,\ a = 5$　(4) $a = -2,\ a = 5$

4. 다음의 첨가행렬들은 행 사다리꼴이다. 그것에 해당하는 선형시스템들이 해를 가지지 않은 것은?

(1) $\begin{bmatrix} 1 & 3 & | & 1 \\ 0 & 1 & | & -1 \\ 0 & 0 & | & 0 \end{bmatrix}$　(2) $\begin{bmatrix} 1 & -2 & 4 & | & 1 \\ 0 & 0 & 1 & | & 3 \\ 0 & 0 & 0 & | & 0 \end{bmatrix}$

(3) $\begin{bmatrix} 1 & -2 & 2 & | & -2 \\ 0 & 1 & -1 & | & 3 \\ 0 & 0 & 1 & | & 2 \end{bmatrix}$　(4) $\begin{bmatrix} 1 & 3 & 2 & | & -2 \\ 0 & 0 & 1 & | & 4 \\ 0 & 0 & 0 & | & 1 \end{bmatrix}$

5. 다음과 같은 $Ax=b$ 형태의 선형시스템의 해가 $x=-1,\ y=2$인 것은?

(1) $\begin{bmatrix} 6 & 3 \\ 5 & 2 \end{bmatrix}\begin{bmatrix} x \\ y \end{bmatrix}=\begin{bmatrix} 12 \\ 9 \end{bmatrix}$　(2) $\begin{bmatrix} 4 & 4 \\ 1 & 3 \end{bmatrix}\begin{bmatrix} x \\ y \end{bmatrix}=\begin{bmatrix} 20 \\ 11 \end{bmatrix}$

(3) $\begin{bmatrix} 2 & -1 \\ 3 & 2 \end{bmatrix}\begin{bmatrix} x \\ y \end{bmatrix}=\begin{bmatrix} -4 \\ 1 \end{bmatrix}$　(4) $\begin{bmatrix} 4 & 1 & 3 \\ 2 & -1 & 4 \\ 0 & 1 & 5 \end{bmatrix}\begin{bmatrix} x \\ y \\ z \end{bmatrix}=\begin{bmatrix} 20 \\ 20 \\ 20 \end{bmatrix}$

## Part 3. 주관식 문제

1. 다음과 같은 행 사다리꼴의 첨가행렬로부터 해를 구하시오.

$$\begin{bmatrix} 1 & -3 & 2 & | & 5 \\ 0 & 1 & 1 & | & 2 \\ 0 & 0 & 1 & | & 5 \end{bmatrix}$$

2. 다음의 첨가행렬에 대응하는 선형시스템을 각각 만드시오.

(1) $\left[\begin{array}{cc|c} 2 & 5 & 3 \\ 3 & -4 & 0 \\ 4 & 1 & 1 \end{array}\right]$ (2) $\left[\begin{array}{ccc|c} 3 & 8 & -2 & 2 \\ -1 & 1 & 4 & -4 \\ 0 & -2 & 1 & 4 \end{array}\right]$

3. 다음 선형시스템으로부터 첨가행렬을 각각 만드시오.

(1) $\begin{aligned} 7x_1 - 5x_2 &= -1 \\ 5x_1 + 5x_2 &= 3 \\ 7x_1 + 3x_2 &= -5 \end{aligned}$ (2) $\begin{aligned} -3x_1 \qquad + 2x_3 &= 1 \\ 3x_1 - x_2 - 3x_3 &= 7 \\ 2x_1 + x_2 \ - x_3 &= -2 \end{aligned}$

4. 다음과 같이 행렬의 곱으로 나타낸 식을 선형시스템으로 표현하시오.

(1) $\begin{bmatrix} 2 & -1 & 2 \\ 1 & 3 & -3 \\ -2 & 1 & 5 \end{bmatrix}\begin{bmatrix} x_1 \\ x_2 \\ x_3 \end{bmatrix} = \begin{bmatrix} 2 \\ -1 \\ 4 \end{bmatrix}$ (2) $\begin{bmatrix} 3 & -2 & 0 & 1 \\ -2 & 0 & 2 & -2 \\ 1 & 1 & 4 & 3 \\ -2 & 5 & 1 & 6 \end{bmatrix}\begin{bmatrix} w \\ x \\ y \\ z \end{bmatrix} = \begin{bmatrix} 0 \\ 0 \\ 0 \\ 0 \end{bmatrix}$

5. 다음 선형시스템을 $Ax = b$의 형태로 나타내고 첨가행렬도 구하시오.

$$\begin{aligned} 2x \ - y + 2z &= 3 \\ 2x + 4y - 3z &= -2 \\ -3x + 6y - 5z &= 1 \end{aligned}$$

6. 다음 선형시스템들을 첨가행렬로 표현하시오.

(1) $\begin{aligned} -x_1 + 2x_2 + 6x_3 &= 0 \\ x_1 - x_2 + 7x_3 &= 0 \end{aligned}$ (2) $\begin{aligned} 2x_1 + 3x_2 + 4x_3 + 7x_4 &= 1 \\ 5x_1 + 6x_2 + 7x_3 + 8x_4 &= 2 \\ x_2 \qquad - 6x_4 &= 0 \end{aligned}$

7. 다음 각 첨가행렬에 대응하는 선형시스템을 표현하시오.

(1) $\left[\begin{array}{cc|c} 3 & 1 & 4 \\ 2 & -4 & 0 \\ 7 & 0 & 1 \end{array}\right]$ (2) $\left[\begin{array}{ccc|c} 1 & 2 & -3 & 5 \\ -2 & 1 & 4 & -3 \\ 3 & -5 & 1 & -4 \end{array}\right]$

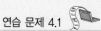

8. 다음의 첨가행렬에서 해가 존재한다면 해를 구하시오.

(1) $\left[\begin{array}{ccc|c} 1 & 1 & 1 & 0 \\ 1 & 1 & 0 & 3 \\ 0 & 1 & 1 & 1 \end{array}\right]$ (2) $\left[\begin{array}{ccc|c} 1 & 2 & 3 & 0 \\ 1 & 1 & 1 & 0 \\ 1 & 1 & 2 & 0 \end{array}\right]$

9. 다음의 선형시스템을 첨가행렬로 변환한 후 가우스 소거법의 기본 행 연산을 이용하여 해를 구하시오.

$$\begin{aligned} x_1 + 5x_2 &= 7 \\ -2x_1 - 7x_2 &= -5 \end{aligned}$$

10. 다음 선형시스템에서의 첨가행렬이 기약 행 사다리꼴일 때 그 해를 구하시오.

(1) $\left[\begin{array}{ccc|c} 1 & 0 & 0 & -2 \\ 0 & 1 & 0 & 5 \\ 0 & 0 & 1 & 3 \end{array}\right]$ (2) $\left[\begin{array}{ccc|c} 1 & -3 & 0 & 2 \\ 0 & 0 & 1 & -2 \\ 0 & 0 & 0 & 0 \end{array}\right]$

11. 다음 선형시스템의 해를 각각 구하시오.

(1) $\begin{aligned} x_1 - 3x_2 &= 2 \\ 2x_2 &= 6 \end{aligned}$ (2) $\begin{aligned} x_1 + x_2 + x_3 &= 8 \\ 2x_2 + x_3 &= 5 \\ 3x_3 &= 9 \end{aligned}$

12. 행렬 $A$, $B$가 주어졌을 때, 이것에 대응하는 첨가행렬을 만들고 $x$의 해를 벡터 형식으로 나타내시오.

$$A = \begin{bmatrix} 1 & 2 & 4 \\ 0 & 1 & 5 \\ -2 & -4 & -3 \end{bmatrix}, \quad b = \begin{bmatrix} -2 \\ 2 \\ 9 \end{bmatrix}$$

13. 첨가행렬이 다음과 같은 동차 선형시스템의 해를 구하시오.

$$\left[\begin{array}{ccccc|c} 1 & 0 & 0 & 0 & 2 & 0 \\ 0 & 0 & 1 & 0 & 3 & 0 \\ 0 & 0 & 0 & 1 & 4 & 0 \\ 0 & 0 & 0 & 0 & 0 & 0 \end{array}\right]$$

14. 다음 선형시스템의 해를 구하시오.

$$\begin{aligned} 2x_1 + 6x_2 + \phantom{4}x_3 &= 7 \\ x_1 + 2x_2 \phantom{+7} - x_3 &= -1 \\ 5x_1 + 7x_2 - 4x_3 &= 9 \end{aligned}$$

15. 다음과 같은 선형시스템이 주어졌을 때 첨가행렬을 이용하여 가우스 소거법으로 해를 구하시오.

$$\begin{aligned} x + 2y + 3z &= 6 \\ 2x - 3y + 2z &= 14 \\ 3x + y - z &= -2 \end{aligned}$$

16. 가우스-조단 소거법을 이용하여 다음 선형시스템의 해를 구하시오.

$$\begin{aligned} x - 3y - 2z &= 6 \\ 2x - 4y - 3z &= 8 \\ -3x + 6y + 8z &= -5 \end{aligned}$$

17. 다음 행렬들이 주어졌을 때 $Ax = b$를 구하시오.

$$A = \begin{bmatrix} 1 & 3 & -1 \\ 2 & 5 & -1 \\ 2 & 8 & -2 \end{bmatrix}, \quad x = \begin{bmatrix} x_1 \\ x_2 \\ x_3 \end{bmatrix}, \quad b = \begin{bmatrix} 2 \\ 6 \\ 6 \end{bmatrix}$$

18. 다음과 같은 선형시스템이 주어졌을 때 첨가행렬을 이용하여 가우스 소거법으로 해를 구하시오.

$$\begin{aligned} 2x + 2y - z &= 1 \\ x + y - z &= 0 \\ 3x + 2y - 3z &= 1 \end{aligned}$$

19. 다음 행렬 방정식들의 해가 존재한다면 그 해를 각각 구하시오.

(1) $\begin{bmatrix} 1 & 3 & 4 \\ -1 & 3 & 4 \end{bmatrix} \begin{bmatrix} x \\ y \\ z \end{bmatrix} = \begin{bmatrix} 1 \\ 3 \end{bmatrix}$

(2) $\begin{bmatrix} 2 & 1 \\ 4 & 6 \\ 3 & 5 \end{bmatrix} \begin{bmatrix} x \\ y \end{bmatrix} = \begin{bmatrix} 1 \\ 4 \\ -2 \end{bmatrix}$

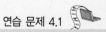

20. 가우스 소거법을 이용하여 다음 선형시스템의 해를 구하시오.

$$\begin{aligned} x+y+\ \ z &= \ \ 1 \\ x+y-2z &= -2 \\ 2x+y+\ \ z &= \ \ 3 \end{aligned}$$

21. 다음의 선형시스템을 첨가행렬로 바꾸고 행 사다리꼴로 변환한 후 그 해를 구하시오.

$$\begin{aligned} x_1+\ \ x_2+\ \ x_3+4x_4 &= \ \ 4 \\ 2x_1+3x_2+4x_3+9x_4 &= 16 \\ -2x_1\qquad\ \ +3x_3-7x_4 &= 11 \end{aligned}$$

22. 다음 행렬 $A$의 $LU$를 각각 구하시오.

$$A=\begin{bmatrix} 1 & 2 & 3 \\ 4 & 5 & 6 \\ 0 & 0 & 1 \end{bmatrix}$$

23. 다음 행렬 $B$의 $LU$를 각각 구하시오.

$$B=\begin{bmatrix} 1 & 3 & 0 \\ 2 & 1 & 0 \\ 3 & 4 & 1 \end{bmatrix}$$

24. (도전문제) 다음 행렬방정식들의 해가 존재할 경우 그 해를 각각 구하시오.

(1) $\begin{bmatrix} 1 & 4 & 7 & -3 \\ -2 & 3 & -6 & 1 \\ 0 & 11 & 8 & -5 \end{bmatrix}\begin{bmatrix} x \\ y \\ z \\ t \end{bmatrix}=\begin{bmatrix} 1 \\ 3 \\ 5 \end{bmatrix}$　　(2) $\begin{bmatrix} 2 & 1 & 4 \\ 3 & 2 & 9 \\ 4 & 1 & 3 \\ 3 & 3 & 3 \end{bmatrix}\begin{bmatrix} x \\ y \\ z \end{bmatrix}=\begin{bmatrix} 1 \\ 4 \\ -2 \\ -3 \end{bmatrix}$

25. (도전문제) 다음과 같이 계수가 똑같은 2개의 선형시스템에서 해를 동시에 구하시오.

(1) $$\begin{aligned} x_1+2x_2+3x_3 &= 1 \\ 2x_1+3x_2+4x_3 &= 3 \\ x_1\qquad\ \ +x_3 &= 5 \end{aligned}$$

(2) $$\begin{aligned} x_1+2x_2+3x_3 &= \ \ 2 \\ 2x_1+3x_2+4x_3 &= \ \ 5 \\ x_1\qquad\ \ +x_3 &= -2 \end{aligned}$$

26. (도전문제) 다음 선형시스템을 $LU$-분해 방법으로 해를 구하시오.

$$
\begin{aligned}
x_1 + 3x_2 \quad\quad &= 1 \\
2x_1 + x_2 \quad\quad &= 2 \\
3x_1 + 4x_2 + x_3 &= 0
\end{aligned}
$$

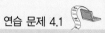

# 4.2 선형방정식의 다양한 응용들

선형방정식을 이용한 응용 분야는 매우 넓고 다양하다. 여기서는 비교적 많이 활용되고 있는 쉬운 응용에서부터 화학이나 전기전자 및 컴퓨터를 비롯한 다양한 공학 분야에 이르는 응용들을 예제 형식을 통한 풀이와 함께 알아본다.

## 4.2.1 여러 가지 응용들

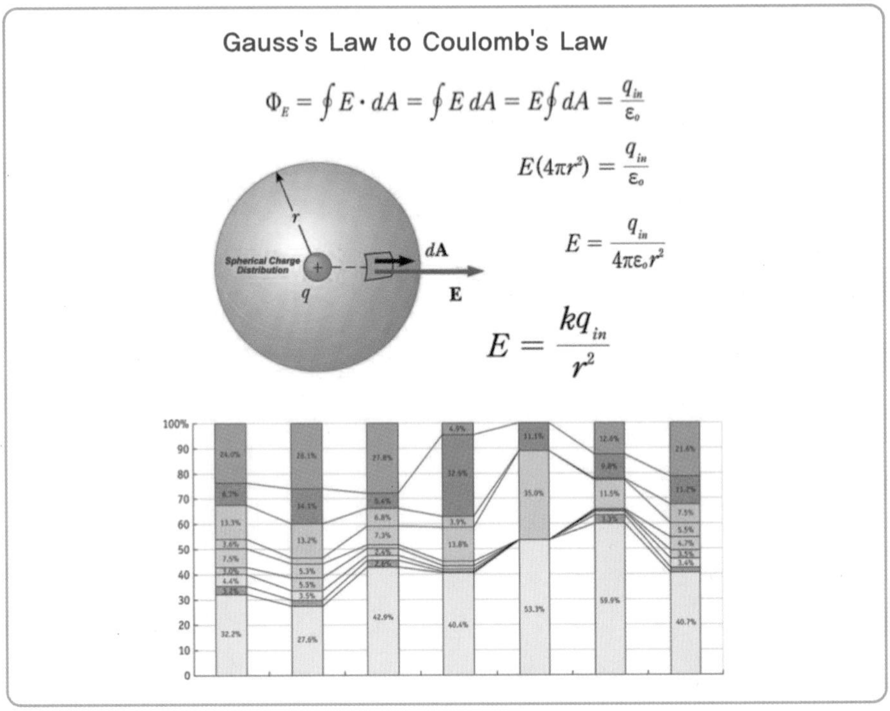


**예제 4-11**

경제학에서 종종 나타나는 모형 중의 하나로 레온티에프(Leontief)의 입출력 모형이 있다. $n$개의 산업체가 있고 각 산업체는 두 종류의 수요가 있다고 하자. 첫 번째는 그 시스템의 외부에서 오는 외적 수요이다. 가령 시스템이 한 주(state)에 속하면, 외적 수요는 다른 주에서 오는 것이다. 두 번째는 같은 시스템 내의 한 업체에서 다른 업체로의 수요이다. 가령 미국 내에서 강철업계의 생산품이 자동차업계에 소요되는 것과 비슷한 수요이다. 이러한 문제들은 모두 선형방정식으로 풀 수 있다.

레온티에프의 모델은 경제학에서는 고전적인 모델로 여겨지지만 선형방정식을 이용한 자세한 풀이를 하기에는 너무나 변수가 많아지므로 여기서는 개념만 간단히 소개하였다.

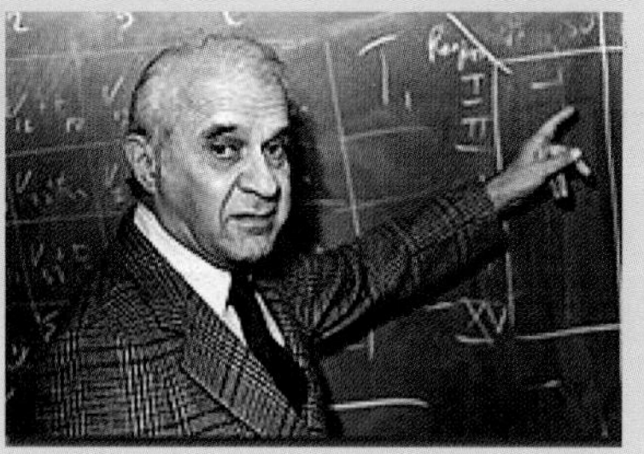
레온티에프(Wassily Leontief, 1906~1999)

러시아 출신의 경제학자인 레온티에프는 1925년 독일로 떠나 공부를 마친 후 1931년 미국으로 이주하여 '투입-산출 모델'의 발전과 응용에 주력하였다. 그는 1949년 MARK II 컴퓨터에서 42개의 변수를 가진 선형방정식을 56시간에 걸쳐 풀었다. 레온티에프는 통계학에 사용되는 수학적 공식들의 경제적 의미, 응용 및 오용에 관한 연구에 매진하였으며 그 결과가 바로 투입-산출 분석이다. 그의 투입-산출 분석은 경제 계획 및 예측을 위해 각국에서 다양한 형태로 사용되고 있으며, 이러한 투입-산출 분석의 개발과 그 응용에 대한 업적으로 1973년 노벨 경제학상을 수상하였다.

**예제 4-12** 다음과 같이 행렬 $A$, $x$가 주어졌을 때 행렬의 곱을 통한 함수에의 응용 예를 살펴보자.

$$A=\begin{bmatrix} -1 & 0 \\ 0 & 1 \end{bmatrix}, \quad x=\begin{bmatrix} a \\ b \end{bmatrix}$$

$A$와 $x$의 곱 $y=Ax$는

$$y=\begin{bmatrix} -1 & 0 \\ 0 & 1 \end{bmatrix}\begin{bmatrix} a \\ b \end{bmatrix}=\begin{bmatrix} -a \\ b \end{bmatrix}$$

이므로 행렬 A에 열벡터 $\begin{bmatrix} a \\ b \end{bmatrix}$를 곱한 값은 그 열벡터의 첫 번째 성분의 부호를 바꾼 것이 된다. 만약 열벡터가 평면의 점 $(a, b)$에 위치한 것으로 본다면 행렬 $A$를 곱한 결과는 〈그림 4.1〉과 같이 그 점을 $y$축에 대하여 반사한 것이 된다. ■

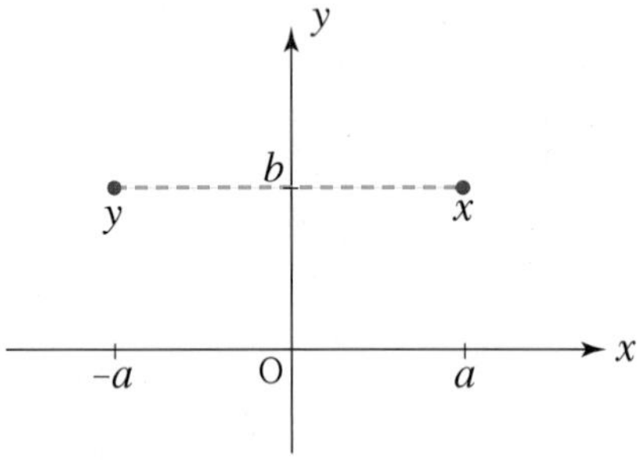


〈그림 4.1〉 한 점의 y축에 대한 반사

**예제 ❹-13** 다음과 같은 행렬의 곱을 통한 선형변환을 살펴보자.

$$\begin{bmatrix} x' \\ y' \end{bmatrix} = \begin{bmatrix} \cos\theta & \sin\theta \\ -\sin\theta & \cos\theta \end{bmatrix} \begin{bmatrix} x \\ y \end{bmatrix}$$

이 선형변환은 $\theta = 60°$일 때, $\begin{bmatrix} 1 \\ 1 \end{bmatrix}, \begin{bmatrix} 1 \\ 2 \end{bmatrix}, \begin{bmatrix} 2 \\ 2 \end{bmatrix}, \begin{bmatrix} 2 \\ 1 \end{bmatrix}$과 같은 행렬들의 열벡터들을 곱함으로써 60°의 각도로 회전시키는 역할을 한다.

**풀이** 주어진 벡터들을 차례로 다음의 식에 $\begin{bmatrix} x \\ y \end{bmatrix}$로 대입하면

$$\begin{bmatrix} x' \\ y' \end{bmatrix} = \begin{bmatrix} 0.5 & 0.8660 \\ -0.8660 & 0.5 \end{bmatrix} \begin{bmatrix} x \\ y \end{bmatrix}$$

다음과 같은 $\begin{bmatrix} x' \\ y' \end{bmatrix}$ 벡터들을 얻는다.(참고 : $\cos 60° = 0.5$, $\sin 60° = 0.8660$)

$$\begin{bmatrix} 1.366 \\ -0.366 \end{bmatrix}, \begin{bmatrix} 2.232 \\ 0.134 \end{bmatrix}, \begin{bmatrix} 2.732 \\ -0.732 \end{bmatrix}, \begin{bmatrix} 1.866 \\ -1.232 \end{bmatrix}$$

이 점들을 〈그림 4.2〉와 같이 평면 위에 그리면 정사각형이 원래의 지점으로부터 원점을 축으로 60° 회전한 것을 알 수 있다. 이러한 형태의 분석은 컴퓨터 스크린 상의 그림을 선형변환하는 기초를 형성하며 CAD/CAM에 매우 유용하다. ■

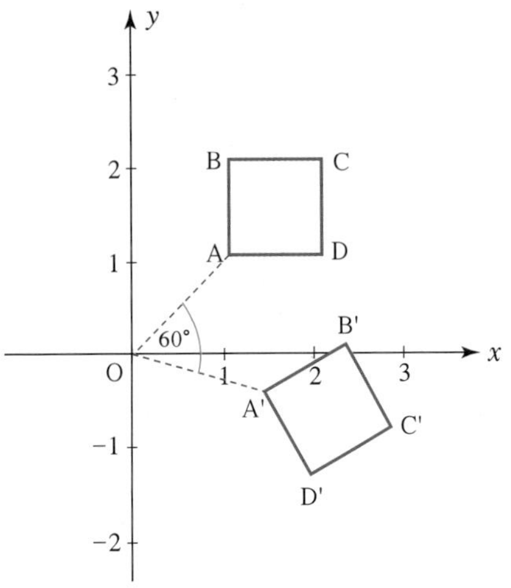


〈그림 4.2〉 선형변환된 정사각형

**여기서 잠깐!!** 여기서는 점의 대칭과 회전에 대해서만 간단한 예로 들었다. 선형변환과 관련된 더 다양하고 자세한 응용은 제9장의 선형변환에서 상세히 설명하였다. 선형변환은 이 외에도 주어진 벡터에다 적절한 행렬을 곱함으로써 확대, 축소 등의 연산을 매우 편리하게 할 수 있는 등 여러 가지 응용에 널리 활용되고 있다.

**예제 ❹-14** 선형방정식을 이용하여 평면 위의 두 점 P(3, 4)와 Q(5, 6)를 지나는 직선의 방정식을 구해 보자.

**풀이** 구하려는 직선의 방정식을 $ax + by + c = 0$이라고 하면 점 P(3, 4)와 Q(5, 6)가 직선 위에 있으므로 $3a + 4b + c = 0$과 $5a + 6b + c = 0$이 성립한다.

그러므로 $3a+4b+c=0$, $5a+6b+c=0$, $ax+by+c=0$을 만족하면서 동시에 모두 0이 되지 않는 $a$, $b$, $c$를 구하면 된다. 즉, $a$, $b$, $c$를 변수로 하는 다음과 같은 선형시스템이 비자명해를 가지게 되는 경우이다.

$$\begin{bmatrix} x & y & 1 \\ 3 & 4 & 1 \\ 5 & 6 & 1 \end{bmatrix}\begin{bmatrix} a \\ b \\ c \end{bmatrix}=\begin{bmatrix} 0 \\ 0 \\ 0 \end{bmatrix}$$

따라서

$$\begin{bmatrix} x & y & 1 \\ 3 & 4 & 1 \\ 5 & 6 & 1 \end{bmatrix}=0$$

1행에 대하여 여인수들로 전개하면

$$x\begin{vmatrix} 4 & 1 \\ 6 & 1 \end{vmatrix}-y\begin{vmatrix} 3 & 1 \\ 5 & 1 \end{vmatrix}+1\begin{vmatrix} 3 & 4 \\ 5 & 6 \end{vmatrix}=0$$

$$-2x+2y-2=0$$

따라서 $y=x+1$과 같은 직선 방정식을 구할 수 있다. ■

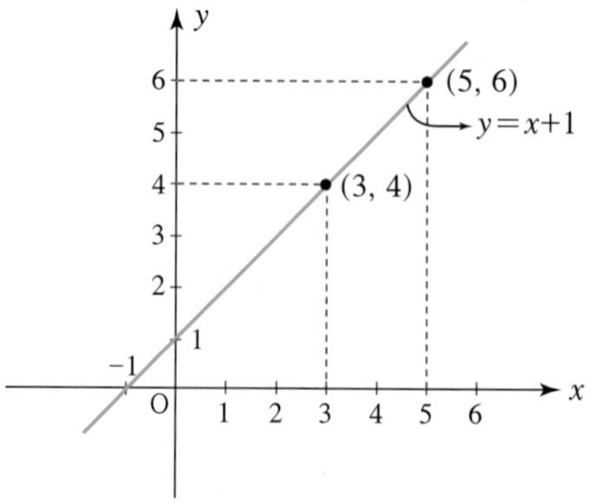


〈그림 4.3〉 두 점을 지나는 직선 방정식

**예제 ❹-15** 다음과 같이 세 개의 꼭지점이 $(x_1, y_1)$, $(x_2, y_2)$, $(x_3, y_3)$인 삼각형의 면적은

$\frac{1}{2}\times\begin{vmatrix} x_1 & y_1 & 1 \\ x_2 & y_2 & 1 \\ x_3 & y_3 & 1 \end{vmatrix}$이다. 이 경우 다음 〈그림 4.4〉의 삼각형의 면적을 구해 보자.

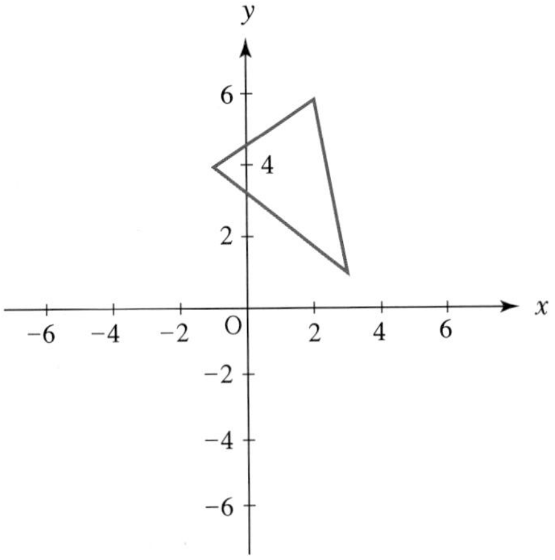


〈그림 4.4〉 행렬식을 이용한 삼각형의 면적 구하기

**풀이** 주어진 삼각형의 면적은

$$\frac{1}{2}\times\begin{vmatrix} x_1 & y_1 & 1 \\ x_2 & y_2 & 1 \\ x_3 & y_3 & 1 \end{vmatrix}\text{이므로}$$

이 식에다 좌표 값들을 적용하여 그 값을 구하면 삼각형의 면적을 비교적 쉽게 구할 수 있다. 즉,

$$\frac{1}{2}\times\begin{vmatrix} -1 & 4 & 1 \\ 3 & 1 & 1 \\ 2 & 6 & 1 \end{vmatrix}=\frac{1}{2}\times|17|=8.5\text{가 된다.}$$ ■

### 4.2.2 화학방정식에의 응용

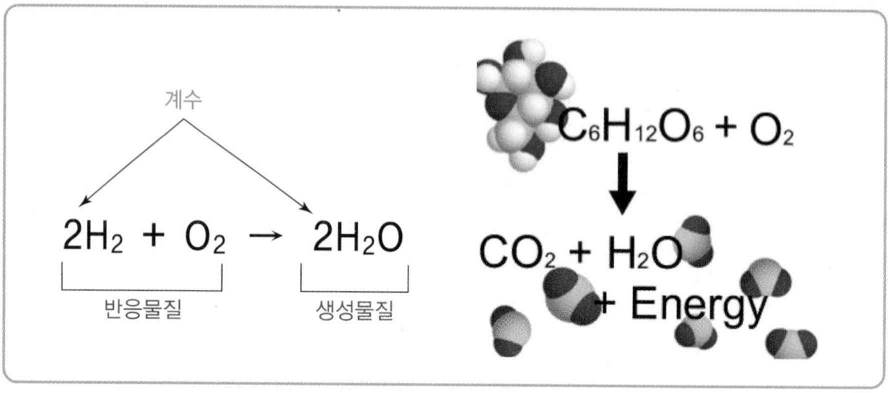


**예제 4-16** 다음 화학방정식의 균형(Balancing Chemical Equations)을 맞추어 보자.

$$C_3H_8 + O_2 \rightarrow CO_2 + H_2O$$

**풀이** 화학방정식은 화학 반응에 의해 소비되고 생산되는 물질의 양에 대한 방정식을 나타낸다. 예를 들어, 프로판가스가 연소될 때 다음의 방정식에 따라 프로판($C_3H_8$)은 공기 중의 산소($O_2$)와 결합하여 이산화탄소($CO_2$)와 물($H_2O$)을 생성하게 된다.

$$(x_1)C_3H_8 + (x_2)O_2 \rightarrow (x_3)CO_2 + (x_4)H_2O$$

이 방정식의 균형을 맞추기 위해서는 탄소(C), 수소(H), 산소(O) 원자들의 총 개수인 $x_1, \cdots, x_4$를 좌우가 균형이 맞도록 결정해야 한다.
화학방정식의 균형을 맞추는 체계적인 방법은 반응에서 나타난 각각의 원자들의 개수를 나타내는 벡터방정식을 만드는 것이다. 주어진 식은 세 가지 타입의 원자들을 포함하므로 각 분자당 원자의 개수를 나타내는 3차원의 벡터를 다음과 같이 만든다.

$$C_3H_8 : \begin{bmatrix} 3 \\ 8 \\ 0 \end{bmatrix}, \quad O_2 : \begin{bmatrix} 0 \\ 0 \\ 2 \end{bmatrix}, \quad CO_2 : \begin{bmatrix} 1 \\ 0 \\ 2 \end{bmatrix}, \quad H_2O : \begin{bmatrix} 0 \\ 2 \\ 1 \end{bmatrix} \quad \begin{matrix} \leftarrow \text{탄소} \\ \leftarrow \text{수소} \\ \leftarrow \text{산소} \end{matrix}$$

이 식의 균형을 맞추기 위해 $x_1, \cdots, x_4$ 계수들은 다음 식을 만족시켜야 한다.

$$x_1\begin{bmatrix} 3 \\ 8 \\ 0 \end{bmatrix} + x_2\begin{bmatrix} 0 \\ 0 \\ 2 \end{bmatrix} = x_3\begin{bmatrix} 1 \\ 0 \\ 2 \end{bmatrix} + x_4\begin{bmatrix} 0 \\ 2 \\ 1 \end{bmatrix}$$

이것을 풀기 위해 모든 항들을 왼쪽으로 이항한다.

$$x_1\begin{bmatrix} 3 \\ 8 \\ 0 \end{bmatrix} + x_2\begin{bmatrix} 0 \\ 0 \\ 2 \end{bmatrix} + x_3\begin{bmatrix} -1 \\ 0 \\ -2 \end{bmatrix} + x_4\begin{bmatrix} 0 \\ -2 \\ -1 \end{bmatrix} = \begin{bmatrix} 0 \\ 0 \\ 0 \end{bmatrix}$$

다음의 식을 첨가행렬로 만들어 행 연산을 통해 다음과 같이 일반적인 해를 얻을 수 있다.

$$x_1 = \frac{1}{4}x_4, \; x_2 = \frac{5}{4}x_4, \; x_3 = \frac{3}{4}x_4, \; \text{여기서 } x_4\text{는 임의의 실수}$$

실제로 모든 화학방정식의 계수들은 정수이므로, $x_4 = 4$로 잡으면 $x_1 = 1$, $x_2 = 5$, $x_3 = 3$이 된다. 따라서 균형 잡힌 화학방정식은

$$C_3H_8 + 5O_2 \longrightarrow 3CO_2 + 4H_2O$$

가 된다. 물론 각 계수들이 2배나 3배가 되더라도 상관이 없지만 가장 작은 정수를 선택한다. ■

**예제 ❹-17** 다음의 광합성 작용을 하는 화학방정식의 균형을 맞추어 보자.

$$CO_2 + H_2O \longrightarrow C_6H_{12}O_6 + O_2$$

**풀이** $(x_1)CO_2 + (x_2)H_2O \longrightarrow (x_3)C_6H_{12}O_6 + (x_4)O_2$가 균형 잡힌 화학방정식이 되도록 양의 정수 $x_1$, $x_2$, $x_3$, $x_4$를 구해야 한다. 먼저 각 원소의 수는 방정식의 양변에서 같아야 하므로

탄소(C) : $x_1 = 6x_3$

수소(H) : $2x_2 = 12x_3$

산소(O) : $2x_1 + x_2 = 6x_3 + 2x_4$

이것을 선형시스템으로 나타내면 다음과 같다.

$$\begin{aligned} x_1 \qquad\quad - 6x_3 \qquad\quad &= 0 \\ 2x_2 - 12x_3 \qquad\quad &= 0 \\ 2x_1 + x_2 - 6x_3 - 2x_4 &= 0 \end{aligned}$$

이것을 풀기 위해 가우스-조단 소거법을 적용하면 다음과 같다.

$$\left[\begin{array}{cccc|c} \textcircled{1} & 0 & -6 & 0 & 0 \\ 0 & 2 & -12 & 0 & 0 \\ \boxed{2} & 1 & -6 & -2 & 0 \end{array}\right]$$

$(-2) \times R_1 + R_3 \rightarrow R_3$

$\frac{1}{2} \times R_2 \rightarrow R_2$

$$\left[\begin{array}{cccc|c} 1 & 0 & -6 & 0 & 0 \\ 0 & \textcircled{1} & -6 & 0 & 0 \\ 0 & \boxed{1} & 6 & -2 & 0 \end{array}\right]$$

$(-1) \times R_2 + R_3 \rightarrow R_3$

$$\left[\begin{array}{cccc|c} 1 & 0 & -6 & 0 & 0 \\ 0 & 1 & -6 & 0 & 0 \\ 0 & 0 & \textcircled{12} & -2 & 0 \end{array}\right]$$

$\frac{1}{2} \times R_3 \rightarrow R_3$

$$\left[\begin{array}{cccc|c} 1 & 0 & -6 & 0 & 0 \\ 0 & 1 & -6 & 0 & 0 \\ 0 & 0 & 6 & -1 & 0 \end{array}\right]$$

그 결과 $x_3 = \frac{1}{6}x_4$, $x_2 = x_4$, $x_1 = x_4$의 값들을 얻을 수 있다. 여기서는 모든 변수들이 정수가 되어야 하므로 $x_4 = 6$이라면, $x_1 = 6$, $x_2 = 6$, $x_3 = 1$, $x_4 = 6$이 된다. 따라서 구하고자 하는 최종 화학방정식은

$6CO_2 + 6H_2O \rightarrow C_6H_{12}O_6 + 6O_2$이다. ■

### 4.2.3 교통 흐름에의 응용

**예제 ❹-18** 어떤 도시의 중심가에 〈그림 4.5〉와 같은 4개의 일방통행 길이 있다고 한다. 각 교차점에 한 시간당 유입되는 교통량과 빠져나가는 교통량이 그림과 같이 주어졌을 경우 각 네거리에서의 교통량을 결정해 보자.

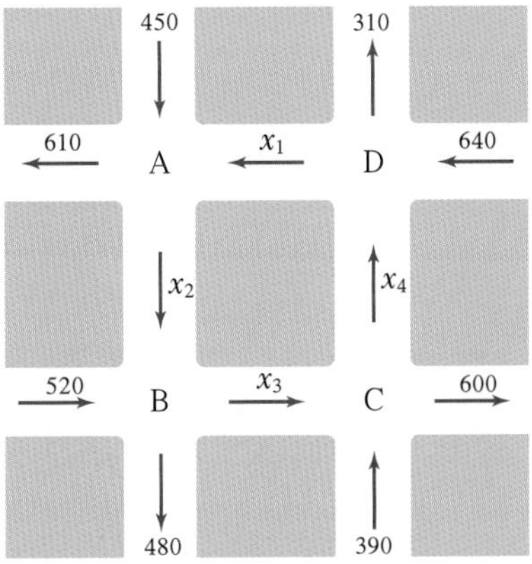


〈그림 4.5〉 4개의 일방통행 길

**풀이** 각 교차점에 유입되는 차량의 숫자와 빠져나가는 차량의 숫자가 같으므로, 교차점 A에 유입되는 차량의 수는 $x_1+450$이고 빠져나가는 차량의 수는 $x_2+610$이다.
따라서

$$x_1+450=x_2+610 \quad (\text{교차점 A})$$

이와 같은 방법으로,

$$\begin{aligned} x_2+520&=x_3+480 \quad (\text{교차점 B}) \\ x_3+390&=x_4+600 \quad (\text{교차점 C}) \\ x_4+640&=x_1+310 \quad (\text{교차점 D}) \end{aligned}$$

과 같은 4개의 선형방정식을 만들 수 있다. 이것을 첨가행렬로 만들면 다음과 같다.

$$\left[\begin{array}{cccc|c} 1 & -1 & 0 & 0 & 160 \\ 0 & 1 & -1 & 0 & -40 \\ 0 & 0 & 1 & -1 & 210 \\ -1 & 0 & 0 & 1 & -330 \end{array}\right]$$

이 행렬을 기약 행 사다리꼴로 변환시키면 다음과 같이 된다.

$$\left[\begin{array}{cccc|c} 1 & 0 & 0 & -1 & 330 \\ 0 & 1 & 0 & -1 & 170 \\ 0 & 0 & 1 & -1 & 210 \\ 0 & 0 & 0 & 0 & 0 \end{array}\right]$$

이 시스템은 하나의 자유변수를 가지므로 여러 가지 해를 가질 수 있다. 만약 교차로 C와 D 사이의 평균 교통량이 한 시간당 200대라고 가정하면, $x_4=200$일 것이고 $x_1$, $x_2$, $x_3$을 $x_4$에 대해 풀면 다음과 같다.

$$x_1 = x_4 + 330 = 530$$
$$x_2 = x_4 + 170 = 370$$
$$x_3 = x_4 + 210 = 410 \quad ■$$

**예제 4-19** 〈그림 4.6〉의 네트워크는 미국의 어느 도시 일부의 오후 3시경 한 시간당 통과하는 자동차의 교통량을 나타낸 것이다. 이 네트워크의 일반적인 흐름 패턴을 결정해 보자.

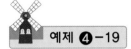

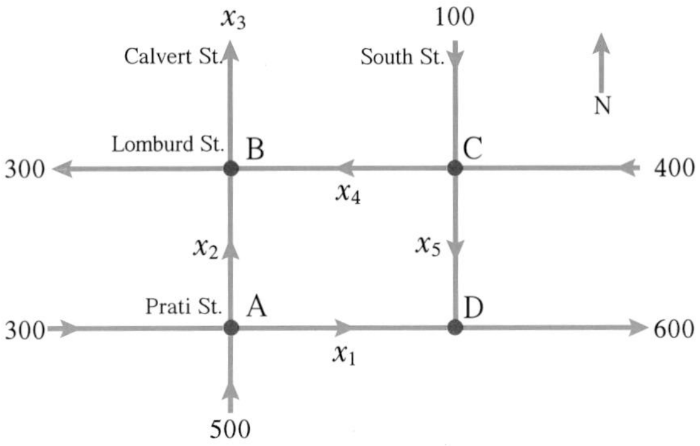


〈그림 4.6〉 미국의 어느 도시의 도로 교통량

**풀이** 자동차의 흐름을 나타내는 선형방정식을 만들고 이 시스템의 일반 해를 구한다. 만약 각 교차로에서의 자동차의 유입량과 유출량이 같다고 가정하면 다음과 같은 식들을 얻는다.

| 교차로 | 유입량 | | 유출량 |
|---|---|---|---|
| A | $300+500$ | $=$ | $x_1+x_2$ |
| B | $x_2+x_4$ | $=$ | $300+x_3$ |
| C | $100+400$ | $=$ | $x_4+x_5$ |
| D | $x_1+x_5$ | $=$ | $600$ |

또한 네트워크상의 총 유입량(500+300+100+400)은 총 유출량 $(300+x_3+600)$과 같으므로 이것을 간단히 하면 $x_3=400$이 나온다. 이 값과 처음 4개의 방정식을 결합하여 재정리하면 다음과 같은 선형시스템을 얻을 수 있다.

$$\begin{aligned} x_1 + x_2 \qquad\qquad\qquad &= 800 \\ x_2 - x_3 + x_4 \qquad &= 300 \\ x_4 + x_5 &= 500 \\ x_1 \qquad\qquad\qquad + x_5 &= 600 \\ x_3 \qquad\qquad &= 400 \end{aligned}$$

이것을 가우스 소거법으로 풀면 다음과 같다.

$$\begin{aligned} x_1 \qquad\qquad + x_5 &= 600 \\ x_2 \qquad - x_5 &= 200 \\ x_3 \qquad &= 400 \\ x_4 + x_5 &= 500 \end{aligned}$$

따라서 이 네트워크의 일반적인 흐름 패턴은 다음과 같이 구해진다.

$$\begin{cases} x_1 = 600 - x_5 \\ x_2 = 200 + x_5 \\ x_3 = 400 \\ x_4 = 500 - x_5 \\ x_5 \text{ 임의의 정수} \end{cases}$$

교차로에서의 음수 값은 사실상 그림에서의 반대 방향의 흐름으로 보면 된다. 이 문제에서 교통량은 음수가 있을 수 없으므로 위의 식에서 $x_4$가 음수가 될 수 없고 $x_5 \leq 500$이라는 제한을 가지게 되는 일반 해를 구할 수 있다. ■

### 4.2.4 마르코프 체인에의 응용

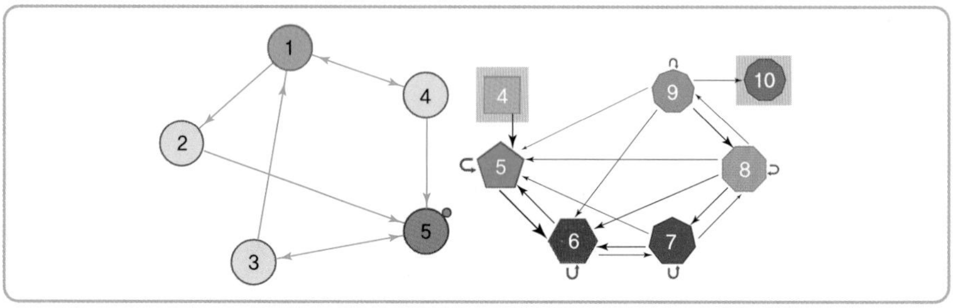

마르코프 체인(Markov chain)은 연속적인 시간 간격에서의 상태벡터를 확률로 나타낸 것이다. 이때 행렬 $P$를 추이행렬(transition matrix)이라고 하며, 상태벡터는 다음과 같은 방정식을 가진다.

$$\boldsymbol{x}(k+1) = P\boldsymbol{x}(k)$$

마르코프 체인을 통한 추이행렬에 따라 인구의 이동이나 여론의 추세 등을 추정할 수 있다.

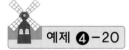

마르코프(Andrei Andreyevich Markov, 1856~1922)

러시아의 수학자인 마르코프는 어떤 계통의 시간적 발전 모양이 현재의 상태와 목표하는 미래의 시점에서 확률론적으로 결정되는 확률 과정을 도입하였는데, 그것이 오늘날 마르코프 과정(Markov process)이라 불리고 있다. 그의 마르코프 모델(Markov Model)은 유한상태 오토마타에다 확률을 붙인 것으로 확률적 유한상태 오토마타(probabilistic finite state automaton)라고도 한다. 마르코프 체인(Markov Chain)과 은닉 마르코프 모델(Hidden Markov Model)이 유명하다.

**예제 4-20** 어느 도시의 2010년도의 인구가 600,000명이었고, 그 인근 교외에 사는 인구가 400,000명이었다고 한다. 일 년 동안 도시에 사는 인구의 95%는 그 도시에 그대로 거주하고, 5% 정도의 인구는 인근 교외로 이사를 간다고 한다. 또한 그 도시의 인근 교외에 사는 인구의 3%는 도시로 이사를 가고 97%의 인구는 교외에 그대로 거주한다고 한다. 이 경우에 2011년과 2012년의 그 지역의 인구를 추정하여 계산해 보자.

**풀이** 주어진 조건에 따라 추이행렬 $P = \begin{bmatrix} .95 & .03 \\ .05 & .97 \end{bmatrix}$이며 2010년도의 처음 인구는 $\boldsymbol{x}_0 = \begin{bmatrix} 600,000 \\ 400,000 \end{bmatrix}$으로 나타낼 수 있다. 2011년도에는 추이행렬에다 인구벡터를 곱하면 $x_1$의 결과와 같이 도시에 거주하는 인구는 582,000명이고, 인근 교외에 거

주하는 인구는 418,000명으로 추정할 수 있다.

$$\boldsymbol{x}_1 = \begin{bmatrix} .95 & .03 \\ .05 & .97 \end{bmatrix} \begin{bmatrix} 600,000 \\ 400,000 \end{bmatrix} = \begin{bmatrix} 582,000 \\ 418,000 \end{bmatrix}$$

그와 같은 방법을 적용하면 2012년도에는 다음과 같은 추정 인구를 구할 수 있다.

$$\boldsymbol{x}_2 = P\boldsymbol{x}_1 = \begin{bmatrix} .95 & .03 \\ .05 & .97 \end{bmatrix} \begin{bmatrix} 582,000 \\ 418,000 \end{bmatrix} = \begin{bmatrix} 565,440 \\ 434,560 \end{bmatrix}$$ ■

**예제 4-21** 마르코프 체인은 투표 성향에도 응용될 수 있는데, 어느 여론조사 기관에서 지지정당에 대한 조사를 주기적으로 실시할 때 유권자는 정당 1, 정당 2, 정당 3(무소속 포함)에 대해 지지 여부를 선택할 수 있다고 가정한다. 이러한 유권자의 지지 패턴은 〈그림 4.7〉과 같은 추이행렬 $P$를 가지는 마르코프 체인에 의해 모델링이 가능하다.

시각 $t = k$일 때의 지지 정당

$$\begin{array}{c} \quad\;\; 1 \quad\;\; 2 \quad\;\; 3 \\ P = \begin{bmatrix} 0.6 & 0.5 & 0.6 \\ 0.3 & 0.3 & 0.1 \\ 0.1 & 0.2 & 0.3 \end{bmatrix} \begin{matrix} 1 \\ 2 \\ 3 \end{matrix} \end{array}$$

시각 $t = k + 1$일 때의 지지 정당

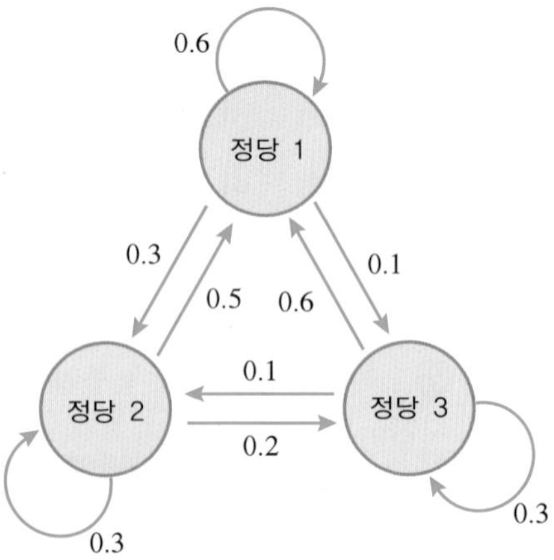


〈그림 4.7〉 투표 성향을 나타내는 마르코프 모델

이것을 세부적으로 나타내면 다음과 같다.

$P_{11} = 0.6 =$ 유권자가 정당 1을 계속하여 지지할 확률

$P_{12} = 0.3 =$ 유권자가 정당 2에서 정당 1로 지지를 이동할 확률

$P_{13} = 0.1 =$ 유권자가 정당 3에서 정당 1로 지지를 이동할 확률

$P_{21} = 0.5 =$ 유권자가 정당 1에서 정당 2로 지지를 이동할 확률

$P_{22} = 0.3 =$ 유권자가 정당 2를 계속 지지할 확률

$P_{23} = 0.2 =$ 유권자가 정당 3에서 정당 2로 지지를 이동할 확률

$P_{31} = 0.6 =$ 유권자가 정당 1에서 정당 3으로 지지를 이동할 확률

$P_{32} = 0.1 =$ 유권자가 정당 2에서 정당 3으로 지지를 이동할 확률

$P_{33} = 0.3 =$ 유권자가 정당 3을 계속 지지할 확률

$t$가 개월 수를 나타낸다고 할 때 $t=0$일 때 유권자가 정당 1을 지지한다고 가정하고, 3개월 동안 유권자의 예상 지지 정당을 추정해 보자.

**풀이** $\boldsymbol{x}_1(k)$, $\boldsymbol{x}_2(k)$, $\boldsymbol{x}_3(k)$를 시각 $t=k$일 때 유권자가 각각 정당 1, 2, 3을 지지할 확률이라고 하고, 이때의 상태벡터를

$$\boldsymbol{x}(k) = \begin{bmatrix} x_1(k) \\ x_2(k) \\ x_3(k) \end{bmatrix}$$

라고 하자. $t=0$의 시각에 유권자가 정당 1을 지지하므로, 초기의 상태벡터는 다음과 같다.

$$\boldsymbol{x}(0) = \begin{bmatrix} 1 \\ 0 \\ 0 \end{bmatrix}$$

$$\boldsymbol{x}(1) = P\boldsymbol{x}(0) = \begin{bmatrix} 0.6 & 0.5 & 0.6 \\ 0.3 & 0.3 & 0.1 \\ 0.1 & 0.2 & 0.3 \end{bmatrix} \begin{bmatrix} 1 \\ 0 \\ 0 \end{bmatrix} = \begin{bmatrix} 0.6 \\ 0.3 \\ 0.1 \end{bmatrix}$$

3개월 동안의 상태벡터를 계산하면 다음과 같다.

$$\boldsymbol{x}(2)=P\boldsymbol{x}(1)=\begin{bmatrix}0.6 & 0.5 & 0.6\\0.3 & 0.3 & 0.1\\0.1 & 0.2 & 0.3\end{bmatrix}\begin{bmatrix}0.6\\0.3\\0.1\end{bmatrix}=\begin{bmatrix}0.57\\0.28\\0.15\end{bmatrix}$$

$$\boldsymbol{x}(3)=P\boldsymbol{x}(2)=\begin{bmatrix}0.6 & 0.5 & 0.6\\0.3 & 0.3 & 0.1\\0.1 & 0.2 & 0.3\end{bmatrix}\begin{bmatrix}0.57\\0.28\\0.15\end{bmatrix}=\begin{bmatrix}0.572\\0.270\\0.158\end{bmatrix}$$

$$\boldsymbol{x}(4)=P\boldsymbol{x}(3)=\begin{bmatrix}0.6 & 0.5 & 0.6\\0.3 & 0.3 & 0.1\\0.1 & 0.2 & 0.3\end{bmatrix}\begin{bmatrix}0.572\\0.270\\0.158\end{bmatrix}=\begin{bmatrix}0.5730\\0.2684\\0.1586\end{bmatrix}$$

그 결과 유권자가 정당 1을 지지할 확률은 57.30%, 유권자가 정당 2를 지지할 확률은 26.84%, 유권자가 정당 3을 지지할 확률은 15.86%로 추정할 수 있다. ■

### 4.2.5 암호 해독에의 응용

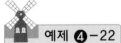

**예제 4-22**

암호 해독에 있어서 코드화된 메시지를 주고받는 가장 일반적인 방법은 각 알파벳 문자에다 정수 값을 부여하고 그 메시지를 정수의 열(string)로 보내는 것이다 예를 들어, SEND MONEY라는 메시지는 5, 8, 10, 21, 7, 2, 10, 8, 3과 같이 코드화될 수 있다.

여기서 S는 5에 해당하고 Y는 3에 해당한다. 나머지도 순서에 따라 그 값을 가진다. 일반적으로 이런 형식의 문장은 해독하기가 비교적 쉬우므로 행렬의 곱을 이용하여 암호화하는 것이 좋다. 따라서 앞의 메시지를 다음 행렬 $A$와의 곱으로 변환시키면 해독하기가 매우 어렵게 될 것이다.

$$A = \begin{bmatrix} 1 & 2 & 1 \\ 2 & 5 & 3 \\ 2 & 3 & 2 \end{bmatrix}$$

주어진 원래의 메시지(SEND MONEY)를 차례로 적으면 행렬 $B$와 같다.

$$B = \begin{bmatrix} 5 & 21 & 10 \\ 8 & 7 & 8 \\ 10 & 2 & 3 \end{bmatrix}$$

암호화를 위해 행렬 $A$에다 원래의 메시지 행렬인 $B$를 곱하면

$$AB = \begin{bmatrix} 1 & 2 & 1 \\ 2 & 5 & 3 \\ 2 & 3 & 2 \end{bmatrix}\begin{bmatrix} 5 & 21 & 10 \\ 8 & 7 & 8 \\ 10 & 2 & 3 \end{bmatrix} = \begin{bmatrix} 31 & 37 & 29 \\ 80 & 83 & 69 \\ 54 & 67 & 50 \end{bmatrix}$$

그러면 $A$와 $B$의 곱은 다음과 같이 코드화된 메시지로 나올 것이다.

31, 80, 54, 37, 83, 67, 29, 69, 50

그 메시지를 받는 사람은 받은 값의 행렬에다 미리 약속된 원래의 행렬 $A$의 역행렬인 $A^{-1}$를 곱함으로써 그 문자를 해독할 수 있다.

$$\begin{bmatrix} 1 & -1 & 1 \\ 2 & 0 & -1 \\ -4 & 1 & 1 \end{bmatrix}\begin{bmatrix} 31 & 37 & 29 \\ 80 & 83 & 69 \\ 54 & 67 & 50 \end{bmatrix} = \begin{bmatrix} 5 & 21 & 10 \\ 8 & 7 & 8 \\ 10 & 2 & 3 \end{bmatrix}$$

이 결과는 원래 보낸 행렬 $B$의 값과 같으므로 동일한 메시지로 해독하는 셈이다. ■

### 4.2.6 키르히호프 법칙에의 응용

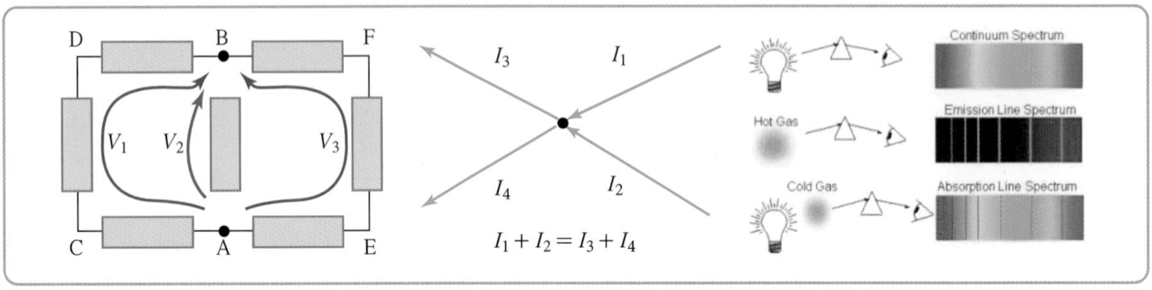


전류의 흐름이나 전압을 구하기 위한 방법으로 키르히호프(Kirchhoff)의 두 가지 법칙이 널리 쓰이고 있다. 회로상의 임의의 한 점으로 들어오는 전류의 합은 흘러나가는 전류의 합과 같다는 키르히호프의 전류법칙과 임의의 닫힌 회로에서 모든 전압강하의 합은 가해진 기전력과 같다는 키르히호프의 전압법칙을 이용한다.

키르히호프(Gustav Robert Kirchhoff, 1824~1887)

독일의 물리학자인 키르히호프는 전자기학 분야에서 정상(定常) 전류에 대한 옴(Ohm)의 법칙을 3차원으로 확대하여 키르히호프의 법칙을 확립하였다. 그는 전자기파와 전기진동을 관찰하였고, 수리물리학에서 파동방정식을 다루었으며, 유체역학 분야에서도 불연속면의 이론을 전개하는 등 다방면으로 큰 업적을 남겼다. 또한 태양과 대기 중에 나트륨과 철 등의 원소가 존재한다는 결론을 내려 항성물리학의 기초를 개척하였다.

**예제 4-23** 키르히호프의 법칙을 이용하여 〈그림 4.8〉과 같이 전기회로에 흐르는 전류의 값을 구해 보자.

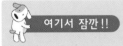

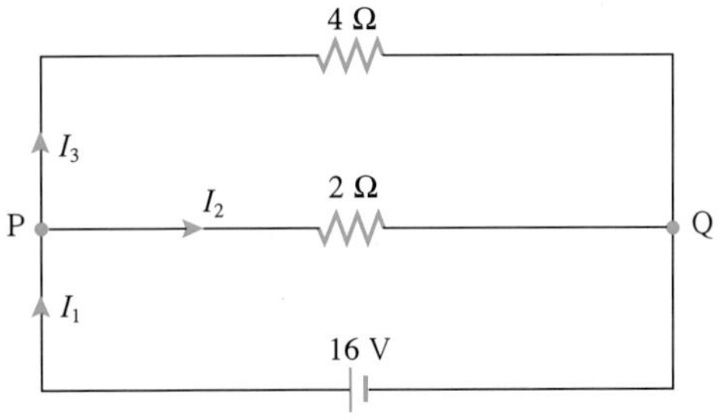


〈그림 4.8〉 전기회로의 흐름

**풀이** 각 회로의 전류를 $I_1, I_2, I_3$이라고 하고 키르히호프의 법칙으로부터 전류에 관한 식을 구한다. P와 Q의 두 교차점을 중심으로 아래쪽의 닫힌 회로와 바깥의 닫힌 회로에서 다음과 같은 식을 얻을 수 있다.

$$\begin{aligned} I_1 - I_2 - I_3 &= 0 \\ 2I_2 \qquad &= 16 \\ 4I_3 &= 16 \end{aligned}$$

두 번째 식으로부터 $I_2 = 8$을 얻고, 세 번째 식으로부터 $I_3 = 4$를 얻는다. 이 값들을 첫 번째 식에 대입하면 $I_1 = 12$를 얻는다.
따라서 최종 해는 $I_1 = 12$, $I_2 = 8$, $I_3 = 4$이다. ■

**여기서 잠깐!!** 특정회로에서의 전압과 전류 그리고 저항에 관한 공식은 $V = I \times R$이다.
즉, 전압 = 전류 × 저항임을 활용하자.

**예제 ❹-24** 다음의 〈그림 4.9〉와 같은 전기회로에서 전류 $I_1, I_2, I_3$의 값을 결정해 보자.

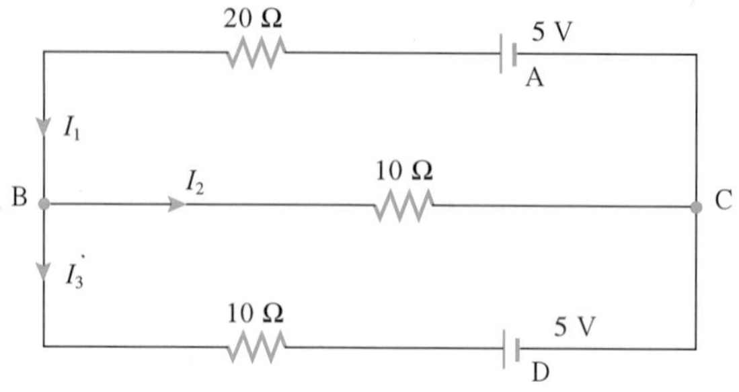


〈그림 4.9〉 전기회로

**풀이** 키르히호프의 전류법칙을 교차점 B에 적용하면 $I_1=I_2+I_3$을 얻는다. 따라서

$$I_1-I_2-I_3=0$$

BCDB와 BCAB의 회로에서 키르히호프의 전압법칙을 사용하여 계산하면 다음과 같은 방정식을 얻는다.

$$\begin{aligned} 10I_2-10I_3&=5\ \text{(BCDB)} \\ 20I_1+10I_2&=5\ \text{(BCAB)} \end{aligned}$$

이 세 방정식의 첨가행렬을 구하면 다음과 같다.

$$\left[\begin{array}{ccc|c} 1 & -1 & 1 & 0 \\ 0 & 10 & -10 & 5 \\ 20 & 10 & 0 & 5 \end{array}\right]$$

이 행렬은 다음과 같은 기약 행 사다리꼴로 변형될 수 있다.

$$\left[\begin{array}{ccc|c} 1 & -1 & -1 & 0 \\ 0 & 1 & -1 & 0.5 \\ 0 & 0 & 1 & -0.2 \end{array}\right]$$

따라서 변수의 값은 다음과 같다.

$$I_3 = -0.2$$
$$I_2 = I_3 + 0.5 = 0.3$$
$$I_1 = I_2 + I_3 = 0.1$$

여기서 $I_2$의 값이 음수이므로 전류의 흐름은 주어진 그림과는 달리 B로부터 D가 아니라 D로부터 B로 흐른다는 것도 알 수 있다. ■

## 연습 문제 4.2

### Part 1. 주관식 문제

1. 다음 화학방정식에서 균형이 맞게 계수를 정하시오.

   $C_2H_6 + O_2 \rightarrow CO_2 + H_2O$

2. 다음과 같이 주어진 화학방정식에서 균형이 맞는 화학방정식을 만드시오.

| | | | | | | |
|---|---|---|---|---|---|---|
| HCl | + | $Na_3PO_4$ | → | $H_3PO_4$ | + | NaCl |
| 염산 | + | 인산나트륨 | → | 인산 | + | 염화나트륨 |

3. 다음 〈그림 4.10〉에 나타난 바와 같이 일방통행 길에서 화살표 방향으로 한 시간마다 지나가는 자동차의 교통 흐름인 $x_1$, $x_2$, $x_3$, $x_4$를 구하시오. 또한 이 해가 유일한지를 밝히시오.

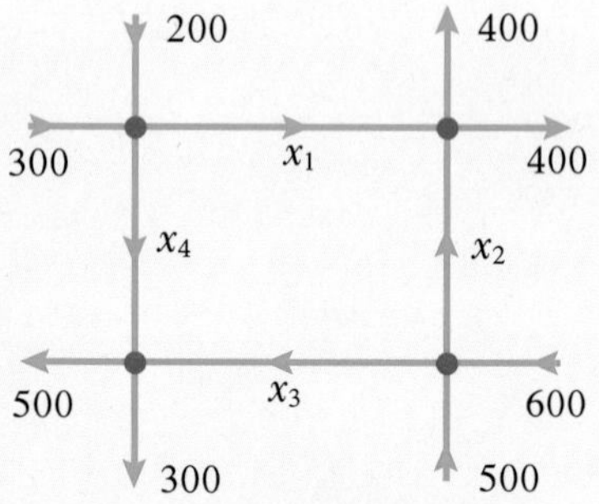


〈그림 4.10〉 일방통행 길 흐름도

4. 다음 〈그림 4.11〉은 어느 도시의 일방통행 길의 교통 흐름도이다. 여기서 모든 거리는 일방통행이며, 50, 100 등으로 표시된 숫자는 1분당 자동차의 평균 교통량이며, $x$, $y$, $z$, $w$는 그 구간의 1분당 통과하는 자동차의 교통량이다. 이때 각 거리 $x$, $y$, $z$, $w$의 교통량을 추정하시오.

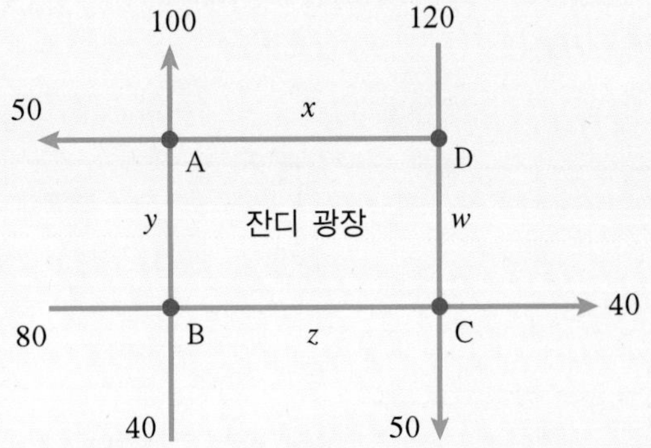


〈그림 4.11〉 어느 도시의 일방통행 길 흐름도

5. 〈그림 4.12〉와 같이 전기회로에 흐르는 전류를 키르히호프의 법칙을 이용하여 구하시오.

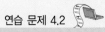

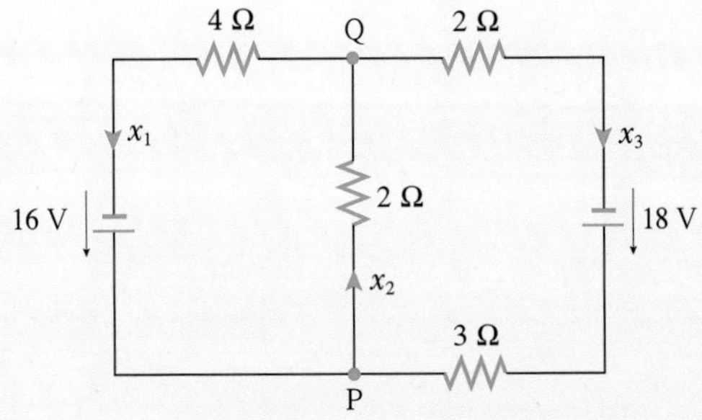


〈그림 4.12〉 전기회로의 흐름

6. (도전문제) 키르히호프의 법칙을 이용하여 〈그림 4.13〉의 미지의 전류 $I_1$, $I_2$, $I_3$ 의 방정식이 다음과 같음을 확인하시오.

$$I_1 - I_2 - I_3 = 0,\ R_2 I_2 - R_3 I_3 = 0,\ (R_1 + R_4) I_1 + R_2 I_2 = E_0$$

또한 $R_1$, $R_2$, $R_3$, $R_4$, $E_0$와 관련된 전류들을 결정하시오.

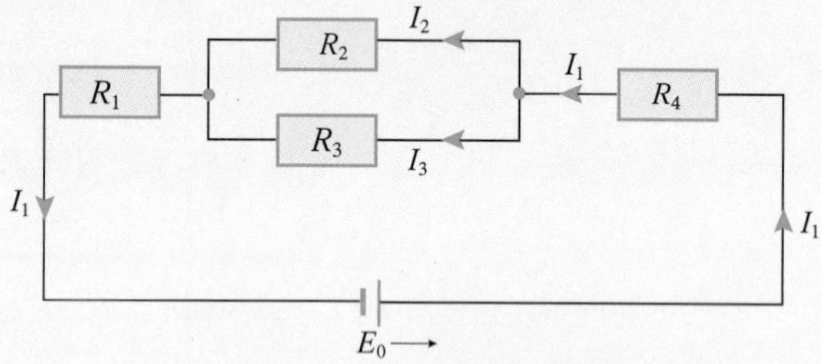


〈그림 4.13〉 전기회로의 흐름

# 4.3 C Program에 의한 선형방정식의 해법(가우스-조단 소거법)

## (1) 가우스-조단 소거법(Gauss-Jordan Elimination)

```
#include <stdio.h>
#include <stdlib.h>
#include <math.h>

#define MAX 5                                          // 행과 열의 최대값

// 선형방정식의 행렬 배열구조체 선언
typedef struct_matrix
{
   double a[MAX][MAX];
}matrix;

// 선형방정식 해의 행렬 배열구조체 선언
typedef struct_column
{
   double c[MAX];
}column;

// True, False 구조체 선언
typedef enum
{
   E_FALSE, E_TRUE
}E_BOOL;

void printout(matrix a, column c, int n);          // 연산 결과 출력함수
void gauss(matrix a, column c, int n);             // 가우스 소거법 계산함수
void backsub(matrix a, column c, int n);           // 역대입법 계산함수

// 연산결과를 출력한다.
void printout(matrix a, column c, int n)
{
```

```
    int i = 0, j = 0;                         // 루프를 수행하기 위한 변수 선언

    for(i = 0; i < n; i++)
    {
        for(j = 0; j < n; j++)
        {
            printf(" %+.1f\t", a.a[i][j]);
        }
        printf(" x%d ", i+1);
        printf(" %+.1f \n ", c.c[i]);
    }
    printf("\n");
}

// 입력받은 선형방정식을 가우스 소거법으로 계산한다.
void gauss(matrix a, column c, int n)
{
    E_BOOL error;
    int i = 0, j = 0, k = 0, l = 0;       // 루프를 수행하기 위한 변수 선언
    double multi = 0, temp = 0;

    printf("\n 가우스-조단소거법 풀이 과정: \n");
    printf(" ******************************************** \n\n");

    error = E_FALSE;
    k = 0;

    while(k < n && error != E_TRUE)
    {
        l = k;
        for(j = k+1; j < n; j++)
        {
            if(fabs(a.a[j][k]) > fabs(a.a[l][k]))
            {
                l = j;
            }
```

```
            for(j = k; j < n; j++)
            {
               temp = a.a[k][j];
               a.a[k][j] = a.a[l][j];
               a.a[l][j] = temp;
            }
            temp = c.c[k];
            c.c[k] = c.c[l];
            c.c[l] = temp;
            if(a.a[k][k] != 0)
            {
               for(j = k+1; j < n; j++)
               {
                  multi = -1 * (a.a[j][k]) / a.a[k][k];
                  for(i = k; i < n; i++)
                  {
                     if(multi != 0)
                     {
                        a.a[j][i] = a.a[j][i] + multi * a.a[k][i];
                     }
                  }
                  c.c[j] = c.c[j] + multi * c.c[k];

                  printout(a, c, n);
               }
            }
            else
            {
               error = E_TRUE;
            }
         }
         k = k + 1;
      }

      if (error == E_TRUE)
      {
```

```
        printf("Trap condition.....");
    }
    printout(a, c, n);
    printf(" ****************************************** \n\n");
    backsub(a, c, n);
}

// 역대입법 계산함수
void backsub(matrix a, column c, int n)
{


    int i = 0, j = 0, k = 0;                // 루프를 수행하기 위한 변수 선언
    float sum;
    column mat = {0. };

    printf(" a[n, n] = %.f\n\n", a.a[n-1][n-1]);

    if(fabs(a.a[n-1][n-1]) == 0 || fabs(a.a[n-1][n-1]) < 1/1000000)
    {
        printf(" This matrix is singular, does not have unique solution \n\n");
    }
    else
    {
        mat.c[n-1] = c.c[n-1] / (a.a[n-1][n-1]);

        for(i = n-2; i > -1; i--)
        {
            sum = 0.0f;

            for(j = n-1; j > i; j--)
            {
                sum = sum + a.a[i][j] * mat.c[j];
            }

            if(fabs(a.a[n-1][n-1]) == 0 || fabs(a.a[n-1][n-1]) < 1/1000000)
```

```
        {
            printf(" This matrix is singular, does not have unique solution \n\n");
        }
        else
        {
            mat.c[i] = (c.c[i] - sum) / a.a[i][i];
        }
    }

    printf(" 입력한 선형방정식의 해답\n");
    for(k = 0; k < n; k++)
    {
        printf(" x%d = ", k+1);
        printf("%.1f \t", mat.c[k]);
    }
    printf("\n\n");
  }
}

void main()
{

   int i = 0, j = 0;                          // 루프를 수행하기 위한 변수 선언
   int n;                                     // 입력받을 행렬 값의 변수

   matrix a;
   column c;

   printf(" *******************************************************\n");
   printf(" **                                                   **\n");
   printf(" **   가우스-조단 소거법을 이용한 선형방정식 계산 프로그램   **\n");
   printf(" **                                                   **\n");
   printf(" *******************************************************\n\n");

   // 행렬(선형방정식의 차수)의 크기 값 입력
   printf(" 선형방정식의 최대 차수를 입력하세요: ");
```

```
    scanf("%d", &n);

    printf("\n");

    // 선형방정식의 수식을 입력(A 행렬 각각의 값 입력)
    printf(" 선형방정식의 수식을 입력하세요. \n");
    for(i = 0; i < n; i++)
    {
        for(j = 0; j < n; j++)
        {
            printf(" %d 번째 선형방정식 x%d 의 값: ", i+1, j+1);
            scanf("%lf", &a.a[i][j]);
        }
    }

    // 선형방정식의 결과 값을 입력(C 행렬의 값 입력)
    printf("\n 선형방정식의 결과 값을 입력하세요. \n");
    for(i = 0; i < n; i++)
    {
        printf(" %d 번째 선형방정식의 결과 값: ", i+1);
        scanf("%lf", &c.c[i]);
    }

    printf("\n");

    gauss(a, c, n);
}
```

예제 ①-4 C program

**실습 ④-1** 다음과 같은 2개의 변수를 가진 간단한 선형시스템을 구해 보자.

$$\begin{aligned} x_1 - 3x_2 &= -3 \\ 2x_1 + x_2 &= 8 \end{aligned}$$

이것을 풀면 $x_1 = 3$, $x_2 = 2$가 주어진 선형시스템의 유일한 해가 된다. ■

```
C:\WINDOWS\system32\cmd.exe
**************************************************************
**                                                          **
**  가우스-조단 소거법을 이용한 선형방정식 계산 프로그램 **
**                                                          **
**************************************************************

선형방정식의 최대 차수를 입력하세요 : 2

선형방정식의 수식을 입력하세요.
1 번째 선형방정식 x1 의 값 : 1
1 번째 선형방정식 x2 의 값 : -3
2 번째 선형방정식 x1 의 값 : 2
2 번째 선형방정식 x2 의 값 : 1

선형방정식의 결과값을 입력하세요.
1 번째 선형방정식의 결과 값 : -3
2 번째 선형방정식의 결과 값 : 8


가우스 - 조단 소거법 풀이 과정 :
********************************************

+2      +1      x1  +8
+0      -4      x2  -7

+2      +1      x1  +8
+0      -4      x2  -7

********************************************

a[n, n] = -4

입력한 선형방정식의 해답
x1 = 3          x2 = 2

계속하려면 아무 키나 누르십시오 . . .
```

예제 ❹-3 | C program

**실습 ❹-2**

다음 선형시스템의 해를 가우스-조단 소거법을 이용하여 구해 보자.

$$
\begin{aligned}
-x_2 - x_3 + x_4 &= 0 \\
x_1 + x_2 + x_3 + x_4 &= 6 \\
2x_1 + 4x_2 + x_3 - 2x_4 &= -1 \\
3x_1 + x_2 - 2x_3 + 2x_4 &= 3
\end{aligned}
$$

풀이

$$\left[\begin{array}{cccc|c} 1 & 1 & 1 & 1 & 6 \\ 0 & -1 & -1 & 1 & 0 \\ 0 & 0 & -3 & -2 & -13 \\ 0 & 0 & 0 & -1 & -2 \end{array}\right]$$

그 결과 이 첨가행렬은 행 사다리꼴이 되고 역대입법에 의해 $x_1 = 2$, $x_2 = -1$, $x_3 = 3$, $x_4 = 2$인 해를 구할 수 있다. ■

```
C:WWINDOWSWsystem32Wcmd.exe
**********************************************************************
**                                                                  **
**   가우스-조단 소거법을 이용한 선형방정식 계산 프로그램           **
**                                                                  **
**********************************************************************

선형방정식의 최대 차수를 입력하세요 : 4

선형방정식의 수식을 입력하세요.
1 번째 선형방정식 x1 의 값 : 0
1 번째 선형방정식 x2 의 값 : -1
1 번째 선형방정식 x3 의 값 : -1
1 번째 선형방정식 x4 의 값 : 1
2 번째 선형방정식 x1 의 값 : 1
2 번째 선형방정식 x2 의 값 : 1
2 번째 선형방정식 x3 의 값 : 1
2 번째 선형방정식 x4 의 값 : 1
3 번째 선형방정식 x1 의 값 : 2
3 번째 선형방정식 x2 의 값 : 4
3 번째 선형방정식 x3 의 값 : 1
3 번째 선형방정식 x4 의 값 : -2
4 번째 선형방정식 x1 의 값 : 3
4 번째 선형방정식 x2 의 값 : 1
4 번째 선형방정식 x3 의 값 : -2
4 번째 선형방정식 x4 의 값 : 2

선형방정식의 결과값을 입력하세요.
1 번째 선형방정식의 결과 값 : 0
2 번째 선형방정식의 결과 값 : 6
3 번째 선형방정식의 결과 값 : -1
4 번째 선형방정식의 결과 값 : 3


가우스 - 조단 소거법 풀이 과정 :
**************************************************

+1      +1      +1      +1      x1  +6
+0      -1      -1      +1      x2  +0
+2      +4      +1      -2      x3  -1
+3      +1      -2      +2      x4  +3

+1      +1      +1      +1      x1  +6
+0      -1      -1      +1      x2  +0
+0      +2      -1      -4      x3  -13
+3      +1      -2      +2      x4  +3

+1      +1      +1      +1      x1  +6
+0      -1      -1      +1      x2  +0
+0      +2      -1      -4      x3  -13
+0      -2      -5      -1      x4  -15

+1      +1      +1      +1      x1  +6
+0      +2      -1      -4      x2  -13
+0      +0      -2      -1      x3  -7
+0      +0      -6      -5      x4  -28

+1      +1      +1      +1      x1  +6
+0      +2      -1      -4      x2  -13
+0      +0      -6      -5      x3  -28
+0      +0      +0      +0      x4  +1

+1      +1      +1      +1      x1  +6
+0      +2      -1      -4      x2  -13
+0      +0      -6      -5      x3  -28
+0      +0      +0      +0      x4  +1

**************************************************

a[n, n] = 0

입력한 선형방정식의 해답
x1 = 2          x2 = -1          x3 = 3          x4 = 2

계속하려면 아무 키나 누르십시오 . . .
```

예제 ❹-4 | C program

**실습 ❹-3** 다음의 선형시스템이 해를 가지는지를 판별해 보자.

$$\begin{aligned} x_1 - 2x_2 + x_3 &= 0 \\ 2x_2 - 8x_3 &= 8 \\ -4x_1 + 5x_2 + 9x_3 &= -9 \end{aligned}$$

**풀이** 삼각형 형태(triangular form)를 얻기 위해 필요한 행 연산을 하면 다음과 같다.

$$\begin{aligned} x_1 - 2x_2 + x_3 &= 0 \\ x_2 - 4x_3 &= 4 \\ x_3 &= 3 \end{aligned} \qquad \left[\begin{array}{ccc|c} 1 & -2 & 1 & 0 \\ 0 & 1 & -4 & 4 \\ 0 & 0 & 1 & 3 \end{array}\right]$$

따라서 이 시스템은 $x_1 = 29$, $x_2 = 16$, $x_3 = 3$인 유일한 해를 가진다. ■

```
C:\WINDOWS\system32\cmd.exe
****************************************************
**                                                **
**  가우스-조단 소거법을 이용한 선형방정식 계산 프로그램 **
**                                                **
****************************************************

선형방정식의 최대 차수를 입력하세요 : 3

선형방정식의 수식을 입력하세요.
1 번째 선형방정식 x1 의 값 : 1
1 번째 선형방정식 x2 의 값 : -2
1 번째 선형방정식 x3 의 값 : 1
2 번째 선형방정식 x1 의 값 : 0
2 번째 선형방정식 x2 의 값 : 2
2 번째 선형방정식 x3 의 값 : -8
3 번째 선형방정식 x1 의 값 : -4
3 번째 선형방정식 x2 의 값 : 5
3 번째 선형방정식 x3 의 값 : 9

선형방정식의 결과값을 입력하세요.
1 번째 선형방정식의 결과 값 : 0
2 번째 선형방정식의 결과 값 : 8
3 번째 선형방정식의 결과 값 : -9


가우스 - 조단 소거법 풀이 과정 :
******************************************


+1      -2      +1      x1  +0
+0      +2      -8      x2  +8
-4      +5      +9      x3  -9

+1      -2      +1      x1  +0
+0      +2      -8      x2  +8
+0      -3      +13     x3  -9

+1      -2      +1      x1  +0
+0      -3      +13     x2  -9
+0      +0      +1      x3  +2

+1      -2      +1      x1  +0
+0      -3      +13     x2  -9
+0      +0      +1      x3  +2

******************************************

a[n, n] = 1

입력한 선형방정식의 해답
x1 = 29         x2 = 16         x3 = 3

계속하려면 아무 키나 누르십시오 . . .
```

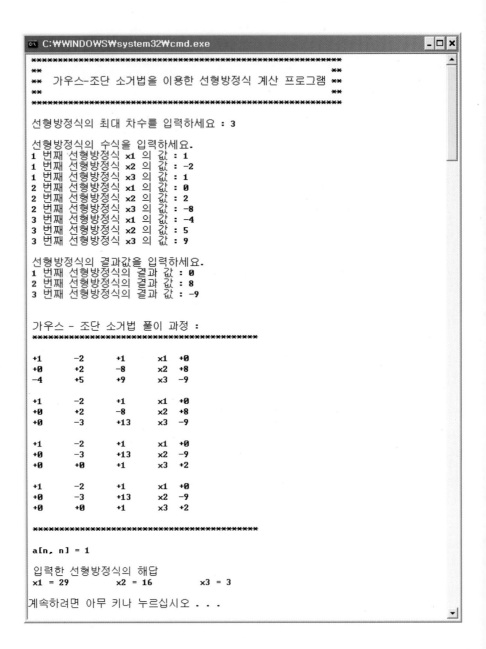

## 선형방정식의 생활 속의 응용

- 전기회로에서 키르히호프의 법칙을 이용하여 전류와 전압의 관계를 행렬로 나타냄으로써 그들의 관계를 명확히 구할 수 있다.
- 복잡한 화학방정식도 선형방정식을 이용하면 비교적 쉽게 풀 수 있다.
- 레온티에프의 경제 모델과 같이 경제학에도 선형방정식이 많이 응용되고 있다.
- 어떤 도로망에서 시간당 차량이 통과하는 수를 선형방정식으로 모델링함으로써 도로의 확장 등에 중요한 자료로 쓸 수 있다.
- 주어진 벡터에다 적절한 행렬을 곱함으로써 확대, 축소, 회전 등의 연산이 매우 편리하게 이루어지며, 이것을 여러 가지 응용에 널리 활용할 수 있다.
- 섭취하는 음식의 칼로리와 운동을 통해 소모되는 칼로리들의 관계를 행렬과 선형방정식으로 나타내어 풀 수 있으므로 전문적인 다이어트 관리에 응용될 수 있다.

05

CHAPTER

LINEAR ALGEBRA

# 벡터

## 개 요

제5장에서는 벡터와 관련된 전반적인 논제들을 학습하는데, 벡터는 물리학이나 공학 등의 응용에 매우 중요한 역할을 담당한다. 여기서는 벡터의 기본 개념을 정의하고 그 표현법에 대해 고찰한다. 평면상에서 벡터의 기하학적 표현과 더불어 벡터의 크기를 정의하며 단위벡터와 단위좌표벡터에 대해서도 살펴본다. 또한 벡터 연산에서 벡터의 합과 차, 그리고 스칼라 곱의 계산법과 그것이 가지는 기하학적 의미를 고찰한다. 마지막으로 교환법칙, 결합법칙, 항등원의 존재 등 벡터의 성질들을 고찰하며, MATLAB에 의해 더욱 편리하게 벡터 연산을 하는 방법도 살펴본다.

CONTENTS

CHAPTER

# 05 벡터

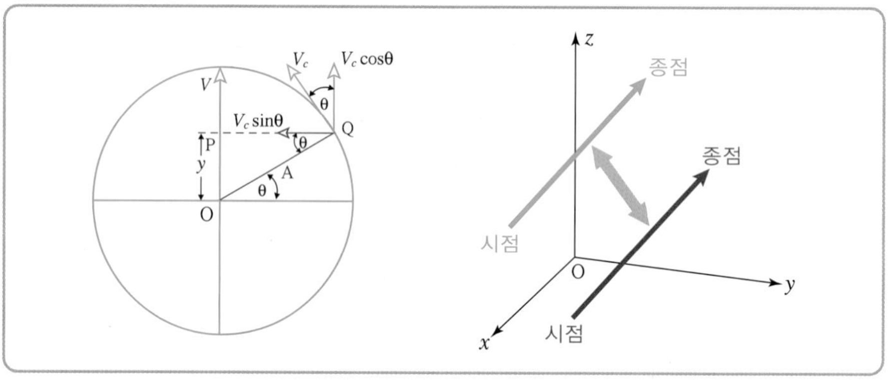


## 5.1 벡터의 개념과 표현

우리는 일상생활에서 여러 가지 측정값을 다루게 된다. 압력, 속력(speed), 물체의 질량, 전자의 전하, 물의 비열, 저항기의 저항, 원의 지름, 삼각형의 면적, 육면체의 체적(부피) 등과 같은 물리적 양(quantity)은 주어진 양의 크기(magnitude)인 실수로 표시할 수 있다. 이때 실수 값을 스칼라(scalar)라고 하는데 통상 $r$, $s$, $t$와 같이 소문자 이탤릭체로 나타낸다.

한편 단 하나의 수만으로는 나타낼 수 없는 또 다른 물리적 및 기하학적 양도 있는데, 속도(velocity), 힘(force) 그리고 가속도(acceleration) 등은 그들의 크기뿐만 아니라 방향까지도 포함한다. 이러한 것들을 벡터(vector)라고 부르는데 통상 $\boldsymbol{u}$, $\boldsymbol{v}$, $\boldsymbol{w}$와 같이 굵은 글씨체의 소문자로 나타낸다.

| |
|---|
| 스칼라 → 크기 |
| 벡터 → 크기 + 방향 |

서로 대비되는 예를 들면, 자동차의 빠르기를 의미하는 속력(speed)은 절대적인 빠르기만을 의미하고, 속도(velocity)는 어떤 방향으로 어떤 속력을 가진다는, 방향과 속력의 크기에 대한 정보를 모두 가진 양을 의미한다.

〈그림 5.1〉의 첫 번째 그림은 힘 $F$의 각도에 따른 벡터를 나타내고, 견인차의 경우에는 자동차를 들어올리는 힘과 당기는 힘의 합성에 의해 움직이는 자동차의 벡터가 결정되는 것을 보여 준다.

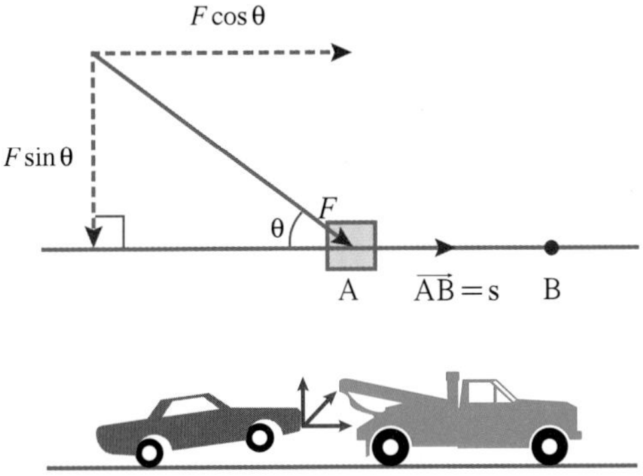


〈그림 5.1〉 힘의 방향을 나타내는 벡터들

### 5.1.1 벡터의 개념과 표기법

크기 정보만을 가지는 스칼라는 대개 숫자나 문자로 단순히 표현되는데, 벡터는 크기 외에도 방향의 정보를 더 가지고 있으므로 스칼라보다는 표기하는 방법이 더 다양하다. 보편적으로 사용되는 벡터의 두 가지 표기법은 다음과 같다.

#### (1) 그래프에 의한 표기법

벡터는 방향 정보를 가지고 있으므로 그래프를 이용하여 표현할 수 있는데, 일반적으로 벡터는 화살표(arrow)를 이용하여 표기한다. 화살표는 벡터의 방향(direction)을 나타내고 화살표의 길이는 벡터의 크기(magnitude)가 된다. 화살표의 시작점인 P를 시점(initial point, tail)이라고 하고, 끝나는 점인 Q를 종점

(terminal point, head)이라고 한다. 이러한 벡터는 〈그림 5.2〉와 같이 $\overrightarrow{PQ}$ 또는 간단히 진한 글씨인 알파벳 $\boldsymbol{a}$, $\boldsymbol{b}$, $\boldsymbol{u}$, $\boldsymbol{v}$, …으로 나타낸다.

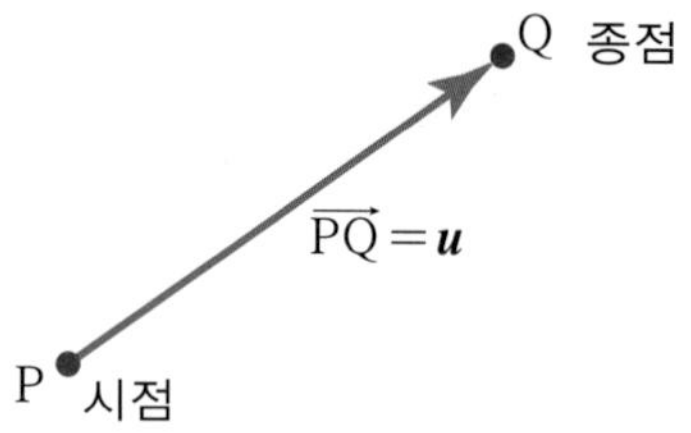


〈그림 5-2〉 시점과 종점이 있는 벡터 $\overrightarrow{PQ}$

한편 점 P에서 점 Q까지의 방향을 가진 선분 $\overrightarrow{PQ}$를 유향선분(directed segment)이라고 한다. 모든 벡터는 유향선분으로 나타낼 수 있고 그 역도 성립하므로 유향선분과 벡터는 사실상 같은 개념이다.

만일 〈그림 5.3〉과 같이 두 벡터 $\overrightarrow{PQ}$와 $\overrightarrow{RS}$가 똑같은 크기와 방향을 가지면, 이 두 벡터가 어디에 위치해 있더라도 서로 동치(equivalent)라고 한다. 이와 같이 벡터의 시점과 종점의 위치에 관계없이 크기와 방향만을 생각할 때 이것을 기하벡터(geometric vector)라고 부르며 $\boldsymbol{u} = \boldsymbol{v}$로 나타낸다.

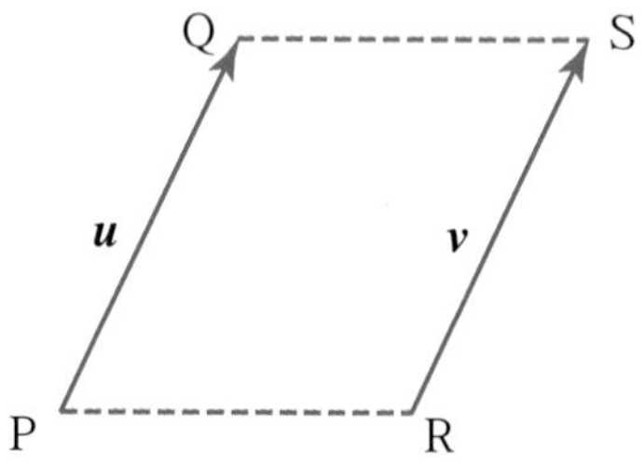


〈그림 5.3〉 $\boldsymbol{u} = \boldsymbol{v}$인 두 벡터

### (2) 좌표(coordinate)에 의한 표기법

벡터는 좌표로도 나타낼 수 있는데, 가령 3차원 공간에서 원점 (0, 0, 0)으로부터 좌표상의 위치 $(x, y, z)$까지 향하는 벡터를 위치벡터(position vector)라고 부르며, 이 위치벡터를 $\boldsymbol{u}$라는 문자로 표기하면 $\boldsymbol{u}$는 다음과 같은 좌표로 표현된다.

$$\boldsymbol{u} = (x,\ y,\ z)$$

이때 $x$, $y$, $z$는 실수이며, ( )는 정해진 순서대로만 표기해야 하는 순서쌍(ordered pair)을 의미한다. 여기서 $x$, $y$, $z$를 벡터의 성분(component)이라고 부른다.

이것을 $3 \times 1$ 행렬벡터로 나타내면 $\boldsymbol{u} = \begin{bmatrix} x \\ y \\ z \end{bmatrix}$와 같으며 〈그림 5.4〉와 같이 나타낼 수 있다.

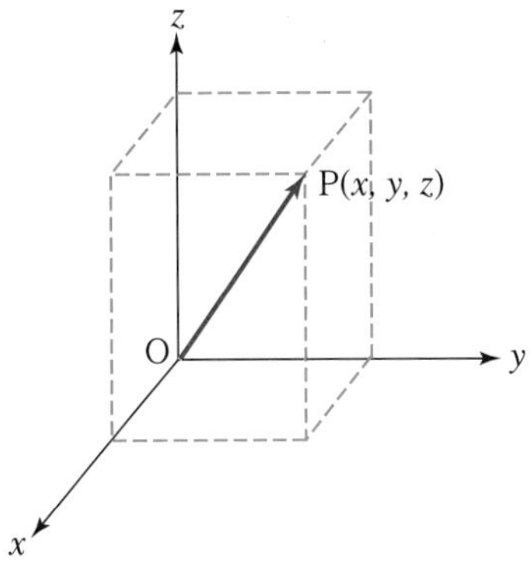


〈그림 5.4〉 3차원상에서의 위치벡터

또한 이것을 $n$차원 공간인 $\boldsymbol{R}^n$까지 확장하면 벡터 $\boldsymbol{u}$는

$$\boldsymbol{u} = (x_1,\ x_2,\ \cdots,\ x_n)$$

또는 $\boldsymbol{u} = \begin{bmatrix} x_1 \\ x_2 \\ \vdots \\ x_n \end{bmatrix}$로 표현된다.

우리에게 익숙한 3차원 벡터의 경우에는 $x$, $y$, $z$축을 사용하여 벡터를 나타내는데, 통상 〈그림 5.5〉와 같이 오른손 법칙에 따라 오른손 좌표계를 많이 사용한다.

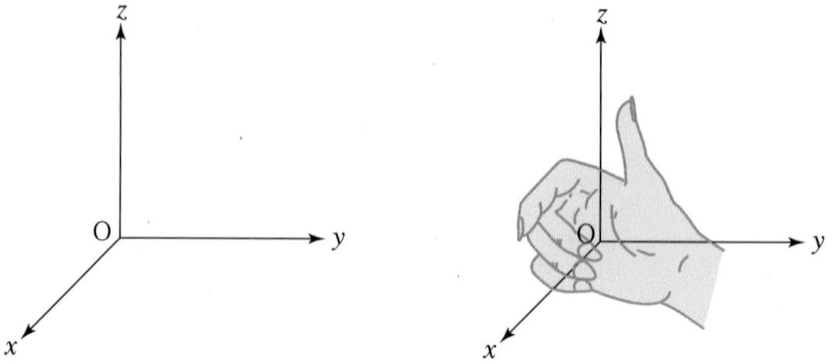


〈그림 5.5〉 오른손 좌표계와 오른손 법칙

### 5.1.2 평면상의 벡터

평면상의 벡터는 〈그림 5.6〉과 같이 원점 O에서 $x$, $y$ 좌표의 값인 P($x$, $y$)로의 벡터인데 이를 $\overrightarrow{OP}$로 나타낸다.

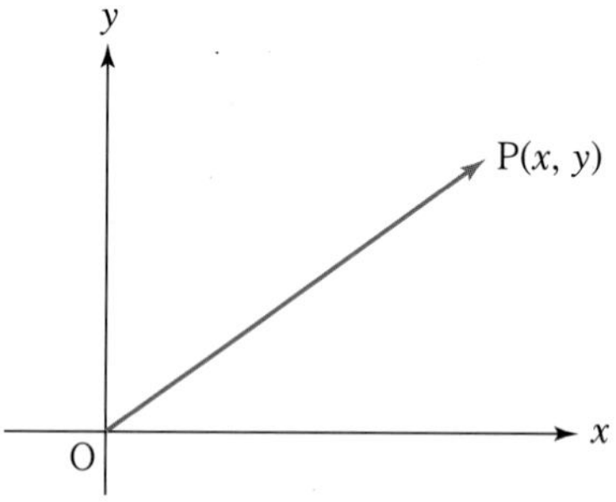


〈그림 5.6〉 평면상의 벡터 $\overrightarrow{OP}$

**정의 ❺-1**

평면상의 벡터는 $\boldsymbol{u}=\begin{bmatrix} x \\ y \end{bmatrix}$와 같은 $2\times1$ 행렬이다. 벡터 $\boldsymbol{u}$와 $\boldsymbol{v}$ 중 어느 하나를 평행이동하여 완전히 겹쳐질 때, 즉 두 벡터의 크기와 방향이 같을 때 두 벡터가 같다(equal)라고 하고 $\boldsymbol{u}=\boldsymbol{v}$로 나타낸다.

예를 들어, $\boldsymbol{u}$, $\boldsymbol{v}$가 다음과 같을 때

$$u=\begin{bmatrix}x_1\\y_1\end{bmatrix},\quad v=\begin{bmatrix}x_2\\y_2\end{bmatrix}$$

두 벡터가 각각의 성분이 같으면, 즉 $x_1=x_2$와 $y_1=y_2$이면 같다라고 한다.

따라서 두 벡터 $\begin{bmatrix}a+b\\2\end{bmatrix}$, $\begin{bmatrix}4\\a-b\end{bmatrix}$가 같기 위한 조건은

$$a+b=4$$
$$a-b=2$$

이므로 $a=3$, $b=1$이다.

**예제 5-1** 다음에서 두 개의 벡터 $u$, $v$가 같을 때 각각의 변수 값을 구해 보자.

(1) $u=\begin{bmatrix}a-b\\2\end{bmatrix},\quad v=\begin{bmatrix}4\\a+b\end{bmatrix}$ (2) $u=\begin{bmatrix}x\\2y+1\end{bmatrix},\quad v=\begin{bmatrix}y-2\\3\end{bmatrix}$

**풀이** 양변의 벡터 값이 같도록 변수 값을 구한다.

(1) $a-b=4$

$a+b=2$

따라서 $a=3$, $b=-1$이다.

(2) $x=y-2$

$2y+1=3$

따라서 $x=-1$, $y=1$이다. ■

**예제 5-2** 다음의 벡터들을 나타내는 $R^2$상에서의 유향선분들을 각각 그려 보자.

(1) $u=\begin{bmatrix}-2\\3\end{bmatrix}$ (2) $v=\begin{bmatrix}3\\4\end{bmatrix}$ (3) $w=\begin{bmatrix}-3\\-3\end{bmatrix}$ (4) $z=\begin{bmatrix}0\\-3\end{bmatrix}$

**풀이** 원점을 중심으로 하여 해당되는 좌표로 향하는 벡터를 그리면 〈그림 5.7〉과 같다. ■

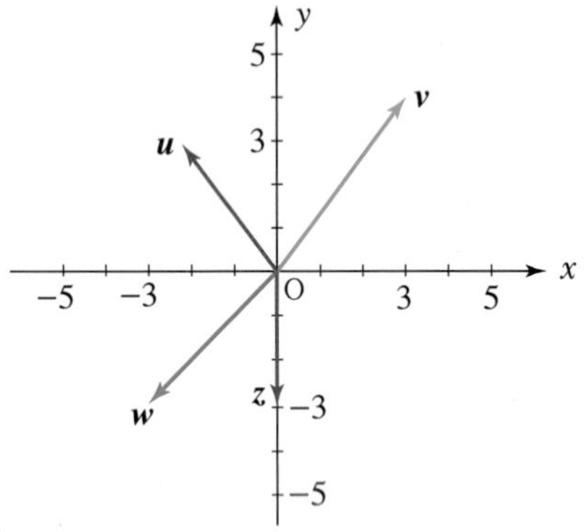


〈그림 5.7〉 벡터의 표현

물리학적 응용에서는 원점이 아닌 점 P$(x, y)$에서 Q$(x', y')$로의 유향선분 $\overrightarrow{PQ}$로 다루는 경우가 많다. 그러한 유향선분을 시점 P$(x, y)$에서 종점 Q$(x', y')$로의 벡터라고 부르는데, 그 벡터의 성분은 $x' - x$와 $y' - y$이다. 그러므로 〈그림 5.8〉에서의 $\overrightarrow{PQ}$는 시점이 O이고 종점이 P''$(x' - x, y' - y)$와 크기와 방향이 같은 벡터로 나타낸다.

$$\overrightarrow{OP''} = \begin{bmatrix} x' - x \\ y' - y \end{bmatrix}$$

〈그림 5.9〉에 나타난 3개의 벡터 $\overrightarrow{P_1Q_1}$, $\overrightarrow{P_2Q_2}$, $\overrightarrow{P_3Q_3}$을 살펴보면, $\overrightarrow{P_1Q_1}$은 $P_1(3, 2)$에서 $Q_1(5, 5)$로, $\overrightarrow{P_2Q_2}$는 $P_2(0, 0)$에서 $Q_2(2, 3)$로, $\overrightarrow{P_3Q_3}$은 $P_3(-3, 1)$에서 $Q_3(-1, 4)$으로 향하는 벡터들인데, 그들은 모두 같은 크기와 방향을 가지고 있으므로 3개의 벡터들은 모두 같다고 할 수 있다.

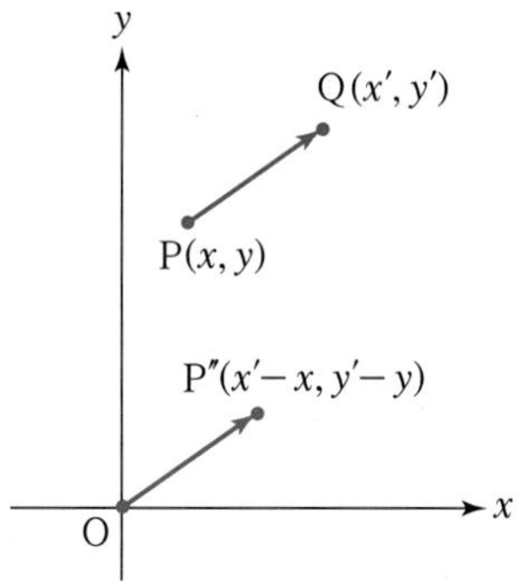


〈그림 5.8〉 $\overrightarrow{PQ} = \overrightarrow{OP''}$

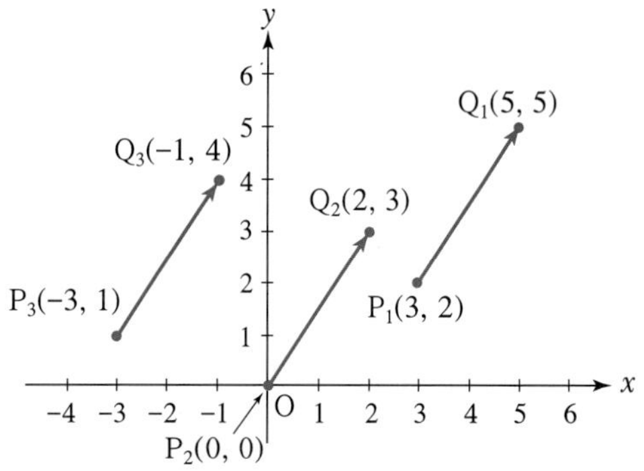


〈그림 5.9〉 3개의 같은 벡터들

**여기서 잠깐!!** 점 P와 Q를 평면상의 두 점이라 하자. 점 P로부터 점 Q로 향하는 벡터는 $\overrightarrow{PQ}$로 나타내는데, 벡터 $\overrightarrow{PQ}$와 $\overrightarrow{QP}$는 가리키는 방향이 서로 반대란 점에 유의해야 한다.

**예제 ❺-3** 종점이 (2, 1)인 벡터 $\begin{bmatrix} 3 \\ 4 \end{bmatrix}$의 시점을 결정하고 그려 보자.

**풀이** 종점이 (2, 1)이므로 시점을 계산하기 위해서는 종점의 성분에서 벡터의 성분을 빼면 된다. 즉, (2−3, 1−4)이므로 시점은 〈그림 5.10〉과 같이 (−1, −3)이 된다. ■

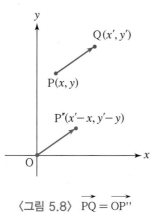

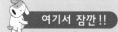

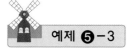

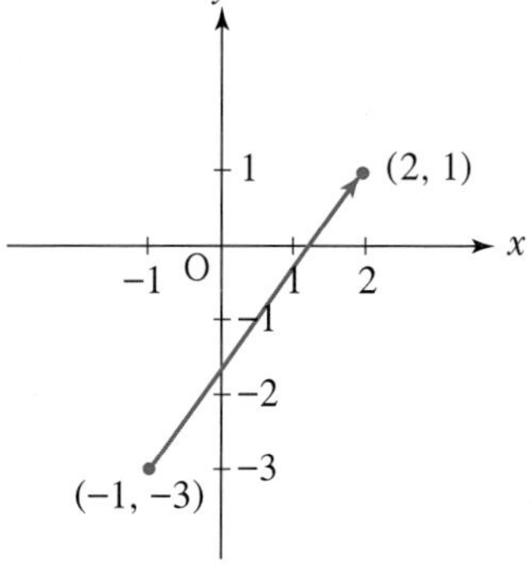


〈그림 5.10〉 종점과 주어진 벡터에 의한 벡터 표현

스칼라는 단순히 측정값인 크기를 나타내고, 벡터는 크기에다 방향까지 표현한 것입니다. 축구공을 찰 때 발에 똑같은 힘을 가하더라도 차는 부위와 방향에 따라 공이 날아가는 곳이 다르다는 것은 잘 알죠? 벡터(vector)는 '어디로 이동시킨다' 는 라틴어의 'vehere' 로부터 유래되었어요.
그런데 좌표상으로 보면 두 벡터가 분명히 다른데, 두 벡터가 같다라는 말은 이해가 잘 안 돼요.
벡터에서는 크기와 방향이 같은지를 중요하게 생각합니다. 크기와 방향이 같은 두 벡터는 평행이동시키면 사실상 같은 벡터가 되기 때문이지요.
벡터의 표기를 보면 행렬의 표기법과 비슷하군요.
1
2
그렇죠? 행렬의 열벡터나 행벡터의 표기법과 같아요.

### 5.1.3 벡터의 크기와 기하학적 표현

#### (1) 벡터의 크기

**정의 ❺-2** $R^2$상의 평면에서 벡터 $\boldsymbol{u}=(a, b)$의 크기(magnitude), 길이(length) 또는 노름(norm)은 $\|\boldsymbol{u}\|$로 나타내며, 피타고라스의 정리에 따라

$$\|\boldsymbol{u}\|=\sqrt{a^2+b^2}$$

이 된다. 임의의 벡터 $\boldsymbol{u}$에 대해 명백히 $\|\boldsymbol{u}\|\geq 0$이고, $\boldsymbol{u}$가 영벡터일 때 $\|\boldsymbol{u}\|=0$이다.

예를 들어, $\boldsymbol{u}=(1, -2)$이면 $\|\boldsymbol{u}\|=\sqrt{1^2+(-2)^2}=\sqrt{5}$이다.

좌표평면에서 벡터 $\boldsymbol{u}=(a, b)$의 방향은 $x$축의 양의 방향으로부터 시계 반대 방향으로 그 벡터까지 이르는 라디안(radian) 각 $\theta$를 의미한다. 즉, $a\neq 0$이면

$\tan\theta = \frac{b}{a}$ 이다. 이것은 〈그림 5.11〉과 같이 나타낼 수 있다.

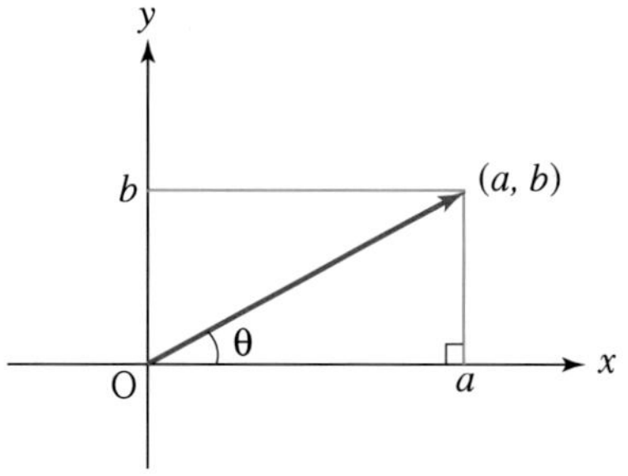


〈그림 5.11〉 벡터 $\boldsymbol{u} = (a, b)$의 크기와 방향

**정의 ❺-3** 다음과 같이 모든 성분이 0인 벡터를 영벡터(zero vector)라고 하고 **0**으로 나타낸다.

$$[0],\ \begin{bmatrix}0\\0\end{bmatrix},\ \begin{bmatrix}0\\0\\0\end{bmatrix},\ \begin{bmatrix}0\\0\\\vdots\\0\end{bmatrix}$$

즉, **0**(영벡터)는 시점과 종점이 일치하는 특수한 벡터로 크기가 0이다. 따라서 어떤 벡터 $\boldsymbol{u}$에 대해

$$\boldsymbol{u} + \boldsymbol{0} = \boldsymbol{u}$$
$$\boldsymbol{u} + (-1)\boldsymbol{u} = \boldsymbol{0}$$

가 성립한다. 이 경우 $(-1)\boldsymbol{u}$는 $-\boldsymbol{u}$로 나타내고 $\boldsymbol{u}$와 반대 방향인 벡터를 의미한다.

### (2) 2차원 벡터

우리는 $x$, $y$ 평면으로 표현되는 유클리드(Euclid)의 2차원 공간 $\boldsymbol{R}^2$에 익숙해져 있다. $\boldsymbol{R}^2$상에 있는 벡터 $\boldsymbol{v}=(v_1, v_2)$는 〈그림 5.12〉와 같이 원점을 시점으로 하여 종점 $(v_1, v_2)$에 이르는 화살표로 표현된다. 벡터의 크기는 화살표의 길이로 정의되는데, $\boldsymbol{v}=(v_1, v_2)$의 크기는 $\|\boldsymbol{v}\|=\sqrt{v_1^2+v_2^2}$이다.

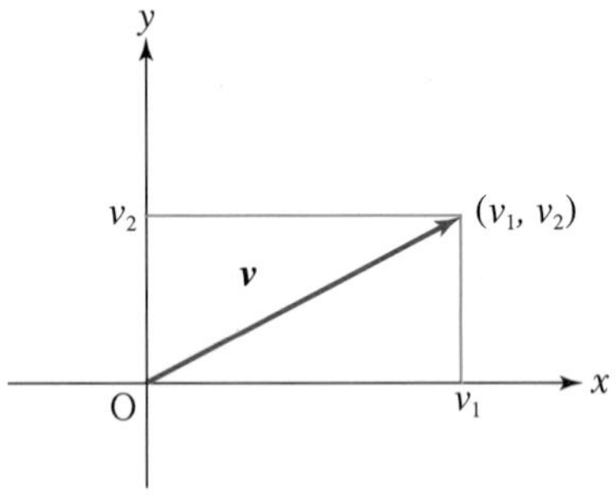


〈그림 5.12〉 $\boldsymbol{R}^2$상의 벡터 $\boldsymbol{v}$의 표현

벡터 $\boldsymbol{v}=(3, -4)$는 좌표평면에서 〈그림 5.13〉과 같이 표현되는데, 그것의 크기는 $\|\boldsymbol{v}\|=\sqrt{3^2+(-4)^2}=\sqrt{25}=5$이다.

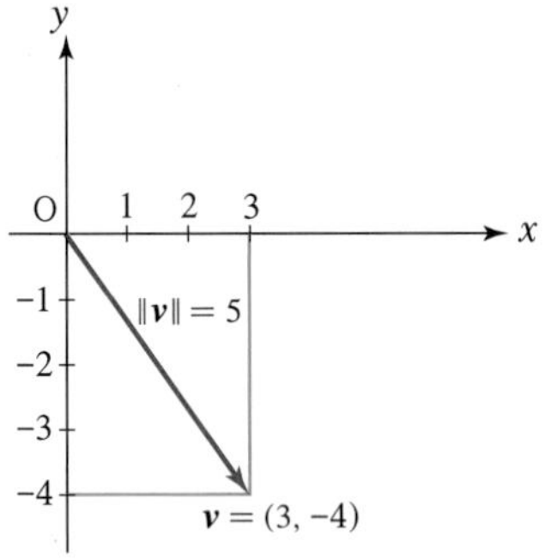


〈그림 5.13〉 벡터 $\boldsymbol{v}$의 크기

### (3) 3차원 벡터

$\boldsymbol{R}^3$상에 있는 벡터는 〈그림 5.14〉와 같이 원점 $\mathrm{O}=(0, 0, 0)$에서 $\boldsymbol{v}=(v_1, v_2, v_3)$에 이르는 화살표로 표현된다. 벡터 $\boldsymbol{v}$의 크기는 〈그림 5.14〉의 화살표의 길이로 정

의되는데 $\mathbf{v}=(v_1, v_2, v_3)$의 길이는 $\|\mathbf{v}\|=\sqrt{v_1^2+v_2^2+v_3^2}$이다.

가령, 벡터 $\mathbf{v}=(2, 3, 4)$는 〈그림 5.15〉와 같이 표현되는데, 그것의 길이는 $\|\mathbf{v}\|=\sqrt{2^2+3^2+4^2}=\sqrt{29}$이다.

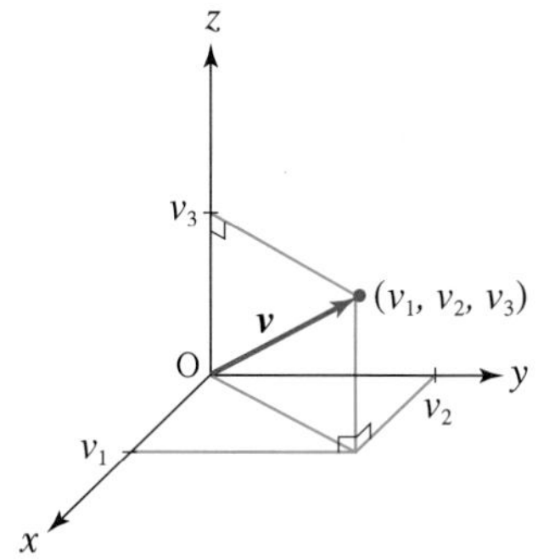


〈그림 5.14〉 $\mathbf{R}^3$상의 벡터의 표현

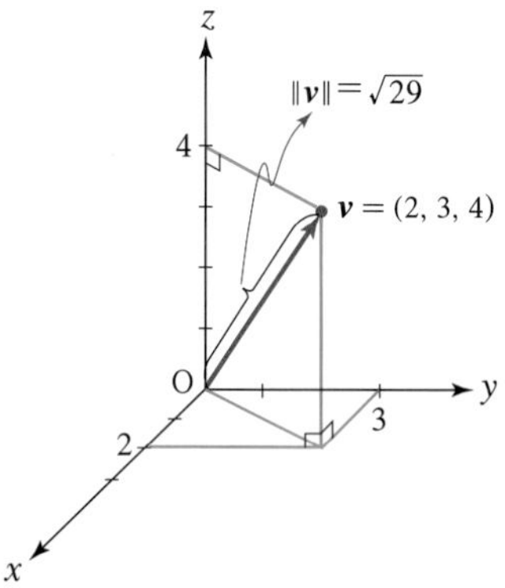


〈그림 5.15〉 $\mathbf{R}^3$상의 벡터의 표현과 크기

### (4) n차원 벡터

이와 같은 방법으로 $\mathbf{R}^n$상에 있는 벡터는 〈그림 5.16〉과 같이 원점 O=(0, 0, ⋯, 0)에서 $\mathbf{v}=(v_1, v_2, \cdots, v_n)$에 이르는 화살표로 표현되는데, $n$차원의 공간을 시각적으로 나타내기가 쉽지 않으므로 개념적으로 표현한다. $\mathbf{R}^n$상의 벡터 $\mathbf{v}$의 크기는 〈그림 5.16〉의 화살표의 길이로 정의되는데, $\mathbf{v}=(v_1, v_2, \cdots, v_n)$의 크기는 $\|\mathbf{v}\|=\sqrt{v_1^2+v_2^2+\cdots+v_n^2}$이다.

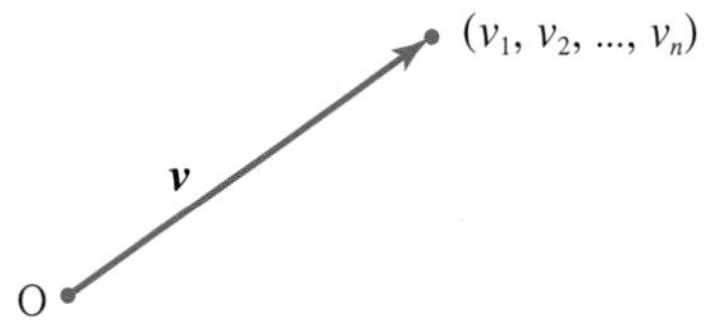


〈그림 5.16〉 $\mathbf{R}^n$상에서의 벡터 $\mathbf{v}$의 표현

예를 들면, $\mathbf{v}=(-2, 1, 3, -1, 4, 2, 1)$일 때 $\mathbf{v}$의 크기는 다음과 같다.

$$\|\mathbf{v}\|=\sqrt{(-2)^2+1^2+3^2+(-1)^2+4^2+2^2+1^2}=\sqrt{36}=6$$

### 5.1.4 단위벡터와 단위좌표벡터

#### (1) 단위벡터

**정의 ❺-4** $\boldsymbol{R}^n$상에서 크기가 1인 벡터를 단위벡터(Unit vector)라고 하며 $\boldsymbol{e}$로 나타낸다. 그러므로 $\boldsymbol{v}$와 방향이 같은 단위벡터는 $(1/\|\boldsymbol{v}\|)\boldsymbol{v}$가 된다. 즉, 임의의 벡터를 그 벡터의 크기로 나눈 벡터는 항상 단위벡터가 되는 성질을 가지고 있다. 〈그림 5.17〉은 단위벡터를 나타낸다.

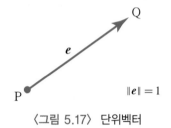

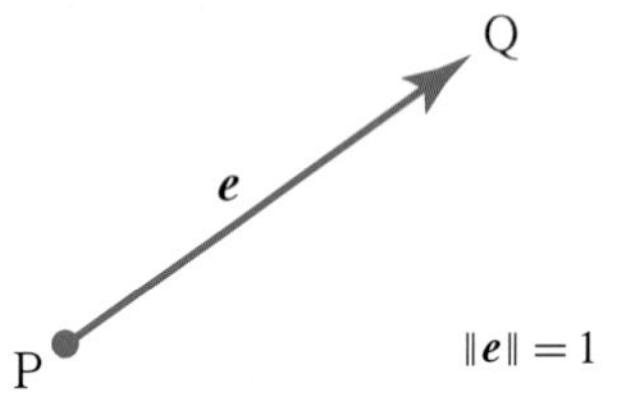


〈그림 5.17〉 단위벡터

**예제 ❺-4** 다음에 주어진 벡터와 방향이 같은 단위벡터를 구해 보자.

(1) $\boldsymbol{u} = (2, -3)$ (2) $\boldsymbol{v} = (2, 1, -3)$

**풀이** (1) $\boldsymbol{u} = (2, -3)$일 때,

$\|\boldsymbol{u}\| = \sqrt{2^2 + (-3)^2} = \sqrt{13}$이므로 단위벡터 $\boldsymbol{e} = \left(\frac{1}{\sqrt{13}}\right)(2, -3)$이다.

(2) $\boldsymbol{v} = (2, 1, -3)$일 때,

$\|\boldsymbol{v}\| = \sqrt{2^2 + 1^2 + (-3)^2} = \sqrt{14}$이므로 단위벡터 $\boldsymbol{e} = \left(\frac{1}{\sqrt{14}}\right)(2, 1, -3)$ 이다. ■

$\boldsymbol{R}^2$상에서의 전형적인 단위벡터는 〈그림 5.18〉과 같이 원점으로부터 $x^2 + y^2 = 1$인 단위원까지의 벡터이고, $\boldsymbol{R}^3$에서의 전형적인 단위벡터는 〈그림 5.19〉와 같이 원점으로부터 구(sphere, 球)에 이르는 단위벡터이다.

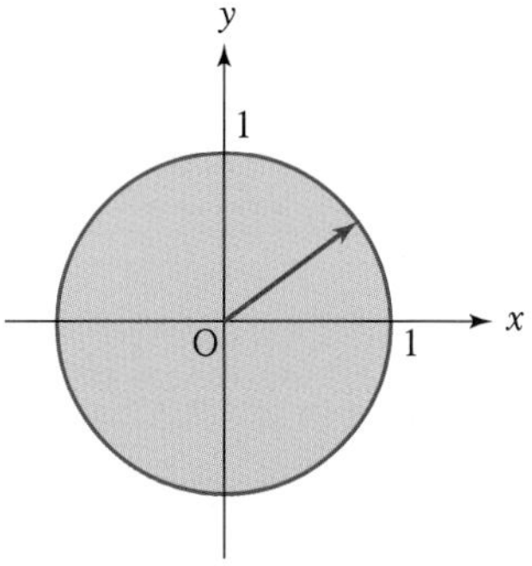

〈그림 5.18〉 $\boldsymbol{R}^2$상에서의 단위벡터

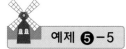

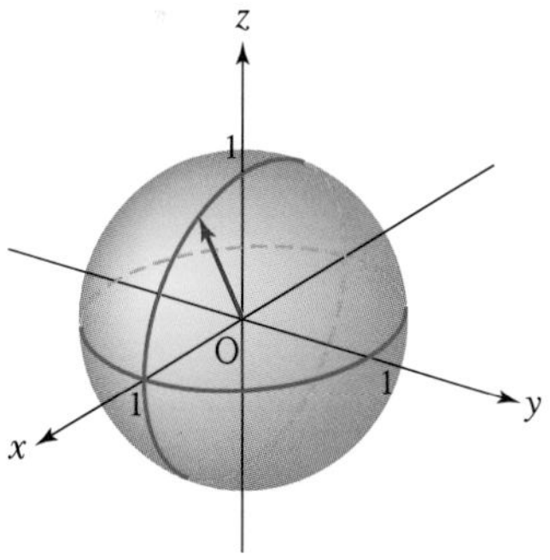

〈그림 5.19〉 $\boldsymbol{R}^3$상에서의 단위벡터

**예제 5-5** 벡터 $\boldsymbol{v} = (3, 4) = 3\boldsymbol{i} + 4\boldsymbol{j}$에 대하여 $\boldsymbol{v}$ 방향의 단위벡터를 구해 보자.

**풀이** $\|\boldsymbol{v}\| = \sqrt{3^2 + 4^2} = 5$이므로 $\boldsymbol{v}$ 방향의 단위벡터 $\boldsymbol{u}$는

$$\boldsymbol{u} = \frac{1}{5}(3\boldsymbol{i} + 4\boldsymbol{j}) = \frac{3}{5}\boldsymbol{i} + \frac{4}{5}\boldsymbol{j}$$

이다. 그 이유는 단위벡터 $\boldsymbol{u}$는 원래의 벡터 $\boldsymbol{v}$와 같은 방향이면서

$\|\boldsymbol{u}\| = \sqrt{\left(\frac{3}{5}\right)^2 + \left(\frac{4}{5}\right)^2} = 1$이기 때문이다. ■

### (2) 단위좌표벡터

$\boldsymbol{R}^2$상에는 〈그림 5.20〉과 같이 다른 벡터들을 편리하게 나타낼 수 있는 두 개의 특별한 벡터인 단위좌표벡터(Unit coordinate vector)가 있다. 벡터 (1, 0)을 기호 $\boldsymbol{i}$로 표시하고, 벡터 (0, 1)을 기호 $\boldsymbol{j}$로 표시한다. 만일 $\boldsymbol{v} = (a, b)$가 $\boldsymbol{R}^2$상의 벡터라면 $(a, b) = a(1, 0) + b(0, 1)$이므로 단위좌표벡터로 나타내면 다음과 같다.

$$\boldsymbol{v} = (a, b) = a\boldsymbol{i} + b\boldsymbol{j}$$

벡터 $(a, b)$는 평면상의 단 하나의 점을 나타내므로 $\boldsymbol{R}^2$에서의 모든 벡터는 $a\boldsymbol{i} + b\boldsymbol{j}$의 형태로 유일하게 표현된다. 이 경우에 $a$는 $\boldsymbol{v}$의 수평성분이고 $b$는 수직성분이므로, 벡터 $\boldsymbol{v}$는 수평성분과 수직성분으로 분해된다고 말한다. 이때 두 벡터 $\boldsymbol{i}$와 $\boldsymbol{j}$를 벡터공간 $\boldsymbol{R}^2$의 기저벡터(basis vector)라고 한다. 이것을 〈그림 5.21〉과 같이 3차원으로 확장하면 $(a_1, a_2, a_3)$으로 표현되는 벡터는 $a_1\boldsymbol{i} + a_2\boldsymbol{j} + a_3\boldsymbol{k}$로 나타낼 수 있다. 예를 들면, $(3, 2, -1)$은 $3\boldsymbol{i} + 2\boldsymbol{j} - \boldsymbol{k}$로 나타낼 수 있다.

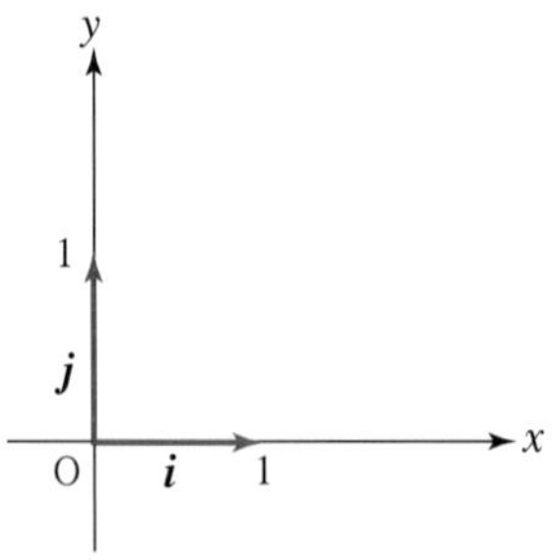


〈그림 5.20〉 $\boldsymbol{R}^2$상에서의 단위좌표벡터

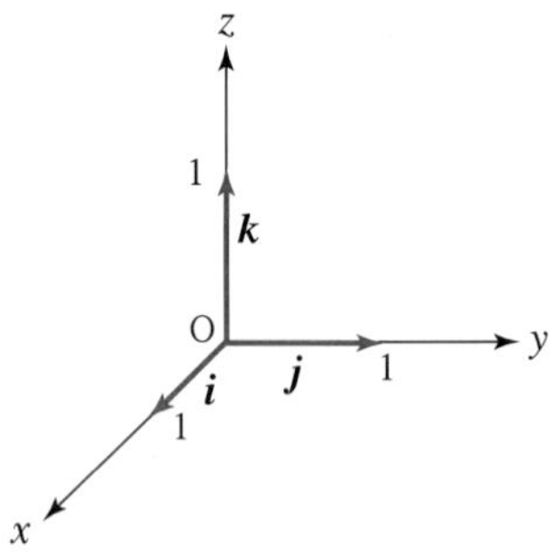


〈그림 5.21〉 $\boldsymbol{R}^3$상에서의 단위좌표벡터

### 단위벡터, 단위좌표벡터, 기저벡터

- 단위벡터는 크기가 1인 벡터를 말한다.
- 단위좌표벡터는 좌표상의 단위벡터임을 강조한 것이다.
- 기저벡터인 $i$, $j$, $k$ 등도 단위벡터 중의 하나인데, $x$, $y$, $z$상의 축의 역할을 담당한다.

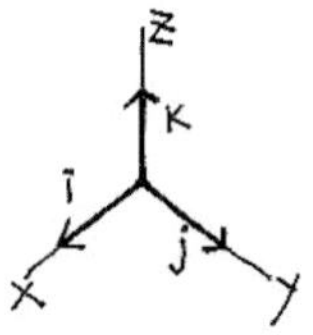


**예제 ❺-6** 원점으로부터 $\boldsymbol{u}=(1, 2, 5)$ 방향의 단위좌표벡터를 구해 보자.

**풀이** 임의의 벡터를 그 벡터의 크기로 나누면 단위좌표벡터가 되는데, $\|\boldsymbol{u}\|=\sqrt{1^2+2^2+5^2}=\sqrt{30}$이다. 따라서 $\boldsymbol{u}$ 방향의 단위좌표벡터는 다음과 같다.

$$\frac{\boldsymbol{u}}{\|\boldsymbol{u}\|}=\frac{1}{\sqrt{30}}(1, 2, 5) \quad \text{또는} \quad \left(\frac{1}{\sqrt{30}}, \frac{2}{\sqrt{30}}, \frac{5}{\sqrt{30}}\right)$$ ■

**예제 ❺-7** 시점이 $P_1(-5, -3)$인 벡터 $\overrightarrow{P_1P_2}=4\boldsymbol{i}+5\boldsymbol{j}$의 종점 $P_2$를 구해 보자.

**풀이** 시점이 $(-5, -3)$이고 벡터의 길이가 $4\boldsymbol{i}+5\boldsymbol{j}$이므로 종점 $P_2$의 좌표는 $(-5+4, -3+5)=(-1, 2)$이다. 이것을 좌표평면상의 벡터로 나타내면 〈그림 5.22〉와 같다. ■

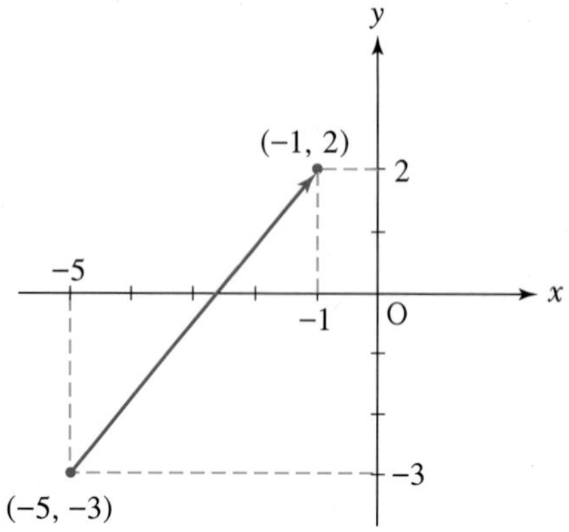


〈그림 5.22〉 시점과 벡터

# 연습 문제 5.1

## Part 1. 진위 문제

다음 문장의 진위를 판단하고, 틀린 경우에는 그 이유를 적으시오.

1. 길이, 온도, 무게, 혈압, 압력은 모두 스칼라 값이다.
2. $\alpha\overrightarrow{\mathrm{AB}}$는 $\alpha$ 값의 부호에 관계없이 $\overrightarrow{\mathrm{AB}}$와 방향이 같고 크기는 $\alpha$배인 벡터이다.
3. 크기와 방향이 같은 두 벡터는 같다고 한다.
4. 벡터는 진한 글씨체의 알파벳이나 유향선분으로 나타낼 수 있다.
5. $\boldsymbol{R}^n$상에서의 $\mathbf{0}$가 아닌 모든 벡터는 0이 아닌 크기를 가진다.
6. $\boldsymbol{R}^n$상에서의 크기가 0이 아닌 모든 벡터들은 $\mathbf{0}$가 아니다.
7. $\boldsymbol{R}^n$상에서의 영벡터가 아닌 벡터는 그것과 평행인 단 하나의 단위벡터를 가진다.

## Part 2. 선택 문제

1. 다음 중 벡터에 속하는 것은?
   (1) 전류의 양 (2) 구의 체적 (3) 속력 (4) 가속도

2. 다음 중 벡터를 나타내는 방법이 아닌 것은?
   (1) $\boldsymbol{u}$, $\boldsymbol{v}$ (2) $\overrightarrow{\mathrm{PQ}}$ (3) 좌표에 의한 방법 (4) 선분

3. 다음 중 벡터가 같다는 것과 거리가 먼 것은?
   (1) 크기가 같다.
   (2) 평행이동하여 크기와 방향이 같다.
   (3) $\boldsymbol{u} = \boldsymbol{v}$
   (4) 각 성분이 같다.

4. 다음 중 맞지 않은 것은?
   (1) 종점과 시점이 일치하면 영벡터이다.
   (2) 벡터는 기하학적으로 표현할 수 있다.
   (3) 단위벡터와 단위좌표벡터의 길이는 서로 다르다.
   (4) $\boldsymbol{i}$, $\boldsymbol{j}$는 기저벡터가 될 수 있다.

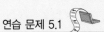

5. 다음의 두 벡터가 같을 때 변수 $x$, $y$의 값은?

$(x, 5) = (3, x - y)$

(1) $x = 3,\ y = 2$ (2) $x = 3,\ y = -2$

(3) $x = -3,\ y = -3$ (4) 값이 정해지지 않는다.

## Part 3. 주관식 문제

1. 다음의 어떤 벡터들이 서로 같은지를 기호로 나타내시오.

$$\boldsymbol{u}_1 = \begin{bmatrix} 1 \\ 2 \\ 3 \end{bmatrix},\quad \boldsymbol{u}_2 = \begin{bmatrix} 2 \\ 3 \\ 1 \end{bmatrix},\quad \boldsymbol{u}_3 = \begin{bmatrix} 1 \\ 3 \\ 2 \end{bmatrix},\quad \boldsymbol{u}_4 = \begin{bmatrix} 2 \\ 3 \\ 1 \end{bmatrix}$$

2. 다음에 주어진 두 벡터가 각각 같을 때 변수 $x$, $y$를 구하시오.

(1) $\begin{bmatrix} x \\ 3 \end{bmatrix} = \begin{bmatrix} 2 \\ x + y \end{bmatrix}$ (2) $\begin{bmatrix} 4 \\ y \end{bmatrix} = x \begin{bmatrix} 2 \\ 3 \end{bmatrix}$

3. 다음에서 시점이 P이고 종점이 Q인 벡터 $\overrightarrow{PQ}$를 각각 구하시오.

(1) $P(-1, 2)$, $Q(3, 5)$ (2) $P(1, 1, -2)$, $Q(3, 4, 5)$

4. 3차원상의 벡터 $\boldsymbol{u} = \begin{bmatrix} 1 \\ 2 \\ 5 \end{bmatrix}$의 크기를 구하시오.

5. 다음 $\boldsymbol{R}^3$상의 두 벡터 $\boldsymbol{u}$, $\boldsymbol{v}$ 사이의 거리를 구하시오.

$$\boldsymbol{u} = \begin{bmatrix} -1 \\ 4 \\ 2 \end{bmatrix},\quad \boldsymbol{v} = \begin{bmatrix} 0 \\ 8 \\ 1 \end{bmatrix}$$

6. 다음 $\boldsymbol{R}^4$상의 두 벡터 사이의 거리를 구하시오.

$$\boldsymbol{u} = \begin{bmatrix} 3 \\ 1 \\ 2 \\ 4 \end{bmatrix},\quad \boldsymbol{v} = \begin{bmatrix} -1 \\ 2 \\ 1 \\ 2 \end{bmatrix}$$

7. 다음과 같이 주어진 벡터들의 크기와 방향을 각각 구하시오.

(1) (3, 4) (2) $(2,\ 2\sqrt{3})$

8. 다음 벡터들은 각각 몇 차원의 벡터들인가?

(2, − 5), (7, 9), (0, 0, 0), (3, 4, 5)

9. 다음 벡터에서 $\boldsymbol{u}$와 같은 방향과 $\boldsymbol{u}$와 반대 방향의 단위벡터를 구하시오.

$$\boldsymbol{u}=\begin{bmatrix}3\\2\end{bmatrix}$$

10. (도전문제) $\boldsymbol{R}^2$상의 부분집합 $W$가 다음과 같이 정의되었을 때, 이것을 기하학적으로 해석하고 그래프로 그리시오.

$$W=\left\{\boldsymbol{x} \mid \boldsymbol{x}=\begin{bmatrix}x_1\\x_2\end{bmatrix},\ \ x_1+x_2=2\right\}$$

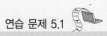

# 5.2 벡터의 연산

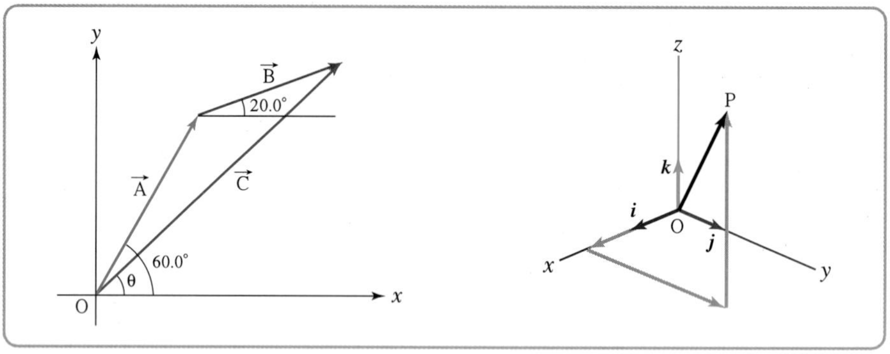


여기서는 평면이나 공간의 벡터들 간의 연산에 대해 정의하는데, 벡터의 연산 중에서 가장 기본이 되는 벡터의 합과 차, 그리고 스칼라 곱을 고찰한다.

## 5.2.1 벡터의 합과 차

**정의 ❺-5** $\boldsymbol{R}^n$상에서 $\boldsymbol{v}=(v_1, v_2, \cdots, v_n)$와 $\boldsymbol{w}=(w_1, w_2, \cdots, w_n)$가 주어졌을 때, 벡터의 합(sum)은 대응하는 각 성분들끼리 서로 더한 것으로 다음과 같다.

$$\boldsymbol{v}+\boldsymbol{w}=(v_1+w_1,\ v_2+w_2,\ \cdots,\ v_n+w_n)$$

### (1) 벡터의 합

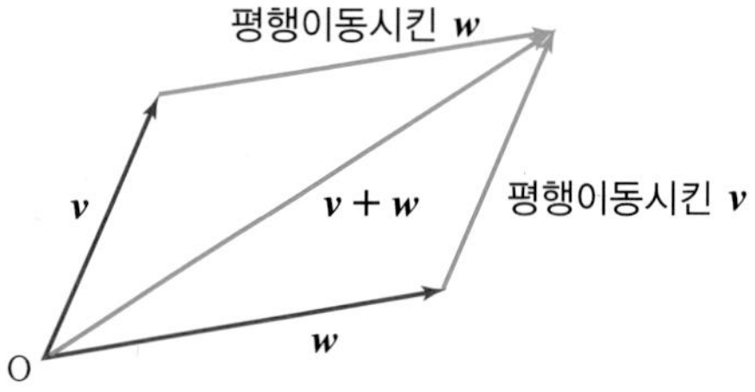


〈그림 5.23〉 $\boldsymbol{R}^n$상에서의 벡터 $\boldsymbol{v}+\boldsymbol{w}$의 표현

벡터 $\boldsymbol{v}$와 $\boldsymbol{w}$의 합은 〈그림 5.23〉과 같이 평행사변형을 연결하는 대각선으로 표현된다. 만일 2개 벡터의 시점이 서로 다른 경우에는 〈그림 5.24〉와 같이 벡터 $\boldsymbol{u}=\overrightarrow{PQ}$, $\boldsymbol{v}=\overrightarrow{RS}$에서 $\overrightarrow{PQ}$의 종점 Q와 $\overrightarrow{RS}$의 시점 R이 일치하도록 벡터 $\overrightarrow{RS}$를 평행이동시킨다. 이때 만들어진 삼각형 PQS의 빗변 $\overrightarrow{PS}$를 $\boldsymbol{u}$와 $\boldsymbol{v}$의 합이라고 하며 $\boldsymbol{u}+\boldsymbol{v}$로 나타낸다.

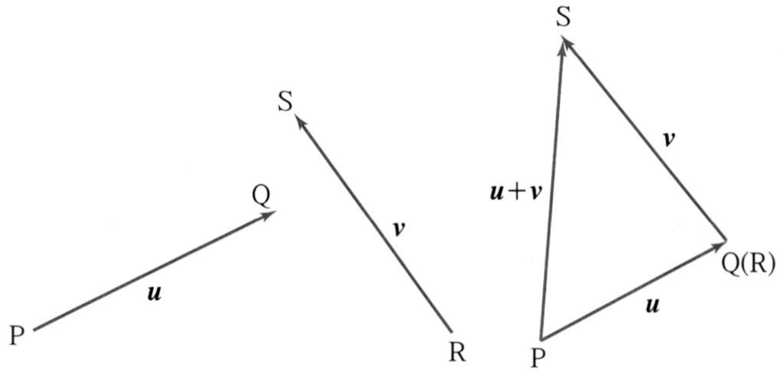


〈그림 5.24〉 벡터의 합

**정의 ❺-6** $\boldsymbol{u}$와 $\boldsymbol{v}$가 $\boldsymbol{R}^2$상에서의 두 개의 벡터라고 할 때

$$\boldsymbol{u}=\begin{bmatrix} u_1 \\ u_2 \end{bmatrix}, \quad \boldsymbol{v}=\begin{bmatrix} v_1 \\ v_2 \end{bmatrix}$$

두 벡터 $\boldsymbol{u}$와 $\boldsymbol{v}$의 합은 다음과 같다.

$$\boldsymbol{u}+\boldsymbol{v}=\begin{bmatrix} u_1+v_1 \\ u_2+v_2 \end{bmatrix}$$

$\boldsymbol{R}^2$상에서의 $\boldsymbol{v}+\boldsymbol{w}$는 〈그림 5.25〉와 같이 나타낼 수 있으며 $\boldsymbol{v}+\boldsymbol{w}$의 좌표는 $(v_1+w_1,\ v_2+w_2)$이다.

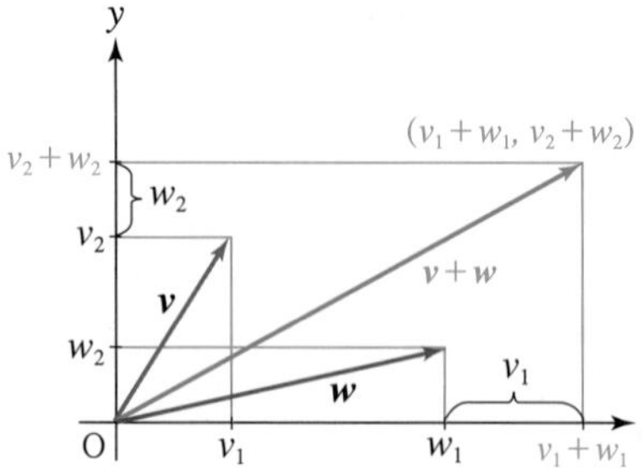


〈그림 5.25〉 $\boldsymbol{R}^2$상의 벡터 $\boldsymbol{v}+\boldsymbol{w}$의 표현

MATLAB

**예제 5-8** 두 벡터 $\boldsymbol{u}$와 $\boldsymbol{v}$가 다음과 같이 주어졌을 때 두 벡터의 합을 구해 보자.

(1) $\boldsymbol{u}=\begin{bmatrix}2\\3\end{bmatrix}, \quad \boldsymbol{v}=\begin{bmatrix}3\\-4\end{bmatrix}$ (2) $\boldsymbol{u}=\begin{bmatrix}2\\3\\-1\end{bmatrix}, \quad \boldsymbol{v}=\begin{bmatrix}3\\-4\\2\end{bmatrix}$

**풀이** (1) 대응하는 성분들의 합을 구하면

$\boldsymbol{u}+\boldsymbol{v}=\begin{bmatrix}2+3\\3+(-4)\end{bmatrix}=\begin{bmatrix}5\\-1\end{bmatrix}$이다. 이것은 〈그림 5.26〉과 같이 나타낼 수 있다.

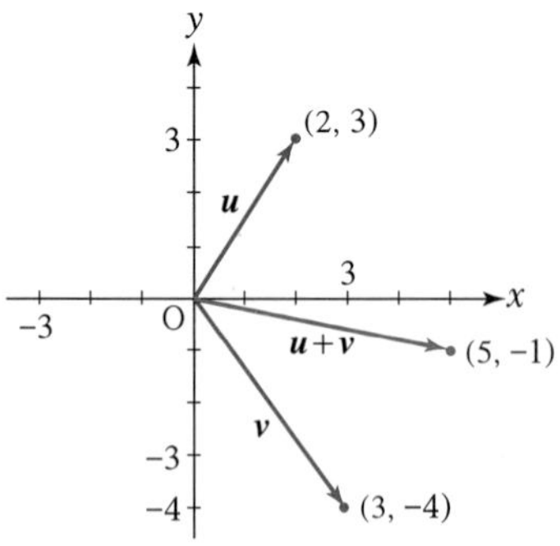


〈그림 5.26〉 두 벡터의 합

(2) 대응하는 성분들의 합을 구하면 다음과 같다.

$$\boldsymbol{u}+\boldsymbol{v}=\begin{bmatrix} 2+3 \\ 3+(-4) \\ (-1)+2 \end{bmatrix}=\begin{bmatrix} 5 \\ -1 \\ 1 \end{bmatrix}$$ ■

### (2) 벡터의 차

**정의 ❺-7** | $\boldsymbol{R}^n$상에서 $\boldsymbol{v}=(v_1, v_2, \cdots, v_n)$와 $\boldsymbol{w}=(w_1, w_2, \cdots, w_n)$가 주어졌을 때, 벡터의 차(difference) 또는 뺄셈(subtraction)은 다음과 같다.

$$\boldsymbol{v}-\boldsymbol{w}=(v_1-w_1, v_2-w_2, \cdots, v_n-w_n)$$

$\boldsymbol{R}^2$상의 벡터의 차는 벡터의 합으로 변환하여 사용하는 것이 편리한데, 예를 들어 벡터 $\boldsymbol{u}$와 $\boldsymbol{v}$의 차 $\boldsymbol{u}-\boldsymbol{v}$는 〈그림 5.27〉과 같이 $\boldsymbol{u}$와 $-\boldsymbol{v}$의 합으로 표현된다. 여기서 $-\boldsymbol{v}$는 $\boldsymbol{v}$의 반대 반향의 벡터이다.

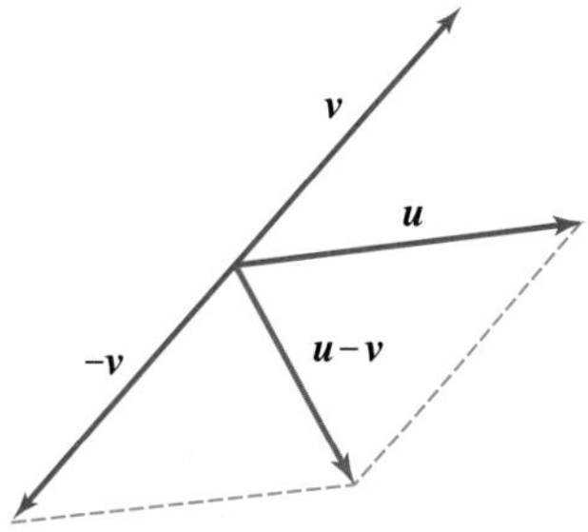


〈그림 5.27〉 벡터의 차

$\boldsymbol{R}^2$상의 벡터의 차를 구하는 또 다른 방법으로는 〈그림 5.28〉과 같이 $\boldsymbol{v}-\boldsymbol{w}$인 경우 $\boldsymbol{w}$의 종점 R에서 $\boldsymbol{v}$의 종점 Q에 이르는 유향선분 $\overrightarrow{\mathrm{RQ}}$를 연결하는 것이다. 이 경우 유향선분 $\overrightarrow{\mathrm{PT}}$와 $\overrightarrow{\mathrm{RQ}}$는 크기와 방향이 같으므로 같은 벡터이다.

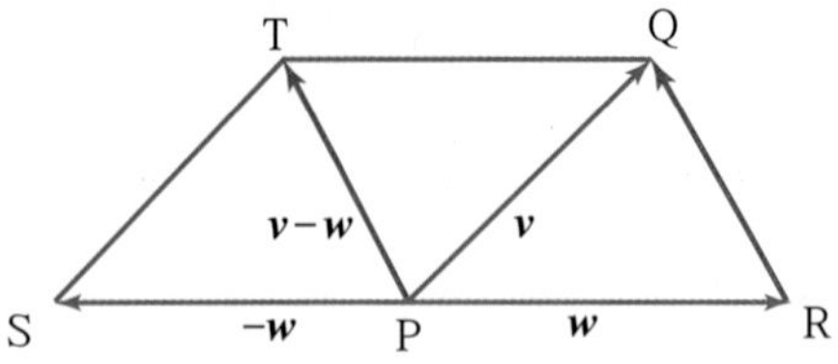


〈그림 5.28〉 $R^2$상의 벡터 $\boldsymbol{v}-\boldsymbol{w}$의 표현

MATLAB

**예제 5-9** 두 벡터 $\boldsymbol{u}$와 $\boldsymbol{v}$가 다음과 같이 주어졌을 때 두 벡터의 차를 구해 보자.

(1) $\boldsymbol{u}=\begin{bmatrix}2\\3\end{bmatrix}$, $\boldsymbol{v}=\begin{bmatrix}3\\-4\end{bmatrix}$　　(2) $\boldsymbol{u}=\begin{bmatrix}2\\3\\-1\end{bmatrix}$, $\boldsymbol{v}=\begin{bmatrix}3\\-4\\2\end{bmatrix}$

**풀이** (1) 대응하는 성분들의 차를 구하면

$\boldsymbol{u}-\boldsymbol{v}=\begin{bmatrix}2-3\\3-(-4)\end{bmatrix}=\begin{bmatrix}-1\\7\end{bmatrix}$이다. 이것은 〈그림 5.29〉와 같이 나타낼 수 있다.

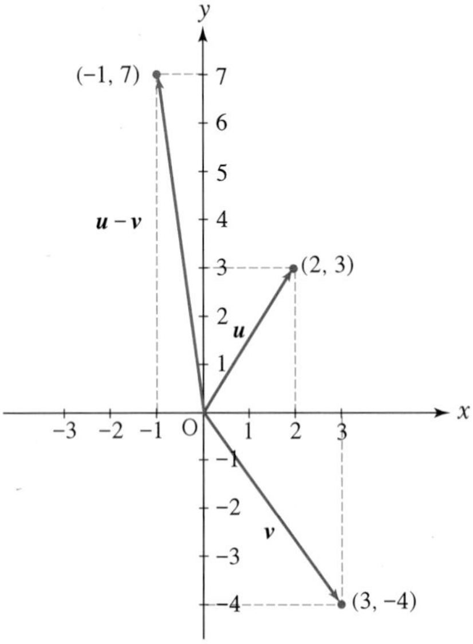


〈그림 5.29〉 두 벡터의 차

(2) 대응하는 성분들의 차를 구하면 다음과 같다.

$$\boldsymbol{u}-\boldsymbol{v}=\begin{bmatrix} 2-3 \\ 3-(-4) \\ (-1)-2 \end{bmatrix}=\begin{bmatrix} -1 \\ 7 \\ -3 \end{bmatrix} \quad ■$$

### 5.2.2 벡터의 스칼라 곱

**정의 ❺-8** 벡터 $\boldsymbol{u}$와 스칼라 $\alpha$의 곱 $\alpha\boldsymbol{u}$를 벡터의 스칼라 곱(scalar product)이라고 한다. 즉, $\boldsymbol{u}=\begin{bmatrix} u_1 \\ u_2 \end{bmatrix}$가 평면상의 벡터이고 $\alpha$가 스칼라일 때 $\boldsymbol{u}$의 $\alpha$ 값에 대한 스칼라 곱은 $\begin{bmatrix} \alpha u_1 \\ \alpha u_2 \end{bmatrix}$가 된다. 만일 $\alpha > 0$이면 $\boldsymbol{u}$와 같은 방향을 가지고, $\alpha < 0$이면 $\boldsymbol{u}$와 반대 방향을 가지는데 $\alpha\boldsymbol{u}$ 의 크기는 $|\alpha| \cdot \|\boldsymbol{u}\|$이다. 특히 $\alpha=0$이거나 $\boldsymbol{u}=0$이면 $\alpha\boldsymbol{u}=0$이고, $(-1)\boldsymbol{u}=-\boldsymbol{u}$이다. 〈그림 5.30〉은 $\alpha$의 값에 따른 벡터 $\boldsymbol{v}$의 방향과 크기를 나타낸다.

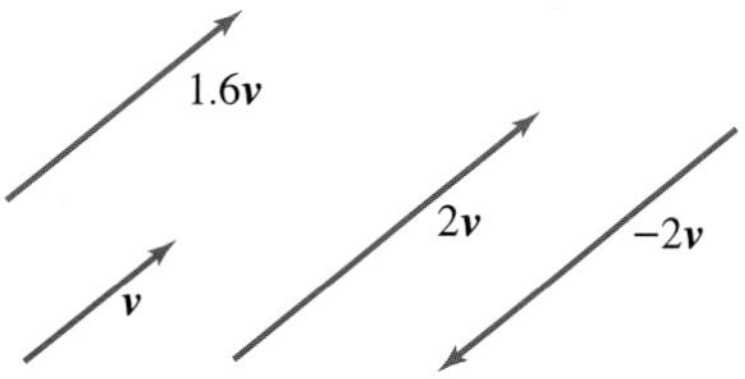


〈그림 5.30〉 스칼라 곱

예를 들어, 주어진 벡터 $\boldsymbol{v}$에 대해 $2\boldsymbol{v}$와 $-\frac{1}{3}\boldsymbol{v}$를 좌표평면상에 나타내면 〈그림 5.31〉과 같다.

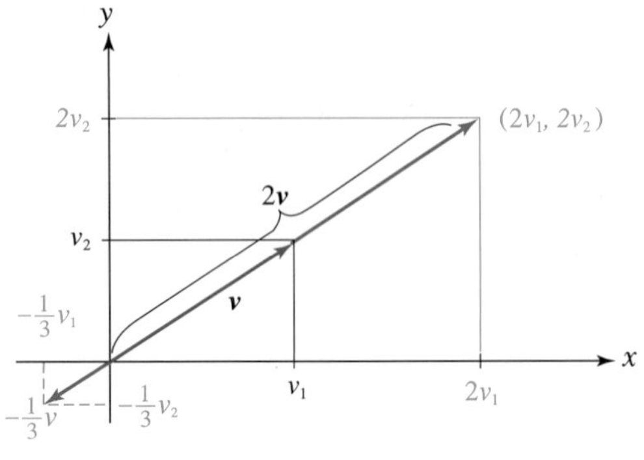


〈그림 5.31〉 $\boldsymbol{R}^2$상의 벡터 $\boldsymbol{v}$의 스칼라 곱 표현

**예제 5-10** $\boldsymbol{u}=\begin{bmatrix}2\\-3\end{bmatrix}$, $\alpha=2$, $\beta=-3$일 때 $\alpha\boldsymbol{u}$와 $\beta\boldsymbol{u}$를 각각 구해 보자.

**풀이** $\alpha\boldsymbol{u}=2\begin{bmatrix}2\\-3\end{bmatrix}=\begin{bmatrix}2(2)\\2(-3)\end{bmatrix}=\begin{bmatrix}4\\-6\end{bmatrix}$이고

$$\beta\boldsymbol{u}=-3\begin{bmatrix}2\\-3\end{bmatrix}=\begin{bmatrix}(-3)(2)\\(-3)(-3)\end{bmatrix}=\begin{bmatrix}-6\\9\end{bmatrix}$$

이며, 이와 관련된 벡터는 〈그림 5.32〉와 같이 나타낸다. ■

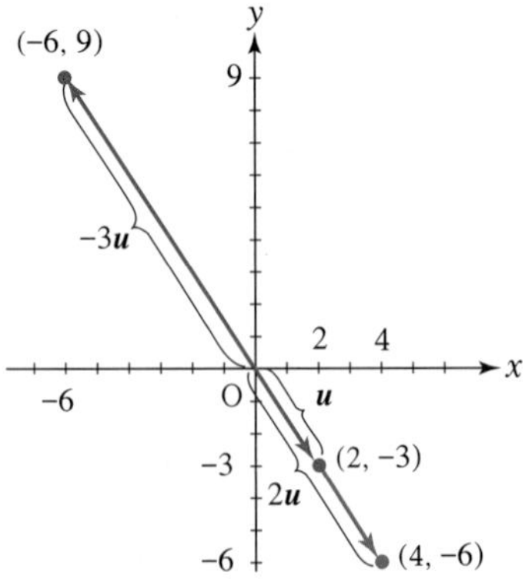


〈그림 5.32〉 벡터의 스칼라 곱

MATLAB

**예제 ⑤-11** 다음과 같은 세 벡터가 주어졌을 때 벡터 연산의 결과를 각각 구해 보자.

$$\boldsymbol{u}=\begin{bmatrix}5\\3\\-4\end{bmatrix},\quad \boldsymbol{v}=\begin{bmatrix}-1\\5\\2\end{bmatrix},\quad \boldsymbol{w}=\begin{bmatrix}3\\-1\\-2\end{bmatrix}$$

(1) $3\boldsymbol{u}$ (2) $5\boldsymbol{u}-2\boldsymbol{v}$ (3) $-2\boldsymbol{u}+4\boldsymbol{v}-3\boldsymbol{w}$

**풀이** 먼저 스칼라 곱을 구하고 벡터의 합과 차를 구한다.

(1) $$3\boldsymbol{u}=3\begin{bmatrix}5\\3\\-4\end{bmatrix}=\begin{bmatrix}15\\9\\-12\end{bmatrix}$$

(2) $$5\boldsymbol{u}-2\boldsymbol{v}=5\begin{bmatrix}5\\3\\-4\end{bmatrix}-2\begin{bmatrix}-1\\5\\2\end{bmatrix}=\begin{bmatrix}25\\15\\-20\end{bmatrix}+\begin{bmatrix}2\\-10\\-4\end{bmatrix}=\begin{bmatrix}27\\5\\-24\end{bmatrix}$$

(3) $$-2\boldsymbol{u}+4\boldsymbol{v}-3\boldsymbol{w}=-2\begin{bmatrix}5\\3\\-4\end{bmatrix}+4\begin{bmatrix}-1\\5\\2\end{bmatrix}-3\begin{bmatrix}3\\-1\\-2\end{bmatrix}$$

$$=\begin{bmatrix}-10\\-6\\8\end{bmatrix}+\begin{bmatrix}-4\\20\\8\end{bmatrix}+\begin{bmatrix}-9\\3\\6\end{bmatrix}=\begin{bmatrix}-23\\17\\22\end{bmatrix}$$ ■

## 5.2.3 벡터의 성질

**정리 ❺-1** $R^2$이나 $R^3$상의 벡터 $\boldsymbol{u}, \boldsymbol{v}, \boldsymbol{w}$와 영벡터 $\boldsymbol{0}$에 대하여 벡터의 성질들을 요약하면 다음과 같다.

(1) $\boldsymbol{u}+\boldsymbol{v}=\boldsymbol{v}+\boldsymbol{u}$ (덧셈에 대한 교환법칙)

(2) $\boldsymbol{u}+(\boldsymbol{v}+\boldsymbol{w})=(\boldsymbol{u}+\boldsymbol{v})+\boldsymbol{w}$ (덧셈에 대한 결합법칙)

(3) $\boldsymbol{u}+\boldsymbol{0}=\boldsymbol{u}$ (덧셈에 관한 항등원)

(4) $\boldsymbol{u}+(-\boldsymbol{u})=\boldsymbol{0}$ (덧셈에 관한 역원)

(5) $\alpha(\boldsymbol{u}+\boldsymbol{v})=\alpha\boldsymbol{u}+\alpha\boldsymbol{v}$ ($\alpha$는 스칼라)

(6) $(\alpha+\beta)\boldsymbol{u}=\alpha\boldsymbol{u}+\beta\boldsymbol{u}$ ($\alpha$와 $\beta$는 스칼라)

(7) $\alpha(\beta\boldsymbol{u})=(\alpha\beta)\boldsymbol{u}$ ($\alpha$와 $\beta$는 스칼라)

(8) $1\boldsymbol{u}=\boldsymbol{u}$ (곱셈에 대한 항등원)

(9) $\boldsymbol{0}\boldsymbol{u}=\boldsymbol{0}$ (영벡터)

**증명** (1) $\boldsymbol{u}$와 $\boldsymbol{v}$가 $R^2$상에서의 다음과 같은 벡터라고 하자.

$$\boldsymbol{u}=\begin{bmatrix} u_1 \\ u_2 \end{bmatrix}, \quad \boldsymbol{v}=\begin{bmatrix} v_1 \\ v_2 \end{bmatrix}$$

그러면

$$\boldsymbol{u}+\boldsymbol{v}=\begin{bmatrix} u_1+v_1 \\ u_2+v_2 \end{bmatrix}\text{이고,}\quad \boldsymbol{v}+\boldsymbol{u}=\begin{bmatrix} v_1+u_1 \\ v_2+u_2 \end{bmatrix}\text{이다.}$$

벡터 $\boldsymbol{u}$와 $\boldsymbol{v}$의 성분이 모두 실수이므로

$u_1+v_1=v_1+u_1$과 $u_2+v_2=v_2+u_2$가 성립한다. 그러므로 $R^2$상에서

$$\boldsymbol{u}+\boldsymbol{v}=\boldsymbol{v}+\boldsymbol{u}$$

가 성립한다. 이것을 그림으로 나타내면 〈그림 5.33〉과 같다. 이와 마찬가지로 $R^3$상에서도 덧셈에 대한 교환법칙이 성립한다. ■

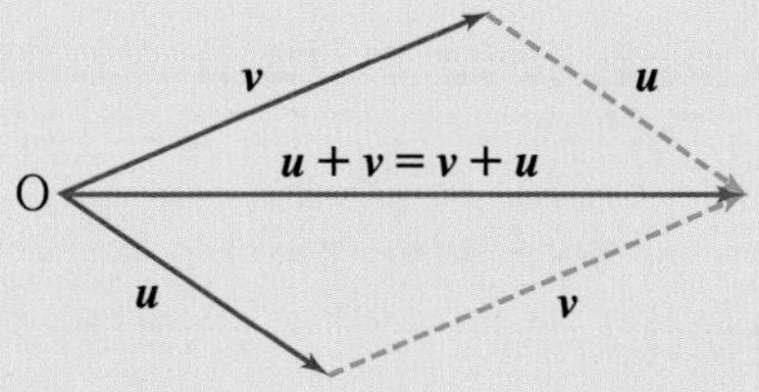


〈그림 5.33〉 $\boldsymbol{u} + \boldsymbol{v} = \boldsymbol{v} + \boldsymbol{u}$

또한 영벡터 **0**은 길이가 0이고 방향은 고려하지 않아도 되므로 어떤 벡터에서도 $\boldsymbol{u} + \boldsymbol{0} = \boldsymbol{0} + \boldsymbol{u} = \boldsymbol{u}$가 성립하고, $\boldsymbol{u}$와 $-\boldsymbol{u}$는 크기가 같고 방향이 반대이므로 $\boldsymbol{u} + (-\boldsymbol{u}) = \boldsymbol{0}$도 성립한다. 나머지 성질들도 비교적 간단하게 입증될 수 있다.

### 5.2.4 벡터의 응용

이 세상에서 움직이는 물체의 운동은 모두 벡터로 표현되기 때문에 벡터를 이용하여 응용할 수 있는 예는 무수히 많다. 여기서는 두 가지 응용 예를 간단히 살펴본다.

**(1) 로봇의 위치를 나타내는 벡터**

벡터를 사용하면 로봇의 위치를 비교적 쉽게 추적할 수 있다. 〈그림 5.34〉와 같이 $\boldsymbol{a}$, $\boldsymbol{b}$, $\boldsymbol{c}$, $\boldsymbol{d}$ 벡터로 차례로 움직여서 좌표 X에서 Y로 이동했을 경우에는 단 하나의 벡터 $\boldsymbol{p}$로써 위치를 알 수 있다. 즉, $\boldsymbol{a} + \boldsymbol{b} + \boldsymbol{c} + \boldsymbol{d} = \boldsymbol{p}$이다.

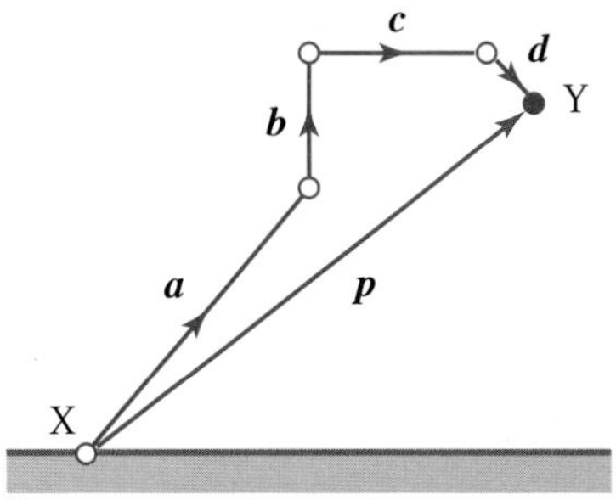


〈그림 5.34〉 로봇의 위치를 나타내는 벡터

### (2) 교량을 건설할 때 힘이 작용하는 벡터의 계산

교량을 건설할 때 벡터를 이용하면 안전하게 설계를 할 수 있다. 즉, 〈그림 5.35〉와 같이 교량을 받쳐 주고 지탱하는 중앙 탑(tower)과 다리 옆에 연결된 케이블 사이의 벡터를 정확하게 계산함으로써 안전한 교량의 설계와 건설을 가능하게 한다.

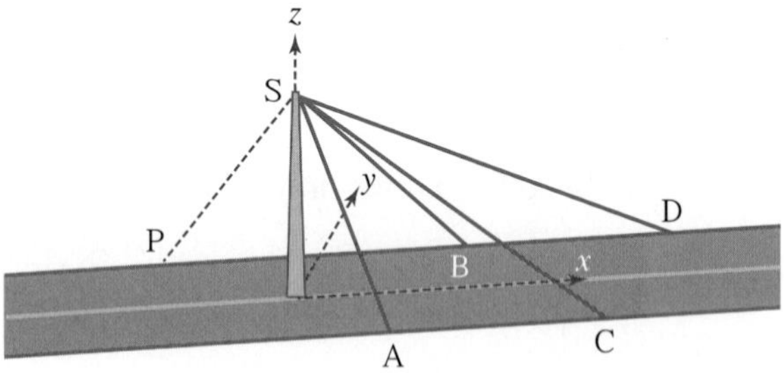


〈그림 5.35〉 교량 건설에 이용되는 벡터

# 연습 문제 5.2

## Part 1. 진위 문제

다음 문장의 진위를 판단하고, 틀린 경우에는 그 이유를 적으시오.

1. 벡터에서는 덧셈과 곱셈에 대한 항등원이 항상 존재한다.
2. 벡터의 차는 벡터의 합으로 변환하여 계산해도 그 결과는 같다.
3. 벡터에다 스칼라 값 $c$를 곱하면 항상 같은 방향의 크기가 다른 벡터를 얻는다.
4. $\boldsymbol{u} + \boldsymbol{v}$의 크기는 최소한 $\boldsymbol{u}$나 $\boldsymbol{v}$의 크기보다 커야 한다.
5. 만약 $\boldsymbol{R}^n$상에 있는 벡터 $\boldsymbol{u}$와 $\boldsymbol{v}$가 같은 크기를 가진다면 $\boldsymbol{u} - \boldsymbol{v}$는 항상 영벡터이다.

## Part 2. 선택 문제

1. 벡터의 성질 중에서 성립하지 않는 것은?

   (1) $\boldsymbol{u} + \boldsymbol{0} = \boldsymbol{u}$ (2) $\boldsymbol{u} + \boldsymbol{v} = \boldsymbol{v} + \boldsymbol{u}$

   (3) $\boldsymbol{u} + (-\boldsymbol{u}) = \boldsymbol{0}$ (4) $\boldsymbol{u} = \|\boldsymbol{u}\|$

2. 다음 중 벡터의 응용에 속할 수 없는 것은?

   (1) 이동하는 물체
   (2) 중력이 미치는 힘
   (3) 자동차의 빠르기
   (4) 움직이는 로봇

3. 다음 중 맞지 않는 것은?

   (1) $\boldsymbol{u} + (\boldsymbol{v} + \boldsymbol{w}) = (\boldsymbol{u} + \boldsymbol{v}) + \boldsymbol{w}$이다.
   (2) $(\alpha + \beta)\boldsymbol{u} = \alpha\boldsymbol{u} + \beta\boldsymbol{u}$이다.
   (3) 벡터와 행렬은 전혀 관계가 없다.
   (4) $1\boldsymbol{u} = \boldsymbol{u}$

4. $\boldsymbol{u}=\begin{bmatrix} 2 \\ -3 \end{bmatrix}$, $\boldsymbol{v}=\begin{bmatrix} -1 \\ 2 \end{bmatrix}$일 때, 다음 중 맞는 것은?

(1) $\boldsymbol{u}+2\boldsymbol{v}=\begin{bmatrix} 1 \\ -1 \end{bmatrix}$ (2) $2\boldsymbol{u}+3\boldsymbol{v}=\begin{bmatrix} 1 \\ -1 \end{bmatrix}$

(3) $3\boldsymbol{u}-\boldsymbol{v}=\begin{bmatrix} 7 \\ -10 \end{bmatrix}$ (4) $4\boldsymbol{u}-5\boldsymbol{v}=\begin{bmatrix} 13 \\ -22 \end{bmatrix}$

5. 다음 중 맞지 않은 것은?
(1) 벡터와 스칼라를 곱한 것은 벡터이다.
(2) $\boldsymbol{u}=-\boldsymbol{v}$이면 $\|\boldsymbol{u}\|$와 $\|-\boldsymbol{v}\|$는 서로 다르다.
(3) 벡터와 벡터의 차는 벡터이다.
(4) 영벡터는 벡터에 속한다.

## Part 3. 주관식 문제

1. $\boldsymbol{u}=(1, -4, 2)$와 $\boldsymbol{v}=(4, 3, -6)$가 주어졌을 때 $\boldsymbol{u}+\boldsymbol{v}$를 구하시오.

2. 다음과 같이 $\boldsymbol{u}$, $\boldsymbol{v}$가 주어졌을 때 $\boldsymbol{u}+\boldsymbol{v}$의 연산 결과를 구하시오.

$\boldsymbol{u}=2\boldsymbol{i}-3\boldsymbol{j}+4\boldsymbol{k}$, $\boldsymbol{v}=3\boldsymbol{i}+\boldsymbol{j}-2\boldsymbol{k}$

3. 다음과 같이 주어진 벡터에 대하여 $\boldsymbol{u}+(\boldsymbol{v}+\boldsymbol{w})$를 구하시오.

$\boldsymbol{u}=(3, 1)$, $\boldsymbol{v}=(4, -2)$, $\boldsymbol{w}=(-5, -2)$

4. $\boldsymbol{u}=(7, 2, -1)$와 $\boldsymbol{v}=(4, -2, 3)$가 주어졌을 때 $\boldsymbol{u}-\boldsymbol{v}$를 구하시오.

5. $\boldsymbol{u}=(1, 2, -3)$이고 $k=2$일 때 $k\boldsymbol{u}$를 계산하시오.

6. 다음 벡터들 사이의 연산 결과를 각각 구하시오.

$\boldsymbol{u}=(-1, 3, 4)$, $\boldsymbol{v}=(2, 1, -1)$, $\boldsymbol{w}=(-2, -1, 3)$

(1) $-\boldsymbol{u}$ (2) $\boldsymbol{u}+\boldsymbol{v}$ (3) $3\boldsymbol{u}-\boldsymbol{v}+2\boldsymbol{w}$

7. 다음과 같이 $\boldsymbol{u}$, $\boldsymbol{v}$ 벡터가 주어졌을 때, 벡터의 연산 $\boldsymbol{u}+\boldsymbol{v}$, $7\boldsymbol{u}$, $-\boldsymbol{v}$, $3\boldsymbol{u}-5\boldsymbol{v}$ 값을 구하시오.

$\boldsymbol{u}=(2, 4, -5), \quad \boldsymbol{v}=(1, -6, 9)$

8. 다음의 세 벡터가 주어졌을 때 연산 결과를 각각 구하시오.

$\boldsymbol{u}=(2, -7, 1), \quad \boldsymbol{v}=(-3, 0, 4), \quad \boldsymbol{w}=(0, 5, -8)$

(1) $3\boldsymbol{u}-4\boldsymbol{v}$ (2) $2\boldsymbol{u}+3\boldsymbol{v}-5\boldsymbol{w}$

9. 다음의 세 벡터와 스칼라 $\alpha$, $\beta$가 주어졌을 때 벡터 연산 결과를 각각 구하시오.

$$\boldsymbol{u}=\begin{bmatrix} 2 \\ 3 \\ -1 \end{bmatrix}, \quad \boldsymbol{v}=\begin{bmatrix} -1 \\ 2 \\ 4 \end{bmatrix}, \quad \boldsymbol{w}=\begin{bmatrix} 0 \\ 1 \\ -1 \end{bmatrix}, \quad \alpha=-2, \quad \beta=3$$

(1) $\boldsymbol{u}+\boldsymbol{v}$ (2) $\alpha\boldsymbol{u}+\beta\boldsymbol{w}$ (3) $\boldsymbol{u}+\boldsymbol{v}+\boldsymbol{w}$ (4) $\alpha\boldsymbol{u}+\beta\boldsymbol{v}+\boldsymbol{w}$

10. 다음의 주어진 벡터들에 대해 $\boldsymbol{u}+\boldsymbol{v}$, $\boldsymbol{u}-\boldsymbol{v}$, $2\boldsymbol{u}$, $3\boldsymbol{u}-2\boldsymbol{v}$ 를 구하시오.

(1) $\boldsymbol{u}=\begin{bmatrix} 2 \\ 3 \end{bmatrix}, \ \boldsymbol{v}=\begin{bmatrix} -2 \\ 5 \end{bmatrix}$ (2) $\boldsymbol{u}=\begin{bmatrix} 0 \\ 3 \end{bmatrix}, \ \boldsymbol{v}=\begin{bmatrix} 3 \\ 2 \end{bmatrix}$ (3) $\boldsymbol{u}=\begin{bmatrix} 2 \\ 6 \end{bmatrix}, \ \boldsymbol{v}=\begin{bmatrix} 3 \\ 2 \end{bmatrix}$

11. $\boldsymbol{R}^3$상의 벡터 $\boldsymbol{u}$, $\boldsymbol{v}$, $\boldsymbol{w}$가 주어졌을 때 $\boldsymbol{u}+(\boldsymbol{v}+\boldsymbol{w})=(\boldsymbol{u}+\boldsymbol{v})+\boldsymbol{w}$, 즉 덧셈에 대한 결합법칙이 성립함을 증명하시오.

12. (도전문제) $n$차원의 벡터와 $(n-1)$차원의 벡터 사이의 연산이 가능한지를 판단하고, 그 이유를 논하시오.

13. (도전문제) 화학방정식 $2NH_2+H_2 \rightarrow 2NH_3$과 식 $2(1, 2)+(0, 2)=2(1, 3)$과의 관계를 설명하시오.
또한 화학결합 $C_aH_bO_c$를 좌표공간의 점 $(a, b, c)$에 대응시킬 때, 화학방정식 $CO+H_2O \rightarrow H_2+CO_2$를 좌표를 써서 나타내시오.

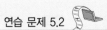

## 5.3 MATLAB에 의한 연산

### (1) 벡터의 합

예제 ❺-8 MATLAB

실습 ❺-1

두 벡터 $\boldsymbol{u}$와 $\boldsymbol{v}$가 다음과 같이 주어졌을 때 두 벡터의 합을 구해 보자.

$$(1)\ \boldsymbol{u}=\begin{bmatrix}2\\3\end{bmatrix},\quad \boldsymbol{v}=\begin{bmatrix}3\\-4\end{bmatrix}\qquad (2)\ \boldsymbol{u}=\begin{bmatrix}2\\3\\-1\end{bmatrix},\quad \boldsymbol{v}=\begin{bmatrix}3\\-4\\2\end{bmatrix}$$

풀이 (1) $\boldsymbol{u}+\boldsymbol{v}=\begin{bmatrix}2+3\\3+(-4)\end{bmatrix}=\begin{bmatrix}5\\-1\end{bmatrix}$

```
Command Window
File Edit Debug Desktop Window Help
>> u=[2; 3];
>> v=[3; -4];
>> u+v

ans =

     5
    -1

>>
```

(2) $\boldsymbol{u}+\boldsymbol{v}=\begin{bmatrix}2+3\\3+(-4)\\(-1)+2\end{bmatrix}=\begin{bmatrix}5\\-1\\1\end{bmatrix}$

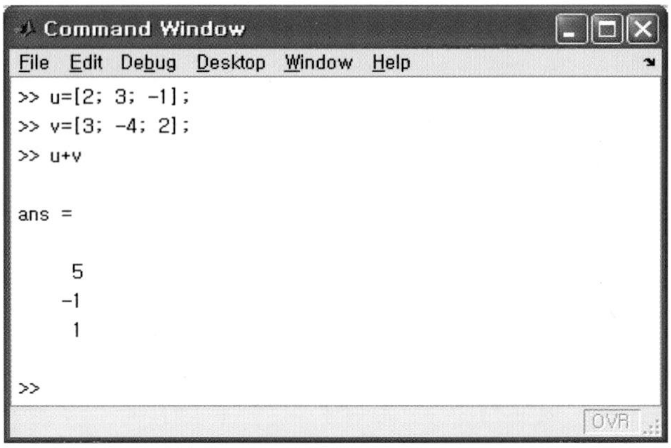


## (2) 벡터의 차

예제 ❺-9 | MATLAB

실습 ❺-2

두 벡터 $\boldsymbol{u}$와 $\boldsymbol{v}$가 다음과 같이 주어졌을 때 두 벡터의 차를 구해 보자.

$$\boldsymbol{u}=\begin{bmatrix}2\\3\end{bmatrix},\quad \boldsymbol{v}=\begin{bmatrix}3\\-4\end{bmatrix}$$

**풀이** $$\boldsymbol{u}-\boldsymbol{v}=\begin{bmatrix}2-3\\3-(-4)\end{bmatrix}=\begin{bmatrix}-1\\7\end{bmatrix}$$

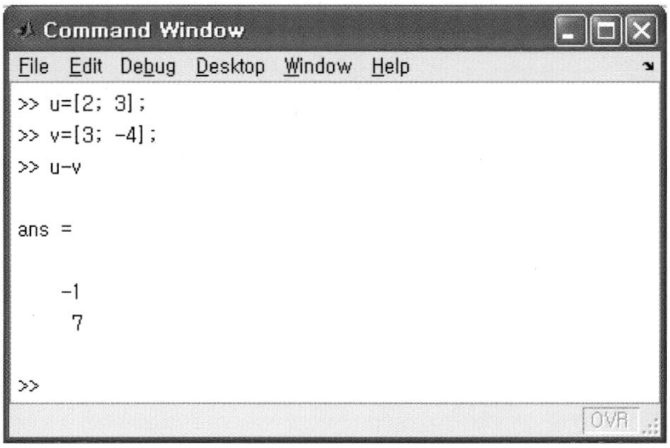

### (3) 벡터의 곱

실습 ❺-3

예제 ⑤-11 MATLAB

다음과 같은 세 벡터가 주어졌을 때 벡터 연산의 결과를 각각 구해 보자.

$$\boldsymbol{u}=\begin{bmatrix}5\\3\\-4\end{bmatrix},\quad \boldsymbol{v}=\begin{bmatrix}-1\\5\\2\end{bmatrix},\quad \boldsymbol{w}=\begin{bmatrix}3\\-1\\-2\end{bmatrix}$$

(1) $3\boldsymbol{u}$

(2) $5\boldsymbol{u}-2\boldsymbol{v}$

**풀이** (1) $3\boldsymbol{u}=3\begin{bmatrix}5\\3\\-4\end{bmatrix}=\begin{bmatrix}15\\9\\-12\end{bmatrix}$

```
Command Window
File Edit Debug Desktop Window Help
>> u=[5; 3; -4];
>> 3*u

ans =

    15
     9
   -12

>>
```

(2) $5\boldsymbol{u}-2\boldsymbol{v}=5\begin{bmatrix}5\\3\\-4\end{bmatrix}-2\begin{bmatrix}-1\\5\\2\end{bmatrix}=\begin{bmatrix}25\\15\\-20\end{bmatrix}+\begin{bmatrix}2\\-10\\-4\end{bmatrix}=\begin{bmatrix}27\\5\\-24\end{bmatrix}$

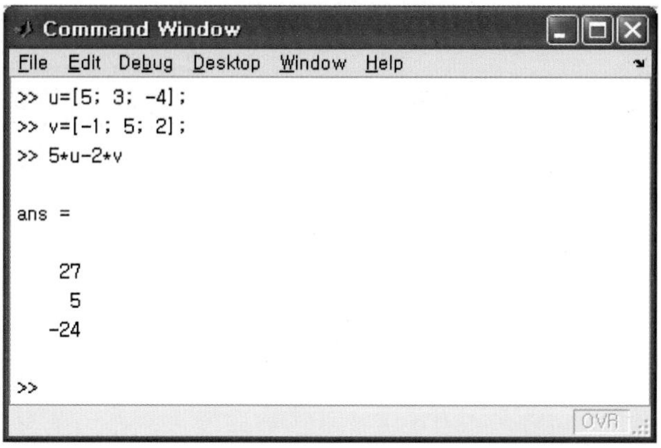
Command Window
File Edit Debug Desktop Window Help
>> u=[5; 3; -4];
>> v=[-1; 5; 2];
>> 5*u-2*v
ans =
27
5
-24
>>
OVR

## 벡터의 생활 속의 응용

- 벡터는 물리학에서 두 물체 사이의 이동이나 상호작용을 나타내는 척도로 매우 중요한 역할을 한다.
- 일이나 에너지 같은 물리량을 벡터로 나타내어 복잡한 연산을 간편하게 할 수 있다.
- 자연법칙을 수식으로 표현할 때는 물리량에 의해 가능한데, 이것을 벡터와 스칼라를 통해 나타낼 수 있다.
- 네트워크를 분석하거나 경로 탐색 등에 중요한 역할을 한다.
- 컴퓨터 그래픽에 응용될 수 있다.

06

CHAPTER

# 벡터공간

LINEAR ALGEBRA

## 개 요

제6장에서는 벡터공간과 관련된 전반적인 논제들을 학습한다. 벡터공간은 벡터들 간의 합과 스칼라 곱에 대해 닫혀있으며, 그 밖의 8가지 성질들을 만족함을 살펴본다. 또한 부분공간의 성질들을 예를 들어 고찰한다. 벡터공간에서의 주요 논제 중의 하나인 선형독립과 선형종속의 개념과 차이점을 예제들을 통하여 학습하고, 몇 개의 벡터들이 벡터공간을 생성할 때의 경우를 여러 가지 예와 그림을 통하여 알아본다. 마지막으로 선형독립과 생성의 조건들을 동시에 만족할 때의 최소한의 벡터들을 기저라고 하는데, 이와 같은 기저의 조건을 고찰하고 기저의 개수인 차원에 대해서도 학습한다.

CONTENTS

CHAPTER

# 06 벡터공간

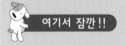

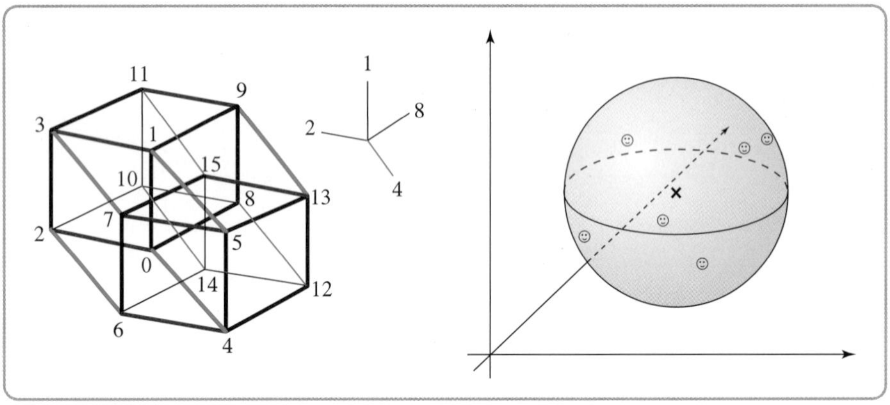


## 6.1 벡터공간과 선형독립

벡터공간은 실벡터공간(real vector space)과 복소벡터공간(complex vector space)의 2가지로 나누어지는데, 스칼라를 실수 전체로 택할 때 $V$를 실수 $\boldsymbol{R}$ 위의 벡터공간 또는 실벡터공간이라고 한다. 한편 스칼라를 복소수 전체의 집합 $\boldsymbol{C}$로 잡았을 때를 복소벡터공간이라고 하는데, 여기서는 실벡터공간에 대해서만 고찰하기로 한다.

**여기서 잠깐!!** 복소수(complex number, 複素數)는 두 개의 실수 $a$, $b$를 사용한 $a+bi$의 형태로 이루어진다. 여기서 $i^2=1$, 즉 $i=\sqrt{-1}$이다.

### 6.1.1 벡터공간과 부분공간

**정의 ❻-1** $V$가 벡터의 합과 스칼라 곱의 연산이 정의되는 공집합이 아닌 벡터들로 이루어진 집합이고, 다음의 10가지 공리들(axioms)을 만족할 때 $V$를 벡터공간(vector space)이라고 한다. 이때 공리들은 $V$ 안의 모든 벡터 $\boldsymbol{u}$, $\boldsymbol{v}$, $\boldsymbol{w}$와 모든 스칼라 $\alpha$, $\beta$에 대하여 성립해야 한다.

(1) $\boldsymbol{u}$와 $\boldsymbol{v}$의 합인 $\boldsymbol{u}+\boldsymbol{v}$도 $V$에 속한다. (덧셈에 대해 닫혀있다)
(2) 모든 $\boldsymbol{u}$, $\boldsymbol{v}$에 대하여 $\boldsymbol{u}+\boldsymbol{v}=\boldsymbol{v}+\boldsymbol{u}$ (덧셈에 대한 교환법칙)
(3) $(\boldsymbol{u}+\boldsymbol{v})+\boldsymbol{w}=\boldsymbol{u}+(\boldsymbol{v}+\boldsymbol{w})$ (덧셈에 대한 결합법칙)
(4) $\boldsymbol{u}+\boldsymbol{0}=\boldsymbol{u}$인 영벡터가 $V$에 존재한다. (영벡터의 존재)
(5) $V$상의 모든 $\boldsymbol{u}$에 대하여 $\boldsymbol{u}+(-\boldsymbol{u})=\boldsymbol{0}$를 만족하는 $-\boldsymbol{u}$가 존재한다. (덧셈에 대한 역원)
(6) $\boldsymbol{u}$에다 스칼라 $\alpha$를 곱한 $\alpha\boldsymbol{u}$도 $V$에 속한다. (스칼라 곱에 대해 닫혀있다)
(7) $\alpha(\boldsymbol{u}+\boldsymbol{v})=\alpha\boldsymbol{u}+\alpha\boldsymbol{v}$ (스칼라 곱에 대한 배분법칙)
(8) $(\alpha+\beta)\boldsymbol{u}=\alpha\boldsymbol{u}+\beta\boldsymbol{u}$ (스칼라 곱에 대한 배분법칙)
(9) $\alpha(\beta\boldsymbol{u})=(\alpha\beta)\boldsymbol{u}$ (스칼라 곱에 대한 결합법칙)
(10) $1\boldsymbol{u}=\boldsymbol{u}$ (1은 스칼라 곱의 항등원)

이 중에서 가장 중요한 것은 덧셈과 스칼라 곱에 대해 닫혀있는 성질인데, 다음과 같이 요약될 수 있다.

(1) $\boldsymbol{u}$와 $\boldsymbol{v}$의 합인 $\boldsymbol{u}+\boldsymbol{v}$도 $V$에 속한다. (덧셈에 대해 닫혀있다)
(2) $\boldsymbol{u}$에다 스칼라 $\alpha$를 곱한 $\alpha\boldsymbol{u}$도 $V$에 속한다. (스칼라 곱에 대해 닫혀있다)

**예제 ❻-1** $\boldsymbol{R}^3$이 실수 $\boldsymbol{R}$ 위의 벡터공간임을 입증해 보자.

**풀이** $\boldsymbol{R}^3$에서 두 벡터 $\boldsymbol{u} = \begin{bmatrix} u_1 \\ v_1 \\ w_1 \end{bmatrix}$, $\boldsymbol{v} = \begin{bmatrix} u_2 \\ v_2 \\ w_2 \end{bmatrix}$라고 할 때

$$\boldsymbol{u} + \boldsymbol{v} = \begin{bmatrix} u_1 \\ v_1 \\ w_1 \end{bmatrix} + \begin{bmatrix} u_2 \\ v_2 \\ w_2 \end{bmatrix} = \begin{bmatrix} u_1 + u_2 \\ v_1 + v_2 \\ w_1 + w_2 \end{bmatrix}$$가 $\boldsymbol{R}^3$에 속한다.

또한 스칼라 값 $\alpha \in \boldsymbol{R}$에 대하여

$$\alpha \boldsymbol{u} = \alpha \begin{bmatrix} u_1 \\ v_1 \\ w_1 \end{bmatrix} = \begin{bmatrix} \alpha u_1 \\ \alpha v_1 \\ \alpha w_1 \end{bmatrix}$$도 $\boldsymbol{R}^3$에 속한다.

따라서 $\boldsymbol{R}^3$은 실수 $\boldsymbol{R}$ 위의 벡터공간이다. ■

**예제 ❻-2** 유클리드 공간 $\boldsymbol{R}^n$이 실수 $\boldsymbol{R}$ 위의 벡터공간임을 확인해 보자.

**풀이** $\boldsymbol{R}^n$에서 두 벡터 $\boldsymbol{u} = \begin{bmatrix} u_1 \\ u_2 \\ \vdots \\ u_n \end{bmatrix}$, $\boldsymbol{v} = \begin{bmatrix} v_1 \\ v_2 \\ \vdots \\ v_n \end{bmatrix}$라고 할 때

$$\boldsymbol{u} + \boldsymbol{v} = \begin{bmatrix} u_1 \\ u_2 \\ \vdots \\ u_n \end{bmatrix} + \begin{bmatrix} v_1 \\ v_2 \\ \vdots \\ v_n \end{bmatrix} = \begin{bmatrix} u_1 + v_1 \\ u_2 + v_2 \\ \vdots \\ u_n + v_n \end{bmatrix}$$가 $\boldsymbol{R}^n$에 속한다.

또한 스칼라 값 $\alpha \in \boldsymbol{R}$에 대하여

$$\alpha\boldsymbol{u}=\alpha\begin{bmatrix}u_1\\u_2\\\vdots\\u_n\end{bmatrix}=\begin{bmatrix}\alpha u_1\\\alpha u_2\\\vdots\\\alpha u_n\end{bmatrix}\text{도 }\boldsymbol{R}^n\text{에 속한다.}$$

따라서 $\boldsymbol{R}^n$은 실수 $\boldsymbol{R}$ 위의 공간벡터이다. ■

**정의 ❻-2** 하나의 원소로만 이루어진 공간벡터를 영벡터공간(zero vector space)이라고 한다. 이 하나의 원소를 $\mathbf{0}$로 나타내는데 $\mathbf{0}+\mathbf{0}=\mathbf{0}$, $\alpha\mathbf{0}=\mathbf{0}(\alpha\in\boldsymbol{R})$가 성립한다.

**정리 ❻-1** 공간벡터 $V$의 원소 $\boldsymbol{u}$와 스칼라 $\alpha\in\boldsymbol{R}$에 있어서 다음과 같은 성질들이 성립한다.

(1) $0\boldsymbol{u}=\mathbf{0}$

(2) $\alpha\mathbf{0}=\mathbf{0}$

(3) $(-1)\boldsymbol{u}=-\boldsymbol{u}$

(4) $\alpha\boldsymbol{u}=\mathbf{0}$이면 $\alpha=0$ 또는 $\boldsymbol{u}=\mathbf{0}$

**정의 ❻-3** 벡터공간 $V$의 부분집합 $W$가 $V$에서 정의된 다음의 두 연산을 만족할 때, 즉 벡터의 합과 스칼라 곱에 대해 닫혀있는 새로운 벡터공간을 이룰 때 $W$를 $V$의 부분공간(subspace)이라고 한다.

(1) $\boldsymbol{u}\in W$이고 $\boldsymbol{v}\in W$이면 $\boldsymbol{u}+\boldsymbol{v}\in W$

(2) $\boldsymbol{u}\in W$이고 $\alpha$가 스칼라 값이면 $\alpha\boldsymbol{u}\in W$

**예제 ❻-3** $S$가 다음과 같은 벡터들의 집합일 때 $S$가 $\boldsymbol{R}^3$의 부분공간인지를 확인해 보자.

$$S=\left\{\begin{bmatrix}x\\y\\z\end{bmatrix} \mid x=y\right\}$$

풀이 (1) $\begin{bmatrix}u_1\\u_1\\u_2\end{bmatrix}$와 $\begin{bmatrix}v_1\\v_1\\v_2\end{bmatrix}$가 $S$에 속하는 임의의 벡터라고 할 때,

$$\begin{bmatrix}u_1\\u_1\\u_2\end{bmatrix}+\begin{bmatrix}v_1\\v_1\\v_2\end{bmatrix}=\begin{bmatrix}u_1+v_1\\u_1+v_1\\u_2+v_2\end{bmatrix}\in S\text{이다.}$$

(2) 만약 $\boldsymbol{u}=\begin{bmatrix}u_1\\u_1\\u_2\end{bmatrix}\in S$라면 $\alpha\boldsymbol{u}=\begin{bmatrix}\alpha u_1\\\alpha u_1\\\alpha u_2\end{bmatrix}\in S$이다.

그 이유는 (1)과 (2)에서 첫 번째와 두 번째의 성분이 서로 같기 때문이다. 따라서 $S$는 $\boldsymbol{R}^3$의 부분공간이다. ■

**예제 ❻-4** $W$가 다음과 같이 정의된 $\boldsymbol{R}^3$의 부분집합이라고 할 때, $W$가 $\boldsymbol{R}^3$의 부분공간이 아님을 살펴보자.

$$W=\left\{\boldsymbol{u} \mid \boldsymbol{u}=\begin{bmatrix}u_1\\u_2\\1\end{bmatrix},\ u_1,\ u_2\text{는 임의의 실수}\right\}$$

풀이 $\boldsymbol{u}=\begin{bmatrix}u_1\\u_2\\1\end{bmatrix}$와 $\boldsymbol{v}=\begin{bmatrix}v_1\\v_2\\1\end{bmatrix}$가 $W$에 속하는 임의의 벡터라고 하자.

(1) $\boldsymbol{u}+\boldsymbol{v}$를 계산하면 다음과 같다.

$$\boldsymbol{u}+\boldsymbol{v}=\begin{bmatrix} u_1+v_1 \\ u_2+v_2 \\ 2 \end{bmatrix}$$

두 벡터의 합 $\boldsymbol{u}+\boldsymbol{v}$의 세 번째 원소가 1의 값을 가지지 않으므로 $\boldsymbol{u}+\boldsymbol{v}$는 $W$에 속하지 않는다.

(2) $\alpha\boldsymbol{u}$를 계산하면 다음과 같다.

$$\alpha\boldsymbol{u}=\begin{bmatrix} \alpha u_1 \\ \alpha u_2 \\ \alpha \end{bmatrix}$$

이 경우 $\alpha \neq 1$인 경우를 제외하고는 $\alpha\boldsymbol{u}$는 $W$에 속하지 않는다.
그러므로 (1)과 (2)에 따라 $W$는 $\boldsymbol{R}^3$의 부분공간이 아니다. ■

**예제 6-5** $\boldsymbol{R}^2$ 평면의 제1사분면에 있는 벡터들의 집합 $S$가 $\boldsymbol{R}^2$의 부분공간이 되는지를 벡터의 합과 스칼라 곱에 대해 닫혀있는지의 여부로 판단해 보자.

**풀이** 〈그림 6.1〉의 제1사분면에 있는 두 개의 벡터 $\boldsymbol{v}$와 $\boldsymbol{w}$를 더했을 때 그들의 합도 역시 제1사분면에 있다. 그러나 제1사분면에 있는 어떤 벡터에다 음수인 스칼라를 곱했을 경우 그 결과는 제3사분면에 위치하게 된다. 그러므로 $S$는 벡터의 합에 대해서는 닫혀있으나 스칼라 곱에 대해서는 닫혀있지 않다. 따라서 $S$는 $\boldsymbol{R}^2$의 부분공간이 아니다. ■

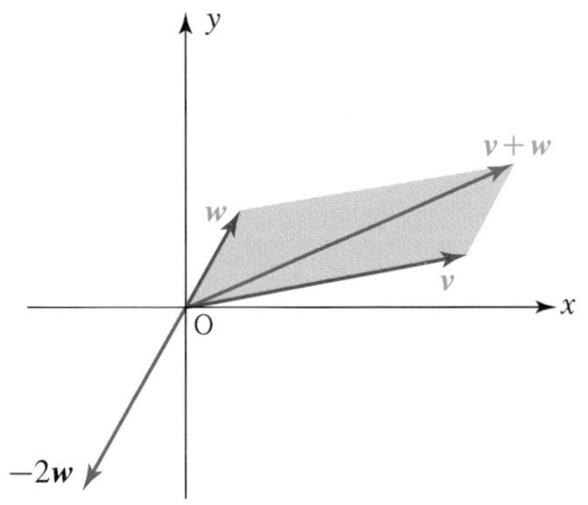


〈그림 6.1〉 제1사분면의 벡터 연산

**예제 ❻-6**

벡터 $\boldsymbol{v}_1, \boldsymbol{v}_2, \cdots, \boldsymbol{v}_n$의 선형결합 전체 집합 $W$는 부분공간임을 살펴보자.

$$W=\{\alpha_1\boldsymbol{v}_1+\alpha_2\boldsymbol{v}_2+\cdots+\alpha_n\boldsymbol{v}_n \mid \alpha_i\in\boldsymbol{R},\ i=1, 2, \cdots, n\}$$

**풀이** $W$가 부분공간임을 보이기 위해서는 $W$의 임의의 두 원소의 합과 스칼라곱이 $W$의 원소가 됨을 보인다. 즉,

$$\boldsymbol{u}=\alpha_1\boldsymbol{v}_1+\alpha_2\boldsymbol{v}_2+\cdots+\alpha_n\boldsymbol{v}_n$$
$$\boldsymbol{v}=\beta_1\boldsymbol{v}_1+\beta_2\boldsymbol{v}_2+\cdots+\beta_n\boldsymbol{v}_n$$

일 때

$$\begin{aligned}\boldsymbol{u}+\boldsymbol{v}&=(\alpha_1+\beta_1)\boldsymbol{v}_1+(\alpha_2+\beta_2)\boldsymbol{v}_2+\cdots+(\alpha_n+\beta_n)\boldsymbol{v}_n\\&=a_1\boldsymbol{v}_1+a_2\boldsymbol{v}_2+\cdots+a_n\boldsymbol{v}_n(a_i=\alpha_i+\beta_i,\ 1\le i\le n)\end{aligned}$$

그러므로

$$\boldsymbol{u}+\boldsymbol{v}\in W\cdots\cdots\cdots(1)$$

$$\begin{aligned}\alpha\boldsymbol{u}&=\alpha(\alpha_1\boldsymbol{v}_1+\alpha_2\boldsymbol{v}_2+\cdots+\alpha_n\boldsymbol{v}_n)\\&=(\alpha\alpha_1)\boldsymbol{v}_1+(\alpha\alpha_2)\boldsymbol{v}_2+\cdots+(\alpha\alpha_n)\boldsymbol{v}_n\\&=a_1\boldsymbol{v}_1+a_2\boldsymbol{v}_2+\cdots+a_n\boldsymbol{v}_n\ (a_i=\alpha\alpha_i,\ 1\le i\le n)\end{aligned}$$

그러므로 $\alpha\boldsymbol{u}\in W\cdots\cdots\cdots(2)$

따라서 $W$는 부분공간이다. ■

**예제 ❻-7**

다음과 같은 $n$개의 미지수와 $m$개의 일차방정식으로 이루어진 연립방정식의 해집합이 $\boldsymbol{R}^n$의 부분공간인지를 판단해 보자.

$$\begin{aligned}&a_{11}x_1+a_{12}x_2+\cdots+a_{1n}x_n=b_1\\&a_{21}x_1+a_{22}x_2+\cdots+a_{2n}x_n=b_2\\&\ \ \vdots\qquad\quad \vdots\qquad\qquad\quad \vdots\\&a_{m1}x_1+a_{m2}x_2+\cdots+a_{mn}x_n=b_m\end{aligned}$$

**풀이** 주어진 연립방정식을 $A$, $B$, $X$와 같은 행렬로 표현한다.

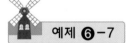

$$A=\begin{bmatrix} a_{11} & a_{12} & \cdots & a_{1n} \\ a_{21} & a_{22} & \cdots & a_{2n} \\ \vdots & \vdots & \ddots & \vdots \\ a_{m1} & a_{m2} & \cdots & a_{mn} \end{bmatrix},\quad B=\begin{bmatrix} b_1 \\ b_2 \\ \vdots \\ b_m \end{bmatrix},\quad X=\begin{bmatrix} x_1 \\ x_2 \\ \vdots \\ x_n \end{bmatrix}$$

이 경우 위의 연립방정식은 $AX=B$로 표현된다.
벡터 $\boldsymbol{X}\in\boldsymbol{R}^n$가 $AX=B$일 때 $X$가 연립방정식의 해이다.
$X, Y\in\boldsymbol{R}^n$이 위 식의 해일 때

$$A(X+Y)=AX+AY=2B$$
$$A(\alpha X)=\alpha(AX)=\alpha B$$

따라서 $B=\mathbf{0}$가 아닌 이상 $X+Y$, $\alpha X$가 위 식의 해가 될 수 없다. 따라서 상수행렬 $B=\mathbf{0}$일 때는 해집합은 $\boldsymbol{R}^n$의 부분공간이 된다. ■

### 6.1.2 선형독립과 선형종속

**정의 ❻-4** 벡터공간 $V$의 원소 $\boldsymbol{v}_1, \boldsymbol{v}_2, \cdots, \boldsymbol{v}_n$과 스칼라 $a_1, a_2, \cdots, a_n$에 대하여

$$a_1\boldsymbol{v}_1+a_2\boldsymbol{v}_2+\cdots+a_n\boldsymbol{v}_n$$

의 형태로 표현될 때, 이를 $\boldsymbol{v}_1, \boldsymbol{v}_2, \cdots, \boldsymbol{v}_n$의 선형결합(linear combination)이라고 한다.

**정의 ❻-5** 벡터공간 $V$에 있는 $\boldsymbol{v}_1, \boldsymbol{v}_2, \cdots, \boldsymbol{v}_n$ 벡터들이 적어도 하나는 0이 아닌 상수 $a_1, a_2, \cdots, a_n$이 존재하여

$$a_1\boldsymbol{v}_1 + a_2\boldsymbol{v}_2 + \cdots + a_n\boldsymbol{v}_n = \boldsymbol{0}$$

인 식을 만족할 때 선형종속(linearly dependent)이라고 하며, 그렇지 않은 경우를 선형독립(linearly independent)이라고 한다. 즉,

$$a_1\boldsymbol{v}_1 + a_2\boldsymbol{v}_2 + \cdots + a_n\boldsymbol{v}_n = \boldsymbol{0}$$

를 만족하는 상수 값 $a_1 = a_2 = \cdots = a_n = 0$일 때 $\boldsymbol{v}_1, \boldsymbol{v}_2, \cdots, \boldsymbol{v}_n$이 선형독립이 된다.

**예제 ❻-8** 다음의 두 벡터 $\boldsymbol{u}$와 $\boldsymbol{v}$가 선형종속인지 선형독립인지를 판단해 보자.

$$\boldsymbol{u} = \begin{bmatrix} 1 \\ 2 \end{bmatrix}, \quad \boldsymbol{v} = \begin{bmatrix} 3 \\ -5 \end{bmatrix}$$

**풀이** 두 벡터를 선형결합의 형태로 만들면 다음과 같다.

$$a_1\boldsymbol{u} + a_2\boldsymbol{v} = a_1\begin{bmatrix} 1 \\ 2 \end{bmatrix} + a_2\begin{bmatrix} 3 \\ -5 \end{bmatrix} = \begin{bmatrix} a_1 + 3a_2 \\ 2a_1 - 5a_2 \end{bmatrix} = \begin{bmatrix} 0 \\ 0 \end{bmatrix}$$

그러므로

$$\begin{aligned} a_1 + 3a_2 &= 0 \\ 2a_1 - 5a_2 &= 0 \end{aligned}$$

인 식이 성립하며, 두 선형방정식을 풀면

$-11a_2 = 0$이 된다. 즉 $a_2 = 0$

이것을 나머지 선형방정식에 대입하면 $a_1 = 0$

따라서 $a_1 = a_2 = 0$

그러므로 두 벡터 $\boldsymbol{u}$와 $\boldsymbol{v}$는 선형독립이다. ■

**정의 ❻-6** $\boldsymbol{R}^n$상에서의 벡터들의 집합 $\boldsymbol{v}_1, \boldsymbol{v}_2, \cdots, \boldsymbol{v}_n$ 중에서 만약 최소한 하나의 벡터가 나머지 벡터들의 선형결합으로 표현될 수 있을 경우에 선형종속(linearly dependent)이라고 한다.

이 정의는 선형종속인지를 판단하는 다른 방법으로 활용될 수 있다. 예를 들어, $\boldsymbol{u} = \begin{bmatrix} 1 \\ -3 \end{bmatrix}$, $\boldsymbol{v} = \begin{bmatrix} -2 \\ 6 \end{bmatrix}$에서 2개의 벡터 $\boldsymbol{u}$와 $\boldsymbol{v}$ 중 어느 벡터가 다른 벡터의 배수일 때, 즉 $\boldsymbol{v} = -2\boldsymbol{u}$일 경우에 선형종속이다.

**예제 ❻-9** 다음과 같은 $\boldsymbol{R}^2$와 $\boldsymbol{R}^3$상에 있는 벡터들의 선형독립과 선형종속 여부를 각각 판단해 보자.

(1) $\boldsymbol{u} = \begin{bmatrix} 1 \\ 1 \end{bmatrix}$, $\boldsymbol{v} = \begin{bmatrix} 1 \\ 0 \end{bmatrix}$　　　(2) $\boldsymbol{u} = \begin{bmatrix} 1 \\ 1 \end{bmatrix}$, $\boldsymbol{v} = \begin{bmatrix} 1 \\ 0 \end{bmatrix}$, $\boldsymbol{w} = \begin{bmatrix} 2 \\ 3 \end{bmatrix}$

**풀이** (1) $\boldsymbol{u}$와 $\boldsymbol{v}$의 선형결합을 만들면

$$a_1\boldsymbol{u} + a_2\boldsymbol{v} = a_1\begin{bmatrix} 1 \\ 1 \end{bmatrix} + a_2\begin{bmatrix} 1 \\ 0 \end{bmatrix} = \begin{bmatrix} a_1 + a_2 \\ a_1 \end{bmatrix} = \begin{bmatrix} 0 \\ 0 \end{bmatrix}$$

이라고 하면 $a_1 = 0$, $a_2 = 0$이므로 $\boldsymbol{u}$와 $\boldsymbol{v}$는 선형독립이다.

(2) $\boldsymbol{u}$, $\boldsymbol{v}$, $\boldsymbol{w}$의 선형결합을 만들면

$$a_1\boldsymbol{u}+a_2\boldsymbol{v}+a_3\boldsymbol{w}=a_1\begin{bmatrix}1\\1\end{bmatrix}+a_2\begin{bmatrix}1\\0\end{bmatrix}+a_3\begin{bmatrix}2\\3\end{bmatrix}$$
$$=\begin{bmatrix}a_1+a_2+2a_3\\a_1\quad\quad+3a_3\end{bmatrix}$$
$$=\begin{bmatrix}0\\0\end{bmatrix}$$

이라고 하면 $a_1=3$, $a_2=-1$, $a_3=-1$도 해가 될 수 있으므로 $\boldsymbol{u}$, $\boldsymbol{v}$, $\boldsymbol{w}$는 선형종속이다. 이 값들을 선형결합식에 대입하면

$$3\boldsymbol{u}-\boldsymbol{v}-\boldsymbol{w}=0$$

그러므로 $\boldsymbol{w}=3\boldsymbol{u}-\boldsymbol{v}$임을 쉽게 알 수 있다. 즉, $\boldsymbol{w}$는 $\boldsymbol{u}$와 $\boldsymbol{v}$의 선형결합임을 알 수 있다. 따라서 $\boldsymbol{u}$, $\boldsymbol{v}$, $\boldsymbol{w}$는 선형종속이다. ■

**예제 6-10**

선형종속과 선형독립은 판단하기 어려운 경우가 많다. 그런 경우에는 그림을 통하여 핵심적인 사항을 이해하는 것이 좋으므로, 여기서는 $\boldsymbol{R}^2$와 $\boldsymbol{R}^3$상에서의 선형종속과 선형독립에 대해 그림으로 설명한다.

먼저 〈그림 6.2〉는 $\boldsymbol{R}^2$상에서의 선형종속을 나타낸다. 2개의 벡터가 겹칠 경우 한 벡터가 다른 벡터의 배수로 볼 수 있으므로 이들은 선형종속이 된다. 한편 〈그림 6.3〉과 같이 겹치지 않은 2개의 벡터 $\boldsymbol{v}_1$과 $\boldsymbol{v}_2$는 서로 선형독립이다.

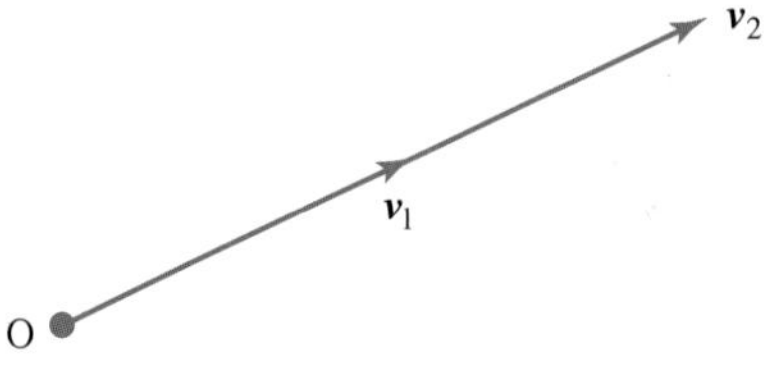


〈그림 6.2〉 $\boldsymbol{R}^2$에서의 선형종속

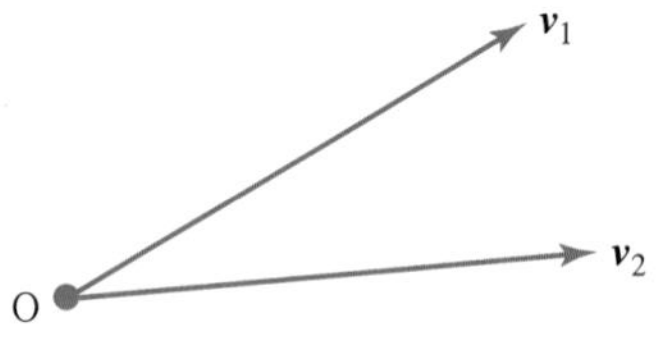


〈그림 6.3〉 $\boldsymbol{R}^2$에서의 선형독립

$\boldsymbol{R}^3$상에서 〈그림 6.4〉의 경우에는 $\boldsymbol{v}_1$, $\boldsymbol{v}_2$, $\boldsymbol{v}_3$의 관계를 $\boldsymbol{v}_3=2\boldsymbol{v}_1+3\boldsymbol{v}_2$로 나타낼 수 있으므로 3차원 공간에서 선형종속이 된다. 한편 〈그림 6.5〉에서는 $\boldsymbol{v}_1$과 $\boldsymbol{v}_2$는

한 평면에 있으나 $\boldsymbol{v}_3$은 다른 공간상에 있으므로 이들은 선형독립이다.

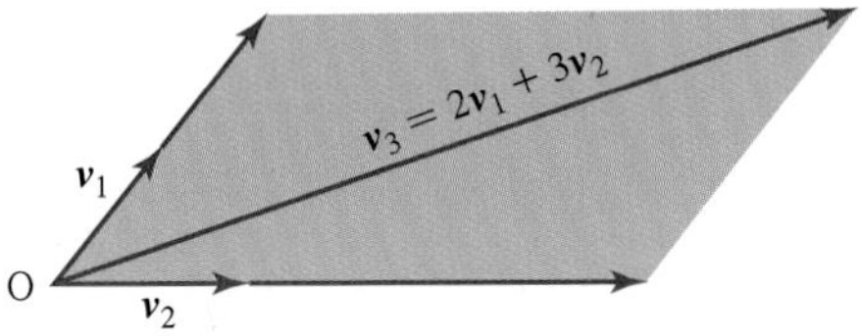


〈그림 6.4〉 $\boldsymbol{R}^3$상에서의 선형종속

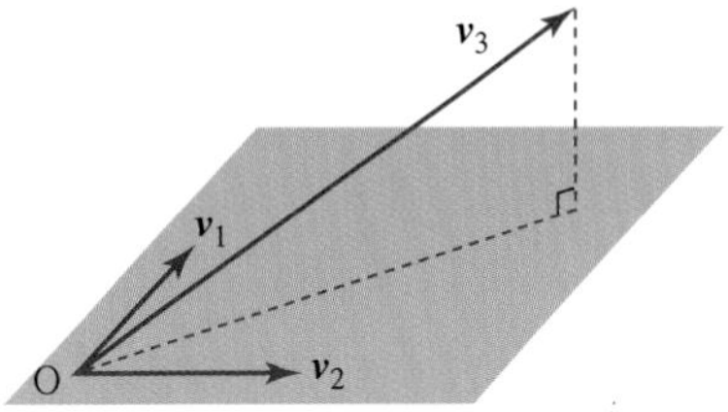


〈그림 6.5〉 $\boldsymbol{R}^3$상에서의 선형독립

**예제 6-11** 다음의 세 벡터가 선형독립인지를 살펴보자.

$$\boldsymbol{u} = \begin{bmatrix} 1 \\ 2 \\ 3 \end{bmatrix}, \quad \boldsymbol{v} = \begin{bmatrix} 2 \\ 5 \\ 7 \end{bmatrix}, \quad \boldsymbol{w} = \begin{bmatrix} 1 \\ 3 \\ 6 \end{bmatrix}$$

**풀이** 주어진 벡터들을 바탕으로 $a_1$, $a_2$, $a_3$이 스칼라 값일 때

$$a_1 \boldsymbol{u} + a_2 \boldsymbol{v} + a_3 \boldsymbol{w} = \boldsymbol{0}$$

인 선형결합으로 만들어 단계적으로 해를 구한다.

$$a_1 \begin{bmatrix} 1 \\ 2 \\ 3 \end{bmatrix} + a_2 \begin{bmatrix} 2 \\ 5 \\ 7 \end{bmatrix} + a_3 \begin{bmatrix} 1 \\ 3 \\ 6 \end{bmatrix} = \begin{bmatrix} 0 \\ 0 \\ 0 \end{bmatrix}$$

$$\begin{cases} a_1 + 2a_2 + a_3 = 0 \\ 2a_1 + 5a_2 + 3a_3 = 0 \\ 3a_1 + 7a_2 + 6a_3 = 0 \end{cases}$$

$$\begin{cases} a_1 + 2a_2 + a_3 = 0 \\ a_2 + a_3 = 0 \\ a_2 + 3a_3 = 0 \end{cases}$$

$$\begin{cases} a_1 + 2a_2 + a_3 = 0 \\ \quad\quad a_2 + a_3 = 0 \\ \quad\quad\quad 2a_3 = 0 \end{cases}$$

이것을 역대입법으로 적용하면 $a_1 = 0,\ a_2 = 0,\ a_3 = 0$이 된다.
따라서 ***u***, ***v***, ***w***는 선형독립이다. ■

**예제 ❻-12** $\boldsymbol{R}^3$의 세 벡터 $\begin{bmatrix}1\\0\\0\end{bmatrix}, \begin{bmatrix}0\\1\\0\end{bmatrix}, \begin{bmatrix}0\\0\\1\end{bmatrix}$가 선형독립임을 확인해 보자.

**풀이** 이들을 선형결합의 형태로 만들면

$$a_1\begin{bmatrix}1\\0\\0\end{bmatrix} + a_2\begin{bmatrix}0\\1\\0\end{bmatrix} + a_3\begin{bmatrix}0\\0\\1\end{bmatrix} = \begin{bmatrix}0\\0\\0\end{bmatrix}$$

이다. 그러므로 $a_1 = a_2 = a_3 = 0$이 된다.
따라서 〈그림 6.6〉과 같은 3개의 단위벡터는 선형독립이다. ■

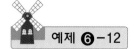

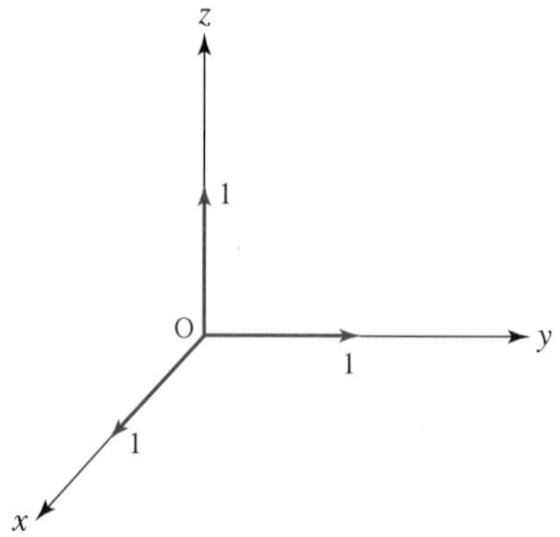


〈그림 6.6〉 선형독립인 세 벡터

**예제 ❻-13** $R^3$ 공간에서 다음 세 벡터가 선형독립 또는 선형종속인지를 판단해 보자.

$$\boldsymbol{v}_1=\begin{bmatrix}0\\1\\0\end{bmatrix},\quad \boldsymbol{v}_2=\begin{bmatrix}0\\1\\1\end{bmatrix},\quad \boldsymbol{v}_3=\begin{bmatrix}0\\0\\1\end{bmatrix}$$

**풀이** $a_1, a_2, a_3 \in \boldsymbol{R}$일 때 이들을 선형결합의 형태로 나타내면 다음과 같다.

$$a_1\begin{bmatrix}0\\1\\0\end{bmatrix}+a_2\begin{bmatrix}0\\1\\1\end{bmatrix}+a_3\begin{bmatrix}0\\0\\1\end{bmatrix}=\begin{bmatrix}0\\0\\0\end{bmatrix}$$

그러면

$$\begin{bmatrix}0\\a_1+a_2\\a_2+a_3\end{bmatrix}=\begin{bmatrix}0\\0\\0\end{bmatrix}$$

따라서

$$a_1+a_2=0,\ a_2+a_3=0$$
$$a_1=-a_2=a_3$$

이 때 $a_1, a_2, a_3$가 모두 0일 필요는 없다.
예를 들면 $a_1=1,\ a_2=-1,\ a_3=1$이 될 수 있다.
그러므로 세 벡터는 선형종속이다. ■

**(별해)** $\boldsymbol{v}_1+\boldsymbol{v}_3=\boldsymbol{v}_2$가 되므로 〈그림 6.4〉의 설명과 유사한 원리로 선형종속이 된다.

**예제 6-14** $R^3$ 공간에서 다음과 같은 세 벡터가 선형종속임을 살펴보자.

$$\mathbf{v}_1=\begin{bmatrix}1\\0\\0\end{bmatrix},\ \mathbf{v}_2=\begin{bmatrix}0\\1\\0\end{bmatrix},\ \mathbf{v}_3=\begin{bmatrix}3\\1\\0\end{bmatrix}$$

**풀이** $a_1,\ a_2,\ a_3$이 스칼라 값일 때 $\{\mathbf{v}_1,\ \mathbf{v}_2,\ \mathbf{v}_3\}$이 선형종속인 벡터들의 집합이라는 것을 보이기 위해 다음과 같은 선형결합을 가정하자.

$$a_1\begin{bmatrix}1\\0\\0\end{bmatrix}+a_2\begin{bmatrix}0\\1\\0\end{bmatrix}+a_3\begin{bmatrix}3\\1\\0\end{bmatrix}=\begin{bmatrix}0\\0\\0\end{bmatrix}$$

그러면

$$\begin{bmatrix}a_1 & & +3a_3\\ & a_2+ & a_3\\ & & 0\end{bmatrix}=\begin{bmatrix}0\\0\\0\end{bmatrix}$$

따라서 $a_1+3a_3=0$이고, $a_2+a_3=0$이다.
이 식의 해를 구하면 $a_1=3a_2=-3a_3$이다.
이때 $a_1,\ a_2,\ a_3$의 값이 모두 0일 필요는 없다. 예를 들어, $a_1=3$, $a_2=1$, $a_3=-1$ 등도 해가 될 수 있기 때문이다. 따라서 $\{\mathbf{v}_1,\ \mathbf{v}_2,\ \mathbf{v}_3\}$은 선형종속이다. ■

참고로 〈그림 6.7〉에 나타난 바와 같이 세 벡터가 모두 $R^2$상에 있음에 주목하자.

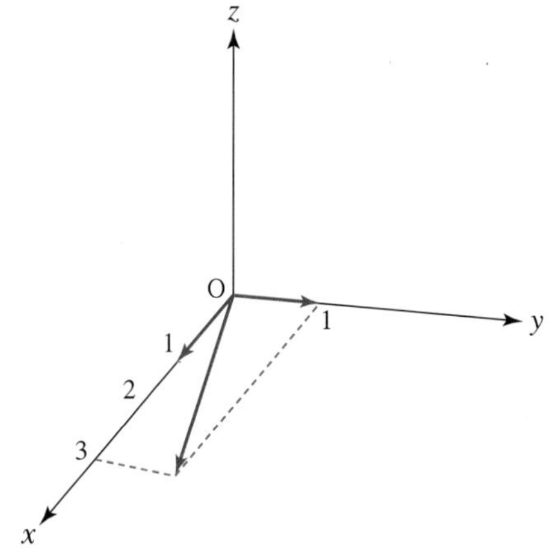


〈그림 6.7〉 $\boldsymbol{R}^3$공간에서의 세 벡터

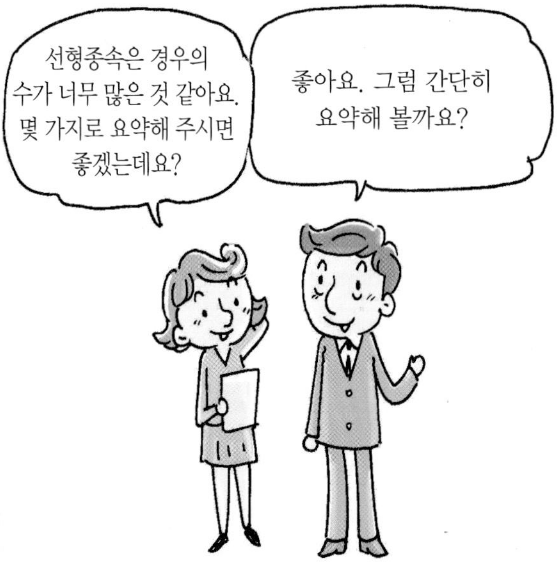

선형종속은 경우의 수가 너무 많은 것 같아요. 몇 가지로 요약해 주시면 좋겠는데요?
좋아요. 그럼 간단히 요약해 볼까요?

### 선형종속인 경우

선형종속인 경우를 영벡터인 경우를 제외하고 요약하면 다음과 같습니다.

첫째, $R^2$ 공간에서 두 개의 벡터가 같은 직선상에 있거나 평행인 경우

둘째, $R^2$ 공간에서 3개 이상의 벡터가 존재하는 경우

셋째, $R^2$ 공간에서 3개 벡터 중 2개 이상의 벡터가 같은 직선상에 있거나 평행인 경우

넷째, $R^3$ 공간에서 3개 벡터 중 어느 한 개의 벡터가 다른 2개의 선형결합으로 나타낼 수 있는 경우

## 연습 문제 6.1

### Part 1. 진위 문제

다음의 진위를 밝히시오. 만약 틀린 경우에는 그 이유를 설명하시오.

1. 다음 집합은 $\boldsymbol{R}^2$의 부분공간이 된다.

$$\left\{\begin{bmatrix} x_1 \\ x_2 \end{bmatrix} \mid x_1 + x_2 = 0\right\}$$

2. 최소한 하나의 벡터가 나머지 벡터들의 선형결합으로 표현될 수 있다면 선형종속이다.
3. $\boldsymbol{R}^2$상의 세 벡터는 선형독립일 수도 있다.
4. $\boldsymbol{R}^2$상의 영벡터가 아닌 서로 다른 두 벡터의 모든 부분집합은 선형독립이다.
5. 만약 $\boldsymbol{u}_1$, $\boldsymbol{u}_2$, $\boldsymbol{u}_3$, $\boldsymbol{u}_4$가 선형독립이면, $\boldsymbol{u}_1$, $\boldsymbol{u}_2$, $\boldsymbol{u}_3$은 반드시 선형독립이다.

### Part 2. 선택 문제

1. 다음 중 벡터공간의 조건이 아닌 것은?
   (1) $\boldsymbol{u}$에다 스칼라 $\alpha$를 곱한 $\alpha\boldsymbol{u}$도 $V$에 속한다.
   (2) $\alpha(\boldsymbol{u}+\boldsymbol{v}) = \alpha\boldsymbol{u} + \alpha\boldsymbol{v}$
   (3) $1\boldsymbol{u} = \boldsymbol{u}$
   (4) $\boldsymbol{u} \cdot \boldsymbol{v} = \boldsymbol{v} \cdot \boldsymbol{u}$

2. 다음 중 벡터공간의 성질로 적당하지 않은 것은?
   (1) $(\boldsymbol{u}+\boldsymbol{v}) + \boldsymbol{w} = \boldsymbol{u} + (\boldsymbol{v}+\boldsymbol{w})$
   (2) $(\alpha+\beta)\boldsymbol{u} = \alpha\boldsymbol{u} + \beta\boldsymbol{u}$
   (3) $\alpha x + \boldsymbol{0} = \boldsymbol{0}$
   (4) $\alpha(\beta\boldsymbol{u}) = (\alpha\beta)\boldsymbol{u}$

3. 벡터공간 $V$의 부분집합인 $S$가 부분공간이 되기 위한 가장 필수적인 조건은?
   (1) 벡터의 합과 스칼라 곱에 대해 닫혀있다.
   (2) 영벡터가 존재한다.
   (3) 벡터의 합에 대한 결합법칙이 성립한다.
   (4) 스칼라 곱에 대한 배분법칙이 성립한다.

4. 다음 벡터 중에서 선형독립이 아닌 것은?

   (1) $\boldsymbol{u}=\begin{bmatrix}1\\0\end{bmatrix},\quad \boldsymbol{v}=\begin{bmatrix}0\\1\end{bmatrix}$ (2) $\boldsymbol{u}=\begin{bmatrix}1\\1\end{bmatrix},\quad \boldsymbol{v}=\begin{bmatrix}1\\0\end{bmatrix}$

   (3) $\boldsymbol{u}=\begin{bmatrix}0\\1\end{bmatrix},\quad \boldsymbol{v}=\begin{bmatrix}1\\0\end{bmatrix}$ (4) $\boldsymbol{u}=\begin{bmatrix}1\\1\end{bmatrix},\quad \boldsymbol{v}=\begin{bmatrix}2\\2\end{bmatrix}$

5. 다음 중 사실과 관계가 먼 것은?
   (1) 단위좌표벡터 $\boldsymbol{i}, \boldsymbol{j}, \boldsymbol{k}$는 항상 선형독립이다.
   (2) 선형독립일 경우에는 동차시스템에서 해를 나타내는 계수들이 모두 0이다.
   (3) $\boldsymbol{R}^2$상의 서로 다른 세 벡터는 선형독립이다.
   (4) 직선에서의 선형종속은 같은 직선상에 있는 경우이다.

## Part 3. 주관식 문제

1. 다음과 같은 벡터들의 집합 $S$가 부분공간이 되는지를 판단하시오.

$$S=\left\{\begin{bmatrix}x\\1\end{bmatrix} \mid x\text{는 실수}\right\}$$

2. 다음 집합이 $\boldsymbol{R}^3$의 부분공간인지를 결정하시오.

$$\left\{\begin{bmatrix}x_1\\x_2\\x_3\end{bmatrix} \mid x_1=x_2=x_3\right\}$$

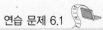

3. 다음의 벡터들이 선형독립인지를 결정하시오.

$$\boldsymbol{u}=\begin{bmatrix}1\\1\end{bmatrix},\quad \boldsymbol{v}=\begin{bmatrix}1\\2\end{bmatrix}$$

4. 다음의 벡터들이 선형독립 또는 선형종속인지를 판단하고 그 이유를 설명하시오.

$$\boldsymbol{u}=\begin{bmatrix}1\\-3\end{bmatrix},\quad \boldsymbol{v}=\begin{bmatrix}-3\\9\end{bmatrix}$$

5. 다음의 벡터들이 선형독립인지를 결정하고 그 이유를 설명하시오.

(1) $\boldsymbol{u}=\begin{bmatrix}1\\3\end{bmatrix},\quad \boldsymbol{v}=\begin{bmatrix}-2\\-6\end{bmatrix}$ (2) $\boldsymbol{u}=\begin{bmatrix}-3\\1\end{bmatrix},\quad \boldsymbol{v}=\begin{bmatrix}6\\4\end{bmatrix}$

6. 다음에서 적어도 하나는 0이 아닌 스칼라 값 $c_1$, $c_2$, $c_3$을 구하시오.

$$c_1\begin{bmatrix}1\\2\\-1\end{bmatrix}+c_2\begin{bmatrix}1\\3\\2\end{bmatrix}+c_3\begin{bmatrix}3\\7\\-4\end{bmatrix}=\begin{bmatrix}0\\0\\0\end{bmatrix}$$

7. 다음 세 벡터들이 선형독립인지를 결정하시오.

$$\boldsymbol{u}=\begin{bmatrix}5\\0\\0\end{bmatrix},\quad \boldsymbol{v}=\begin{bmatrix}7\\2\\-6\end{bmatrix},\quad \boldsymbol{w}=\begin{bmatrix}9\\4\\-8\end{bmatrix}$$

8. 다음의 벡터 $\boldsymbol{u}$와 $\boldsymbol{v}$가 선형종속인지 선형독립인지를 판단하시오.

$$\boldsymbol{u}=\begin{bmatrix}2\\4\\-8\end{bmatrix},\quad \boldsymbol{v}=\begin{bmatrix}3\\6\\-12\end{bmatrix}$$

9. 다음 $\boldsymbol{R}^4$상의 두 벡터가 선형독립 또는 선형종속인지를 판단하시오.

$$\boldsymbol{u}=\begin{bmatrix}-1\\1\\0\\0\end{bmatrix},\quad \boldsymbol{v}=\begin{bmatrix}-2\\0\\1\\1\end{bmatrix}$$

10. (도전문제) 다음과 같은 $\boldsymbol{R}^3$상의 세 벡터 $\{\boldsymbol{v}_1, \boldsymbol{v}_2, \boldsymbol{v}_3\}$이 선형종속인지를 결정하고, 만약 그런 경우에는 $\boldsymbol{v}_1, \boldsymbol{v}_2, \boldsymbol{v}_3$ 사이의 선형종속인 관계를 발견하시오.

$$\boldsymbol{v}_1=\begin{bmatrix}1\\2\\3\end{bmatrix},\quad \boldsymbol{v}_2=\begin{bmatrix}4\\5\\6\end{bmatrix},\quad \boldsymbol{v}_3=\begin{bmatrix}2\\1\\0\end{bmatrix}$$

11. (도전문제) 다음과 같은 벡터들이 선형독립인지 선형종속인지를 판단하시오.

$$\boldsymbol{v}_1=t^2+t+2,\quad \boldsymbol{v}_2=2t^2+t,\quad \boldsymbol{v}_3=3t^2+2t+2$$

12. (도전문제) 다음의 $\boldsymbol{R}^3$상에 있는 벡터들이 선형종속인지를 각각 결정하시오.

(1) $\boldsymbol{u}=\begin{bmatrix}1\\2\\3\end{bmatrix},\quad \boldsymbol{v}=\begin{bmatrix}0\\0\\0\end{bmatrix},\quad \boldsymbol{w}=\begin{bmatrix}1\\5\\6\end{bmatrix}$ (2) $\boldsymbol{u}=\begin{bmatrix}1\\2\\5\end{bmatrix},\quad \boldsymbol{v}=\begin{bmatrix}2\\5\\1\end{bmatrix},\quad \boldsymbol{w}=\begin{bmatrix}1\\5\\2\end{bmatrix}$

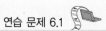

# 6.2 생성, 기저, 차원

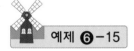

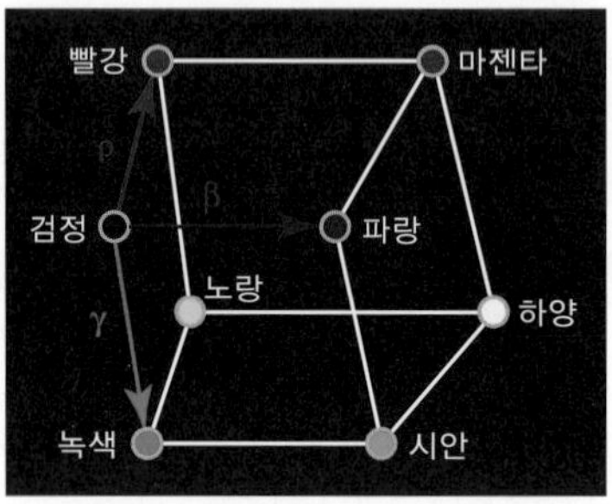


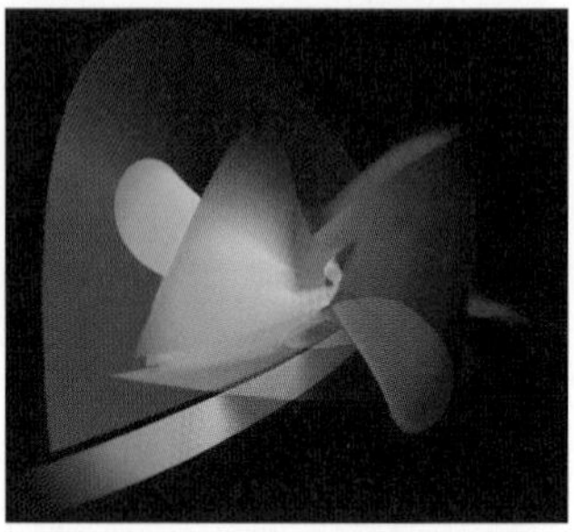

## 6.2.1 생성

**정의 ❻-7** 벡터공간 $V$의 모든 벡터들을 $V$상의 벡터 $\mathbf{v}_1$, $\mathbf{v}_2$, $\cdots$, $\mathbf{v}_n$의 선형결합으로 나타낼 수 있을 경우, 벡터 $\mathbf{v}_1$, $\mathbf{v}_2$, $\cdots$, $\mathbf{v}_n$이 벡터공간 $V$를 생성(span, 生成)한다고 한다. 즉, 모든 $\mathbf{v} \in V$에 대하여

$$a_1\mathbf{v}_1 + a_2\mathbf{v}_2 + \cdots + a_n\mathbf{v}_n = \mathbf{v}$$

가 되는 스칼라 $a_1$, $a_2$, $\cdots$, $a_n$이 존재할 경우를 말한다.

**예제 ❻-15** 벡터 $\mathbf{v}_1 = \begin{bmatrix} 2 \\ 4 \end{bmatrix}$, $\mathbf{v}_2 = \begin{bmatrix} -1 \\ 2 \end{bmatrix}$가 벡터공간 $\mathbf{R}^2$을 생성하는지를 살펴보자.

**풀이** $\mathbf{R}^2$상에 있는 임의의 벡터 $\begin{bmatrix} a \\ b \end{bmatrix}$에 대하여

$$a_1\begin{bmatrix} 2 \\ 4 \end{bmatrix} + a_2\begin{bmatrix} -1 \\ 2 \end{bmatrix} = \begin{bmatrix} 2a_1 - a_2 \\ 4a_1 + 2a_2 \end{bmatrix} = \begin{bmatrix} a \\ b \end{bmatrix}$$

가 성립하는 스칼라 $a_1$, $a_2$가 존재함을 보이면 된다. 선형시스템

$$\begin{aligned} 2a_1 - a_2 &= a \\ 4a_1 + 2a_2 &= b \end{aligned}$$

를 풀면

$$a_1 = \frac{2a+b}{8}, \quad a_2 = \frac{-2a+b}{4}$$

인 스칼라 $a_1$, $a_2$가 존재한다. 따라서 두 벡터 $\boldsymbol{v}_1$과 $\boldsymbol{v}_2$는 $\boldsymbol{R}^2$을 생성한다. ■

**예제 6-16** $V$를 $\boldsymbol{R}^3$상의 벡터공간이라 하고 $\boldsymbol{v}_1$, $\boldsymbol{v}_2$, $\boldsymbol{v}_3$이 다음과 같이 주어졌을 때 $\boldsymbol{v}_1$, $\boldsymbol{v}_2$, $\boldsymbol{v}_3$이 $V$를 생성하는지를 판단해 보자.

$$\boldsymbol{v}_1 = \begin{bmatrix} 1 \\ 2 \\ 1 \end{bmatrix}, \quad \boldsymbol{v}_2 = \begin{bmatrix} 1 \\ 0 \\ 2 \end{bmatrix}, \quad \boldsymbol{v}_3 = \begin{bmatrix} 1 \\ 1 \\ 0 \end{bmatrix}$$

**풀이** $\boldsymbol{v}_1, \boldsymbol{v}_2, \boldsymbol{v}_3$이 $V$를 생성하는지를 알기 위해 $V$상에 있는 임의의 스칼라 $a$, $b$, $c$로 이루어진 어떤 벡터

$$\boldsymbol{v} = \begin{bmatrix} a \\ b \\ c \end{bmatrix}$$

를 선택한다. 그리고 선형결합으로 만들어진 다음의 식을 만족하는 스칼라 $a_1$, $a_2$, $a_3$이 존재하는지를 보이면 된다.

$$a_1\boldsymbol{v}_1 + a_2\boldsymbol{v}_2 + a_3\boldsymbol{v}_3 = \boldsymbol{v}$$

$$즉, a_1\begin{bmatrix}1\\2\\1\end{bmatrix}+a_2\begin{bmatrix}1\\0\\2\end{bmatrix}+a_3\begin{bmatrix}1\\1\\0\end{bmatrix}=\begin{bmatrix}a\\b\\c\end{bmatrix}$$

각 식에 대입하면 다음과 같은 선형시스템이 된다.

$$\begin{aligned} a_1+\ a_2+\ a_3&=a\\ 2a_1\qquad\ +\ a_3&=b\\ a_1+2a_2\qquad\ &=c \end{aligned}$$

이 식을 풀면 구하는 해는 다음과 같다.

$$a_1=\frac{-2a+2b+c}{3},\quad a_2=\frac{a-b+c}{3},\quad a_3=\frac{4a-b-2c}{3}$$

그러므로 $\mathbf{v}_1, \mathbf{v}_2, \mathbf{v}_3$이 $V$를 생성한다. ■

### 6.2.2 기저

**정의 ❻-8** 벡터공간 $V$에 있는 벡터 $\mathbf{v}_1, \mathbf{v}_2, \cdots, \mathbf{v}_n$이 다음의 두 가지 조건을 동시에 만족할 때 $V$에 대한 기저(basis)를 형성한다고 말한다.

(1) $\mathbf{v}_1, \mathbf{v}_2, \cdots, \mathbf{v}_n$이 선형독립이다.

(2) $\mathbf{v}_1, \mathbf{v}_2, \cdots, \mathbf{v}_n$이 $V$를 생성한다.

즉, 벡터공간 $V$상의 벡터들의 집합 $\{\mathbf{v}_1, \mathbf{v}_2, \cdots, \mathbf{v}_n\}$이 선형독립이면서 $V$를 생성할 때 $\{\mathbf{v}_1, \mathbf{v}_2, \cdots, \mathbf{v}_n\}$을 벡터공간 $V$의 기저(basis, 基底)라고 한다.

**여기서 잠깐!!** 벡터 $\mathbf{v}_1, \mathbf{v}_2, \cdots, \mathbf{v}_n$이 벡터공간 $V$의 기저를 형성하려면 그들은 영벡터가 아니어야 하고 최소한 서로 달라야 한다.

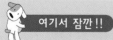

**예제 6-17** 다음과 같은 $\boldsymbol{R}^2$상의 두 벡터가 기저가 되는지를 살펴보자.

$$\boldsymbol{v}_1 = \begin{bmatrix} 1 \\ 0 \end{bmatrix}, \quad \boldsymbol{v}_2 = \begin{bmatrix} 0 \\ 1 \end{bmatrix}$$

**풀이** $\{\boldsymbol{v}_1, \boldsymbol{v}_2\}$가 선형독립이고 또한 $V$를 생성하는지를 점검한다.

(1) $\{\boldsymbol{v}_1, \boldsymbol{v}_2\}$가 선형독립인 벡터들의 집합이라는 것을 보이기 위해 선형결합식을 $\mathbf{0}$로 놓으면,

$$a_1\begin{bmatrix} 1 \\ 0 \end{bmatrix} + a_2\begin{bmatrix} 0 \\ 1 \end{bmatrix} = \begin{bmatrix} 0 \\ 0 \end{bmatrix}, \; a_1, a_2 \in \boldsymbol{R}$$

이 식을 풀면

$$\begin{bmatrix} a_1 \\ a_2 \end{bmatrix} = \begin{bmatrix} 0 \\ 0 \end{bmatrix}$$

그러므로 $a_1 = a_2 = 0$이다. 따라서 $\{\boldsymbol{v}_1, \boldsymbol{v}_2\}$는 선형독립이다.

(2) 두 벡터가 $\boldsymbol{R}^2$을 생성함을 보인다.

$\boldsymbol{v} = \begin{bmatrix} a \\ b \end{bmatrix}$를 $\boldsymbol{R}^2$상의 어떤 벡터라고 하자.

$$a_1\boldsymbol{v}_1 + a_2\boldsymbol{v}_2 = \boldsymbol{v}$$

를 만족하는 스칼라 $a_1$, $a_2$를 구한다.

$$a_1\begin{bmatrix} 1 \\ 0 \end{bmatrix} + a_2\begin{bmatrix} 0 \\ 1 \end{bmatrix} = \begin{bmatrix} a \\ b \end{bmatrix}$$

이것을 풀면

$$a_1 = a, \quad a_2 = b$$

따라서 두 벡터는 $\boldsymbol{R}^2$을 생성한다.

(1)의 선형독립 조건과 (2)의 생성 조건을 모두 만족하므로

$$\boldsymbol{v}_1 = \begin{bmatrix} 1 \\ 0 \end{bmatrix}, \ \boldsymbol{v}_2 = \begin{bmatrix} 0 \\ 1 \end{bmatrix}$$ 는 $\boldsymbol{R}^2$의 기저가 된다. ■

**예제 ❻-18** 다음과 같은 $\boldsymbol{R}^3$ 공간의 세 벡터가 기저가 됨을 살펴보자.

$$\boldsymbol{v}_1 = \begin{bmatrix} 1 \\ 1 \\ 1 \end{bmatrix}, \quad \boldsymbol{v}_2 = \begin{bmatrix} 1 \\ 1 \\ 0 \end{bmatrix}, \quad \boldsymbol{v}_3 = \begin{bmatrix} 1 \\ 0 \\ 0 \end{bmatrix}$$

**풀이** $\{\boldsymbol{v}_1, \boldsymbol{v}_2, \boldsymbol{v}_3\}$이 선형독립이고 $V$를 생성하는지를 점검한다.

(1) $\{\boldsymbol{v}_1, \boldsymbol{v}_2, \boldsymbol{v}_3\}$이 선형독립임을 보이기 위해 선형결합식을 $\mathbf{0}$로 놓는다.

$$a_1 \begin{bmatrix} 1 \\ 1 \\ 1 \end{bmatrix} + a_2 \begin{bmatrix} 1 \\ 1 \\ 0 \end{bmatrix} + a_3 \begin{bmatrix} 1 \\ 0 \\ 0 \end{bmatrix} = \begin{bmatrix} 0 \\ 0 \\ 0 \end{bmatrix}, \quad a_1, \ a_2, \ a_3 \in \boldsymbol{R}$$

이 식을 풀면

$$\begin{bmatrix} a_1 + a_2 + a_3 \\ a_1 + a_2 \\ a_1 \end{bmatrix} = \begin{bmatrix} 0 \\ 0 \\ 0 \end{bmatrix}$$

따라서 $a_1 = 0$이고, 이것을 위 식에 대입하면 $a_2 = 0, \ a_3 = 0$이다.

그러므로 이 식의 해는

$$a_1 = a_2 = a_3 = 0$$

따라서 $\{\boldsymbol{v}_1, \boldsymbol{v}_2, \boldsymbol{v}_3\}$은 선형독립이다.

(2) 세 벡터가 $\boldsymbol{R}^3$을 생성함을 보인다.

$\boldsymbol{v}=\begin{bmatrix}a\\b\\c\end{bmatrix}$를 $\boldsymbol{R}^3$상의 어떤 벡터라고 하자.

$$a_1\boldsymbol{v}_1+a_2\boldsymbol{v}_2+a_3\boldsymbol{v}_3=\boldsymbol{v}$$

를 만족하는 스칼라 $a_1, a_2, a_3$을 구한다.

$$a_1\begin{bmatrix}1\\1\\1\end{bmatrix}+a_2\begin{bmatrix}1\\1\\0\end{bmatrix}+a_3\begin{bmatrix}1\\0\\0\end{bmatrix}=\begin{bmatrix}a\\b\\c\end{bmatrix}$$

이 식을 풀면

$$\begin{aligned}a_1+a_2+a_3&=a\\a_1+a_2\qquad&=b\\a_1\qquad\qquad&=c\end{aligned}$$

그러므로 $a_1=c,\ a_2=b-c,\ a_3=a-b$이므로 다음과 같은 형태를 가진다.

$$\begin{bmatrix}a\\b\\c\end{bmatrix}=c\begin{bmatrix}1\\1\\1\end{bmatrix}+(b-c)\begin{bmatrix}1\\1\\0\end{bmatrix}+(a-b)\begin{bmatrix}1\\0\\0\end{bmatrix}$$

따라서 세 벡터는 $\boldsymbol{R}^3$을 생성한다.

(1)의 선형독립 조건과 (2)의 생성 조건을 모두 만족하므로

$$\mathbf{v}_1=\begin{bmatrix}1\\1\\1\end{bmatrix},\ \mathbf{v}_2=\begin{bmatrix}1\\1\\0\end{bmatrix},\ \mathbf{v}_3=\begin{bmatrix}1\\0\\0\end{bmatrix}$$ 은 $\boldsymbol{R}^3$의 기저가 된다. ■

**여기서 잠깐 !!**

벡터공간 $V$상에 있는 벡터들이 선형독립이고, 또한 $V$를 생성할 수 있으면 벡터 $\mathbf{v}_1$, $\mathbf{v}_2$, $\cdots$, $\mathbf{v}_n$으로 이루어진 집합을 $V$에 대한 기저라고 하는데, 이것을 다르게 표현하면 모든 $\mathbf{v} \in V$에 대하여

$$a_1\mathbf{v}_1 + a_2\mathbf{v}_2 + \cdots + a_n\mathbf{v}_n = \mathbf{v}$$

가 되는 스칼라 $a_1$, $a_2$, $\cdots$, $a_n$의 해가 꼭 1세트만 존재하는 경우라고도 말할 수 있다.

**예제 6-19** 다음의 각 벡터들이 기저가 되는지를 좌표상의 벡터 표현을 통하여 판단해 보자.

(1) $\begin{bmatrix}-1\\0\\0\end{bmatrix},\ \begin{bmatrix}0\\1\\0\end{bmatrix},\ \begin{bmatrix}-2\\2\\3\end{bmatrix}$ (2) $\begin{bmatrix}1\\0\end{bmatrix},\ \begin{bmatrix}0\\1\end{bmatrix}$ (3) $\begin{bmatrix}1\\0\end{bmatrix},\ \begin{bmatrix}0\\1\end{bmatrix},\ \begin{bmatrix}1\\3\end{bmatrix}$

**풀이** 〈그림 6.8〉에 나타난 바와 같이 (1), (2)의 경우에는 모두 기저가 된다.

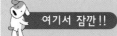

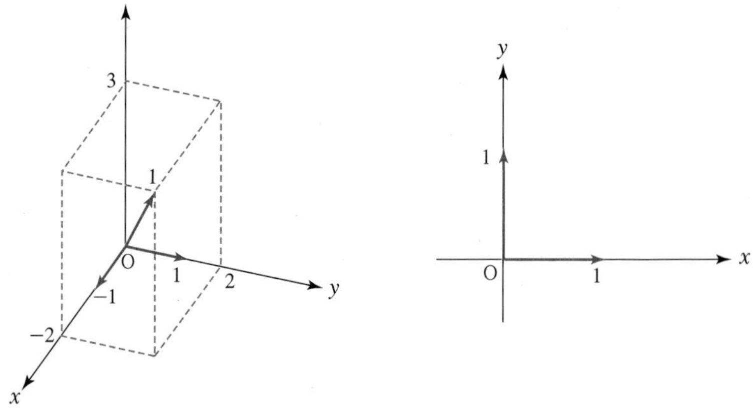


〈그림 6.8〉 기저가 되는 벡터들

그러나 (3)의 경우에는 〈그림 6.9〉에 나타난 바와 같이 3개의 벡터들이 모두 $\boldsymbol{R}^2$상에만 존재하기 때문에 기저가 될 수 없다. ■

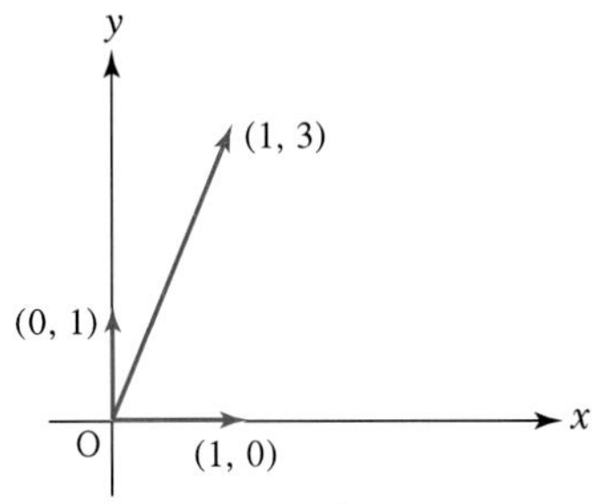


〈그림 6.9〉 $\boldsymbol{R}^2$상의 3개의 벡터들

**정의 ❻-9**

$V=\boldsymbol{R}^3$이라 할 때 $\boldsymbol{R}^3$에 대한 기저 $\begin{bmatrix}1\\0\\0\end{bmatrix}, \begin{bmatrix}0\\1\\0\end{bmatrix}, \begin{bmatrix}0\\0\\1\end{bmatrix}$를 $\boldsymbol{R}^3$에 대한 표준기저(standard basis) 또는 자연기저(natural basis)라고 한다.

$\boldsymbol{R}^3$에 대한 표준기저는 일반적으로 다음과 같이 표현된다.

$$\boldsymbol{i}=\begin{bmatrix}1\\0\\0\end{bmatrix},\ \boldsymbol{j}=\begin{bmatrix}0\\1\\0\end{bmatrix},\ \boldsymbol{k}=\begin{bmatrix}0\\0\\1\end{bmatrix}$$

이 벡터들은 〈그림 6.10〉과 같이 표현되는데, $\boldsymbol{R}^3$상에 있는

임의의 벡터 $\boldsymbol{v}=\begin{bmatrix}a_1\\a_2\\a_3\end{bmatrix}$는 $\boldsymbol{v}=a_1\boldsymbol{i}+a_2\boldsymbol{j}+a_3\boldsymbol{k}$와 같이 표현된다.

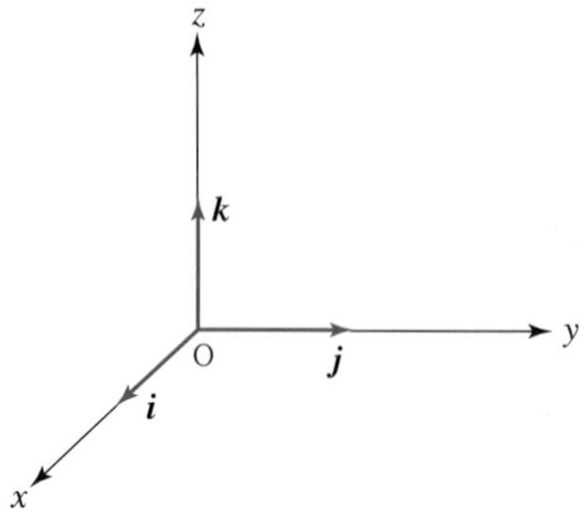


〈그림 6.10〉 $R^3$상의 표준기저

$R^3$에 대한 표준기저를 일반적인 $R^n$에 관한 표준기저로 쉽게 확장시킬 수 있다. $\{e_1, e_2, \cdots, e_n\}$으로 나타내는 $R^n$에 대한 표준기저는 $e_i$는 $i$번째 행만 1이고 나머지는 모두 0인 $n \times 1$ 행렬이다.

$$e_i = \begin{bmatrix} 0 \\ \vdots \\ 0 \\ 1 \\ 0 \\ \vdots \\ 0 \end{bmatrix} \leftarrow i\text{번째 행}$$

**예제 ❻-20** $R^3$상의 두 벡터 $v_1 = \begin{bmatrix} 1 \\ 0 \\ 0 \end{bmatrix}$, $v_2 = \begin{bmatrix} 0 \\ 0 \\ 1 \end{bmatrix}$는 선형독립이지만, $R^3$을 생성하지 않으므로 기저가 아님을 확인해 보자.

**풀이** (1) 두 벡터를 선형결합의 형태로 만들면

$$a_1 \begin{bmatrix} 1 \\ 0 \\ 0 \end{bmatrix} + a_2 \begin{bmatrix} 0 \\ 0 \\ 1 \end{bmatrix} = \begin{bmatrix} 0 \\ 0 \\ 0 \end{bmatrix}$$

따라서 $a_1 = a_2 = 0$이다.

그러므로 두 벡터는 선형독립이다.

(2) 두 벡터 $\boldsymbol{v}_1 = \begin{bmatrix} 1 \\ 0 \\ 0 \end{bmatrix}$, $\boldsymbol{v}_2 = \begin{bmatrix} 0 \\ 0 \\ 1 \end{bmatrix}$는 〈그림 6.11〉과 같이 나타내는데, 두 번째 성분이 모두 0이므로 $\boldsymbol{R}^3$을 생성하지 않는다. 즉, $\boldsymbol{R}^3$상의 모든 벡터들을 생성할 수 없다.

그러므로 두 벡터 $\boldsymbol{v}_1$과 $\boldsymbol{v}_2$는 (1)과 (2)에 의해 $\boldsymbol{R}^3$의 기저가 아니다. ■

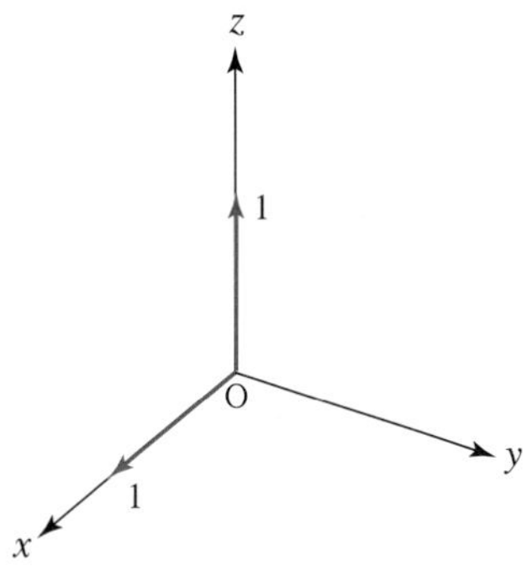


〈그림 6.11〉 $\boldsymbol{R}^3$상의 두 벡터

**예제 6-21** 선형종속이면서 $\boldsymbol{R}^2$을 생성하는 경우를 살펴보자.

$$\boldsymbol{v}_1 = \begin{bmatrix} 1 \\ 1 \end{bmatrix},\ \boldsymbol{v}_2 = \begin{bmatrix} 2 \\ 3 \end{bmatrix},\ \boldsymbol{v}_3 = \begin{bmatrix} 1 \\ 0 \end{bmatrix}$$

**풀이** (1) 선형결합의 형태로 만들면

$$a_1\begin{bmatrix} 1 \\ 1 \end{bmatrix} + a_2\begin{bmatrix} 2 \\ 3 \end{bmatrix} + a_3\begin{bmatrix} 1 \\ 0 \end{bmatrix} = \begin{bmatrix} 0 \\ 0 \end{bmatrix}$$

이므로

$$\begin{aligned} a_1 + 2a_2 + a_3 &= 0 \\ a_1 + 3a_2 \phantom{+ a_3} &= 0 \end{aligned}$$

따라서 $a_1=-3$, $a_2=1$, $a_3=1$인 해가 존재하므로 선형종속이다.

(2) $a_1\begin{bmatrix}1\\1\end{bmatrix}+a_2\begin{bmatrix}2\\3\end{bmatrix}+a_3\begin{bmatrix}1\\0\end{bmatrix}=\begin{bmatrix}a\\b\end{bmatrix}$로 놓고, 이것을 풀면

$$\begin{aligned} a_1+2a_2+a_3&=a \\ a_1+3a_2\qquad&=b \end{aligned}$$

이것은 무수히 많은 해를 가지는데 $a_3$을 임의의 실수 $r$로 놓으면

$$\begin{aligned} a_1&=3a-2b-3r \\ a_2&=b-a+r \end{aligned}$$

따라서 〈그림 6.12〉와 같이 $\boldsymbol{R}^2$상의 주어진 세 벡터들은 $\boldsymbol{R}^2$을 생성한다. 덧붙여 말하자면 3개 중 어느 2개 벡터를 잡아도 $\boldsymbol{R}^2$을 생성한다. ■

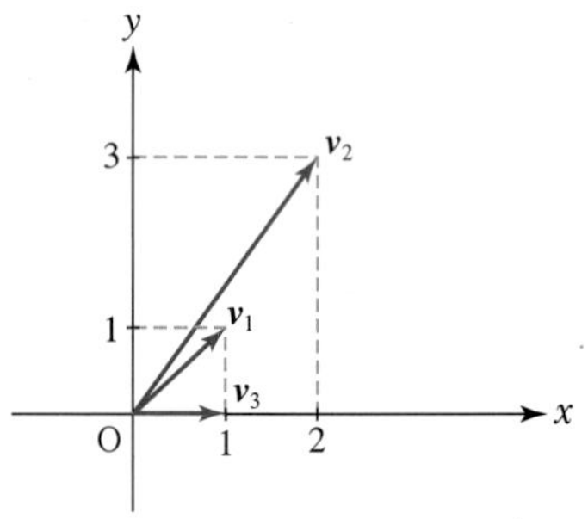


〈그림 6.12〉 $\boldsymbol{R}^2$상의 세 벡터

선형독립은 주어진 벡터들을 선형결합으로 만들 때 영벡터가 나오도록 만들고, 그 식을 풀어서 스칼라값 $a_1$, $a_2$, $a_3$ 등이 모두 0이 나오는지를 확인하면 됩니다. 벡터공간을 생성하는 것은 임의의 벡터가 주어진 벡터들의 선형결합으로 만들어지는지를 점검하면 됩니다.
네! 그런데 선형독립이면서도 벡터공간을 생성하지 않은 예가 있나요?
그럼요. 3차원 공간에서 벡터가 2개뿐인 경우인데 (예제 ❻-20)에 나와 있습니다.
그러면 벡터공간을 생성하면서도 선형독립이 아닌 예도 있겠네요?
2차원 공간에 3개의 벡터가 있는 (예제 ❻-21)이 바로 그 경우입니다.

### 6.2.3 차원

**정의 ❻-10** $V$가 $\boldsymbol{R}^n$상의 벡터공간일 때 $V$의 기저가 되는 벡터의 개수를 차원(dimension)이라고 하며 dim($V$)로 나타낸다. 특히 영벡터들로 이루어진 벡터공간의 차원은 0이다. 만약 $V$가 유한 기저를 가진다면 $\dim(V) = n$으로 나타낸다.

**예제 ❻-22** $\boldsymbol{R}^2$상에서 다음과 같은 두 벡터가 주어졌을 경우, 그들이 생성하는 부분공간의 차원을 구해 보자.

$$\boldsymbol{v}_1 = \begin{bmatrix} 1 \\ 0 \end{bmatrix},\ \boldsymbol{v}_2 = \begin{bmatrix} 0 \\ 1 \end{bmatrix}$$

**풀이** 앞의 (예제 ❻-17)에서 두 벡터 $\{\boldsymbol{v}_1, \boldsymbol{v}_2\}$가 선형독립이라는 것과 두 벡터가 $\boldsymbol{R}^2$상에서의 어떤 벡터공간 $V$를 생성할 수 있으므로 $\{\boldsymbol{v}_1, \boldsymbol{v}_2\}$가 기저가 되는 것을 보았다.

이 경우에 기저가 되는 벡터의 개수가 2개이므로 $\dim(V) = 2$이다. ■

**예제 ❻-23** $V$가 $S=\{\boldsymbol{v}_1, \boldsymbol{v}_2, \boldsymbol{v}_3\}$에 의해 생성되는 $\boldsymbol{R}^3$의 부분공간이라고 할 때 $\dim(V)$를 구해보자.

$$\boldsymbol{v}_1=\begin{bmatrix}0\\1\\1\end{bmatrix},\ \boldsymbol{v}_2=\begin{bmatrix}1\\0\\1\end{bmatrix},\ \boldsymbol{v}_3=\begin{bmatrix}1\\1\\2\end{bmatrix}$$

**풀이** $a_1, a_2, a_3$이 임의의 스칼라 값일 때 $V$의 모든 벡터는 다음과 같은 선형결합을 가진다.

$$a_1\boldsymbol{v}_1+a_2\boldsymbol{v}_2+a_3\boldsymbol{v}_3=\boldsymbol{v}$$

여기서 $S$가 선형종속이고 $\boldsymbol{v}_3=\boldsymbol{v}_1+\boldsymbol{v}_2$임을 발견할 수 있다. 그러나 $S_1=\{\boldsymbol{v}_1, \boldsymbol{v}_2\}$이 선형독립이고 $V$를 생성하므로 $S_1$이 $V$에 대한 기저가 된다.
그러므로 $\dim(V)=2$이다. ■

# 연습 문제 6.2

## Part 1. 진위 문제

다음의 진위를 밝히시오. 만약 틀린 경우에는 그 이유를 설명하시오.

1. 기저백터들의 집합은 항상 그 차원의 기저가 된다.
2. 선형독립이면서도 부분공간을 생성하지 않은 경우가 있다.
3. $\boldsymbol{R}^2$상의 세 벡터는 항상 선형독립이다.
4. $\begin{bmatrix}1\\0\end{bmatrix}$, $\begin{bmatrix}1\\2\end{bmatrix}$는 선형독립이다.
5. $\begin{bmatrix}1\\3\end{bmatrix}$, $\begin{bmatrix}-2\\6\end{bmatrix}$은 $\boldsymbol{R}^2$를 생성한다.

## Part 2. 선택 문제

1. 다음 중 사실과 거리가 먼 것은?

   (1) 벡터공간을 생성한다고 해서 반드시 선형독립은 아니다.

   (2) 선형독립이라고 해서 반드시 벡터공간을 생성하는 것은 아니다.

   (3) 선형독립이면서 벡터공간을 생성하면 그 벡터는 기저가 된다.

   (4) 벡터공간을 생성하기만 하면 언제나 선형독립이 된다.

2. 다음의 벡터들 중 $\boldsymbol{R}^2$을 생성할 수 없는 것은?

   (1) $\boldsymbol{u}=\begin{bmatrix}1\\0\end{bmatrix}$, $\boldsymbol{v}=\begin{bmatrix}0\\1\end{bmatrix}$ (2) $\boldsymbol{u}=\begin{bmatrix}1\\1\end{bmatrix}$, $\boldsymbol{v}=\begin{bmatrix}1\\0\end{bmatrix}$

   (3) $\boldsymbol{u}=\begin{bmatrix}0\\1\end{bmatrix}$, $\boldsymbol{v}=\begin{bmatrix}1\\0\end{bmatrix}$ (4) $\boldsymbol{u}=\begin{bmatrix}1\\1\end{bmatrix}$, $\boldsymbol{v}=\begin{bmatrix}2\\2\end{bmatrix}$

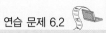

3. 다음의 벡터들 중 $\boldsymbol{R}^2$상에서 기저가 될 수 없는 것은?

(1) $\boldsymbol{u}=\begin{bmatrix}1\\0\end{bmatrix}$, $\boldsymbol{v}=\begin{bmatrix}0\\1\end{bmatrix}$　　(2) $\boldsymbol{u}=\begin{bmatrix}-1\\-1\end{bmatrix}$, $\boldsymbol{v}=\begin{bmatrix}3\\3\end{bmatrix}$

(3) $\boldsymbol{u}=\begin{bmatrix}0\\1\end{bmatrix}$, $\boldsymbol{v}=\begin{bmatrix}1\\0\end{bmatrix}$　　(4) $\boldsymbol{u}=\begin{bmatrix}1\\1\end{bmatrix}$, $\boldsymbol{v}=\begin{bmatrix}1\\0\end{bmatrix}$

4. 다음 중 $\dim(V)=1$인 것은?

(1) $\boldsymbol{u}=\begin{bmatrix}1\\2\end{bmatrix}$, $\boldsymbol{v}=\begin{bmatrix}3\\6\end{bmatrix}$　　(2) $\boldsymbol{u}=\begin{bmatrix}1\\0\end{bmatrix}$, $\boldsymbol{v}=\begin{bmatrix}0\\1\end{bmatrix}$

(3) $\boldsymbol{u}=\begin{bmatrix}0\\1\end{bmatrix}$, $\boldsymbol{v}=\begin{bmatrix}1\\0\end{bmatrix}$　　(4) $\boldsymbol{u}=\begin{bmatrix}1\\1\end{bmatrix}$, $\boldsymbol{v}=\begin{bmatrix}1\\0\end{bmatrix}$

5. 다음 중 어떤 벡터가 $\boldsymbol{R}^2$을 생성할 수 없는가?

(1) $\begin{bmatrix}1\\2\end{bmatrix}$, $\begin{bmatrix}-1\\1\end{bmatrix}$　　(2) $\begin{bmatrix}0\\0\end{bmatrix}$, $\begin{bmatrix}1\\1\end{bmatrix}$, $\begin{bmatrix}-2\\-2\end{bmatrix}$

(3) $\begin{bmatrix}1\\3\end{bmatrix}$, $\begin{bmatrix}2\\-3\end{bmatrix}$　　(4) $\begin{bmatrix}2\\4\end{bmatrix}$, $\begin{bmatrix}-1\\2\end{bmatrix}$

## Part 3. 주관식 문제

1. 다음과 같은 벡터들의 집합이 주어졌을 때 $\boldsymbol{R}^2$의 기저가 되는지를 판단하시오.

$\begin{bmatrix}1\\3\end{bmatrix}$, $\begin{bmatrix}1\\-1\end{bmatrix}$

2. 다음 벡터들의 집합이 $\boldsymbol{R}^2$의 기저를 형성하는지를 판단하시오.

$\begin{bmatrix}0\\0\end{bmatrix}$, $\begin{bmatrix}1\\2\end{bmatrix}$, $\begin{bmatrix}2\\4\end{bmatrix}$

3. 다음 벡터들의 집합이 $\boldsymbol{R}^2$의 기저를 형성하는지를 각각 판단하시오.

(1) $\begin{bmatrix}1\\2\end{bmatrix}$, $\begin{bmatrix}3\\4\end{bmatrix}$　　(2) $\begin{bmatrix}1\\3\end{bmatrix}$, $\begin{bmatrix}-2\\6\end{bmatrix}$

4. 다음 벡터들이 $\boldsymbol{R}^3$상에서의 기저가 되는지를 결정하시오.

$$\begin{bmatrix}1\\1\\1\end{bmatrix},\quad \begin{bmatrix}1\\0\\1\end{bmatrix}$$

5. 다음 벡터들의 집합이 $\boldsymbol{R}^2$상에서의 기저를 형성하는지를 판단하시오.

$$\begin{bmatrix}1\\2\end{bmatrix},\quad \begin{bmatrix}2\\-3\end{bmatrix},\quad \begin{bmatrix}3\\2\end{bmatrix}$$

6. 다음 벡터들이 주어졌을 때 $\{\boldsymbol{u},\ \boldsymbol{v},\ \boldsymbol{w}\}$가 생성하는 차원을 구하시오.

$$\boldsymbol{u}=\begin{bmatrix}2\\1\end{bmatrix},\quad \boldsymbol{v}=\begin{bmatrix}4\\3\end{bmatrix},\quad \boldsymbol{w}=\begin{bmatrix}7\\-3\end{bmatrix}$$

7. 다음 벡터들이 주어졌을 때 $\{\boldsymbol{u},\ \boldsymbol{v},\ \boldsymbol{w}\}$가 생성하는 차원을 구하시오.

$$\boldsymbol{u}=\begin{bmatrix}3\\-2\\4\end{bmatrix},\quad \boldsymbol{v}=\begin{bmatrix}-3\\2\\-4\end{bmatrix},\quad \boldsymbol{w}=\begin{bmatrix}-6\\4\\-8\end{bmatrix}$$

8. (도전문제) 다음 벡터들의 집합이 $\boldsymbol{R}^3$상에서 기저가 되는지를 판단하시오.

$$\begin{bmatrix}1\\1\\1\end{bmatrix},\quad \begin{bmatrix}1\\2\\3\end{bmatrix},\quad \begin{bmatrix}2\\-1\\1\end{bmatrix}$$

9. (도전문제) 다음과 같은 동차시스템의 해 공간 $W$의 기저와 차원을 구하시오.

$$\begin{bmatrix}1 & 1 & 4 & 1 & 2\\0 & 1 & 2 & 1 & 1\\0 & 0 & 0 & 1 & 2\\1 & -1 & 0 & 0 & 2\\2 & 1 & 6 & 0 & 1\end{bmatrix}\begin{bmatrix}x_1\\x_2\\x_3\\x_4\\x_5\end{bmatrix}=\begin{bmatrix}0\\0\\0\\0\\0\end{bmatrix}$$

## 벡터공간의 생활 속의 응용

- 벡터공간은 공학 등에서의 기하학적 모델링에 매우 중요한 역할을 한다.
- 컴퓨터 그래픽스에 응용된다.
- CAD(컴퓨터를 이용한 설계)에 널리 응용된다.
- 정교한 기계의 제조에 벡터공간의 개념이 응용된다.
- 물리학의 탐구와 구조역학에 많이 활용된다.

# 07 CHAPTER

# 고유값과 고유벡터

LINEAR ALGEBRA

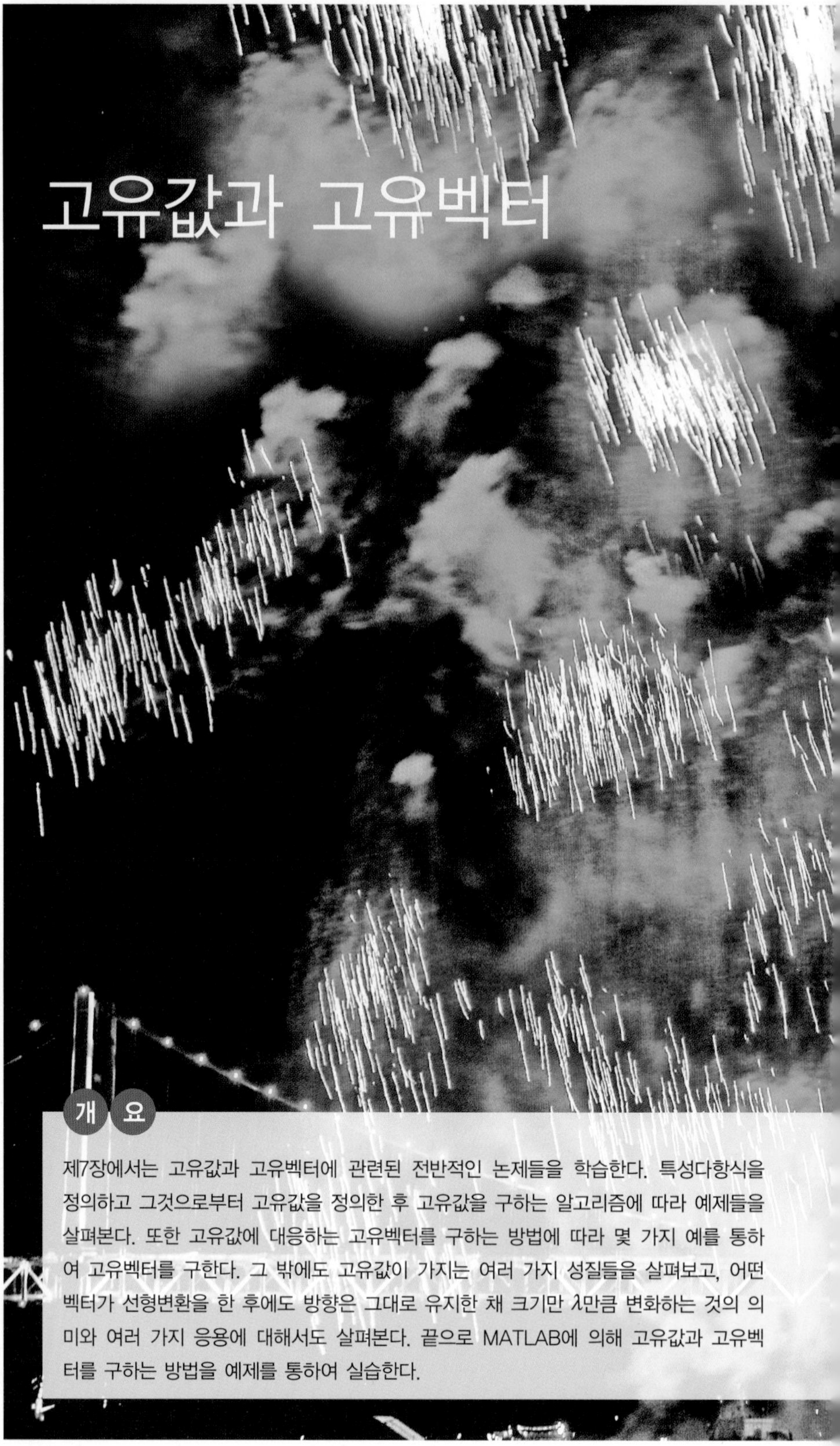

## 개요

제7장에서는 고유값과 고유벡터에 관련된 전반적인 논제들을 학습한다. 특성다항식을 정의하고 그것으로부터 고유값을 정의한 후 고유값을 구하는 알고리즘에 따라 예제들을 살펴본다. 또한 고유값에 대응하는 고유벡터를 구하는 방법에 따라 몇 가지 예를 통하여 고유벡터를 구한다. 그 밖에도 고유값이 가지는 여러 가지 성질들을 살펴보고, 어떤 벡터가 선형변환을 한 후에도 방향은 그대로 유지한 채 크기만 $\lambda$만큼 변화하는 것의 의미와 여러 가지 응용에 대해서도 살펴본다. 끝으로 MATLAB에 의해 고유값과 고유벡터를 구하는 방법을 예제를 통하여 실습한다.

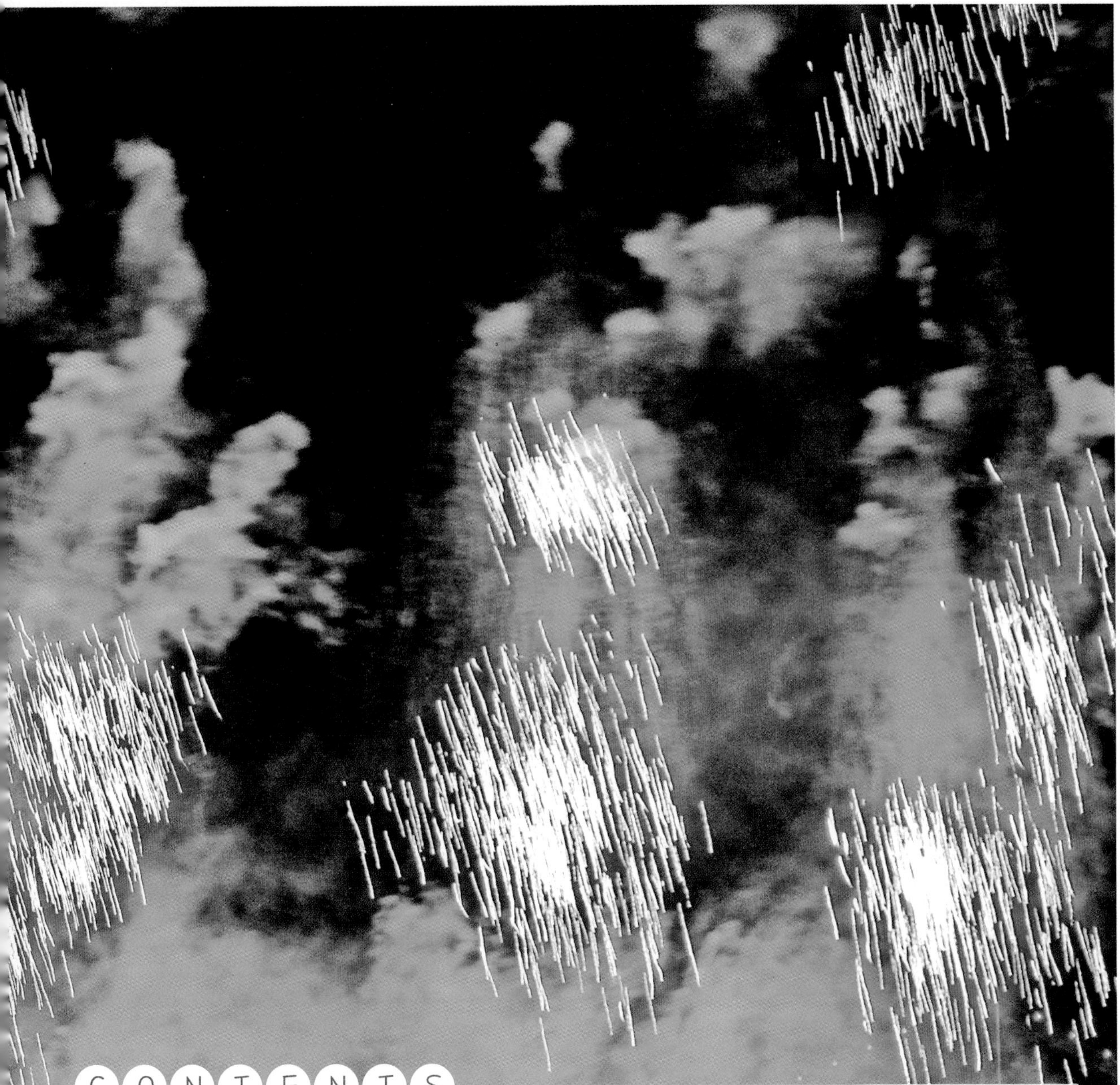

CONTENTS

CHAPTER

# 07 고유값과 고유벡터

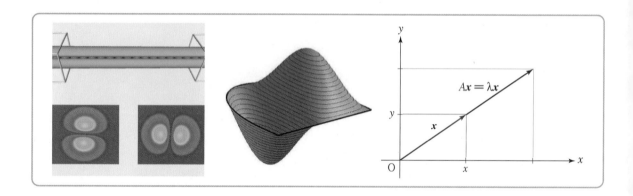

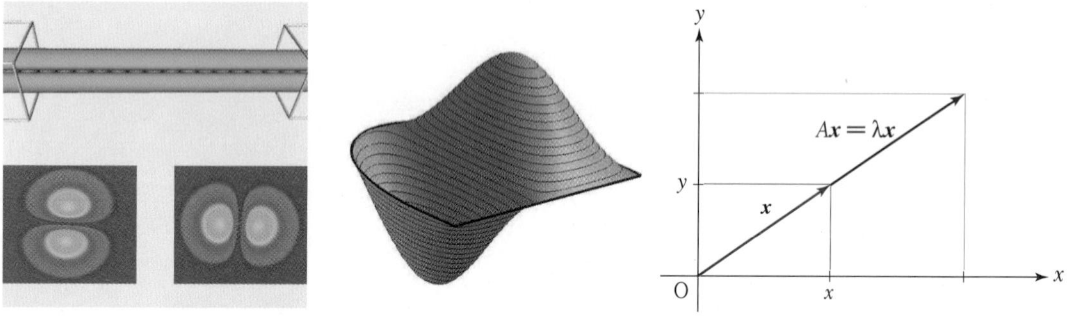


## 7.1 고유값과 고유벡터

### 7.1.1 특성다항식과 고유값

**정의 ❼-1** 행렬 $A$가 $n \times n$ 행렬이고, $I$가 항등행렬일 때

$$A\boldsymbol{x} = \lambda \boldsymbol{x}$$

인 선형시스템에서 $\boldsymbol{x} \neq \mathbf{0}$인 해가 존재하기 위한 필요충분조건은 행렬식 $|A - \lambda I| = 0$이다.

**정의 ❼-2** 다음과 같은 $n \times n$ 행렬 $A$에 대해

$$A = \begin{bmatrix} a_{11} & a_{12} & \cdots & a_{1n} \\ a_{21} & a_{22} & \cdots & a_{2n} \\ \vdots & \vdots & & \vdots \\ a_{n1} & a_{n2} & \cdots & a_{nn} \end{bmatrix}$$

$$\mathrm{Det}(A - \lambda I) = \begin{vmatrix} a_{11}-\lambda & a_{12} & \cdots & a_{1n} \\ a_{21} & a_{22}-\lambda & \cdots & a_{2n} \\ \vdots & \vdots & & \vdots \\ a_{n1} & a_{n2} & \cdots & a_{nn}-\lambda \end{vmatrix}$$

를 $A$의 특성다항식(characteristic polynomial) 또는 고유다항식이라고 한다. 또한

$$p(\lambda) = |A - \lambda I| = 0$$

을 $A$의 특성방정식(characteristic equation) 또는 고유방정식이라고 한다. 이 경우 $p(\lambda)$는 $\lambda$에 관한 $n$차 다항식이다. 특성방정식의 근(root)인 $\lambda$를 고유값(eigen value)이라고 하며, 벡터 $\boldsymbol{x}$를 고유값 $\lambda$에 대한 고유벡터(eigen vector)라고 한다. 이 경우 고유벡터 $\boldsymbol{x}$는 $n \times 1$ 행렬이다.

고유값을 가지는 고유벡터들의 집합을 고유공간(eigen space)이라고 하며, 주어진 $n \times n$ 행렬로부터 모든 고유값과 고유벡터들을 구하는 것을 고유값 문제(eigen value problem)라고 한다.

**예제 ❼-1** $A = \begin{bmatrix} 1 & 2 \\ 4 & 3 \end{bmatrix}$일 때 고유값과 고유벡터를 살펴보자.

$\boldsymbol{x} = \begin{bmatrix} 1 \\ 2 \end{bmatrix}$로 잡으면

$$A\boldsymbol{x}=\begin{bmatrix}1 & 2\\ 4 & 3\end{bmatrix}\begin{bmatrix}1\\ 2\end{bmatrix}=\begin{bmatrix}5\\ 10\end{bmatrix}=5\begin{bmatrix}1\\ 2\end{bmatrix}=\lambda\boldsymbol{x}$$

따라서 $\lambda=5$는 행렬 $A$의 고유값이 되고, 벡터 $\begin{bmatrix}1\\ 2\end{bmatrix}$는 고유값 5에 대한 행렬 $A$의 고유벡터가 된다. ■

**예제 ❼-2**

$A=\begin{bmatrix}3 & 0\\ 8 & -1\end{bmatrix}$일 때 고유값과 고유벡터를 살펴보자.

$\boldsymbol{x}=\begin{bmatrix}1\\ 2\end{bmatrix}$로 잡으면

$$A\boldsymbol{x}=\begin{bmatrix}3 & 0\\ 8 & -1\end{bmatrix}\begin{bmatrix}1\\ 2\end{bmatrix}=\begin{bmatrix}3\\ 6\end{bmatrix}=3\begin{bmatrix}1\\ 2\end{bmatrix}=\lambda\boldsymbol{x}$$

따라서 $\lambda=3$은 행렬 $A$의 고유값이 되고, 벡터 $\begin{bmatrix}1\\ 2\end{bmatrix}$는 고유값 3에 대한 행렬 $A$의 고유벡터가 된다. ■

**여기서 잠깐!!**

고유값은 정방행렬일 경우에만 정의된다. 또한 항등행렬 $I$에 대해 $I\boldsymbol{x}=1\boldsymbol{x}$이므로 $\lambda=1$은 행렬 $I$의 유일한 고유값이고, $I$의 고유벡터는 영벡터가 아닌 모든 벡터이다. 또한 여기서는 실수인 고유값만을 다룬다.

**정의 ❼-3**

만약 어느 고유값 $\lambda$가 특성다항식 $p(\lambda)$의 해로 $k$번($k$는 2 이상) 나타날 경우 고유값 $\lambda$의 중복 해(multiplicity solution)라고 한다.

예를 들면, $A=\begin{bmatrix}1 & 0\\ 0 & 1\end{bmatrix}$의 경우 $\begin{vmatrix}1-\lambda & 0\\ 0 & 1-\lambda\end{vmatrix}=0$으로부터

$(\lambda-1)^2=0$이 된다. 따라서 $\lambda_1=\lambda_2=1$인 중복 해가 된다.

고유값과 고유벡터는 어떻게 생겨났나요?

$A\boldsymbol{x} = \lambda\boldsymbol{x}$에서 보듯이 오른쪽에 있는 벡터 $\boldsymbol{x}$가 행렬 $A$와 곱 연산인 $A\boldsymbol{x}$를 한 후에 $\lambda\boldsymbol{x}$로의 선형변환에 착안한 것인데, 여기서 $\lambda$의 값이 고유값이고 $\boldsymbol{x}$가 고유벡터입니다.

$$A\boldsymbol{x} = \lambda\boldsymbol{x}$$

고유값    고유벡터

그런데 지금 말씀하신 선형변환이란 무엇인지요?

행렬 $A$에다 벡터 $\boldsymbol{x}$를 곱해서 생기는 변환(transformation)을 말합니다. 자세한 것은 9장에서 배울 거예요.

그러면 고유값의 의미는 무엇인가요?

선형변환 후에 고유벡터의 크기가 변하는 비율 $\lambda$를 말합니다.

고유벡터의 의미도 궁금합니다.

고유벡터란 어떤 선형변환이 일어난 후에 크기만 $\lambda$만큼 변하고, 나머지는 전혀 변하지 않은 영벡터가 아닌 벡터를 말하지요.

eigen은 무슨 뜻인가요?

아이겐은 '고유한', '특징적인' 등의 뜻을 가진 독일어인데, 수학자 힐베르트가 처음으로 이와 같은 의미로 썼다고 하더군요.

### 7.1.2 고유값과 고유벡터

(1) Det $(A - \lambda I)$를 구한다.

(2) 구해진 특성다항식의 근을 구하면 고유값이 된다.

(3) 각각의 고유값에 대해 $(A - \lambda I)\boldsymbol{x} = \boldsymbol{0}$를 풀어서 이에 대응하는 고유벡터들을 구한다.

MATLAB

**예제 7-3** 다음과 같이 주어진 행렬 $A$의 특성다항식과 고유값을 구해 보자.

$$A = \begin{bmatrix} 2 & 3 \\ 3 & -6 \end{bmatrix}$$

**풀이** 먼저 특성다항식을 구하고 고유값을 구한다.

$$A-\lambda I=\begin{bmatrix}2 & 3\\ 3 & -6\end{bmatrix}-\begin{bmatrix}\lambda & 0\\ 0 & \lambda\end{bmatrix}=\begin{bmatrix}2-\lambda & 3\\ 3 & -6-\lambda\end{bmatrix}$$

$$\begin{aligned}\mathrm{Det}(A-\lambda I)&=\begin{vmatrix}2-\lambda & 3\\ 3 & -6-\lambda\end{vmatrix}\\ &=(2-\lambda)(-6-\lambda)-(3)(3)\\ &=-12-2\lambda+6\lambda+\lambda^2-9\\ &=\lambda^2+4\lambda-21\end{aligned}$$

따라서 특성다항식은 $\lambda^2+4\lambda-21$이 된다.
$\lambda^2+4\lambda-21=0$이라고 놓으면 $(\lambda-3)(\lambda+7)=0$이다.
따라서 $A$의 고유값은 3과 $-7$이 된다. ■

MATLAB

**예제 7-4** 다음의 행렬 $A$에 대한 고유값과 그에 대응하는 고유벡터를 구해 보자.

$$A=\begin{bmatrix}3 & 2\\ 3 & -2\end{bmatrix}$$

**풀이** 특성방정식을 구하기 위해 $\mathrm{Det}(A-\lambda I)=0$을 구하면

$$\begin{vmatrix}3-\lambda & 2\\ 3 & -2-\lambda\end{vmatrix}=0$$이다.

즉, $\lambda^2-\lambda-12=0,\quad (\lambda-4)(\lambda+3)=0$
그러므로 $A$의 고유값은 4와 $-3$이다.

(1) $\lambda=4$에 대응하는 고유벡터를 구하기 위해 $(A-4I)\mathbf{x}=\mathbf{0}$를 풀면

$$\begin{bmatrix}3-4 & 2\\ 3 & -2-4\end{bmatrix}\begin{bmatrix}x_1\\ x_2\end{bmatrix}=\begin{bmatrix}0\\ 0\end{bmatrix}$$

$$-x_1 + 2x_2 = 0$$
$$3x_1 - 6x_2 = 0$$

$x_1 = 2x_2$가 나오므로

여기서 $x_2$를 1이라고 하면 $x_1 = 2$가 된다.

$$\begin{bmatrix} x_1 \\ x_2 \end{bmatrix} = \begin{bmatrix} 2 \\ 1 \end{bmatrix}$$

그러므로 $\lambda = 4$에 대응하는 고유벡터는 $\begin{bmatrix} 2 \\ 1 \end{bmatrix}$이다.

(2) $\lambda = -3$에 대응하는 고유벡터를 구하기 위해 $(A-(-3)I)\mathbf{x} = \mathbf{0}$를 풀면

$$\begin{bmatrix} 3-(-3) & 2 \\ 3 & -2-(-3) \end{bmatrix} \begin{bmatrix} x_1 \\ x_2 \end{bmatrix} = \begin{bmatrix} 0 \\ 0 \end{bmatrix}$$

$$6x_1 + 2x_2 = 0$$
$$3x_1 + \ \ x_2 = 0$$
$$6x_1 = -2x_2$$
$$x_2 = -3x_1$$

여기서 $x_1$을 1이라고 하면 $x_2 = -3$이 된다.

$$\begin{bmatrix} x_1 \\ x_2 \end{bmatrix} = \begin{bmatrix} 1 \\ -3 \end{bmatrix}$$

그러므로 $\lambda = -3$에 대응하는 고유벡터는 $\begin{bmatrix} 1 \\ -3 \end{bmatrix}$이다.

따라서 각각의 고유값과 이에 대응하는 고유벡터는 다음의 2가지이다. ■

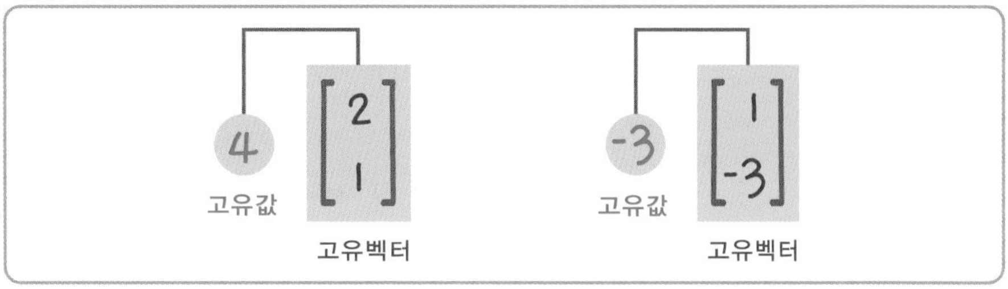

MATLAB

예제 7-5 다음과 같은 행렬 $A$의 고유값과 고유벡터를 구해 보자.

$$A=\begin{bmatrix} 3 & -1 & -1 \\ -12 & 0 & 5 \\ 4 & -2 & -1 \end{bmatrix}$$

풀이 $\mathrm{Det}(A-\lambda I)=\begin{vmatrix} 3-\lambda & -1 & -1 \\ -12 & -\lambda & 5 \\ 4 & -2 & -1-\lambda \end{vmatrix}$ 1행에 대하여 여인수로 전개하면

$$\begin{aligned} &=(3-\lambda)\left[\left(\lambda^2+\lambda\right)+10\right]-(-1)\left[\left(12\lambda+12\right)-20\right]+(-1)(24+4\lambda) \\ &=-\lambda^3+2\lambda^2+\lambda-2 \\ &=-(\lambda+1)(\lambda-1)(\lambda-2)=0 \end{aligned}$$

따라서 $A$의 고유값들은 $-1,\ 1,\ 2$이다.

(1) 고유값 $\lambda=-1$에 대응하는 고유벡터를 구하기 위해 $(A-(-1)I)\boldsymbol{x}=\mathbf{0}$를 풀면,

$$\begin{bmatrix} 3-\lambda & -1 & -1 \\ -12 & -\lambda & 5 \\ 4 & -2 & -1-\lambda \end{bmatrix}\begin{bmatrix} x_1 \\ x_2 \\ x_3 \end{bmatrix}=\begin{bmatrix} 0 \\ 0 \\ 0 \end{bmatrix}$$

$$\begin{bmatrix} 3-(-1) & -1 & -1 \\ -12 & 0-(-1) & 5 \\ 4 & -2 & -1-(-1) \end{bmatrix}\begin{bmatrix} x_1 \\ x_2 \\ x_3 \end{bmatrix}=\begin{bmatrix} 0 \\ 0 \\ 0 \end{bmatrix} \text{ 이므로}$$

$$\begin{bmatrix} 4 & -1 & -1 \\ -12 & 1 & 5 \\ 4 & -2 & 0 \end{bmatrix}\begin{bmatrix} x_1 \\ x_2 \\ x_3 \end{bmatrix}=\begin{bmatrix} 0 \\ 0 \\ 0 \end{bmatrix}$$

여기서 계수행렬을 기약 행 사다리꼴로 바꾼다.

$$\begin{bmatrix} \textcircled{4} & -1 & -1 \\ \boxed{-12} & 1 & 5 \\ \boxed{4} & -2 & 0 \end{bmatrix}$$

$3\times R_1 + R_2 \rightarrow R_2$
$(-1)\times R_1 + R_3 \rightarrow R_3$

$$\begin{bmatrix} 4 & -1 & -1 \\ 0 & \textcircled{-2} & 2 \\ 0 & \boxed{-1} & 1 \end{bmatrix}$$

$\left(-\frac{1}{2}\right)R_2 + R_3 \rightarrow R_3$

$$\begin{bmatrix} 4 & -1 & -1 \\ 0 & -2 & 2 \\ 0 & 0 & 0 \end{bmatrix}$$

그러므로 선형시스템은 다음과 같이 된다.

$$\begin{aligned} 4x_1 - x_2 - x_3 &= 0 \\ -2x_2 + 2x_3 &= 0 \end{aligned}$$

$x_2 = x_3$이므로

여기서 $x_2$를 2라고 하면 $x_3 = 2$, $x_1 = 1$이 된다.

$$\begin{bmatrix} x_1 \\ x_2 \\ x_3 \end{bmatrix} = \begin{bmatrix} 1 \\ 2 \\ 2 \end{bmatrix}$$

그러므로 $\lambda = -1$에 대응하는 고유벡터는 $\begin{bmatrix} 1 \\ 2 \\ 2 \end{bmatrix}$이다.

(2) 고유값 $\lambda = 1$에 대응하는 고유벡터를 구하기 위해 $(A - I)\boldsymbol{x} = \boldsymbol{0}$를 풀면,

$$\begin{bmatrix} 3-\lambda & -1 & -1 \\ -12 & -\lambda & 5 \\ 4 & -2 & -1-\lambda \end{bmatrix} \begin{bmatrix} x_1 \\ x_2 \\ x_3 \end{bmatrix} = \begin{bmatrix} 0 \\ 0 \\ 0 \end{bmatrix}$$

$$\begin{bmatrix} 3-1 & -1 & -1 \\ -12 & 0-1 & 5 \\ 4 & -2 & -1-1 \end{bmatrix}\begin{bmatrix} x_1 \\ x_2 \\ x_3 \end{bmatrix} = \begin{bmatrix} 0 \\ 0 \\ 0 \end{bmatrix} \text{이므로}$$

$$\begin{bmatrix} 2 & -1 & -1 \\ -12 & -1 & 5 \\ 4 & -2 & -2 \end{bmatrix}\begin{bmatrix} x_1 \\ x_2 \\ x_3 \end{bmatrix} = \begin{bmatrix} 0 \\ 0 \\ 0 \end{bmatrix}$$

여기서 계수행렬을 기약 행 사다리꼴로 바꾼다.

$$\begin{bmatrix} \textcircled{2} & -1 & -1 \\ \boxed{-12} & -1 & 5 \\ \boxed{4} & -2 & -2 \end{bmatrix}$$

$6 \times R_1 + R_2 \rightarrow R_2$
$(-2) \times R_1 + R_3 \rightarrow R_3$

$$\begin{bmatrix} 2 & -1 & -1 \\ 0 & -7 & -1 \\ 0 & 0 & 0 \end{bmatrix}$$

그러므로 선형시스템은 다음과 같이 된다.

$$\begin{aligned} 2x_1 - x_2 - x_3 &= 0 \\ -7x_2 - x_3 &= 0 \end{aligned}$$

여기서 $x_2$를 1이라고 하면 $x_3 = -7$, $x_1 = -3$이 된다.

$$\begin{bmatrix} x_1 \\ x_2 \\ x_3 \end{bmatrix} = \begin{bmatrix} -3 \\ 1 \\ -7 \end{bmatrix}$$

그러므로 $\lambda = 1$에 대응하는 고유벡터는 $\begin{bmatrix} -3 \\ 1 \\ -7 \end{bmatrix}$이다.

(3) 고유값 $\lambda = 2$에 대응하는 고유벡터를 구하기 위해 $(A-2I)\boldsymbol{x} = \boldsymbol{0}$를 풀면,

$$\begin{bmatrix} 3-\lambda & -1 & -1 \\ -12 & -\lambda & 5 \\ 4 & -2 & -1-\lambda \end{bmatrix}\begin{bmatrix} x_1 \\ x_2 \\ x_3 \end{bmatrix}=\begin{bmatrix} 0 \\ 0 \\ 0 \end{bmatrix}$$

$$\begin{bmatrix} 3-2 & -1 & -1 \\ -12 & 0-2 & 5 \\ 4 & -2 & -1-2 \end{bmatrix}\begin{bmatrix} x_1 \\ x_2 \\ x_3 \end{bmatrix}=\begin{bmatrix} 0 \\ 0 \\ 0 \end{bmatrix}$$ 이므로

$$\begin{bmatrix} 1 & -1 & -1 \\ -12 & -2 & 5 \\ 4 & -2 & -3 \end{bmatrix}\begin{bmatrix} x_1 \\ x_2 \\ x_3 \end{bmatrix}=\begin{bmatrix} 0 \\ 0 \\ 0 \end{bmatrix}$$

여기서 계수행렬을 기약 행 사다리꼴로 바꾼다.

$$\begin{bmatrix} \textcircled{1} & -1 & -1 \\ \boxed{-12} & -2 & 5 \\ \boxed{4} & -2 & -3 \end{bmatrix}$$

$12\times R_1+R_2\rightarrow R_2$
$(-4)\times R_1+R_3\rightarrow R_3$

$$\begin{bmatrix} 1 & -1 & -1 \\ 0 & \textcircled{-14} & -14 \\ 0 & \boxed{2} & 1 \end{bmatrix}$$

$\left(\frac{1}{7}\right)\times R_2+R_3\rightarrow R_3$

$$\begin{bmatrix} 1 & -1 & -1 \\ 0 & -14 & -7 \\ 0 & 0 & 0 \end{bmatrix}$$

그러므로 선형시스템은 다음과 같이 된다.

$$\begin{aligned} x_1 \quad -x_2 \quad -x_3 &= 0 \\ -14x_2-7x_3 &= 0 \end{aligned}$$

즉, $$\begin{aligned} x_1-x_2-x_3 &= 0 \\ 2x_2+x_3 &= 0 \end{aligned}$$

여기서 $x_2$를 1이라고 하면 $x_3=-2$, $x_1=-1$이 된다.

$$\begin{bmatrix} x_1 \\ x_2 \\ x_3 \end{bmatrix} = \begin{bmatrix} -1 \\ 1 \\ -2 \end{bmatrix}$$

그러므로 $\lambda = 2$에 대응하는 고유벡터는 $\begin{bmatrix} -1 \\ 1 \\ -2 \end{bmatrix}$이다.

따라서 각각의 고유값과 이에 대응하는 고유벡터는 다음의 3가지이다. ■

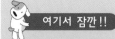

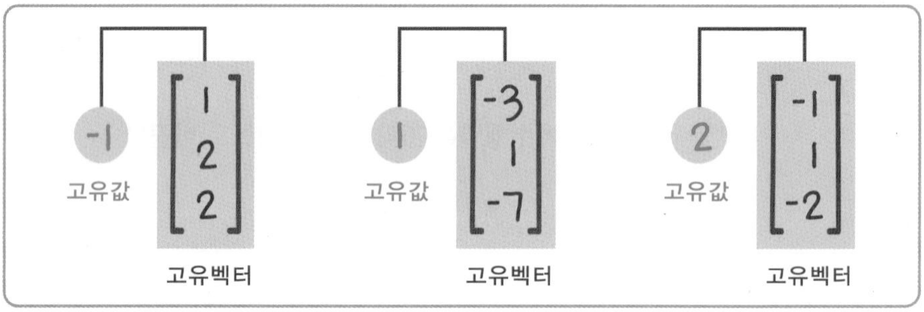


**여기서 잠깐!!** 고유값을 구하기 위해 미리 행 연산을 하면 전혀 다른 고유값이 나오므로 주의해야 한다. 그러나 고유값을 구하고 난 후 고유벡터를 구하는 과정에서는 행 연산을 하면 계산이 훨씬 수월해지는 경우가 많다.

고유벡터를 구하는 것은 조금 어려워요.
고유값 $\lambda$를 구하고 난 후 $(A-\lambda I)\mathbf{x}=\mathbf{0}$에 대입해서 해를 구하는 과정이 어렵다는 말인가요?
예를 들어 설명해 볼게요. $x_1=-2x_2$의 결과가 나왔을 경우, $x_2=1$이라고 하면 $x_1=-2$가 되므로 $\begin{bmatrix} x_1 \\ x_2 \end{bmatrix}=\begin{bmatrix} -2 \\ 1 \end{bmatrix}$이 고유벡터가 됩니다. 이제, 알겠지요?
더 일반적인 방법은 벡터 변수들의 관계를 찾아내어 $x_1=-2x_2$란 결과에 대하여 $x_2$를 기준으로 정리하면 $\begin{bmatrix} x_1 \\ x_2 \end{bmatrix}=\begin{bmatrix} -2x_2 \\ x_2 \end{bmatrix}=x_2\begin{bmatrix} -2 \\ 1 \end{bmatrix}$ $(x_2\neq 0)$ 이 나오게 되는데 고유벡터는 $\begin{bmatrix} -2 \\ 1 \end{bmatrix}$의 배수가 됩니다.
어느 방법이든지 결과는 같겠네요. 예제의 풀이와 같이 적당한 정수를 대입하는 것이 저한테는 더 쉬울 것 같아요.
그렇지요!
만약 정수가 아닌 것으로 나오면 어떻게 하나요? 가령 $\begin{bmatrix} -1 \\ \frac{1}{3} \end{bmatrix}$일 때는요?
그럴 때는 각 항에 3을 곱해 주면 $\begin{bmatrix} -3 \\ 1 \end{bmatrix}$도 고유벡터가 됩니다.
$\begin{bmatrix} -2 \\ 1 \end{bmatrix}$에다 (−1)을 곱하면 $\begin{bmatrix} 2 \\ -1 \end{bmatrix}$이 되는데, 그것도 고유벡터가 된다는 말씀인가요?
바로 그거예요.
고유벡터에다 0이 아닌 수를 곱하면 언제나 고유벡터가 됩니다.
$\begin{bmatrix} -2 \\ 1 \end{bmatrix}$ $\begin{bmatrix} 2 \\ -1 \end{bmatrix}$ $\begin{bmatrix} -4 \\ 2 \end{bmatrix}$
그런데 고유벡터는 몇 개나 구해야 하나요?
각 고유값마다 고유벡터가 하나씩 있으니까 $\lambda$의 개수만큼 구하면 됩니다.

## 연습 문제 7.1

### Part 1. 진위 문제

다음 문장의 진위를 판단하고, 틀린 경우에는 그 이유를 적으시오.

1. 임의의 행렬 $A$에 대한 고유값은 항상 2개이다.
2. $3\times3$ 행렬에서 고유값이 모두 1인 경우도 있을 수 있다.
3. $2\times2$ 행렬의 서로 다른 고유값의 개수는 최대 3개이다.
4. 특성다항식을 0으로 놓고 풀면 그 해가 고유값이 된다.
5. 고유값 문제는 주어진 행렬로부터 고유값과 고유벡터를 구하는 것이다.
6. 특성방정식과 고유값은 정방행렬이 아닌 경우에도 정의될 수 있다.
7. 만약 $\mathbf{v}$가 행렬 $A$의 고유벡터이면 임의의 실수 $c\neq0$에 대하여 $c\mathbf{v}$도 $A$의 고유벡터이다.

### Part 2. 선택 문제

1. 다음 행렬 $A$의 고유값을 구하면?

$$A=\begin{bmatrix}5 & 2\\ 2 & 2\end{bmatrix}$$

(1) $\lambda_1=6,\ \lambda_2=1$ (2) $\lambda_1=6,\ \lambda_2=2$

(3) $\lambda_1=5,\ \lambda_2=2$ (4) $\lambda_1=2,\ \lambda_2=2$

2. $2\times2$ 행렬 $A$의 어느 고유벡터가 $\begin{bmatrix}1\\ -2\end{bmatrix}$라면 다음 중 고유벡터가 될 수 없는 것은?

(1) $\begin{bmatrix}5\\ -10\end{bmatrix}$ (2) $\begin{bmatrix}3\\ -6\end{bmatrix}$

(3) $\begin{bmatrix}-2\\ 1\end{bmatrix}$ (4) $\begin{bmatrix}-1\\ 2\end{bmatrix}$

3. 다음 중 실수인 고유값을 가질 수 없는 특성다항식은?

(1) $\lambda^2 - 1$ (2) $\lambda^2 - 3\lambda + 2$
(3) $\lambda^2 + 2\lambda + 3$ (4) $\lambda^2 - 4\lambda + 3$

4. 다음 행렬 $A$의 고유값 중 하나는?

$$A = \begin{bmatrix} 1 & 1 \\ 1 & 1 \end{bmatrix}$$

(1) 1 (2) 2 (3) 3 (4) $-1$

5. 다음 중 고유값을 하나라도 가질 수 없는 행렬은?

(1) $\begin{bmatrix} 1 & -1 \\ 1 & -1 \end{bmatrix}$ (2) $\begin{bmatrix} 1 & 2 \\ 1 & 1 \end{bmatrix}$

(3) $\begin{bmatrix} 1 & 4 \\ -1 & 1 \end{bmatrix}$ (4) $\begin{bmatrix} 1 & 2 \\ 2 & 1 \end{bmatrix}$

## Part 3. 주관식 문제

1. 다음 행렬 $A$에 대하여 특성다항식과 고유값을 구하시오.

$$A = \begin{bmatrix} 3 & 2 \\ -1 & 0 \end{bmatrix}$$

2. 행렬 $A$와 두 벡터 $\boldsymbol{u}$, $\boldsymbol{v}$가 주어졌을 때, 두 벡터는 고유값 $\lambda = -1, -3$에 각각 대응하는 고유벡터가 됨을 보이시오.

$$A = \begin{bmatrix} -2 & 1 \\ 1 & -2 \end{bmatrix}, \quad \boldsymbol{u} = \begin{bmatrix} 1 \\ 1 \end{bmatrix}, \quad \boldsymbol{v} = \begin{bmatrix} 1 \\ -1 \end{bmatrix}$$

3. $\lambda = 2$가 주어진 행렬 $A$의 고유값인가? 만약 고유값이 아니라면 그 이유를 적으시오.

$$A = \begin{bmatrix} 3 & 2 \\ 3 & 8 \end{bmatrix}$$

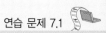

4. 다음 행렬 $A$의 고유값이 $\lambda = 1, 5$라고 할 때 각각의 고유벡터를 구하시오.

$$A = \begin{bmatrix} 5 & 0 \\ 2 & 1 \end{bmatrix}$$

5. 다음 행렬 $A$의 고유값과 고유벡터를 각각 구하시오.

(1) $A = \begin{bmatrix} 2 & 1 \\ 1 & 2 \end{bmatrix}$ (2) $A = \begin{bmatrix} 1 & 0 \\ 2 & 1 \end{bmatrix}$

6. 다음 행렬 $A$의 고유값과 고유벡터를 구하시오.

$$A = \begin{bmatrix} 1 & 2 \\ 3 & 2 \end{bmatrix}$$

7. 다음 행렬 $A$의 고유값과 고유벡터를 각각 구하시오.

(1) $A = \begin{bmatrix} 2 & 2 \\ 3 & 3 \end{bmatrix}$ (2) $A = \begin{bmatrix} 1 & -1 \\ 1 & 3 \end{bmatrix}$

8. 다음 행렬들에 대하여 각각의 고유값을 구하고 그에 대응하는 고유벡터를 각각 구하시오.

(1) $\begin{bmatrix} 1 & 2 \\ -1 & 4 \end{bmatrix}$ (2) $\begin{bmatrix} 3 & 2 \\ 4 & 1 \end{bmatrix}$

9. 다음 행렬들에 대하여 각각의 고유값을 구하고 그에 대응하는 고유벡터를 구하시오.

(1) $\begin{bmatrix} 6 & -4 \\ 3 & -1 \end{bmatrix}$ (2) $\begin{bmatrix} 3 & -1 \\ 1 & 1 \end{bmatrix}$

10. $3\times3$ 행렬의 특성다항식을 구하기 위해서는 $A-\lambda I$를 구해야 한다. 다음 행렬 $A$의 특성다항식을 구하시오.

$$A = \begin{bmatrix} 1 & 0 & -1 \\ 2 & 3 & -1 \\ 0 & 6 & 0 \end{bmatrix}$$

11. 다음 행렬 $A$의 고유값과 고유벡터를 구하시오.

$$A=\begin{bmatrix}2&1&0\\0&3&1\\0&0&1\end{bmatrix}$$

12. 다음 행렬 $A$의 고유값과 고유벡터를 구하시오.

$$A=\begin{bmatrix}2&1&1\\2&3&2\\1&1&2\end{bmatrix}$$

13. 다음 행렬들의 특성다항식과 고유값을 각각 구하시오.

(1) $\begin{bmatrix}2&-1\\-1&2\end{bmatrix}$ (2) $\begin{bmatrix}1&2&3\\0&2&3\\0&0&3\end{bmatrix}$

14. (도전문제) 다음 행렬 $A$의 고유값이 $-3$, $0$, $3$일 때, $\mathrm{Det}(A-\lambda I)=9\lambda-\lambda^3$이 되도록 $a$, $b$, $c$의 값을 정하시오.

$$A=\begin{bmatrix}0&1&0\\0&0&1\\a&b&c\end{bmatrix}$$

15. (도전문제) 다음 행렬들에 대하여 각각의 고유값을 구하고 그에 대응하는 고유벡터를 구하시오.

(1) $\begin{bmatrix}1&3&6\\0&2&-1\\0&0&7\end{bmatrix}$ (2) $\begin{bmatrix}3&0&0&0\\4&1&0&0\\0&0&2&1\\0&0&0&2\end{bmatrix}$

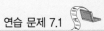

## 7.2 고유값의 성질과 응용

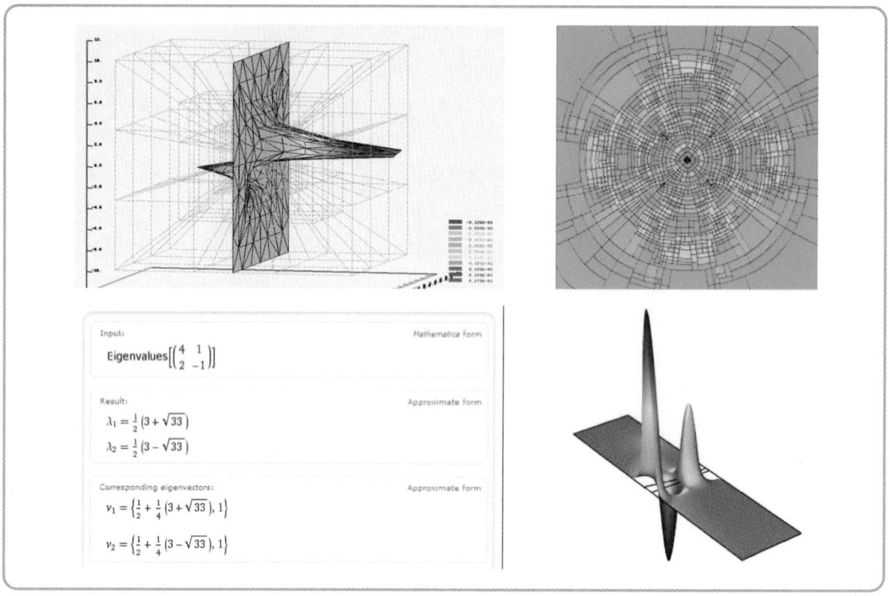


### 7.2.1 고유값의 성질

**정리 ❼-1** 행렬 $A$의 고유값이 $\lambda_1, \lambda_2, \cdots, \lambda_n$이라고 할 때 다음과 같은 성질들이 성립한다.

(1) 행렬 $A$의 고유값들의 합은 주대각선상의 항들의 합인 대각합(trace)과 같다.

$$\lambda_1 + \lambda_2 + \cdots + \lambda_n = \text{trace}(A)$$

(2) 행렬 $A$의 고유값들의 곱은 $A$의 행렬식의 값과 같다.

$$\lambda_1 \cdot \lambda_2 \cdot \cdots \cdot \lambda_n = \text{Det}(A)$$

(3) 행렬 $A$의 전치행렬 $A^T$의 고유값은 원래의 고유값과 같다.

$$\lambda_1, \lambda_2, \cdots, \lambda_n$$

(4) 행렬 $A$의 역행렬이 만약 존재한다면 $A^{-1}$의 고유값은 다음과 같다.

$$\frac{1}{\lambda_1},\ \frac{1}{\lambda_2},\ \cdots,\ \frac{1}{\lambda_n}$$

(5) $k$가 스칼라 값이라면 $kA$의 고유값은 원래의 고유값에다 각각 $k$배를 한 것과 같다.

$$k\lambda_1,\ k\lambda_2,\ \cdots,\ k\lambda_n$$

(6) $k$가 양의 정수라면 $A^k$의 고유값은 원래의 고유값에다 $k$제곱한 것과 같다.

$$\lambda_1^k,\ \lambda_2^k, \cdots,\ \lambda_n^k$$

**정리 ❼-2** 삼각행렬

$$A = \begin{bmatrix} a_{11} & a_{12} & \cdots & a_{1n} \\ 0 & a_{22} & \cdots & a_{2n} \\ \vdots & \vdots & \ddots & \vdots \\ 0 & 0 & \cdots & a_{nn} \end{bmatrix}$$

의 특성방정식은

$$p_A(x) = (a_{11} - \lambda)(a_{22} - \lambda) \cdots (a_{nn} - \lambda) = 0$$

이고, 따라서 $a_{11}, a_{22}, \cdots, a_{nn}$이 고유값이 된다.

예를 들면, $A = \begin{bmatrix} 4 & 1 \\ 0 & -5 \end{bmatrix}$와 같이 삼각행렬일 때 $A$의 고유값은 대각항인 4, $-5$이다.

MATLAB

**예제 7-6** 다음 행렬 $A, B$의 고유값들을 구해 보자.

$$(1)\ A=\begin{bmatrix}0 & 0 & 0\\ 0 & 2 & 5\\ 0 & 0 & -1\end{bmatrix} \qquad (2)\ B=\begin{bmatrix}4 & 0 & 0\\ 0 & 0 & 0\\ 1 & 0 & -3\end{bmatrix}$$

**풀이** 삼각행렬에서의 고유값의 특성을 이용하면 쉽게 구할 수 있다.

(1) $A$는 상부삼각행렬이므로 고유값은 주대각선상의 값인 0, 2, $-1$이다.

(2) $B$는 하부삼각행렬이므로 고유값은 주대각선상의 값인 4, 0, $-3$이다. ■

**정리 7-3** 고유값에 대응하는 고유벡터들 사이의 선형독립 관계는 다음과 같다.

(1) $\lambda$가 $A$의 중복 해가 아닌 경우, 고유값 $\lambda$에 대응하는 선형독립인 고유벡터는 유일하다.

(2) $n \times n$ 행렬 $A$의 서로 다른 고유값에 대응하는 고유벡터들은 선형독립이다.

(3) $n \times n$ 행렬 $A$가 $n$개의 서로 다른 고유값을 가지면, $A$는 $n$개의 선형독립인 고유벡터들을 가진다.

**예제 7-7** 다음과 같이 행렬 $A$가 주어졌을 경우, 고유값들의 합은 trace($A$)와 같고 고유값들의 곱은 Det($A$)와 같은지를 살펴보자.

$$A=\begin{bmatrix}5 & 1\\ 7 & -1\end{bmatrix}$$

**풀이** $A$에서 $\text{trace}(A) = 5+(-1) = 4$이고, $\text{Det}(A) = -5-7 = -12$이다. 또한

$$\begin{vmatrix}5-\lambda & 1\\ 7 & -1-\lambda\end{vmatrix} = \lambda^2 - 4\lambda - 12 = 0$$이므로

$$(\lambda+2)(\lambda-6)=0$$

따라서 $A$의 고유값은 $\lambda_1 = -2$, $\lambda_2 = 6$이다.

그러므로 $\lambda_1 + \lambda_2 = 4 = \text{trace}(A)$이고, $\lambda_1 \cdot \lambda_2 = -12 = \text{Det}(A)$이다. ■

**정리 7-4** $A$가 $n \times n$ 행렬이고, $I$는 $n \times n$ 항등행렬이며, $\lambda$가 스칼라일 때 다음의 문장들은 모두 동치이다.

(1) $\lambda$가 $A$의 고유값이다.

(2) $(A - \lambda I)\mathbf{x} = \mathbf{0}$는 비자명해를 가진다.

(3) $A - \lambda I$는 비가역적이다.

(4) $\text{Det}(A - \lambda I) = 0$

### 7.2.2 닮은행렬과 고유값

**정의 7-4** 행렬 $A$, $B$, $C$가 모두 $n \times n$ 행렬이고 $B = C^{-1}AC$가 성립할 때 두 행렬 $A$와 $B$는 닮은행렬(similar matrix)이라 한다.

**예제 7-8** 행렬 $A$, $B$, $C$가 다음과 같을 때 $A$와 $B$가 닮은행렬임을 알아보자.

$$A = \begin{bmatrix} 2 & 1 \\ 0 & -1 \end{bmatrix}, \quad B = \begin{bmatrix} 4 & -2 \\ 5 & -3 \end{bmatrix}, \quad C = \begin{bmatrix} 2 & -1 \\ -1 & 1 \end{bmatrix}$$

**풀이**

$$CB = \begin{bmatrix} 2 & -1 \\ -1 & 1 \end{bmatrix}\begin{bmatrix} 4 & -2 \\ 5 & -3 \end{bmatrix} = \begin{bmatrix} 3 & -1 \\ 1 & -1 \end{bmatrix}$$

$$AC = \begin{bmatrix} 2 & 1 \\ 0 & -1 \end{bmatrix}\begin{bmatrix} 2 & -1 \\ -1 & 1 \end{bmatrix} = \begin{bmatrix} 3 & -1 \\ 1 & -1 \end{bmatrix}$$

이므로 $CB = AC$이다. 또한 $\text{Det}(C) = 2 - 1 = 1 \neq 0$이므로 $C$는 가역적이다. 그러므로 $CB = AC$로부터 $B = C^{-1}AC$를 얻을 수 있다. 따라서 $A$와 $B$는 닮은행렬이다. ■

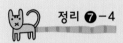

**예제 ❼-9** 다음 행렬 $A$, $B$가 닮은행렬임을 확인해 보자.

$$A=\begin{bmatrix}0 & 2 & 1\\ 1 & -4 & 0\\ 3 & 0 & 0\end{bmatrix},\quad B=\begin{bmatrix}3 & 3 & 3\\ -6 & -6 & -2\\ 6 & 5 & -1\end{bmatrix}$$

**풀이** 행렬 $C$, $C^{-1}$에 대하여

$$C=\begin{bmatrix}1 & 1 & 1\\ 1 & 1 & 0\\ 1 & 0 & 0\end{bmatrix},\quad C^{-1}=\begin{bmatrix}0 & 0 & 1\\ 0 & 1 & -1\\ 1 & -1 & 0\end{bmatrix}$$

$B=C^{-1}AC$임을 보인다.

$$C^{-1}AC=\begin{bmatrix}0 & 0 & 1\\ 0 & 1 & -1\\ 1 & -1 & 0\end{bmatrix}\begin{bmatrix}0 & 2 & 1\\ 1 & -4 & 0\\ 3 & 0 & 0\end{bmatrix}\begin{bmatrix}1 & 1 & 1\\ 1 & 1 & 0\\ 1 & 0 & 0\end{bmatrix}=\begin{bmatrix}3 & 3 & 3\\ -6 & -6 & -2\\ 6 & 5 & -1\end{bmatrix}=B$$

따라서 $A$와 $B$는 닮은행렬이다. ■

**정리 ❼-5** $A$와 $B$가 $n\times n$ 닮은행렬인 경우 $A$와 $B$는 같은 고유값을 가진다.

**예제 ❼-10** 앞의 (예제 ❼-8)의 행렬 $A$와 $B$가 같은 고유값을 가짐을 확인해 보자.

**풀이** $A$와 $B$의 특성방정식을 구해본다.

$$\mathrm{Det}(A-\lambda I)=\begin{vmatrix}2-\lambda & 1\\ 0 & -1-\lambda\end{vmatrix}$$
$$=(\lambda-2)(\lambda+1)=0$$

고유값은 $\lambda=2,\ -1$이다.

$$\begin{aligned} \mathrm{Det}(B-\lambda I) &= \begin{vmatrix} 4-\lambda & -2 \\ 5 & -3-\lambda \end{vmatrix} \\ &= \lambda^2-\lambda-12+10 \\ &= (\lambda-2)(\lambda+1)=0 \end{aligned}$$

고유값은 $\lambda=2,\ -1$이다.

그러므로 두 경우의 고유값은 같다. ■

### 7.2.3 고유값과 고유벡터의 응용

$A\boldsymbol{x}=\lambda\boldsymbol{x}$의 의미는 무엇일까? 행렬 $A$에다 벡터 $\boldsymbol{x}$를 곱하여 $\lambda\boldsymbol{x}$가 나온다는 것은 $\boldsymbol{x}$가 회전 등의 변환을 거치지 않고 단지 스칼라 값을 곱한 단순한 결과만을 나타낸다는 것을 의미한다. 이는 물리학을 비롯한 과학적 탐구나 공학적 응용에 있어서 비교적 간단하면서도 매우 중요한 방법론을 제공해 준다. 즉, $\boldsymbol{x}$가 0이 아닌 벡터일 때 $A\boldsymbol{x}$와 $\boldsymbol{x}$는 같은 선상에 있게 된다는 점을 의미한다. 다음의 〈그림 7.1〉과 〈그림 7.2〉는 $\lambda$ 값에 따른 $A\boldsymbol{x}$와 $\boldsymbol{x}$의 관계를 나타내는데, 이 그림에서 보듯이 $A\boldsymbol{x}=2\boldsymbol{x}$와 $A\boldsymbol{x}=-\frac{3}{2}\boldsymbol{x}$는 같은 직선상에 위치하면서 크기가 $\lambda$만큼 변한 것임을 알 수 있다.

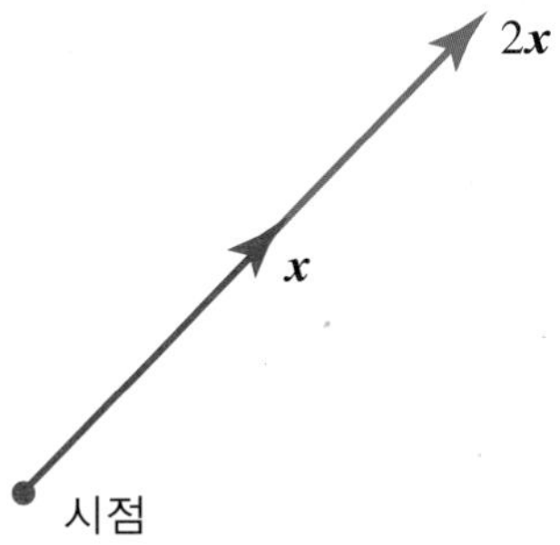


〈그림 7.1〉 $A\boldsymbol{x}=2\boldsymbol{x}$

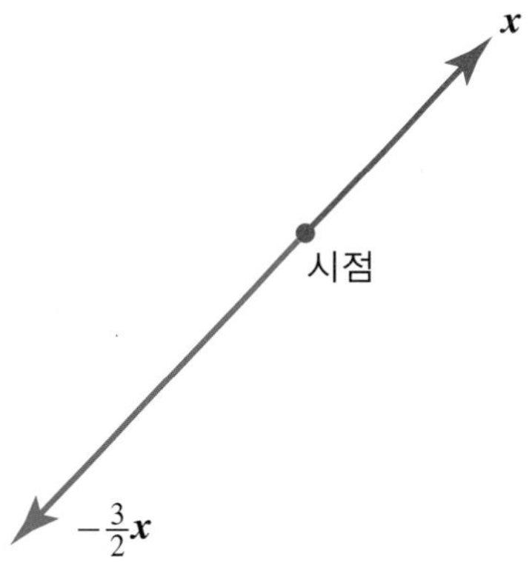


〈그림 7.2〉 $A\boldsymbol{x}=-\frac{3}{2}\boldsymbol{x}$

**예제 7-11** 행렬 $A$와 벡터 $\boldsymbol{u}$, $\boldsymbol{v}$가 다음과 같이 주어졌을 경우, $\boldsymbol{u}$와 $\boldsymbol{v}$가 행렬 $A$의 고유벡터가 되는지를 판정하고 그림을 통하여 고찰해 보자.

$$A=\begin{bmatrix}1 & 6\\ 5 & 2\end{bmatrix},\ \boldsymbol{u}=\begin{bmatrix}6\\ -5\end{bmatrix},\ \boldsymbol{v}=\begin{bmatrix}3\\ -2\end{bmatrix}$$

**풀이**

$$A\boldsymbol{u}=\begin{bmatrix}1 & 6\\ 5 & 2\end{bmatrix}\begin{bmatrix}6\\ -5\end{bmatrix}=\begin{bmatrix}-24\\ 20\end{bmatrix}=-4\begin{bmatrix}6\\ -5\end{bmatrix}=-4\boldsymbol{u}$$

$$A\boldsymbol{v}=\begin{bmatrix}1 & 6\\ 5 & 2\end{bmatrix}\begin{bmatrix}3\\ -2\end{bmatrix}=\begin{bmatrix}-9\\ 11\end{bmatrix}\neq\lambda\begin{bmatrix}3\\ -2\end{bmatrix}$$

그러므로 $\boldsymbol{u}$는 고유값 $-4$에 대응하는 고유벡터가 된다. 그러나 $A\boldsymbol{v}$가 $\boldsymbol{v}$의 배수가 아니기 때문에 $\boldsymbol{v}$는 고유벡터가 아니다. 따라서 $\boldsymbol{u}$와 $A\boldsymbol{u}$는 같은 직선상에 있으나, $A\boldsymbol{v}$는 같은 직선상에 있지 않다는 것을 〈그림 7.3〉을 통하여 알 수 있다. ■

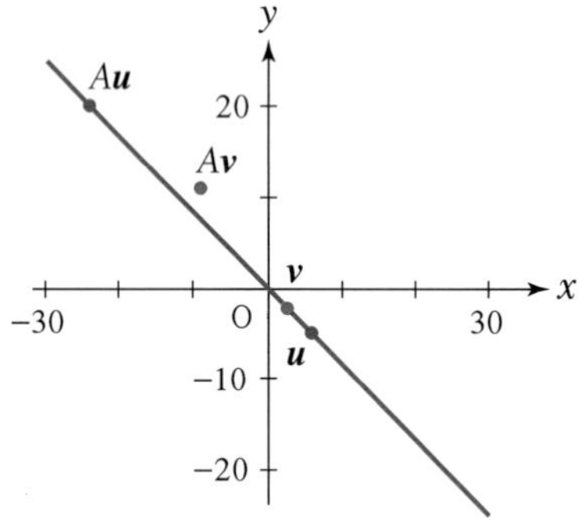


〈그림 7.3〉 $A\boldsymbol{u}$와 $A\boldsymbol{v}$

고유값과 고유벡터의 응용 분야는 매우 다양하다. 예를 들면, 진동계, 양자역학, 전기계, 화학반응, 기계응력 등의 공학 분야나 새로운 물리학적 운동 방정식 모델의 개발에 있어서 매우 중요한 역할을 한다. 또한 수학에 있어서도 행렬의 복잡한 연산을 간단하게 하거나, 선형 $n$차 연립 미분방정식의 일반 해를 구하는 과정과 비선형 문제에도 적용된다. 사회과학을 비롯한 여러 분야에도 고유값과 고유벡터는 매우 유용하게 쓰이고 있다.

특히 진동 문제에서의 고유진동수나 $x$, $y$, $z$ 방향의 응력 등은 고유값과 고유벡터를 이용하면 비교적 쉽게 구할 수 있다. 〈그림 7.4〉는 고유값과 고유벡터의 응용으로써 양쪽 벽면 사이에 걸린 3개의 스프링에 미치는 힘과 늘어나는 길이를 나타낸다.

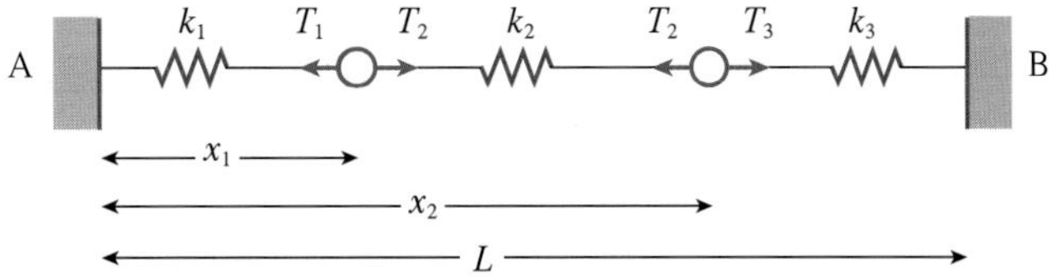


〈그림 7.4〉 벽면 사이의 스프링

## 연습 문제 7.2

### Part 1. 진위 문제

다음 문장의 진위를 판단하고, 틀린 경우에는 그 이유를 적으시오.

1. 행렬 $A$의 고유값이 1, 2라면 $k=2$일 때 $kA$의 고유값은 2, 4가 된다.
2. 고유벡터는 고유값 $\lambda$에 따라 크기와 방향이 제한 없이 변할 수 있다.
3. 행렬 $A$의 고유값이 $\lambda$라는 말과 $\mathrm{Det}(A-\lambda I)=0$은 동치이다.
4. 고유벡터의 개수는 고유값보다 많을 수도 있다.
5. 고유값들의 합은 주대각선상의 항들을 모두 곱한 값과 같다.

### Part 2. 선택 문제

1. 다음 중 고유값 $-2$를 포함하지 않은 행렬은?

   (1) $\begin{bmatrix} 1 & 0 \\ 0 & -2 \end{bmatrix}$ (2) $\begin{bmatrix} 1 & 1 \\ 0 & -2 \end{bmatrix}$

   (3) $\begin{bmatrix} -2 & 0 \\ 1 & 1 \end{bmatrix}$ (4) $\begin{bmatrix} 1 & 1 \\ 1 & -2 \end{bmatrix}$

2. $A$의 고유값이 1, 2일 때 $A$의 역행렬의 고유값은?

   (1) $-1, -2$ (2) $1, -2$

   (3) $-1, 2$ (4) $1, \frac{1}{2}$

3. $A$의 고유값이 $-1$, 3일 때 $A^T$의 고유값은?

   (1) $-1, 3$ (2) $-1, \frac{1}{3}$

   (3) 1, 3 (4) 존재하지 않는다.

4. 고유값과 고유벡터가 많이 응용되지 않은 분야는?

   (1) 전기공학 (2) 화학식

   (3) 철학 (4) 양자역학

5. 고유값과 고유벡터의 의미로 가장 적절한 것은?
   (1) $\lambda$의 값에 따라 고유벡터가 $\lambda$배만큼 크기가 변할 수 있다.
   (2) 서로 다른 행렬은 같은 고유값을 가질 수 있는 경우가 전혀 없다.
   (3) 고유값과 고유벡터는 사실상 같은 것이다.
   (4) $3\times 3$ 행렬은 최대 2개의 고유값을 가진다.

## Part 3. 주관식 문제

1. 다음 행렬 $A$의 특성다항식과 고유값을 구하시오.

$$A=\begin{bmatrix}1 & 0\\ 1 & 2\end{bmatrix}$$

2. 다음 행렬 $A$의 특성다항식, 고유값, 고유벡터를 구하시오.

$$A=\begin{bmatrix}-1 & -2\\ 4 & 5\end{bmatrix}$$

3. 다음 행렬 $A$의 고유값과 고유벡터를 구하시오.

$$A=\begin{bmatrix}1 & 0\\ 2 & 3\end{bmatrix}$$

4. 행렬 $A$가 다음과 같을 때 고유값과 고유벡터를 구하시오.

$$A=\begin{bmatrix}0 & -1\\ 1 & 0\end{bmatrix}$$

5. $A$가 $2\times 2$ 행렬이고, $\text{trace}(A)=8$이고 $\text{Det}(A)=12$일 때 $A$의 고유값을 구하시오.

6. 다음 행렬을 보고 암산으로 고유값을 구하시오. 또한 그 이유를 설명하시오.

$$A=\begin{bmatrix}1 & 4 & 5\\ 0 & 2 & 6\\ 0 & 0 & 3\end{bmatrix}$$

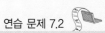

7. 다음의 서로 다른 두 행렬 $A$와 $B$가 같은 고유값을 가지는지를 판정하시오.

(1) $A=\begin{bmatrix}2&0&0\\0&4&0\\1&0&2\end{bmatrix}$  (2) $B=\begin{bmatrix}2&0&0\\-1&4&0\\-3&6&2\end{bmatrix}$

8. 고유값의 응용 문제에서 다음 행렬 $A$에 대한 동차시스템 $(A-\lambda I)\boldsymbol{x}=\boldsymbol{0}$가 비자명해를 가질 때 모든 실수 $\lambda$를 구하시오.

$A=\begin{bmatrix}1&5\\3&-1\end{bmatrix}$

9. (도전문제) 다음의 행렬들에 대하여 고유값을 구하고 그에 대응하는 고유벡터를 각각 구하시오.

(1) $\begin{bmatrix}1&1&1\\0&2&1\\0&0&1\end{bmatrix}$  (2) $\begin{bmatrix}2&0&0&0\\0&2&0&0\\0&0&3&0\\0&0&0&4\end{bmatrix}$

10. (도전문제) 만약 $\lambda$가 가역행렬 $A$의 고유값이면, $A^{-1}$의 고유값은 $\frac{1}{\lambda}$임을 $2\times2$ 행렬의 예를 들어 성립함을 보이시오.

## 7.3 MATLAB에 의한 연산

예제 ⑦-3 MATLAB

실습 ⑦-1

다음과 같이 주어진 행렬 $A$의 특성다항식과 고유값을 구해 보자.

$$A = \begin{bmatrix} 2 & 3 \\ 3 & -6 \end{bmatrix}$$

**풀이** 특성다항식은 $\lambda^2 + 4\lambda - 21$이고 고유값은 3과 $-7$이다. ■

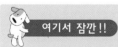

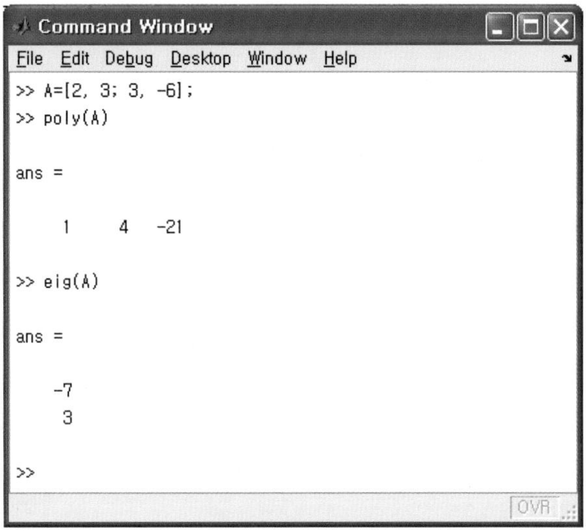


여기서 잠깐!! MATLAB에서 특성다항식을 구하는 명령어는 poly($A$)이고, 고유값은 eig($A$)로 입력한다.

예제 ⑦-4 MATLAB

**실습 ❼-2**

다음의 행렬 $A$에 대한 고유값과 그에 대응하는 고유벡터를 구해 보자.

$$A=\begin{bmatrix}3 & 2\\3 & -2\end{bmatrix}$$

**풀이** 각각의 고유값과 그에 대응하는 고유벡터는 다음의 2가지이다. ■

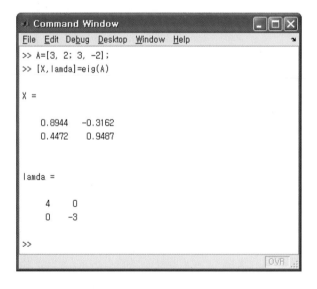

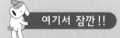

```
Command Window
File Edit Debug Desktop Window Help
>> A=[3, 2; 3, -2];
>> [X,lamda]=eig(A)

X =

    0.8944   -0.3162
    0.4472    0.9487


lamda =

     4     0
     0    -3

>>
```

**여기서 잠깐 !!**

고유벡터의 경우에는 성분의 비로 나타낼 수 있으므로, MATLAB에서 $\lambda=4$일 때 고유벡터 $\begin{bmatrix}0.8944\\0.4472\end{bmatrix}$는 사실상 $\begin{bmatrix}2\\1\end{bmatrix}$이고, $\lambda=-3$일 때 고유벡터 $\begin{bmatrix}-0.3162\\0.9487\end{bmatrix}$은 사실상 $\begin{bmatrix}1\\-3\end{bmatrix}$이다.

예제 ⑦-5 MATLAB

**실습 ⑦-3** 다음과 같은 행렬 $A$의 고유값과 고유벡터를 구해 보자.

$$A=\begin{bmatrix} 3 & -1 & -1 \\ -12 & 0 & 5 \\ 4 & -2 & -1 \end{bmatrix}$$

**풀이** 각각의 고유값과 그에 대응하는 고유벡터는 다음의 3가지이다. ■

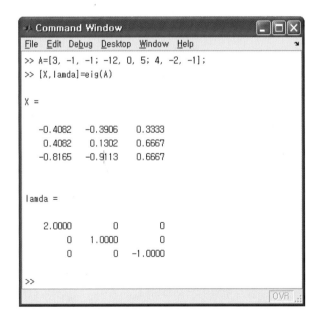

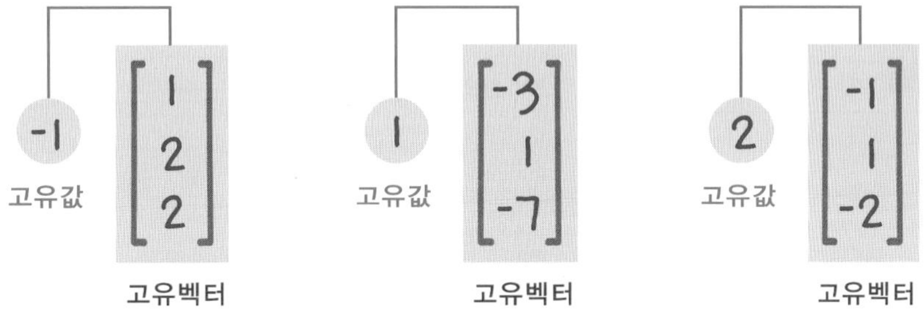


```
Command Window
File Edit Debug Desktop Window Help
>> A=[3, -1, -1; -12, 0, 5; 4, -2, -1];
>> [X,lamda]=eig(A)

X =

   -0.4082   -0.3906    0.3333
    0.4082    0.1302    0.6667
   -0.8165   -0.9113    0.6667


lamda =

    2.0000         0         0
         0    1.0000         0
         0         0   -1.0000

>>
```

**여기서 잠깐 !!** 고유벡터의 경우에는 성분의 비로 나타낼 수 있으므로, MATLAB에서 $\lambda=-1$일 때 고유벡터 $\begin{bmatrix}0.3333\\0.6667\\0.6667\end{bmatrix}$은 사실상 $\begin{bmatrix}1\\2\\2\end{bmatrix}$이고, $\lambda=1$일 때 고유벡터 $\begin{bmatrix}-0.3906\\0.1302\\-0.9113\end{bmatrix}$은 사실상 $\begin{bmatrix}-3\\1\\-7\end{bmatrix}$이며, $\lambda=2$일 때 고유벡터 $\begin{bmatrix}-0.4082\\0.4082\\-0.8165\end{bmatrix}$는 사실상 $\begin{bmatrix}-1\\1\\-2\end{bmatrix}$이다.

**예제 ⑦-6** MATLAB

**실습 ⑦-4** 다음 행렬 $A$, $B$의 고유값들을 구해 보자.

$$(1)\ A=\begin{bmatrix}0&0&0\\0&2&5\\0&0&-1\end{bmatrix} \qquad (2)\ B=\begin{bmatrix}4&0&0\\0&0&0\\1&0&-3\end{bmatrix}$$

**풀이** (1) $A$는 상부삼각행렬이므로 고유값은 주대각선상의 값인 $0, 2, -1$이다.

```
Command Window
File Edit Debug Desktop Window Help
>> A=[0, 0, 0; 0, 2, 5; 0, 0, -1];
>> eig(A)

ans =

     0
     2
    -1

>>
```

(2) $B$는 하부삼각행렬이므로 고유값은 주대각선상의 값인 $4, 0, -3$이다. ■

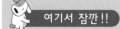

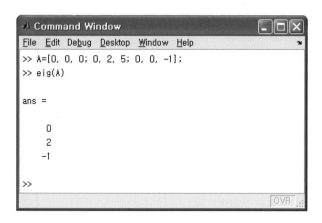

```
>> A=[4, 0, 0; 0, 0, 0; 1, 0, -3];
>> eig(A)

ans =

    -3
     4
     0

>>
```

**여기서 잠깐 !!** 고유값은 순서에 관계가 없다. 다만 각 고유값에 대한 고유벡터의 순서쌍이 대응되면 된다.

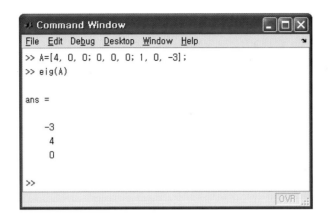

## 고유값과 고유벡터의 생활 속의 응용

- 고유값은 선형변환의 대각화에 매우 중요한 개념을 제공한다.
- 물리적인 시스템의 중요한 특성을 표현하는 수학적 모델의 개발에 매우 유용하다.
- 행렬의 거듭제곱의 계산에 고유값의 개념을 도입하면 매우 편리하다.
- 인구 증가 모델의 분석과 동역학(Dynamic System) 분석에 매우 유용하다.
- 미분방정식의 풀이에 쓰인다.
- 여러 응용 수학 분야, 특히 선형대수학, 함수해석 등에 사용되며, 여러 가지 비선형 분야에서도 자주 사용된다.

# 08 벡터의 내적과 외적

CHAPTER

LINEAR ALGEBRA

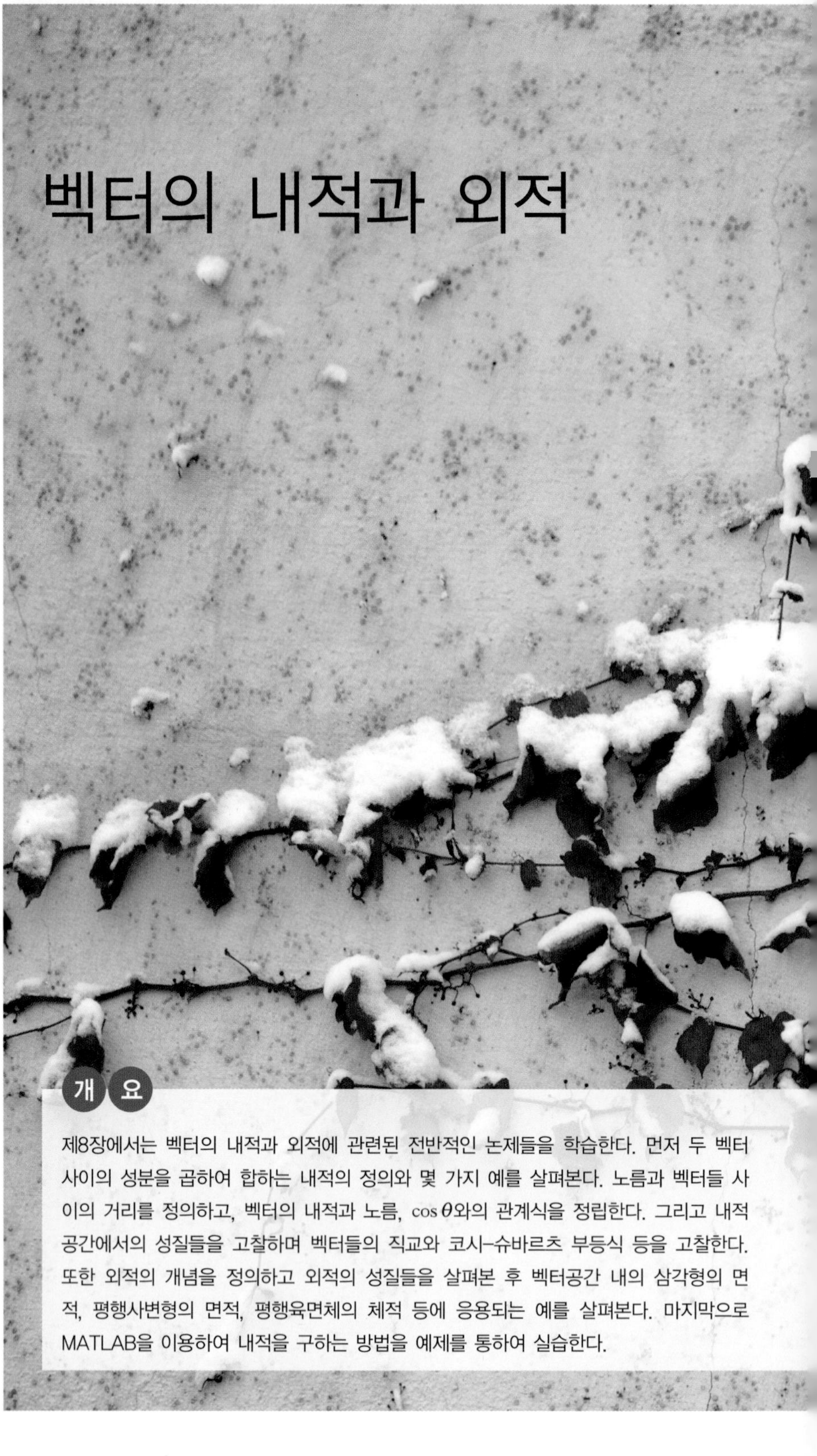

## 개요

제8장에서는 벡터의 내적과 외적에 관련된 전반적인 논제들을 학습한다. 먼저 두 벡터 사이의 성분을 곱하여 합하는 내적의 정의와 몇 가지 예를 살펴본다. 노름과 벡터들 사이의 거리를 정의하고, 벡터의 내적과 노름, $\cos\theta$와의 관계식을 정립한다. 그리고 내적 공간에서의 성질들을 고찰하며 벡터들의 직교와 코시-슈바르츠 부등식 등을 고찰한다. 또한 외적의 개념을 정의하고 외적의 성질들을 살펴본 후 벡터공간 내의 삼각형의 면적, 평행사변형의 면적, 평행육면체의 체적 등에 응용되는 예를 살펴본다. 마지막으로 MATLAB을 이용하여 내적을 구하는 방법을 예제를 통하여 실습한다.

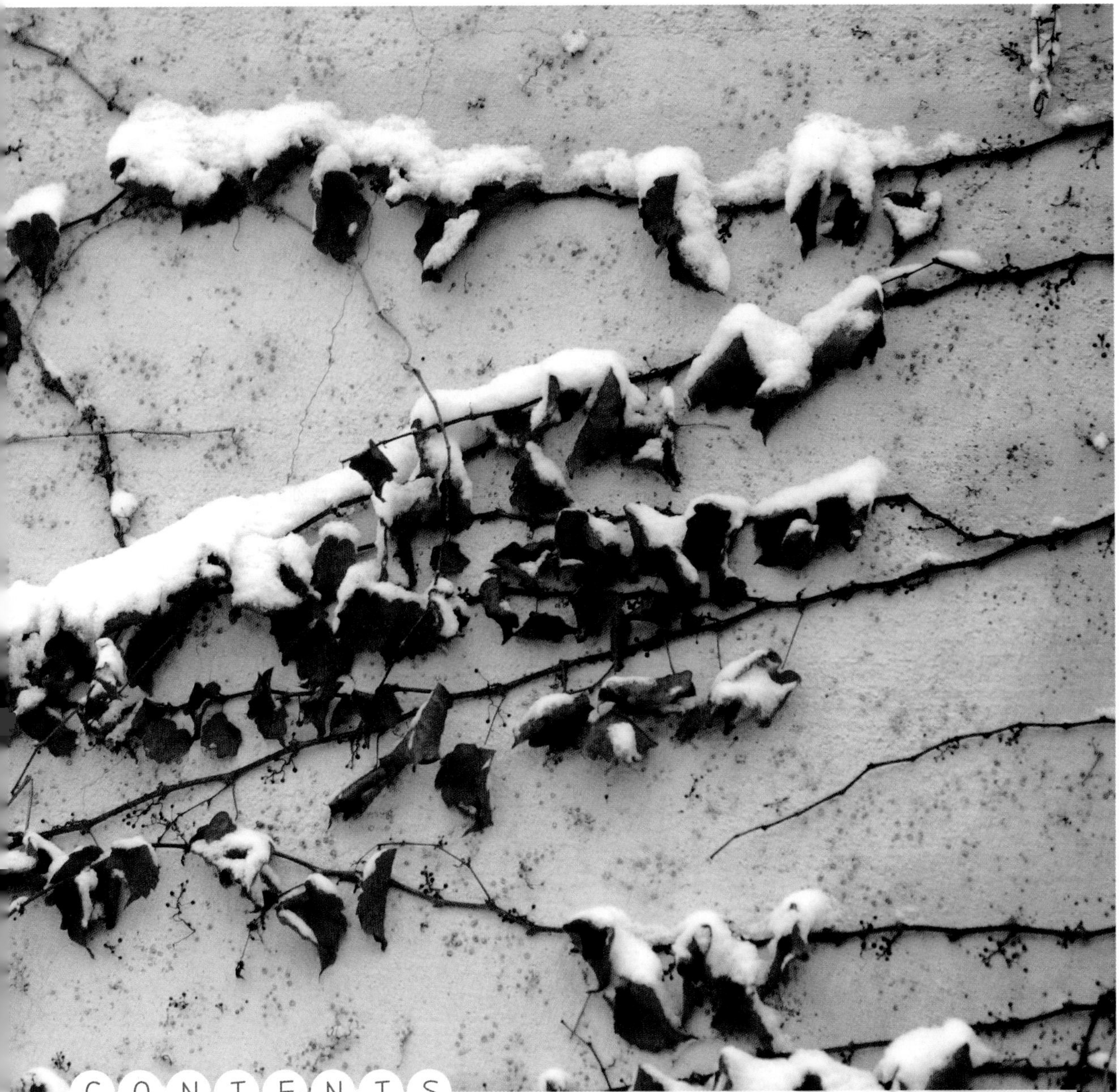

CONTENTS

CHAPTER

# 08 벡터의 내적과 외적

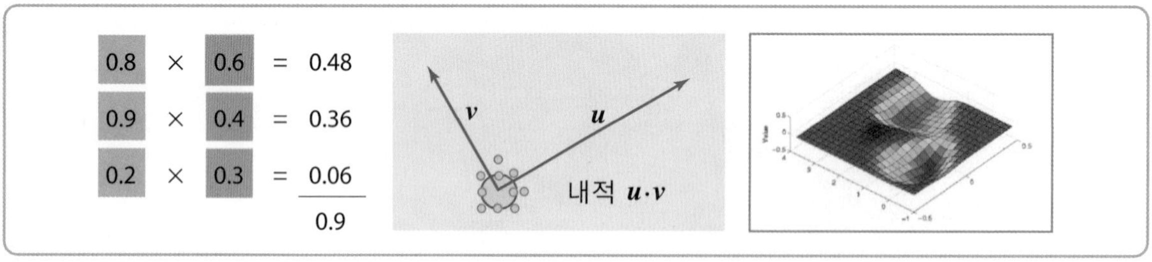


## 8.1 내적

### 8.1.1 내적의 정의

**정의 ❽-1** $\boldsymbol{u}$, $\boldsymbol{v}$가 다음과 같은 $\boldsymbol{R}^n$상의 벡터라고 할 때

$$\boldsymbol{u} = \begin{bmatrix} u_1 \\ u_2 \\ \vdots \\ u_n \end{bmatrix}, \quad \boldsymbol{v} = \begin{bmatrix} v_1 \\ v_2 \\ \vdots \\ v_n \end{bmatrix}$$

$\boldsymbol{R}^n$상의 내적(inner product, dot product, 內積)은 다음과 같은 스칼라 값으로 정의되며 $\boldsymbol{u} \cdot \boldsymbol{v}$로 나타낸다.

$$\begin{bmatrix} u_1 & u_2 & \cdots & u_n \end{bmatrix}\begin{bmatrix} v_1 \\ v_2 \\ \vdots \\ v_n \end{bmatrix} = u_1v_1 + u_2v_2 + \cdots + u_nv_n$$

예를 들면, $\boldsymbol{u} = \begin{bmatrix} u_1 \\ u_2 \end{bmatrix}$와 $\boldsymbol{v} = \begin{bmatrix} v_1 \\ v_2 \end{bmatrix}$가 $\boldsymbol{R}^2$상의 벡터라고 할 때, $\boldsymbol{R}^2$상의 내적은 다음과 같이 정의되며 $\boldsymbol{u} \cdot \boldsymbol{v}$로 나타낸다.

$$\boldsymbol{u} \cdot \boldsymbol{v} = u_1v_1 + u_2v_2$$

또한 $\boldsymbol{u} = \begin{bmatrix} u_1 \\ u_2 \\ u_3 \end{bmatrix}$와 $\boldsymbol{v} = \begin{bmatrix} v_1 \\ v_2 \\ v_3 \end{bmatrix}$가 $\boldsymbol{R}^3$상의 벡터라고 할 때, $\boldsymbol{R}^3$상의 내적은 다음과 같이 정의되며 $\boldsymbol{u} \cdot \boldsymbol{v}$로 나타낸다.

$$\boldsymbol{u} \cdot \boldsymbol{v} = u_1v_1 + u_2v_2 + u_3v_3$$

MATLAB

**예제 8-1** $\boldsymbol{u}$와 $\boldsymbol{v}$가 다음과 같이 주어졌을 때 $\boldsymbol{u} \cdot \boldsymbol{v}$와 $\boldsymbol{v} \cdot \boldsymbol{u}$를 구해 보자.

$$\boldsymbol{u} = \begin{bmatrix} 2 \\ -5 \\ -1 \end{bmatrix} \quad \boldsymbol{v} = \begin{bmatrix} 3 \\ 2 \\ -3 \end{bmatrix}$$

**풀이**

$$\boldsymbol{u} \cdot \boldsymbol{v} = \boldsymbol{u}^T\boldsymbol{v} = \begin{bmatrix} 2 & -5 & -1 \end{bmatrix}\begin{bmatrix} 3 \\ 2 \\ -3 \end{bmatrix} = (2)(3) + (-5)(2) + (-1)(-3) = -1$$

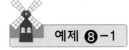

$$\mathbf{v}\cdot\mathbf{u}=\mathbf{v}^T\mathbf{u}=\begin{bmatrix}3 & 2 & -3\end{bmatrix}\begin{bmatrix}2\\-5\\-1\end{bmatrix}=(3)(2)+(2)(-5)+(-3)(-1)=-1$$ ■

**예제 ❽-2** $\mathbf{u}$, $\mathbf{v}$, $\mathbf{w}$가 다음과 같을 때 다음에 해당하는 내적을 각각 구해 보자.

$$\mathbf{u}=\begin{bmatrix}1\\2\\4\end{bmatrix},\quad \mathbf{v}=\begin{bmatrix}2\\-3\\5\end{bmatrix},\quad \mathbf{w}=\begin{bmatrix}4\\2\\-3\end{bmatrix}$$

(1) $\mathbf{u}\cdot\mathbf{v}$ (2) $\mathbf{u}\cdot\mathbf{w}$ (3) $\mathbf{v}\cdot\mathbf{w}$

**풀이** (1) $\mathbf{u}\cdot\mathbf{v}=2-6+20=16$

(2) $\mathbf{u}\cdot\mathbf{w}=4+4-12=-4$

(3) $\mathbf{v}\cdot\mathbf{w}=8-6-15=-13$ ■

**정리 ❽-1** 두 공간벡터에서 표준기저로 표현된 벡터의 경우에도 내적은 각 성분끼리 곱해서 합하면 된다.

$$\mathbf{u}=u_1\mathbf{i}+u_2\mathbf{j}+u_3\mathbf{k},\quad \mathbf{v}=v_1\mathbf{i}+v_2\mathbf{j}+v_3\mathbf{k}$$

의 내적은 다음과 같다.

$$\mathbf{u}\cdot\mathbf{v}=u_1v_1+u_2v_2+u_3v_3$$

예를 들면, $\mathbf{u}=-3\mathbf{i}+3\mathbf{j}+5\mathbf{k}$와 $\mathbf{v}=-2\mathbf{i}+3\mathbf{j}-2\mathbf{k}$인 경우의 내적은 $\mathbf{u}\cdot\mathbf{v}=(-3)\cdot(-2)+3\cdot3+5\cdot(-2)=5$이다.

**정의 ❽-2** 벡터 $\boldsymbol{u}=(u_1, u_2, u_3)$의 노름(norm) 또는 길이(length)는 $\|\boldsymbol{u}\|=\sqrt{\boldsymbol{u}\cdot\boldsymbol{u}}=\sqrt{u_1^2+u_2^2+u_3^2}$이고, 벡터 $\boldsymbol{u}=(u_1, u_2, u_3)$와 $\boldsymbol{v}=(v_1, v_2, v_3)$ 사이의 거리(distance)는 $\|\boldsymbol{u}-\boldsymbol{v}\|$ 또는 $\|\boldsymbol{v}-\boldsymbol{u}\|$로 표시하며,

$$\|\boldsymbol{u}-\boldsymbol{v}\|=\sqrt{(u_1-v_1)^2+(u_2-v_2)^2+(u_3-v_3)^2}$$이다.

**예제 ❽-3** 다음에 주어진 두 벡터 사이의 거리를 구해 보자.

$$\boldsymbol{u}=\begin{bmatrix}1\\2\\3\end{bmatrix},\quad \boldsymbol{v}=\begin{bmatrix}-4\\3\\5\end{bmatrix}$$

**풀이** $\|\boldsymbol{v}-\boldsymbol{u}\|=\sqrt{(-4-1)^2+(3-2)^2+(5-3)^2}=\sqrt{30}$ ■

**예제 ❽-4** 다음과 같은 벡터 $\boldsymbol{u}$, $\boldsymbol{v}$에 대하여 주어진 연산을 구해 보자.

$$\boldsymbol{u}=\begin{bmatrix}2\\-5\\-1\end{bmatrix},\quad \boldsymbol{v}=\begin{bmatrix}-7\\-4\\6\end{bmatrix}$$

(1) $\boldsymbol{u}\cdot\boldsymbol{v}$ (2) $\|\boldsymbol{u}\|^2$ (3) $\|\boldsymbol{u}-\boldsymbol{v}\|^2$

**풀이** (1) $2\cdot(-7)+(-5)\cdot(-4)+(-1)\cdot 6=0$

(2) $2^2+(-5)^2+(-1)^2=30$

(3) $9^2+(-1)^2+(-7)^2=81+1+49=131$ ■

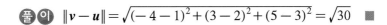

**정의 ❽-3** 두 벡터 $\boldsymbol{u}$와 $\boldsymbol{v}$가 이루는 각(angle)을 $\theta(0 \le \theta \le \pi)$라고 할 때, $\boldsymbol{u}$와 $\boldsymbol{v}$의 내적은 다음과 같이 정의된다.

$$\boldsymbol{u} \cdot \boldsymbol{v} = \begin{cases} \|\boldsymbol{u}\| \, \|\boldsymbol{v}\| \cos\theta & \boldsymbol{u} \neq \boldsymbol{0}\text{이고 } \boldsymbol{v} \neq \boldsymbol{0}\text{일 때} \\ 0 & \boldsymbol{u} = \boldsymbol{0}\text{이거나 } \boldsymbol{v} = \boldsymbol{0}\text{일 때} \end{cases}$$

따라서 $\boldsymbol{u}$, $\boldsymbol{v}$ 사이의 각이 $\theta$라면

$$\cos\theta = \frac{\boldsymbol{u} \cdot \boldsymbol{v}}{\|\boldsymbol{u}\| \, \|\boldsymbol{v}\|}\text{이다.}$$

**예제 ❽-5** 다음에 주어진 두 벡터 사이의 거리와 각을 구해 보자.

$$\boldsymbol{u} = \begin{bmatrix} 1 \\ 1 \\ 0 \end{bmatrix}, \quad \boldsymbol{v} = \begin{bmatrix} 0 \\ 1 \\ 1 \end{bmatrix}$$

**풀이** 먼저 내적을 구하면 $\boldsymbol{u} \cdot \boldsymbol{v} = (1)(0) + (1)(1) + (0)(1) = 1$이다.

$$\|\boldsymbol{u}\| = \sqrt{1^2 + 1^2 + 0^2}$$
$$\|\boldsymbol{v}\| = \sqrt{0^2 + 1^2 + 1^2}$$

따라서

$$\cos\theta = \frac{(1)(0) + (1)(1) + (0)(1)}{\sqrt{1^2 + 1^2 + 0^2}\sqrt{0^2 + 1^2 + 1^2}} = \frac{1}{2}$$

따라서 $\theta = 60°$이다. ■

**여기서 잠깐!!** 직각삼각형의 비율을 통한 $\cos\theta$의 값이 생각나는가요?

(1) $\cos 0° = 1$

(2) $\cos 30° = \frac{\sqrt{3}}{2}$

(3) $\cos 45° = \frac{1}{\sqrt{2}}$

(4) $\cos 60° = \frac{1}{2}$

(5) $\cos 90° = 0$

**예제 ❽-6** 두 벡터 $\boldsymbol{u} = \begin{bmatrix} 1 \\ -1 \\ 0 \end{bmatrix}$와 $\boldsymbol{v} = \begin{bmatrix} 2 \\ -1 \\ 2 \end{bmatrix}$ 사이의 각을 구해 보자.

**풀이** $\boldsymbol{u} \cdot \boldsymbol{v} = 1 \cdot 2 + (-1)(-1) + 0 \cdot 2 = 3$

$$\|\boldsymbol{u}\| = \sqrt{1^2 + (-1)^2 + 0^2} = \sqrt{2}$$
$$\|\boldsymbol{v}\| = \sqrt{2^2 + (-1)^2 + 2^2} = 3$$

이므로 두 벡터 사이의 각을 $\theta$라고 하면

$$\cos\theta = \frac{\boldsymbol{u} \cdot \boldsymbol{v}}{\|\boldsymbol{u}\| \, \|\boldsymbol{v}\|} = \frac{3}{3\sqrt{2}} = \frac{1}{\sqrt{2}}$$

그러므로 $\theta = 45° \left( \frac{\pi}{4} \right)$이다. ■

**정리 ❽-2** [피타고라스 정리] 두 벡터 $\boldsymbol{u}$와 $\boldsymbol{v}$가 수직일 필요충분조건은

$\|\boldsymbol{u} + \boldsymbol{v}\|^2 = \|\boldsymbol{u}\|^2 + \|\boldsymbol{v}\|^2$이다.

## 8.1.2 내적의 성질과 직교

**정리 ❽-3** $\boldsymbol{u}$, $\boldsymbol{v}$, $\boldsymbol{w}$가 $R^2$이나 $R^3$상의 벡터라고 하고, $c$를 스칼라라고 할 때 $R^2$과 $R^3$상의 내적은 다음과 같은 성질들을 가진다. 또한 이와 같은 내적의 성질을 만족하는 벡터공간을 내적공간(inner product space)이라고 한다.

(1) $\boldsymbol{u}\cdot\boldsymbol{u} \geq 0$

(2) $\boldsymbol{u}\cdot\boldsymbol{v} = \boldsymbol{v}\cdot\boldsymbol{u}$ (교환법칙)

(3) $(\boldsymbol{u}+\boldsymbol{v})\cdot\boldsymbol{w} = \boldsymbol{u}\cdot\boldsymbol{w}+\boldsymbol{v}\cdot\boldsymbol{w}$ (배분법칙)

(4) $\boldsymbol{u}\cdot(\boldsymbol{v}+\boldsymbol{w}) = \boldsymbol{u}\cdot\boldsymbol{v}+\boldsymbol{u}\cdot\boldsymbol{w}$

(5) $c\boldsymbol{u}\cdot\boldsymbol{v} = c(\boldsymbol{u}\cdot\boldsymbol{v})$

(6) $\boldsymbol{u}\cdot\boldsymbol{0} = \boldsymbol{0}\cdot\boldsymbol{u} = 0$

(7) $\boldsymbol{u}\cdot\boldsymbol{u} = \|\boldsymbol{u}\|^2$

**정의 ❽-4** $V$가 내적공간일 때 $V$상의 두 개의 벡터 $\boldsymbol{u}$, $\boldsymbol{v}$에서 $\boldsymbol{u}\cdot\boldsymbol{v} = 0$이면 직교(orthogonal, 直交)한다 또는 수직이라고 한다.

예를 들면, $\boldsymbol{u} = \begin{bmatrix} 1 \\ 2 \end{bmatrix}$, $\boldsymbol{v} = \begin{bmatrix} 6 \\ -3 \end{bmatrix}$는 $\boldsymbol{u}\cdot\boldsymbol{v} = (1)(6)+2(-3) = 0$이므로 직교한다.

**여기서 잠깐!!** 내적 $\boldsymbol{u}\cdot\boldsymbol{v} = 0$일 경우 $\boldsymbol{u}\cdot\boldsymbol{v} = \|\boldsymbol{u}\|\,\|\boldsymbol{v}\|\cos\theta$도 0이다. 따라서 $\cos\theta$ 도 0이어야 하는데, 이런 경우는 두 벡터 사이의 각이 90도($\theta = \frac{\pi}{2}$)이므로 직교한다.

MATLAB

**예제 ❽-7** 두 개의 벡터 $\boldsymbol{u} = \begin{bmatrix} 2 \\ -4 \end{bmatrix}$, $\boldsymbol{v} = \begin{bmatrix} 4 \\ 2 \end{bmatrix}$가 직교하는지를 살펴보자.

**풀이** 두 벡터 사이의 내적을 구하면

$$\boldsymbol{u} \cdot \boldsymbol{v} = (2)(4) + (-4)(2) = 0$$

이므로 $\boldsymbol{u}$, $\boldsymbol{v}$는 직교한다. ■

이것을 그림으로 나타내면 〈그림 8.1〉과 같다.

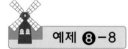

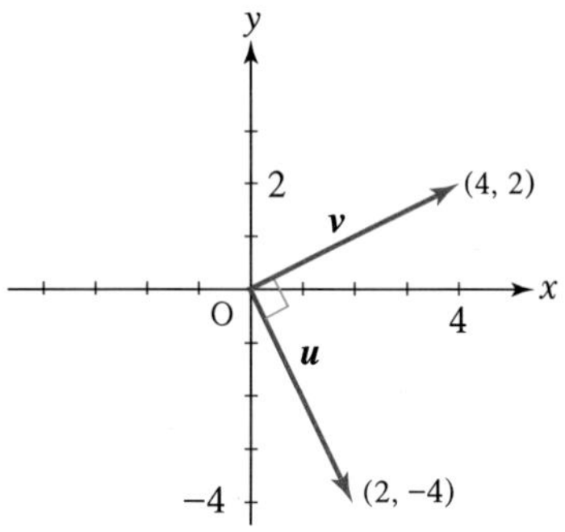


〈그림 8.1〉 직교하는 두 벡터

**예제 8-8** 다음의 두 벡터 $\boldsymbol{u}$, $\boldsymbol{v}$가 직교하는지를 살펴보자.

$$(1)\ \boldsymbol{u} = \begin{bmatrix} 3 \\ 2 \\ -5 \\ 0 \end{bmatrix},\quad \boldsymbol{v} = \begin{bmatrix} -4 \\ 1 \\ -2 \\ 6 \end{bmatrix} \qquad (2)\ \boldsymbol{u} = \begin{bmatrix} 0 \\ -1 \\ 1 \\ 4 \end{bmatrix},\quad \boldsymbol{v} = \begin{bmatrix} 2 \\ 0 \\ -8 \\ 2 \end{bmatrix}$$

**풀이** 내적이 0인지를 확인한다.

(1) $\boldsymbol{u} \cdot \boldsymbol{v} = (3) \cdot (-4) + (2) \cdot (1) + (-5) \cdot (-2) + (0) \cdot 6 = 0$

따라서 직교한다.

(2) $\boldsymbol{u} \cdot \boldsymbol{v} = 0 \cdot 2 + (-1) \cdot 0 + 1 \cdot (-8) + 4 \cdot 2 = 0$

따라서 직교한다. ■

**예제 8-9** 다음과 같은 $R^3$상의 벡터 $\boldsymbol{u}$, $\boldsymbol{v}$, $\boldsymbol{w}$가 주어졌을 때, 이들 벡터들이 서로 직교하는지를 살펴보자.

$$\boldsymbol{u}=\begin{bmatrix}1\\1\\1\end{bmatrix},\quad \boldsymbol{v}=\begin{bmatrix}1\\2\\-3\end{bmatrix},\quad \boldsymbol{w}=\begin{bmatrix}1\\-4\\3\end{bmatrix}$$

**풀이** 세 벡터들 간의 내적을 구해서 내적이 0이면 직교한다.

$$(\boldsymbol{u},\ \boldsymbol{v})=1+2-3=0$$
$$(\boldsymbol{u},\ \boldsymbol{w})=1-4+3=0$$
$$(\boldsymbol{v},\ \boldsymbol{w})=1-8-9=-16$$

따라서 $\boldsymbol{u}$와 $\boldsymbol{v}$, $\boldsymbol{u}$와 $\boldsymbol{w}$는 직교한다. 그러나 $\boldsymbol{v}$와 $\boldsymbol{w}$는 직교하지 않는다. ■

**정리 ❽-4** $\boldsymbol{u}$와 $\boldsymbol{v}$가 영벡터가 아닐 때 다음과 같은 관계와 그 역도 성립한다.

(1) $\boldsymbol{u}\cdot\boldsymbol{v}=0$이면 $\theta$는 직각 ( $\cos\theta=90°$)

(2) $\boldsymbol{u}\cdot\boldsymbol{v}>0$이면 $\theta$는 예각

(3) $\boldsymbol{u}\cdot\boldsymbol{v}<0$이면 $\theta$는 둔각

예를 들면, 벡터 $\begin{bmatrix}1\\0\end{bmatrix}$과 $\begin{bmatrix}1\\1\end{bmatrix}$ 사이의 내적은 1로써 양수이므로 각은 예각인 45도이다.

**정의 ❽-5** $\boldsymbol{R}^n$ 의 벡터들의 집합 $S=\{v_1, v_2, \cdots, v_k\}$가 다음 성질을 만족시킬 때 정규 직교 집합(orthonormal set)이라고 한다.

$$v_i\cdot v_j=\mathbf{0} \quad (i\neq j)\cdots\cdots(1)$$
$$\|v_i\|\cdot\|v_j\|=1 \qquad \cdots\cdots(2)$$

여기서 (1)식만 만족시킬 때는 직교 집합(orthogonal set)이라고 한다.

**정리 ❽-5** $S=\{v_1, v_2, \cdots, v_k\}$ 가 영벡터가 아닌 벡터들의 직교 집합이면 집합 $S$는 선형독립이다.

**증명** $c_1, c_2, \cdots, c_k$ 가 상수일 때

$c_1v_1+c_2v_2+\cdots+c_kv_k=\mathbf{0}$라고 하자.

그러면 $i=1, 2, \cdots, k$에 대해

$$\begin{aligned}\mathbf{0}=\mathbf{0}\cdot v_i&=(c_1v_1+c_2v_2+\cdots+c_iv_i+\cdots+c_kv_k)\cdot v_i\\&=c_1(v_1v_i)+c_2(v_2v_i)+\cdots+c_i(v_iv_i)+\cdots+c_k(v_kv_i)\\&=c_1\mathbf{0}+c_2\mathbf{0}+\cdots+c_i\|v_i\|^2+\cdots+c_k\mathbf{0}=c_i\|v_i\|^2\end{aligned}$$

이다. 그런데 $v_i\neq\mathbf{0}$이므로 $\|v_i\|^2>0$이 되어

$c_i=0$이 된다. 또한 이것은 모든 $i=1, 2, \cdots, k$에 대해 성립하므로 $S$는 선형독립이다. ■

**정의 ❽-6** 두 벡터 $\boldsymbol{u}$, $\boldsymbol{v}$에 대하여 $\boldsymbol{u}, \boldsymbol{v} \neq \boldsymbol{0}$라고 할 때, $\boldsymbol{u}$와 $\boldsymbol{v}$ 사이의 거리가 가장 가까운 벡터, 즉 〈그림 8.2〉와 같이 벡터 $\boldsymbol{v}$를 수직으로 내린 발을 $p_{\boldsymbol{u}}(\boldsymbol{v})$로 나타내고, 이를 $\boldsymbol{u}$에 대한 $\boldsymbol{v}$의 정사영(orthogonal projection, 正射影)이라고 한다.

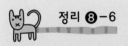

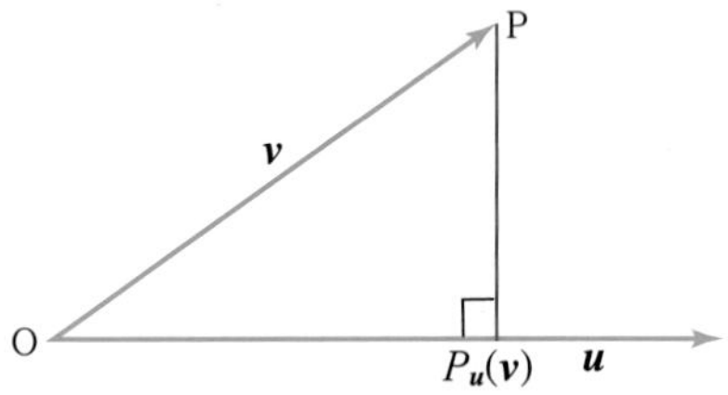


〈그림 8.2〉 두 벡터의 정사영

**정리 ❽-6** [코시-슈바르츠 부등식(Cauchy-Schwartz Inequality)]

두 개의 벡터 $\boldsymbol{u}$, $\boldsymbol{v}$에서 $\|\boldsymbol{u}\cdot\boldsymbol{v}\| \le \|\boldsymbol{u}\|\|\boldsymbol{v}\|$가 항상 성립한다.

**증명** (간편한 증명)

$\boldsymbol{u}\cdot\boldsymbol{v} = \|\boldsymbol{u}\|\|\boldsymbol{v}\|\cos\theta$에서 $-1 \le \cos\theta \le 1$이므로

$$-\|\boldsymbol{u}\|\|\boldsymbol{v}\| \le \boldsymbol{u}\cdot\boldsymbol{v} \le \|\boldsymbol{u}\|\|\boldsymbol{v}\|$$

따라서 $\|\boldsymbol{u}\cdot\boldsymbol{v}\| \le \|\boldsymbol{u}\|\|\boldsymbol{v}\|$이다. ■

**정리 ❽-7** [삼각 부등식(Triangle Inequality)]

두 개의 벡터 $\boldsymbol{u}$, $\boldsymbol{v}$에서 $\|\boldsymbol{u}+\boldsymbol{v}\| \le \|\boldsymbol{u}\|+\|\boldsymbol{v}\|$이다.

**증명**

$$\begin{aligned}\|\boldsymbol{u}+\boldsymbol{v}\|^2 &= (\boldsymbol{u}+\boldsymbol{v})\cdot(\boldsymbol{u}+\boldsymbol{v})\\ &= \|\boldsymbol{u}\|^2 + 2\boldsymbol{u}\cdot\boldsymbol{v} + \|\boldsymbol{v}\|^2\\ &\le \|\boldsymbol{u}\|^2 + 2\|\boldsymbol{u}\|\|\boldsymbol{v}\| + \|\boldsymbol{v}\|^2\\ &= (\|\boldsymbol{u}\|+\|\boldsymbol{v}\|)^2\end{aligned}$$

따라서 $\|\boldsymbol{u}+\boldsymbol{v}\| \le \|\boldsymbol{u}\|+\|\boldsymbol{v}\|$이다.

이것을 그림으로 나타내면 〈그림 8.3〉과 같이 두 벡터의 합의 길이는 각각의 길이의 합과 같거나 작다는 것을 의미한다. ■

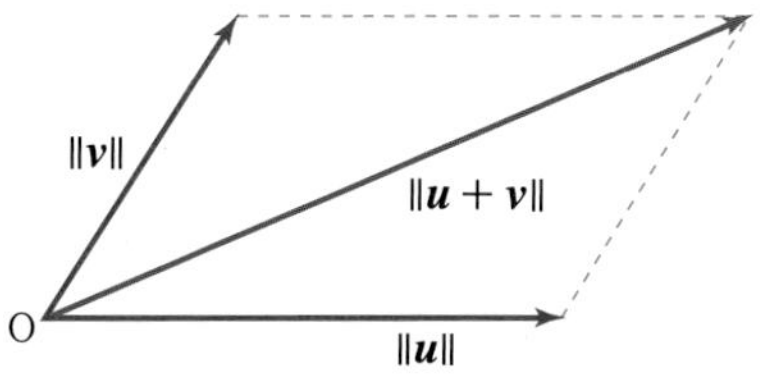


〈그림 8.3〉 벡터의 삼각 부등식

## 연습 문제 8.1

### Part 1. 진위 문제

다음 문장의 진위를 판단하고, 틀린 경우에는 그 이유를 적으시오.

1. 벡터와 벡터끼리의 내적은 벡터이다.
2. 벡터의 내적과 노름을 알면 그들 사이의 코사인 값을 알 수 있다.
3. $\boldsymbol{u} \cdot \boldsymbol{v} < 0$이면 그들 사이의 각은 직각이다.
4. 내적에서는 코시-슈바르츠 부등식과 삼각 부등식이 성립한다.
5. 내적공간에서는 $\boldsymbol{u} \cdot (\boldsymbol{v} + \boldsymbol{w}) = \boldsymbol{u} \cdot \boldsymbol{v} + \boldsymbol{u} \cdot \boldsymbol{w}$가 성립한다.

### Part 2. 선택 문제

1. 다음 중 올바르지 않은 것은?

   (1) $\boldsymbol{u} \cdot \boldsymbol{v} = \boldsymbol{v} \cdot \boldsymbol{u}$

   (2) $c\boldsymbol{u} \cdot \boldsymbol{v} = c(\boldsymbol{u} \cdot \boldsymbol{v})$

   (3) $\boldsymbol{u} \cdot \boldsymbol{u} = \|\boldsymbol{u}\|$

   (4) $\boldsymbol{u} \cdot \boldsymbol{u} \geq 0$

2. 다음에서 서로 직교하는 벡터들은?

   (1) $\begin{bmatrix} 1 \\ 1 \\ 0 \end{bmatrix}, \begin{bmatrix} 1 \\ 0 \\ 1 \end{bmatrix}$ (2) $\begin{bmatrix} 1 \\ 1 \\ 0 \end{bmatrix}, \begin{bmatrix} -1 \\ 1 \\ 7 \end{bmatrix}$ (3) $\begin{bmatrix} 1 \\ 1 \\ 0 \end{bmatrix}, \begin{bmatrix} 2 \\ 0 \\ 1 \end{bmatrix}$ (4) $\begin{bmatrix} 1 \\ 1 \\ 0 \end{bmatrix}, \begin{bmatrix} -1 \\ 0 \\ 1 \end{bmatrix}$

3. 다음 중 두 벡터 사이의 각이 90°가 아닌 것은?

   (1) $\begin{bmatrix} 1 \\ 0 \end{bmatrix}, \begin{bmatrix} 0 \\ 0 \end{bmatrix}$ (2) $\begin{bmatrix} 3 \\ 2 \end{bmatrix}, \begin{bmatrix} 2 \\ -3 \end{bmatrix}$ (3) $\begin{bmatrix} 1 \\ 0 \end{bmatrix}, \begin{bmatrix} -1 \\ 0 \end{bmatrix}$ (4) $\begin{bmatrix} 2 \\ -1 \end{bmatrix}, \begin{bmatrix} 1 \\ 2 \end{bmatrix}$

4. 다음 중 $\|\boldsymbol{u}\|^2$이 서로 다른 것은?

(1) $\begin{bmatrix} 2 \\ 3 \\ 1 \end{bmatrix}$ (2) $\begin{bmatrix} -3 \\ 1 \\ 2 \end{bmatrix}$ (3) $\begin{bmatrix} 2 \\ 4 \\ 0 \end{bmatrix}$ (4) $\begin{bmatrix} 2 \\ -1 \\ 3 \end{bmatrix}$

5. 다음 중 적절하지 않은 것은?

(1) 두 벡터의 내적을 구할 때 어느 하나가 영벡터이면 내적은 항상 0이다.

(2) $\|\boldsymbol{u}-\boldsymbol{v}\|$와 $\|\boldsymbol{v}-\boldsymbol{u}\|$는 같은 값이다.

(3) $\|\boldsymbol{v}-\boldsymbol{u}\|$는 두 벡터 사이의 거리를 나타낸다.

(4) 두 벡터가 직교할 경우에는 내적이 1일 경우이다.

## Part 3. 주관식 문제

1. 다음 각 벡터의 길이를 각각 구하시오.

(1) $\begin{bmatrix} 1 \\ 0 \end{bmatrix}$ (2) $\begin{bmatrix} 0 \\ 0 \end{bmatrix}$ (3) $\begin{bmatrix} 1 \\ 2 \end{bmatrix}$

2. 다음에 주어진 벡터 $\boldsymbol{u}=\begin{bmatrix} 0 \\ 0 \\ 1 \end{bmatrix}$와 $\boldsymbol{v}=\begin{bmatrix} 0 \\ 1 \\ 1 \end{bmatrix}$의 내적을 구하시오.

3. 다음에 주어진 두 벡터 사이의 내적을 구하시오.

$$\boldsymbol{u}=\begin{bmatrix} 2 \\ 3 \\ 2 \end{bmatrix}, \quad \boldsymbol{v}=\begin{bmatrix} 4 \\ 2 \\ -1 \end{bmatrix}$$

4. 두 벡터의 거리 $\|\boldsymbol{u}-\boldsymbol{v}\|$를 계산하시오.

(1) $\boldsymbol{u}=\begin{bmatrix} 1 \\ 0 \end{bmatrix}, \quad \boldsymbol{v}=\begin{bmatrix} 1 \\ 1 \end{bmatrix}$ (2) $\boldsymbol{u}=\begin{bmatrix} 0 \\ 0 \end{bmatrix}, \quad \boldsymbol{v}=\begin{bmatrix} 1 \\ -1 \end{bmatrix}$

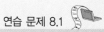

5. 다음의 두 벡터 $\boldsymbol{u}$와 $\boldsymbol{v}$ 사이에 이루는 각을 구하시오.

$$\boldsymbol{u}=\begin{bmatrix}1\\0\\0\\1\end{bmatrix},\quad \boldsymbol{v}=\begin{bmatrix}0\\2\\3\\0\end{bmatrix}$$

6. 다음의 벡터 $\boldsymbol{w}$가 $\boldsymbol{u}$, $\boldsymbol{v}$와 각각 직교한다고 할 때 변수 $x$, $y$를 구하시오.

$$\boldsymbol{w}=\begin{bmatrix}x\\y\\1\end{bmatrix},\quad \boldsymbol{u}=\begin{bmatrix}1\\2\\3\end{bmatrix},\quad \boldsymbol{v}=\begin{bmatrix}1\\0\\1\end{bmatrix}$$

7. 다음 두 벡터 사이의 $\cos\theta$ 값을 구하시오.

$$\boldsymbol{u}=\begin{bmatrix}2\\3\\5\end{bmatrix},\quad \boldsymbol{v}=\begin{bmatrix}1\\-4\\3\end{bmatrix}$$

8. (도전문제) 다음과 같이 두 벡터 $\boldsymbol{u}$, $\boldsymbol{v}$가 주어졌을 때 그들 사이의 $\cos\theta$ 값을 구하고, 그 각이 예각, 직각, 둔각인지도 밝히시오.

$$\boldsymbol{u}=\begin{bmatrix}1\\3\\-5\\4\end{bmatrix},\quad \boldsymbol{v}=\begin{bmatrix}2\\-3\\4\\1\end{bmatrix}$$

9. (도전문제) 다음의 벡터 $\boldsymbol{w}$가 $\boldsymbol{u}$, $\boldsymbol{v}$와 각각 직교한다고 할 때 변수 $x$, $y$를 구하시오.

$$\boldsymbol{w}=\begin{bmatrix}2x\\1\\3y\end{bmatrix},\quad \boldsymbol{u}=\begin{bmatrix}2\\0\\1\end{bmatrix},\quad \boldsymbol{v}=\begin{bmatrix}-1\\1\\2\end{bmatrix}$$

# 8.2 외적

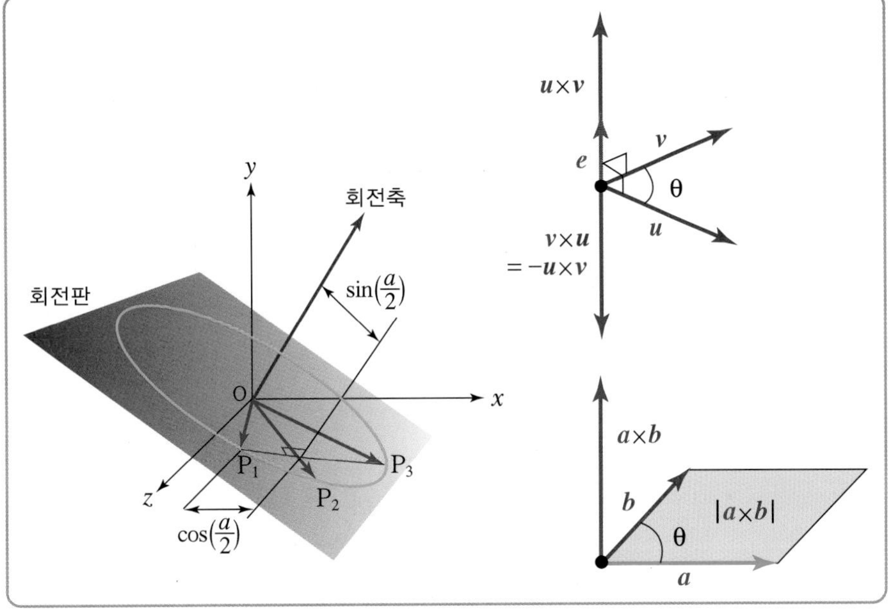


## 8.2.1 외적의 정의

**정의 ❽-7** | $\boldsymbol{R}^3$상의 두 벡터 $\boldsymbol{u}$와 $\boldsymbol{v}$의 다음과 같은 벡터 곱을 외적(cross product, 外積)이라고 하는데, 〈그림 8.4〉와 같이

$$\boldsymbol{u} \times \boldsymbol{v} = (\|\boldsymbol{u}\|\|\boldsymbol{v}\| \sin\theta)\,\boldsymbol{e}$$

인 벡터이다. 여기서 $\theta$는 $0 \le \theta \le \pi$인 두 벡터 사이의 각이고, 벡터 $\boldsymbol{e}$는 오른손 법칙에 따라 방향을 가지는 $\boldsymbol{u}$와 $\boldsymbol{v}$에 의해 생성된 평면과 수직인 단위벡터이다. 즉, $\boldsymbol{e}$는 $\boldsymbol{u}$와 $\boldsymbol{v}$에 공통으로 수직인 단위벡터인데 2가지 방향을 가질 수 있다.

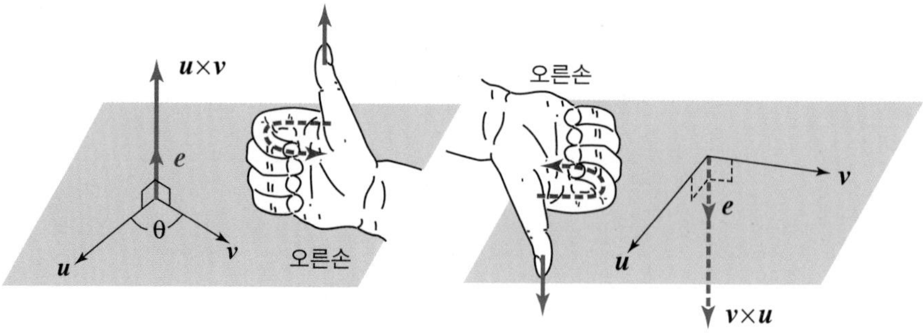


〈그림 8.4〉 $\boldsymbol{u}\times\boldsymbol{v}$의 크기와 방향

**정리 ❽-8** 벡터 $\boldsymbol{u}$와 $\boldsymbol{v}$가 이루는 각의 크기를 $\theta$라고 하면, $\boldsymbol{u}\times\boldsymbol{v}$의 크기는

$$\|\boldsymbol{u}\times\boldsymbol{v}\|=\|\boldsymbol{u}\|\|\boldsymbol{v}\|\sin\theta$$

인데, 이 크기는 벡터 $\boldsymbol{u}$와 $\boldsymbol{v}$가 이루는 평행사변형의 면적에 해당된다.
즉, 〈그림 8.5〉와 같이 외적 $\boldsymbol{u}\times\boldsymbol{v}$는 $\boldsymbol{u}$, $\boldsymbol{v}$에 각각 수직인 벡터이며, 그 크기는 $\boldsymbol{u}$, $\boldsymbol{v}$가 이루는 평행사변형의 면적과 같다.

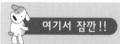

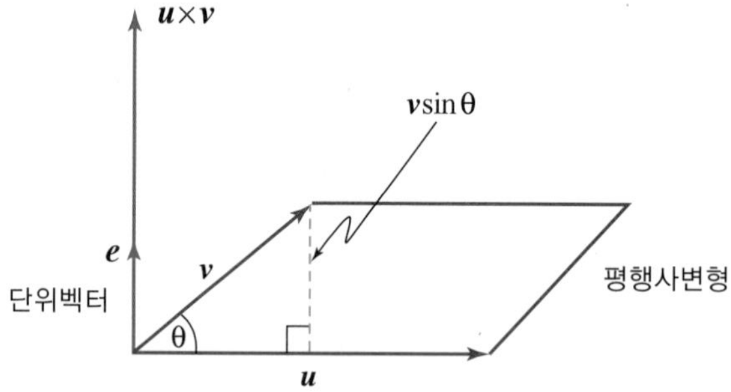


〈그림 8.5〉 두 벡터의 외적과 면적

**여기서 잠깐!!** 평행사변형(parallelogram)의 면적은 밑변×높이인데, 높이란 두 벡터가 수직인 길이이다. 따라서 여기서는 $\|\boldsymbol{v}\|\sin\theta$가 평행사변형의 높이가 된다. 그러므로 평행사변형의 면적은 $\|\boldsymbol{u}\times\boldsymbol{v}\|=\|\boldsymbol{u}\|\|\boldsymbol{v}\|\sin\theta$가 된다.

**여기서 잠깐 !!** 직각삼각형의 비율을 통한 $\sin\theta$의 값이 생각나는가요?

(1) $\sin 0° = 0$

(2) $\sin 30° = \frac{1}{2}$

(3) $\sin 45° = \frac{1}{\sqrt{2}}$

(4) $\sin 60° = \frac{\sqrt{3}}{2}$

(5) $\sin 90° = 1$

**정리 ❽-9**

$\boldsymbol{u} = \begin{bmatrix} u_1 \\ u_2 \\ u_3 \end{bmatrix}$와 $\boldsymbol{v} = \begin{bmatrix} v_1 \\ v_2 \\ v_3 \end{bmatrix}$ 또는 두 벡터 $\boldsymbol{u} = u_1\boldsymbol{i} + u_2\boldsymbol{j} + u_3\boldsymbol{k}$, $\boldsymbol{v} = v_1\boldsymbol{i} + v_2\boldsymbol{j} + v_3\boldsymbol{k}$가

$\boldsymbol{R}^3$상의 벡터들일 경우 $\boldsymbol{u}$와 $\boldsymbol{v}$의 외적 $\boldsymbol{u} \times \boldsymbol{v}$는 다음과 같이 $\boldsymbol{R}^3$상의 벡터로 정의된다.

$$\boldsymbol{u} \times \boldsymbol{v} = \begin{vmatrix} \boldsymbol{i} & \boldsymbol{j} & \boldsymbol{k} \\ u_1 & u_2 & u_3 \\ v_1 & v_2 & v_3 \end{vmatrix}$$

$$= \begin{vmatrix} u_2 & u_3 \\ v_2 & v_3 \end{vmatrix}\boldsymbol{i} - \begin{vmatrix} u_1 & u_3 \\ v_1 & v_3 \end{vmatrix}\boldsymbol{j} + \begin{vmatrix} u_1 & u_2 \\ v_1 & v_2 \end{vmatrix}\boldsymbol{k}$$

이것을 계산하면 다음과 같다.

$$\boldsymbol{u} \times \boldsymbol{v} = (u_2 v_3 - u_3 v_2,\ u_3 v_1 - u_1 v_3,\ u_1 v_2 - u_2 v_1)$$

**예제 ❽-10** 두 벡터 $\boldsymbol{u} = 3\boldsymbol{i} - \boldsymbol{j} + 2\boldsymbol{k}$, $\boldsymbol{v} = \boldsymbol{i} - 2\boldsymbol{j} + 4\boldsymbol{k}$에 대해 외적 $\boldsymbol{u} \times \boldsymbol{v}$를 구해 보자.

**풀이** 행렬식을 이용하면 상당히 편리하다.

$$
\begin{aligned}
\boldsymbol{u}\times\boldsymbol{v} &= \begin{vmatrix} \boldsymbol{i} & \boldsymbol{j} & \boldsymbol{k} \\ 3 & -1 & 2 \\ 1 & -2 & 4 \end{vmatrix} \\
&= \begin{vmatrix} -1 & 2 \\ -2 & 4 \end{vmatrix}\boldsymbol{i} - \begin{vmatrix} 3 & 2 \\ 1 & 4 \end{vmatrix}\boldsymbol{j} + \begin{vmatrix} 3 & -1 \\ 1 & -2 \end{vmatrix}\boldsymbol{k} \\
&= (-4+4)\boldsymbol{i} - (12-2)\boldsymbol{j} + (-6+1)\boldsymbol{k} \\
&= 0\boldsymbol{i} - 10\boldsymbol{j} - 5\boldsymbol{k} \quad ■
\end{aligned}
$$

### 8.2.2 외적의 성질

**정리 8-10** $\boldsymbol{R}^3$상의 벡터 $\boldsymbol{u}$, $\boldsymbol{v}$, $\boldsymbol{w}$와 스칼라 $\alpha$에 대하여 다음과 같은 외적의 성질이 성립한다.

(1) $\boldsymbol{u}\times\boldsymbol{0} = \boldsymbol{0}\times\boldsymbol{u} = \boldsymbol{0}$

(2) $\boldsymbol{u}\times\boldsymbol{v} = -(\boldsymbol{v}\times\boldsymbol{u})$ (교대법칙)

(3) $(\alpha\boldsymbol{u})\times\boldsymbol{v} = \alpha(\boldsymbol{u}\times\boldsymbol{v}) = \boldsymbol{u}\times(\alpha\boldsymbol{v})$ (배분법칙)

(4) $\boldsymbol{u}\times(\boldsymbol{v}+\boldsymbol{w}) = (\boldsymbol{u}\times\boldsymbol{v}) + (\boldsymbol{u}\times\boldsymbol{w})$

(5) $(\boldsymbol{u}\times\boldsymbol{v})\cdot\boldsymbol{w} = \boldsymbol{u}\cdot(\boldsymbol{v}\times\boldsymbol{w}) = \begin{vmatrix} u_1 & u_2 & u_3 \\ v_1 & v_2 & v_3 \\ w_1 & w_2 & w_3 \end{vmatrix}$

(6) $\boldsymbol{u}\cdot(\boldsymbol{u}\times\boldsymbol{v}) = \boldsymbol{v}\cdot(\boldsymbol{u}\times\boldsymbol{v}) = 0$, 즉 $\boldsymbol{u}\times\boldsymbol{v}$는 $\boldsymbol{u}$와 $\boldsymbol{v}$ 모두와 직교한다.

(7) $\boldsymbol{u}\times\boldsymbol{v} = \boldsymbol{0}$일 때 $\boldsymbol{u}$와 $\boldsymbol{v}$는 평행이다.

(8) $\boldsymbol{u}\times\boldsymbol{u} = \boldsymbol{0}$

(9) $\|\boldsymbol{u}\times\boldsymbol{v}\|$는 $\boldsymbol{u}$, $\boldsymbol{v}$에 의해 결정되는 평행사변형의 면적이다.

(10) $\boldsymbol{u}\cdot(\boldsymbol{v}\times\boldsymbol{w}) = (\boldsymbol{u}\times\boldsymbol{v})\cdot\boldsymbol{w} = \pm$ $\boldsymbol{u}$, $\boldsymbol{v}$, $\boldsymbol{w}$에 의해 결정되는 체적이다.

**예제 8-11** $\boldsymbol{R}^3$상의 벡터 $\boldsymbol{u}$, $\boldsymbol{v}$에 있어서 $\boldsymbol{u}\times\boldsymbol{v} = -(\boldsymbol{v}\times\boldsymbol{u})$가 성립함을 확인해 보자.

**풀이** 

$$\boldsymbol{v}\times\boldsymbol{u}=\begin{vmatrix}\boldsymbol{i} & \boldsymbol{j} & \boldsymbol{k}\\ v_1 & v_2 & v_3\\ u_1 & u_2 & u_3\end{vmatrix}=\begin{vmatrix}v_2 & v_3\\ u_2 & u_3\end{vmatrix}\boldsymbol{i}-\begin{vmatrix}v_1 & v_3\\ u_1 & u_3\end{vmatrix}\boldsymbol{j}+\begin{vmatrix}v_1 & v_2\\ u_1 & u_2\end{vmatrix}\boldsymbol{k}$$

$$\boldsymbol{u}\times\boldsymbol{v}=\begin{vmatrix}\boldsymbol{i} & \boldsymbol{j} & \boldsymbol{k}\\ u_1 & u_2 & u_3\\ v_1 & v_2 & v_3\end{vmatrix}\ \text{(행 교환)}$$

$$=-\begin{vmatrix}\boldsymbol{i} & \boldsymbol{j} & \boldsymbol{k}\\ v_1 & v_2 & v_3\\ u_1 & u_2 & u_3\end{vmatrix}$$

$$=-(\boldsymbol{v}\times\boldsymbol{u})$$

행렬에서 행을 교환하면 원래의 행렬식의 값 $d$를 $-d$로 바꾼다.
따라서 $\boldsymbol{u}\times\boldsymbol{v}=-(\boldsymbol{v}\times\boldsymbol{u})$이다. ■

**정리 ❽-11** 만약 $\boldsymbol{u}$와 $\boldsymbol{v}$가 같은 방향 또는 반대 방향을 가지거나 어느 하나가 영벡터이면 $\boldsymbol{w}=\boldsymbol{u}\times\boldsymbol{v}=\boldsymbol{0}$이다. 그 밖의 경우에는 $\boldsymbol{w}=\boldsymbol{u}\times\boldsymbol{v}$는 $\boldsymbol{u}$와 $\boldsymbol{v}$를 이웃하는 두 변으로 가지는 평행사변형의 면적과 같고, 그 방향은 $\boldsymbol{u}$와 $\boldsymbol{v}$에 모두 수직이다.

**정리 ❽-12** 표준단위벡터 $\boldsymbol{e}_1=(1, 0, 0)$, $\boldsymbol{e}_2=(0, 1, 0)$, $\boldsymbol{e}_3=(0, 0, 1)$에 대하여

$$\begin{aligned}&\boldsymbol{e}_1\times\boldsymbol{e}_1=\boldsymbol{e}_2\times\boldsymbol{e}_2=\boldsymbol{e}_3\times\boldsymbol{e}_3=\boldsymbol{0}\\ &\boldsymbol{e}_1\times\boldsymbol{e}_2=\boldsymbol{e}_3=-\boldsymbol{e}_2\times\boldsymbol{e}_1\\ &\boldsymbol{e}_2\times\boldsymbol{e}_3=\boldsymbol{e}_1=-\boldsymbol{e}_3\times\boldsymbol{e}_2\\ &\boldsymbol{e}_3\times\boldsymbol{e}_1=\boldsymbol{e}_2=-\boldsymbol{e}_1\times\boldsymbol{e}_3\end{aligned}$$

이 된다.

외적이란 두 벡터 $\boldsymbol{u}$와 $\boldsymbol{v}$의 벡터곱인 $\boldsymbol{u} \times \boldsymbol{v} = (\|u\|\|v\|\sin\theta)\,\boldsymbol{e}$를 말합니다.
$\boldsymbol{u} \times \boldsymbol{v}$의 결과가 벡터인지는 어떻게 아나요?
식의 맨 끝에 단위벡터인 $\boldsymbol{e}$가 달려 있는 것이 보이나요? 두 벡터가 만드는 평행사변형이 오른손 법칙에 따라 그 방향으로 힘을 받는 것이지요.
u×v=(‖u‖ ‖v‖ sinθ)e
외적은 주로 어디에 이용되나요?
물리량이 작용되는 곳에 광범위하게 이용됩니다. 여기서는 벡터공간 내의 평행사변형과 삼각형의 면적과 평행육면체의 체적을 구해 봅니다.

### 8.2.3 외적의 응용

**예제 ❽-12**

$\boldsymbol{R}^3$상의 벡터 $\boldsymbol{u} = (3, 1, 0)$와 $\boldsymbol{v} = (1, 3, 2)$에 의해 결정되는 평행사변형의 면적을 구해 보자.

**풀이** 면적을 구하는 공식에 따라 심볼행렬(Symbolic matrix)을 만들면 다음과 같다.

$$\begin{bmatrix} \boldsymbol{i} & \boldsymbol{j} & \boldsymbol{k} \\ 3 & 1 & 0 \\ 1 & 3 & 2 \end{bmatrix}$$

외적을 구하면

$$\begin{aligned} \boldsymbol{u} \times \boldsymbol{v} &= \begin{vmatrix} 1 & 0 \\ 3 & 2 \end{vmatrix} \boldsymbol{i} - \begin{vmatrix} 3 & 0 \\ 1 & 2 \end{vmatrix} \boldsymbol{j} + \begin{vmatrix} 3 & 1 \\ 1 & 3 \end{vmatrix} \boldsymbol{k} \\ &= 2\boldsymbol{i} - 6\boldsymbol{j} + 8\boldsymbol{k} \end{aligned}$$

따라서 〈그림 8.6〉에 나타난 평행사변형의 면적은 다음과 같다.

$$\|\boldsymbol{u}\times\boldsymbol{v}\| = 2\sqrt{1+9+16} = 2\sqrt{26} \quad ■$$

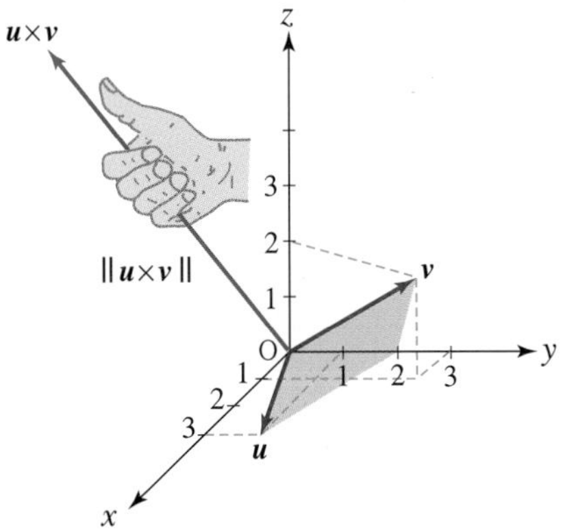


〈그림 8.6〉 평행사변형의 면적

**예제 8-13** $R^3$상의 꼭지점들인 (－1, 2, 0), (2, 1, 3), (1, 1, －1)로 이루어지는 삼각형의 면적을 구해 보자.

**풀이** 점 (－1, 2, 0)을 벡터공간의 삼각형의 기준점으로 잡고, 그 점으로부터 시작하여 (2, 1, 3), (1, 1, －1) 점에 이르는 새로운 벡터들을 설정한다. 즉,

$$\boldsymbol{u} = (2, 1, 3) - (-1, 2, 0) = (3, -1, 3)$$
$$\boldsymbol{v} = (1, 1, -1) - (-1, 2, 0) = (2, -1, -1)$$

이제 $\|\boldsymbol{u}\times\boldsymbol{v}\|$는 이들 벡터로부터 결정되는 평행사변형의 면적이고 구하려고 하는 삼각형의 면적은 〈그림 8.7〉에 나타난 평행사변형 면적의 $\frac{1}{2}$이다. 따라서 다음과 같은 심볼행렬을 만든다.

$$\begin{bmatrix} \boldsymbol{i} & \boldsymbol{j} & \boldsymbol{k} \\ 3 & -1 & 3 \\ 2 & -1 & -1 \end{bmatrix} = \begin{vmatrix} -1 & 3 \\ -1 & -1 \end{vmatrix}\boldsymbol{i} - \begin{vmatrix} 3 & 3 \\ 2 & -1 \end{vmatrix}\boldsymbol{j} + \begin{vmatrix} 3 & -1 \\ 2 & -1 \end{vmatrix}\boldsymbol{k}$$
$$= 4\boldsymbol{i} + 9\boldsymbol{j} - \boldsymbol{k}$$

이다. 따라서

$$\|\boldsymbol{u}\times\boldsymbol{v}\| = \sqrt{16+81+1} = \sqrt{98} = 7\sqrt{2}$$

그러므로 구하려는 삼각형의 면적은 $\frac{7\sqrt{2}}{2}$이다. ■

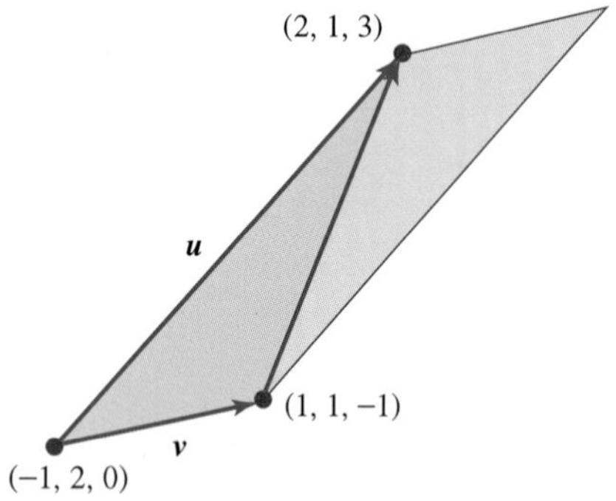


〈그림 8.7〉 $\boldsymbol{R}^3$상의 삼각형의 면적

**예제 8-14** 평행육면체(parallelepiped)의 체적은 그것을 이루는 벡터들의 행렬식의 값으로 결정된다. 다음의 벡터들에 의해 구성되는 평행육면체의 체적을 구해 보자.

$$\boldsymbol{u} = (4, 1, 1),\quad \boldsymbol{v} = (2, 1, 0),\quad \boldsymbol{w} = (0, 2, 3)$$

**풀이** 주어진 벡터들로 이루어지는 평행육면체는 〈그림 8.8〉과 같으며 그것의 체적은 다음의 행렬식에 의해 결정된다.

$$\begin{vmatrix} 4 & 1 & 1 \\ 2 & 1 & 0 \\ 0 & 2 & 3 \end{vmatrix} = 4\begin{vmatrix} 1 & 0 \\ 2 & 3 \end{vmatrix} - \begin{vmatrix} 2 & 0 \\ 0 & 3 \end{vmatrix} + \begin{vmatrix} 2 & 1 \\ 0 & 2 \end{vmatrix}$$

$$= 10 \quad ■$$

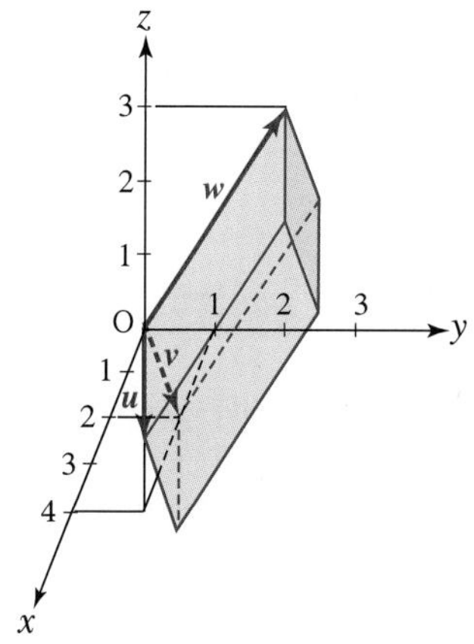


〈그림 8.8〉 평행육면체의 체적

## 연습 문제 8.2

### Part 1. 진위 문제

다음 문장의 진위를 판단하고, 틀린 경우에는 그 이유를 적으시오.

1. 벡터와 벡터 사이의 외적은 벡터이다.
2. 벡터의 외적과 노름을 알면 그들 사이의 코사인 값을 직접 알 수 있다.
3. 삼각형의 면적, 평행사변형의 면적, 평행육면체의 체적 등은 외적을 통하여 구할 수 있다.
4. 벡터의 외적은 오른손 법칙에 따라 위의 방향으로만 작용한다.
5. 영벡터가 아닌 두 벡터 $\boldsymbol{u}$와 $\boldsymbol{v}$가 평행이 되기 위한 필요충분조건은 $\boldsymbol{u}\times\boldsymbol{v}=\mathbf{0}$이다.
6. 두 벡터의 사이 각이 $\theta=0$ 또는 $\theta=\pi$일 때 $\sin\theta=0$이므로 $\boldsymbol{u}\times\boldsymbol{v}=\mathbf{0}$이다.

### Part 2. 선택 문제

1. 다음 중 벡터의 외적에서 성립하지 않는 것은?
   (1) $(\boldsymbol{u}\times\boldsymbol{v})\cdot\boldsymbol{w}=\boldsymbol{u}\cdot(\boldsymbol{v}\times\boldsymbol{w})$
   (2) $\boldsymbol{u}\times\boldsymbol{u}=\mathbf{0}$
   (3) $\boldsymbol{u}\times\boldsymbol{v}=\boldsymbol{v}\times\boldsymbol{u}$
   (4) $(\alpha\boldsymbol{u})\times\boldsymbol{v}=\alpha(\boldsymbol{u}\times\boldsymbol{v})=\boldsymbol{u}\times(\alpha\boldsymbol{v})$

2. 다음 중 $\boldsymbol{u}\times\boldsymbol{v}=\mathbf{0}$일 때 맞는 것은?
   (1) $\boldsymbol{u}$와 $\boldsymbol{v}$는 수직이다.
   (2) $\boldsymbol{u}$와 $\boldsymbol{v}$는 겹치거나 평행이다.
   (3) $\boldsymbol{u}$와 $\boldsymbol{v}$는 크기가 같다.
   (4) $\boldsymbol{u}$와 $\boldsymbol{v}$는 방향만 같다.

3. 다음 중 $\sin\theta$의 값이 가장 큰 경우의 $\theta$ 는?

   (1) 90　　(2) 30
   (3) 60　　(3) 0

4. $\boldsymbol{i}$, $\boldsymbol{j}$, $\boldsymbol{k}$가 각각 단위벡터일 때 다음 중 사실이 아닌 것은?

(1) $\boldsymbol{i} \times \boldsymbol{i} = \boldsymbol{0}$

(2) $\boldsymbol{k} \times \boldsymbol{k} = \boldsymbol{0}$

(3) $\boldsymbol{i} \times \boldsymbol{j} = \boldsymbol{k}$

(4) $\boldsymbol{i} \times \boldsymbol{j} = \boldsymbol{0}$

5. 다음 중 적절하지 않은 것은?

(1) 두 벡터의 외적을 구할 때 어느 하나가 영벡터이면 외적은 항상 영벡터이다.

(2) 내적과 외적의 값은 절대값만 다를 뿐이다.

(3) 두 벡터의 내적은 스칼라이지만 외적은 벡터이다.

(4) $\boldsymbol{u} \times \boldsymbol{v}$는 $\boldsymbol{u}$에도 직교하고 $\boldsymbol{v}$에도 직교한다.

## Part 3. 주관식 문제

1. 두 벡터 $\boldsymbol{u}$, $\boldsymbol{v}$가 다음과 같이 주어졌을 때 $\boldsymbol{u} \times \boldsymbol{v}$의 값을 구하시오.

$\boldsymbol{u} = 2\boldsymbol{i} - \boldsymbol{j} + 3\boldsymbol{k}, \quad \boldsymbol{v} = \boldsymbol{i} + 2\boldsymbol{j} + 0\boldsymbol{k}$

2. 다음 두 벡터 $\boldsymbol{u}$, $\boldsymbol{v}$의 외적을 구하시오

$\boldsymbol{u} = 2\boldsymbol{i} + 3\boldsymbol{j} + 7\boldsymbol{k}, \quad \boldsymbol{v} = \boldsymbol{i} + 2\boldsymbol{j} + \boldsymbol{k}$

3. 다음 두 벡터의 외적을 각각 구하시오.

$\boldsymbol{u} = \boldsymbol{i} - 2\boldsymbol{j} + 3\boldsymbol{k}, \quad \boldsymbol{v} = 2\boldsymbol{i} - \boldsymbol{j} - \boldsymbol{k}$

(1) $\boldsymbol{u} \times \boldsymbol{v}$ (2) $\boldsymbol{v} \times \boldsymbol{u}$

4. 다음의 두 벡터들로 이루어지는 면적을 구하시오.

$-5\boldsymbol{i} + 3\boldsymbol{j}, \quad \boldsymbol{i} + 7\boldsymbol{j}$

5. 다음 벡터들로 이루어지는 면적을 구하시오.

$2\boldsymbol{i} - \boldsymbol{j} + \boldsymbol{k}, \quad \boldsymbol{i} + 3\boldsymbol{j} - \boldsymbol{k}$

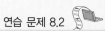

6. 다음 세 꼭지점으로 이루어진 삼각형의 면적을 구하시오.

$(-1, 2), \ (3, -1), \ (4, 3)$

7. 다음 세 꼭지점으로 이루어진 삼각형의 면적을 구하시오.

$(2, 1, -3), \ (3, 0, 4), \ (1, 0, 5)$

8. 다음 벡터들에 의해 결정되는 $\boldsymbol{R}^3$상의 평행육면체의 체적을 구하시오.

$\boldsymbol{u} = (1, 1, 1), \ \boldsymbol{v} = (1, 3, -4), \ \boldsymbol{w} = (1, 2, -5)$

9. (도전문제) 다음의 행렬벡터들에 의해 결정되는 $\boldsymbol{R}^3$상의 평행육면체의 체적을 각각 구하시오.

(1) $\boldsymbol{u} = (1, 2, -3), \ \boldsymbol{v} = (3, 4, -1), \ \boldsymbol{w} = (2, -1, 5)$

(2) $\boldsymbol{u} = (1, 1, 3), \ \boldsymbol{v} = (1, -2, -4), \ \boldsymbol{w} = (4, 1, 5)$

10. (도전문제) 외적의 기본 성질을 이용하여 다음을 증명하시오.

(1) $\boldsymbol{u}$와 $\boldsymbol{v}$가 평행이면 $\boldsymbol{u} \times \boldsymbol{v} = \boldsymbol{0}$

(2) $(\alpha \boldsymbol{u}) \times \boldsymbol{v} = \alpha (\boldsymbol{u} \times \boldsymbol{v}) = \boldsymbol{u} \times (\alpha \boldsymbol{v})$

## 8.3 MATLAB에 의한 연산

예제 ❽-1 MATLAB

실습 ❽-1

$\boldsymbol{u}$와 $\boldsymbol{v}$가 다음과 같이 주어졌을 때 $\boldsymbol{u}\cdot\boldsymbol{v}$와 $\boldsymbol{v}\cdot\boldsymbol{u}$를 구해 보자.

$$\boldsymbol{u}=\begin{bmatrix}2\\-5\\-1\end{bmatrix}\quad \boldsymbol{v}=\begin{bmatrix}3\\2\\-3\end{bmatrix}$$

**풀이**

$$\boldsymbol{u}\cdot\boldsymbol{v}=\boldsymbol{u}^T\boldsymbol{v}=\begin{bmatrix}2 & -5 & -1\end{bmatrix}\begin{bmatrix}3\\2\\-3\end{bmatrix}=(2)(3)+(-5)(2)+(-1)(-3)=-1$$

$$\boldsymbol{v}\cdot\boldsymbol{u}=\boldsymbol{v}^T\boldsymbol{u}=\begin{bmatrix}3 & 2 & -3\end{bmatrix}\begin{bmatrix}2\\-5\\-1\end{bmatrix}=(3)(2)+(2)(-5)+(-3)(-1)=-1$$ ■

Command Window

File Edit Debug Desktop Window Help

```
>> u=[2; -5; -1];
>> v=[3; 2; -3];
>>
>> dot(u, v)

ans =

    -1

>> dot(v, u)

ans =

    -1

>>
```

OVR

예제 ❽-7 MATLAB

**실습 ❽-2** 두 개의 벡터 $\boldsymbol{u}=\begin{bmatrix}2\\-4\end{bmatrix}$, $\boldsymbol{v}=\begin{bmatrix}4\\2\end{bmatrix}$가 직교하는지를 살펴보자.

**풀이** 두 벡터 사이의 내적을 구하면

$$\boldsymbol{u}\cdot\boldsymbol{v}=(2)(4)+(-4)(2)=0$$

이므로 $\boldsymbol{u}$, $\boldsymbol{v}$는 직교한다. ■

```
Command Window
File Edit Debug Desktop Window Help
>> u=[2; -4];
>> v=[4; 2];
>>
>> dot(u, v)

ans =

     0

>>
```

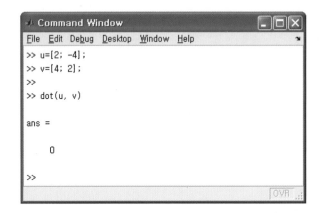

## 벡터의 내적과 외적의 생활 속의 응용

- 내적은 복잡한 벡터공간에서 수직과 직선 방정식을 구하는 데 이용된다.
- 내적은 역학, 자기공학, 전기공학 등에 많이 활용된다.
- 외적은 벡터공간에서 면적, 체적 등을 매우 쉽게 구할 수 있다.
- 외적은 물리학에서 운동량과 토크를 구하는 데 쓰인다.
- 외적은 자기장에서 로렌츠의 힘(Lorentz force) 등에 매우 유용하게 쓰이며, 초음파 탐지, 전자레인지, 스피커 원자력 등에도 광범위하게 응용된다.

**09**

CHAPTER

# 선형변환

LINEAR ALGEBRA

## 개 요

제9장에서는 선형변환과 관련된 전반적인 논제들을 학습한다. 먼저 선형변환과 선형연산자를 정의하고, 선형변환이 되는지를 예제들을 통하여 살펴보며, 선형사상과 커널에 관해서도 고찰한다. 또한 함수와 선형변환과의 밀접한 관계를 고려하여 함수의 기본적인 사항들을 학습하고, 선형변환의 여러 가지 변환 중에서 사영변환, 확대변환, 축소변환, 반사변환, 회전변환 등을 2차원상의 그림을 통하여 고찰한다. 마지막으로 표준행렬에 따른 다양한 변환들을 그림으로 나타내어 변환을 구체적으로 학습한다. 선형변환의 응용면에서는 산업적 응용, 그래픽 변환으로의 응용, 층밀림의 응용을 고찰한다.

# CONTENTS

CHAPTER

# 09 선형변환

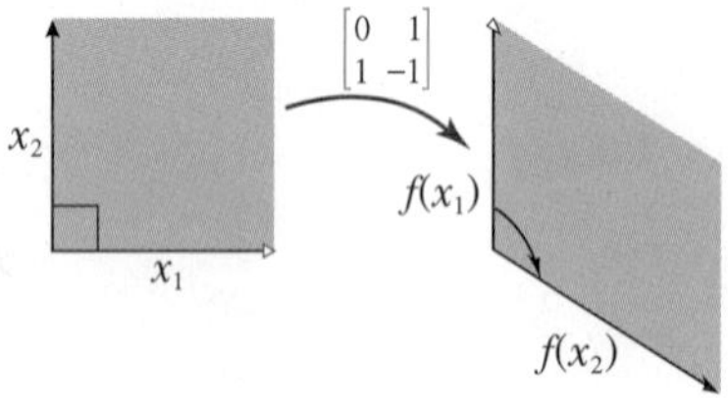


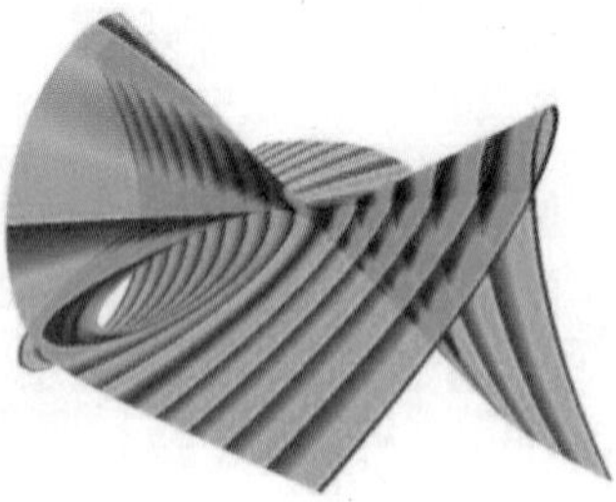

## 9.1 선형변환의 개념과 함수

### 9.1.1 선형변환의 정의

**정의 ❾-1** $V$와 $W$가 벡터공간이고 $\boldsymbol{u}$, $\boldsymbol{v}$가 $V$에 속하며 $\alpha$가 실수일 경우, $V$로부터 $W$로 가는 함수 $L$이 다음의 2가지 공리(axiom)를 만족시킬 때 선형변환(linear transformation) 또는 선형사상(linear mapping)이라고 한다.

$$L : V \rightarrow W$$

(1) $L(\boldsymbol{u}+\boldsymbol{v}) = L(\boldsymbol{u}) + L(\boldsymbol{v})$

(2) $L(\alpha\boldsymbol{u}) = \alpha L(\boldsymbol{u})$

특히 $V = W$일 경우에는 선형변환 $L$을 $V$상에서의 선형연산자(linear operator) 라고 한다.

**예제 9-1**

벡터공간 $\boldsymbol{R}^2$상의 벡터 $\boldsymbol{x}$에 대하여 $L$이 다음과 같이 정의된 함수일 때 선형변환인지의 여부를 살펴보자.

$$L(\boldsymbol{x}) = 3\boldsymbol{x}$$

**풀이**

$$\begin{aligned} L(\boldsymbol{x}+\boldsymbol{y}) &= 3(\boldsymbol{x}+\boldsymbol{y}) \\ &= 3\boldsymbol{x}+3\boldsymbol{y} \\ &= L(\boldsymbol{x})+L(\boldsymbol{y}) \\ L(\alpha\boldsymbol{x}) &= 3(\alpha\boldsymbol{x}) \\ &= \alpha(3\boldsymbol{x}) \\ &= \alpha L(\boldsymbol{x}) \end{aligned}$$

선형변환의 2가지 조건을 만족하므로 $L$은 선형변환이다. ■

이런 경우 $L$이 〈그림 9.1〉과 같이 주어진 벡터의 길이를 3배로 확대한다고 생각할 수 있다. 일반적으로 $\alpha$가 양의 실수일 때 선형변환 $L(\boldsymbol{x}) = \alpha\boldsymbol{x}$는 기하학적으로 벡터 $\boldsymbol{x}$를 $\alpha$만큼 확대하거나 축소함을 의미한다.

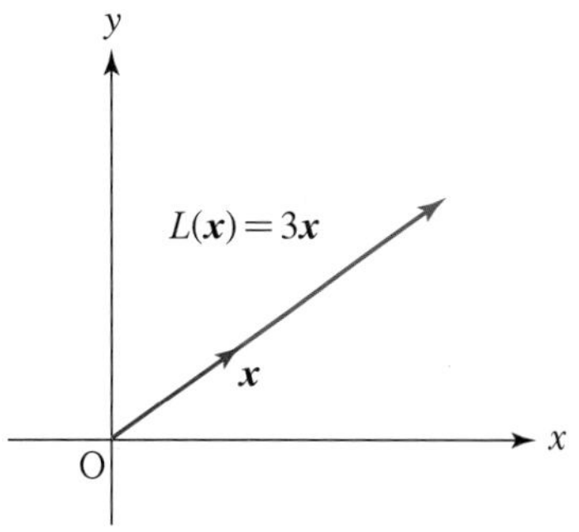


〈그림 9.1〉 $\boldsymbol{R}^2$상에서의 $L(\boldsymbol{x}) = 3\boldsymbol{x}$로의 변환

**예제 ⑨-2** 함수 $L : \boldsymbol{R}^3 \rightarrow \boldsymbol{R}^3$이 다음과 같이 정의되었을 때 $L$이 선형변환인지를 판단해 보자.

$$L(x, y, z) = (x - y, 0, y + z)$$

**풀이** $\boldsymbol{u} = (x_1, y_1, z_1)$
$\boldsymbol{v} = (x_2, y_2, z_2)$ 라고 하자.

$$\begin{aligned} L(\boldsymbol{u}+\boldsymbol{v}) &= L(x_1+x_2, y_1+y_2, z_1+z_2) \\ &= ((x_1+x_2)-(y_1+y_2), 0, (y_1+y_2)+(z_1+z_2)) \\ &= (x_1-y_1, 0, y_1+z_1)+(x_2-y_2, 0, y_2+z_2) \\ &= L(\boldsymbol{u})+L(\boldsymbol{v}) \end{aligned}$$

그리고

$$\begin{aligned} L(\alpha\boldsymbol{u}) &= (\alpha x_1, \alpha y_1, \alpha z_1) \\ &= (\alpha x_1 - \alpha y_1, 0, \alpha y_1 + \alpha z_1) \\ &= \alpha(x_1 - y_1, 0, y_1 + z_1) \\ &= \alpha L(\boldsymbol{u}) \end{aligned}$$

따라서 함수 $L$은 선형변환이다. ■

**예제 ⑨-3** 함수 $L : \boldsymbol{R}^2 \rightarrow \boldsymbol{R}^2$이 다음과 같이 정의되었을 때 $L$이 선형변환인지를 판단해 보자.

$$L\left(\begin{bmatrix} a_1 \\ a_2 \end{bmatrix}\right) = \begin{bmatrix} a_1 + 1 \\ 2a_2 \end{bmatrix}$$

**풀이** $L$이 선형변환인지를 결정하기 위해

$$\boldsymbol{u} = \begin{bmatrix} a_1 \\ a_2 \end{bmatrix}, \ \boldsymbol{v} = \begin{bmatrix} b_1 \\ b_2 \end{bmatrix}$$

라고 하면

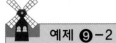

$$L(\boldsymbol{u}+\boldsymbol{v})=L\left(\begin{bmatrix}a_1\\a_2\end{bmatrix}+\begin{bmatrix}b_1\\b_2\end{bmatrix}\right)=L\left(\begin{bmatrix}a_1+b_1\\a_2+b_2\end{bmatrix}\right)=\begin{bmatrix}(a_1+b_1)+1\\2(a_2+b_2)\end{bmatrix}$$

또한

$$L(\boldsymbol{u})+L(\boldsymbol{v})=\begin{bmatrix}a_1+1\\2a_2\end{bmatrix}+\begin{bmatrix}b_1+1\\2b_2\end{bmatrix}=\begin{bmatrix}(a_1+b_1)+2\\2(a_2+b_2)\end{bmatrix}$$

$(a_1+b_1)+1\neq(a_1+b_1)+2$이므로

$$L(\boldsymbol{u}+\boldsymbol{v})\neq L(\boldsymbol{u})+L(\boldsymbol{v})$$

따라서 함수 $L$은 선형변환이 아니다. ■

**예제 ⑨-4** 다음과 같은 함수 $L:\boldsymbol{R}^2\longrightarrow\boldsymbol{R}^2$은 선형변환이 아님을 확인해 보자.

$$L(x,\ y)=(x+a,\ y+b)\quad((a,\ b)\neq(0,\ 0))$$

**풀이** $\boldsymbol{u}=(x_1,\ y_1)$
$\boldsymbol{v}=(x_2,\ y_2)$ 라고 하자.

$$\begin{aligned}L(\boldsymbol{u}+\boldsymbol{v})&=L(x_1+x_2,\ y_1+y_2)\\&=(x_1+x_2+a,\ y_1+y_2+b)\\L(\boldsymbol{u})+L(\boldsymbol{v})&=L(x_1,\ y_1)+L(x_2,\ y_2)\\&=(x_1+a,\ y_1+b)+(x_2+a,\ y_2+b)\\&=(x_1+x_2+2a,\ y_1+y_2+2b)\end{aligned}$$

여기서 $(a,\ b)\neq(0,\ 0)$이므로

$$L(\boldsymbol{u}+\boldsymbol{v})\neq L(\boldsymbol{u})+L(\boldsymbol{v})$$

따라서 함수 $L$은 선형변환이 아니다. ■

선형변환은 행렬과도 밀접한 관련이 있다. $\boldsymbol{R}^n$의 원소를 열벡터 $\boldsymbol{x}=\begin{bmatrix} x_1 \\ \vdots \\ x_n \end{bmatrix}$로 나타낼 경우 $m \times n$ 행렬 $A=[a_{ij}]$와 벡터 $\boldsymbol{x}$를 곱하여 다음과 같은 $\boldsymbol{R}^m$의 원소를 얻는다.

$$\begin{bmatrix} a_{11} & \cdots & a_{1n} \\ \vdots & \ddots & \vdots \\ a_{m1} & \cdots & a_{mn} \end{bmatrix} \begin{bmatrix} x_1 \\ \vdots \\ x_n \end{bmatrix} = \begin{bmatrix} a_{11}x_1 + \cdots + a_{1n}x_n \\ \vdots \\ a_{m1}x_1 + \cdots + a_{mn}x_n \end{bmatrix} \in \boldsymbol{R}^m$$

이와 같이 $m \times n$ 행렬 $A$와 벡터 $\boldsymbol{x}$의 곱은 변환함수

$$L : \boldsymbol{R}^n \rightarrow \boldsymbol{R}^m, \ L(\boldsymbol{x}) = A\boldsymbol{x}$$

가 되며 이러한 변환은 선형이 되므로 선형변환이다.

## 9.1.2 함수와 선형변환

### (1) 함수의 개념

**정의 ⓽-2** 집합 $X$에서 집합 $Y$로의 관계의 부분집합으로써, 집합 $X$에 있는 모든 원소 $x$가 집합 $Y$에 있는 원소 중 한 개와 관계가 있을 경우 $f$를 함수(function)라고 하며 다음과 같이 나타낸다.

$$f : X \rightarrow Y$$

여기서 $X$를 함수 $f$의 정의역(domain)이라고 하며, $Y$를 함수 $f$의 공변역(codomain)이라고 한다. $f : X \rightarrow Y$를 함수라고 할 때 $x \in X$와 $y \in Y$에 대해 $(x, y) \in f$이면 $f(x) = y$라고 표시하며, $y$를 함수 $f$에 의한 $x$의 상(image), 이미지 또는 함수값이라고 한다. 이 경우 $y$들의 집합을 치역(range)이라고 한다.

**예제 9-5** 다음 〈그림 9.2〉의 3가지 다이어그램에서 $A=\{a, b, c\}$에서 $B=\{x, y, z\}$로 가는 함수가 정의되는지를 판단해 보자.

**풀이** (1) $b \in A$에서 $B$로의 사상이 없으므로 함수가 아니다.

(2) $c \in A$에 대해 $x$와 $z$가 동시에 대응하므로 함수가 아니다.

(3) $A$의 모든 원소에서 $B$로 가는 사상이 존재하므로 함수이다. ■

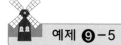

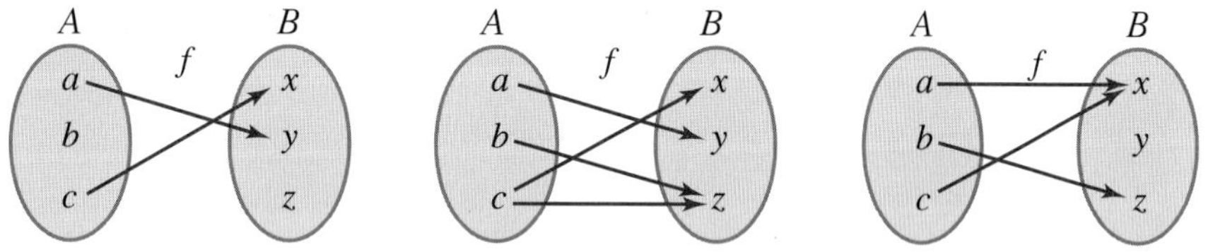


〈그림 9.2〉 3가지 다이어그램

### (2) 단사함수, 전사함수, 전단사함수

**정의 9-3** 함수 $f : A \longrightarrow B$에서 $a_i, a_j \in A$에 대하여 $f(a_i)=f(a_j)$일 때 $a_i=a_j$가 되는 경우 함수 $f$를 단사함수(injective function)라고 한다.

함수 $f : A \longrightarrow B$에서 $B$의 모든 원소 $b$에 대하여 $f(a)=b$가 성립되는 $a \in A$가 적어도 하나 존재할 때, 함수 $f$를 전사함수(surjective function, onto function)라고 한다.

함수 $f : A \longrightarrow B$에서 $f$가 단사함수인 동시에 전사함수일 때 함수 $f$를 전단사함수(bijective function)라고 한다. 이 전단사 함수는 집합 $A$의 모든 원소들이 집합 $B$의 모든 원소와 하나씩 대응되기 때문에 1대1 대응함수(one-to-one correspondence)라고도 한다.

단사함수, 전사함수, 전단사함수는 〈그림 9.3〉과 같이 각 원소들의 관계를 화살표 도표(arrow diagram)로 나타내면 그 특징을 더 쉽게 알 수 있다.

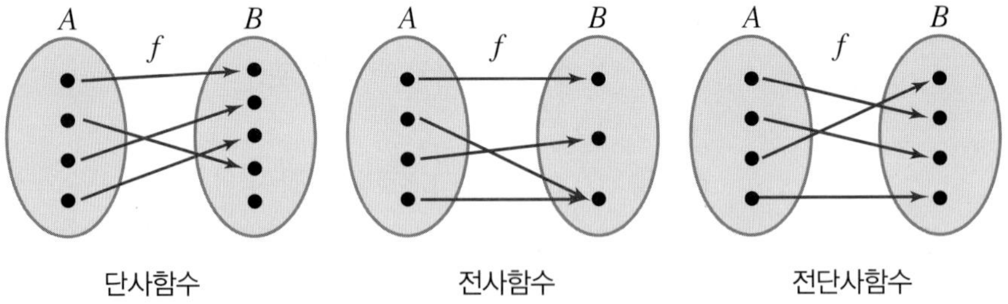


〈그림 9.3〉 단사함수, 전사함수, 전단사함수

**정의 ❾-4** | **합성함수(composition function)**

두 함수 $f : A \rightarrow B$, $g : B \rightarrow C$ 에 대하여 두 함수 $f$와 $g$의 합성함수는 집합 $A$에서 집합 $C$로의 함수인 $g \circ f : A \rightarrow C$를 의미하며 다음을 만족한다.

$$g \circ f = \{(a, c) \mid a \in A,\ b \in B,\ c \in C,\ f(a) = b,\ g(b) = c\}$$

함수 $f$의 공변역은 함수 $g$의 정의역이 된다. 함수 $f$, $g$와 합성함수 $g \circ f$에 대한 관계를 그림으로 나타내면 〈그림 9.4〉와 같다.

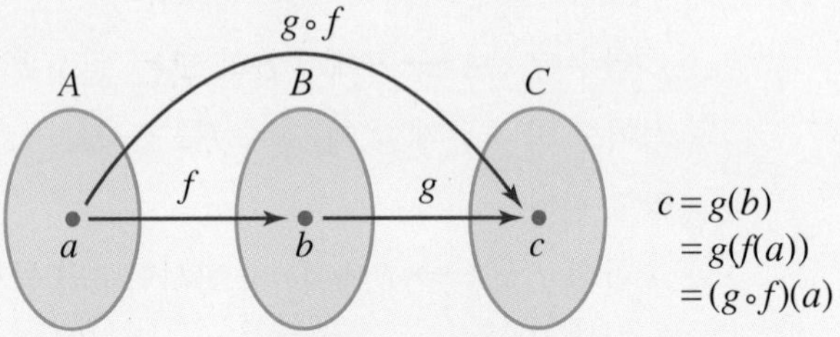


〈그림 9.4〉 합성함수

입력 값과 출력 값이 모두 벡터인 함수를 변환(transformation)이라고 하는데, 통상 대문자 $L$, $T$, $F$ 등으로 표시한다. $L$이 벡터 $\boldsymbol{x}$로부터 벡터 $\boldsymbol{w}$로 보내는 변환일 경우 $L(\boldsymbol{x}) = \boldsymbol{w}$로 표현한다. 합성함수의 선형변환은 $(L_1 \circ L_2)(a)$와 같이 표현하며, 순서에 따라 사영, 확대, 반사, 회전 등의 선형연산이 진행될 수 있다.

벡터공간 $V$에서 벡터공간 $W$로의 함수 $T$를 생각해 보자.

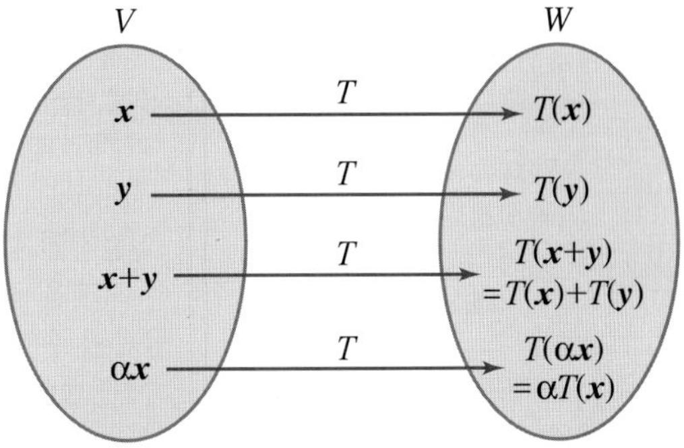


〈그림 9.5〉 $V$에서 $W$로의 함수

〈그림 9.5〉에 나타난 바와 같이 벡터 $\mathbf{x}$와 벡터 $\mathbf{y}$의 합의 결과 값은 $T(\mathbf{x})+T(\mathbf{y})$이며, $\alpha$가 어떤 실수일 때 $\alpha\mathbf{x}$의 결과 값은 $\mathbf{x}$의 결과 값의 $\alpha$배이다. 따라서 함수 $T$는 선형변환이 된다.

두 벡터공간 사이의 관계 중에서도 연산을 보존하는 선형변환은 매우 중요한 역할을 한다. 선형변환은 폭넓은 영역에서 활용되는데, 가령 어떤 사진을 선형변환을 이용하여 그것의 위치를 이동시키거나 회전시켜서 새로운 이미지(image)를 얻을 수 있다. 예를 들면, 함수 $T(x, y)=(kx, y)$는 $x$좌표를 $k$배만큼 크기를 조정하고, $T(x, y)=(x, ky)$는 $y$좌표를 $k$배만큼 크기를 조정한다. 이러한 선형변환은 $k$가 1보다 큰 경우에는 원래의 그림을 확대하고, 1보다 작은 경우에는 원래의 그림보다 축소시킨다.

**정의 ❾-5** $L: V \rightarrow W$가 벡터공간 $V$에서 $W$로의 선형변환이라고 할 때, $\ker(L)$로 나타내는 $L$의 커널(kernel)은 $L(\mathbf{v})=\mathbf{0}$를 만족하는 $V$의 부분집합 요소들이다.

선형변환에서의 커널은 〈그림 9.6〉과 같이 나타낼 수 있다.

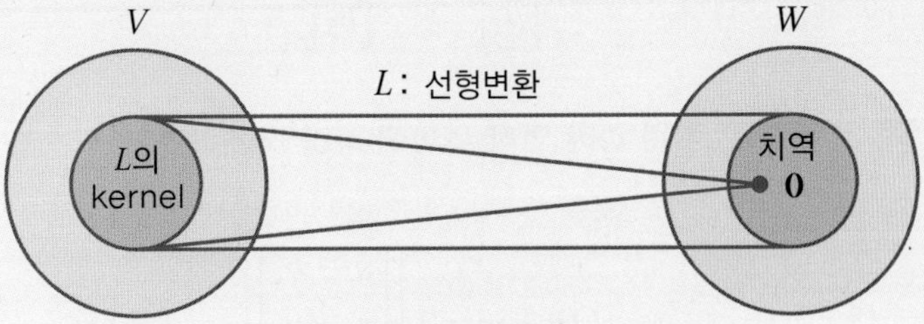


〈그림 9.6〉 선형변환 $L$의 커널

함수와 선형변환은 같은 건가요?
선형변환이 함수에 속하기는 하지만 조금 다릅니다. 선형변환은 함수의 조건을 만족시키면서 다음의 두 가지 조건을 추가로 만족시켜야 합니다.
(1) L(u+v)=L(u)+L(v)
(2) L(αu)=αL(u)
두 벡터의 합과 스칼라 곱에 대한 닫힌 성질을 가지는 두 가지 제한 조건을 가지므로, 일반적인 함수보다는 그것을 적용하여 응용할 수 있는 범주가 훨씬 넓습니다.
그러면 합성변환에서의 순서도 중요한가요?
변환의 순서에 따라 결과가 전혀 다를 수 있기 때문에 합성변환의 순서는 매우 중요하답니다.

### 9.1.3 여러 가지 선형변환

#### (1) 사영변환

**예제 9-6** $L : \boldsymbol{R}^3 \rightarrow \boldsymbol{R}^2$이 다음과 같이 정의될 때 $L$이 선형변환이 되는지를 살펴보자.

$$L\left(\begin{bmatrix} a_1 \\ a_2 \\ a_3 \end{bmatrix}\right) = \begin{bmatrix} a_1 \\ a_2 \end{bmatrix}$$

**풀이** $\boldsymbol{u}$와 $\boldsymbol{v}$를 각각 다음과 같이 정의하자.

$$\boldsymbol{u} = \begin{bmatrix} a_1 \\ a_2 \\ a_3 \end{bmatrix}, \quad \boldsymbol{v} = \begin{bmatrix} b_1 \\ b_2 \\ b_3 \end{bmatrix}$$

먼저 합에 관한 조건에 따라 적용하면

$$L(\boldsymbol{u} + \boldsymbol{v}) = L\left(\begin{bmatrix} a_1 + b_1 \\ a_2 + b_2 \\ a_3 + b_3 \end{bmatrix}\right)$$

$$= \begin{bmatrix} a_1 + b_1 \\ a_2 + b_2 \end{bmatrix} = \begin{bmatrix} a_1 \\ a_2 \end{bmatrix} + \begin{bmatrix} b_1 \\ b_2 \end{bmatrix} = L(\boldsymbol{u}) + L(\boldsymbol{v})$$

가 성립한다.
또한 $\alpha$가 실수라면

$$L(\alpha\boldsymbol{u}) = L\left(\begin{bmatrix} \alpha a_1 \\ \alpha a_2 \\ \alpha a_3 \end{bmatrix}\right) = \begin{bmatrix} \alpha a_1 \\ \alpha a_2 \end{bmatrix} = \alpha \begin{bmatrix} a_1 \\ a_2 \end{bmatrix} = \alpha L(\boldsymbol{u})$$

가 성립한다. 따라서 $L$은 선형변환이다. ■

특히 이런 경우에는 사영변환(projection transformation)이라고 하는데, 〈그림 9.7〉과 같이 $\boldsymbol{R}^3$상의 벡터 $\boldsymbol{u}$를 $\boldsymbol{R}^2$인 $x-y$평면에 수직으로 사영한 변환이다.

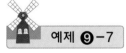

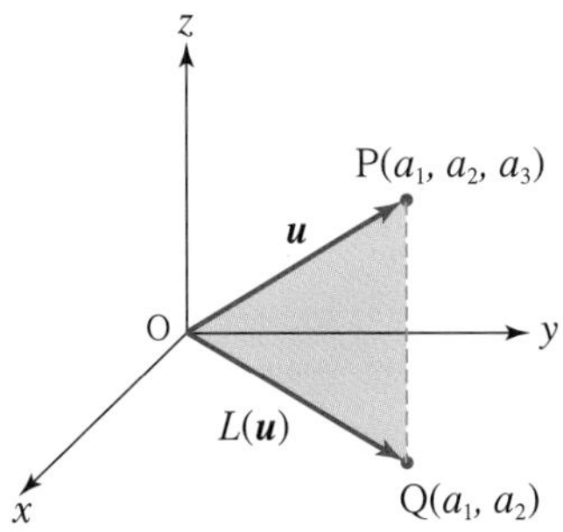


〈그림 9.7〉 사영변환

### (2) 확대변환과 축소변환

**예제 9-7**

$L : \boldsymbol{R}^3 \rightarrow \boldsymbol{R}^3$이 다음과 같이 정의되고, $r$이 실수일 때 $L$이 선형변환이 되는지를 살펴보자.

$$L\left(\begin{bmatrix} a_1 \\ a_2 \\ a_3 \end{bmatrix}\right) = r \begin{bmatrix} a_1 \\ a_2 \\ a_3 \end{bmatrix}$$

**풀이** $\boldsymbol{u}$와 $\boldsymbol{v}$를 각각 다음과 같이 정의하자.

$$\boldsymbol{u}=\begin{bmatrix} a_1 \\ a_2 \\ a_3 \end{bmatrix}, \quad \boldsymbol{v}=\begin{bmatrix} b_1 \\ b_2 \\ b_3 \end{bmatrix}$$

먼저 합에 관한 조건에 따라 적용하면

$$\begin{aligned} L(\boldsymbol{u}+\boldsymbol{v}) &= L\left(\begin{bmatrix} a_1+b_1 \\ a_2+b_2 \\ a_3+b_3 \end{bmatrix}\right) \\ &= r\begin{bmatrix} a_1+b_1 \\ a_2+b_2 \\ a_3+b_3 \end{bmatrix} = r\begin{bmatrix} a_1 \\ a_2 \\ a_3 \end{bmatrix} + r\begin{bmatrix} b_1 \\ b_2 \\ b_3 \end{bmatrix} \\ &= L(\boldsymbol{u})+L(\boldsymbol{v}) \end{aligned}$$

가 성립한다.

또한 $\alpha$가 실수라면

$$\begin{aligned} L(\alpha\boldsymbol{u}) &= L\left(\begin{bmatrix} \alpha a_1 \\ \alpha a_2 \\ \alpha a_3 \end{bmatrix}\right) = r\begin{bmatrix} \alpha a_1 \\ \alpha a_2 \\ \alpha a_3 \end{bmatrix} = \alpha r\begin{bmatrix} a_1 \\ a_2 \\ a_3 \end{bmatrix} \\ &= \alpha L(\boldsymbol{u}) \end{aligned}$$

가 성립한다. 따라서 $L$은 선형변환이다. ■

$L : \boldsymbol{R}^3 \rightarrow \boldsymbol{R}^3$인 경우에는 둘 다 3차원상의 선형변환이므로 $L$은 선형연산자가 된다. 만약 $r>1$일 경우에는 $L$을 확대변환(dilation transformation)이라 하고, $0<r<1$인 경우에는 $L$을 축소변환(contraction transformation)이라 한다. 확대변환인 경우에는 〈그림 9.8〉과 같이 벡터의 길이가 늘어나고, 축소변환인 경우에는 〈그림 9.9〉와 같이 벡터의 길이가 줄어들게 된다.

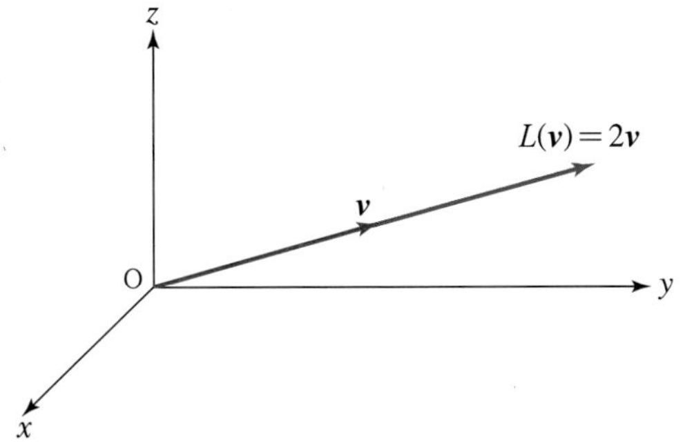


〈그림 9.8〉 확대변환

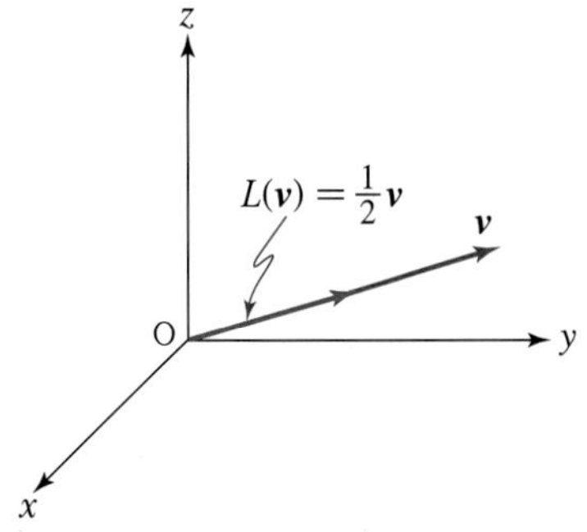


〈그림 9.9〉 축소변환

### (3) 반사변환

**예제 9-8**

$L : \boldsymbol{R}^2 \longrightarrow \boldsymbol{R}^2$이 다음과 같이 정의될 때 $L$이 선형변환이 되는지를 살펴보자.

$$L\left(\begin{bmatrix} a_1 \\ a_2 \end{bmatrix}\right)=\begin{bmatrix} a_1 \\ -a_2 \end{bmatrix}$$

**풀이** $\boldsymbol{u}$와 $\boldsymbol{v}$를 각각 다음과 같이 정의하자.

$$\boldsymbol{u}=\begin{bmatrix} a_1 \\ a_2 \end{bmatrix}, \quad \boldsymbol{v}=\begin{bmatrix} b_1 \\ b_2 \end{bmatrix}$$

먼저 합에 관한 조건에 따라 전개하면

$$\begin{aligned} L(\boldsymbol{u}+\boldsymbol{v}) &= L\left(\begin{bmatrix} a_1+b_1 \\ a_2+b_2 \end{bmatrix}\right)=\begin{bmatrix} a_1+b_1 \\ -(a_2+b_2) \end{bmatrix}=\begin{bmatrix} a_1+b_1 \\ -a_2-b_2 \end{bmatrix}=\begin{bmatrix} a_1 \\ -a_2 \end{bmatrix}+\begin{bmatrix} b_1 \\ -b_2 \end{bmatrix} \\ &= L(\boldsymbol{u})+L(\boldsymbol{v}) \end{aligned}$$

가 성립한다.

또한 $\alpha$가 실수라면

$$\begin{aligned} L(\alpha\boldsymbol{u}) &= L\left(\begin{bmatrix} \alpha a_1 \\ \alpha a_2 \end{bmatrix}\right)=\begin{bmatrix} \alpha a_1 \\ -\alpha a_2 \end{bmatrix}=\alpha\begin{bmatrix} a_1 \\ -a_2 \end{bmatrix} \\ &= \alpha L(\boldsymbol{u}) \end{aligned}$$

가 성립한다. 따라서 $L$은 선형변환이다. ■

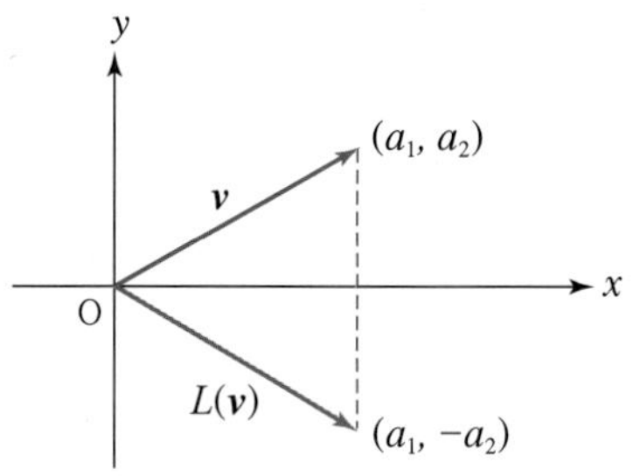


〈그림 9.10〉 $x$축에 대한 반사변환

앞의 예제에서 $L$의 역할을 기하학적으로 나타내면 〈그림 9.10〉과 같은데, 이것은 $x$축에 대한 반사변환(reflection transformation)이다. 이와 마찬가지로 $y$축에 대한 반사변환은 다음과 같은 변환에 의해 이루어지는데 〈그림 9.11〉에 나타내었다.

$$L\left(\begin{bmatrix} a_1 \\ a_2 \end{bmatrix}\right) = \begin{bmatrix} -a_1 \\ a_2 \end{bmatrix}$$

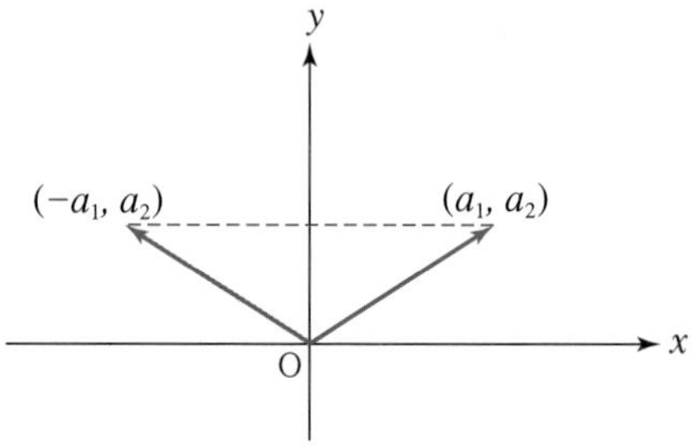


〈그림 9.11〉 $y$축에 대한 반사변환

### (4) 회전변환

**예제 9-9**

선형변환 $L : \boldsymbol{R}^2 \rightarrow \boldsymbol{R}^2$이 다음과 같이 정의될 때

$$L\left(\begin{bmatrix} x \\ y \end{bmatrix}\right) = \begin{bmatrix} \cos\phi & -\sin\phi \\ \sin\phi & \cos\phi \end{bmatrix}\begin{bmatrix} x \\ y \end{bmatrix}$$

만약 $\boldsymbol{v} = \begin{bmatrix} x \\ y \end{bmatrix}$라고 하면

$$L(\boldsymbol{v}) = \begin{bmatrix} x\cos\phi - y\sin\phi \\ x\sin\phi + y\cos\phi \end{bmatrix}$$

와 같이 변환된다. 이 경우 $L$을 회전변환(rotation transformation)이라고 하는데, $L(\boldsymbol{v})$는 〈그림 9.12〉와 같이 원래의 벡터가 나타내는 점 P($x$, $y$)로부터 원점 O를 중심축으로 $\phi$각도만큼 P′($x'$, $y'$)로 회전변환된 벡터이다. ■

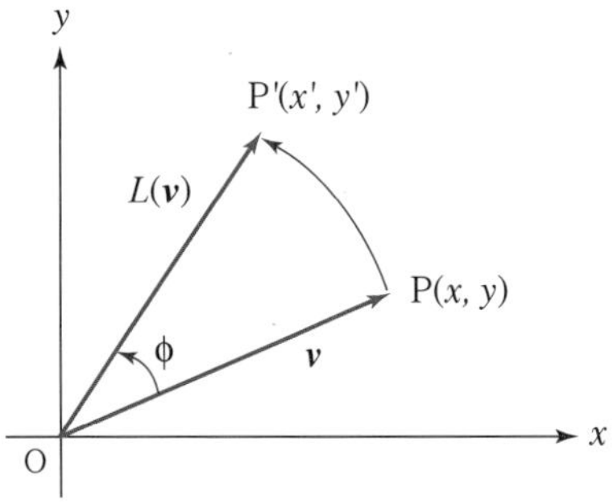


〈그림 9.12〉 회전변환

### 9.1.4 변환의 표준행렬

**정의 ❾-6** $L : \boldsymbol{R}^n \rightarrow \boldsymbol{R}^m$이 선형변환일 때 $\{\boldsymbol{e}_1, \boldsymbol{e}_2, \cdots, \boldsymbol{e}_n\}$이 $\boldsymbol{R}^n$에서의 표준기저라고 하고, $A$가 $m \times n$ 행렬이고 $j$번째 열이 $L(\boldsymbol{e}_j)$라고 하자.

만약 $\boldsymbol{x} = \begin{bmatrix} x_1 \\ x_2 \\ \vdots \\ x_n \end{bmatrix}$가 $\boldsymbol{R}^n$상의 어떤 벡터라고 하면 행렬 $A$는

$$L(\boldsymbol{x}) = A\boldsymbol{x}$$

인 성질을 가진다. 더군다나 $A$가 위의 식을 만족하는 유일한 행렬일 때, $A$를 $L$을 나타내는 표준행렬(standard matrix)이라고 한다.

**예제 ❾-10** $L : \boldsymbol{R}^3 \rightarrow \boldsymbol{R}^2$이 다음과 같이 정의된 선형변환일 때 $L$을 나타내는 표준행렬을 구해 보자.

$$L\left(\begin{bmatrix} x_1 \\ x_2 \\ x_3 \end{bmatrix}\right) = \begin{bmatrix} x_1 + 2x_2 \\ 3x_2 - 2x_3 \end{bmatrix}$$

**풀이** $\{\boldsymbol{e}_1, \boldsymbol{e}_2, \boldsymbol{e}_3\}$이 $\boldsymbol{R}^3$의 표준기저라 하고 $L(\boldsymbol{e}_1)$, $L(\boldsymbol{e}_2)$, $L(\boldsymbol{e}_3)$을 각각 계산한다.

$$L(\boldsymbol{e}_1) = L\left(\begin{bmatrix} 1 \\ 0 \\ 0 \end{bmatrix}\right) = \begin{bmatrix} 1 \\ 0 \end{bmatrix}$$

$$L(\boldsymbol{e}_2)=L\left(\begin{bmatrix}0\\1\\0\end{bmatrix}\right)=\begin{bmatrix}2\\3\end{bmatrix}$$

$$L(\boldsymbol{e}_3)=L\left(\begin{bmatrix}0\\0\\1\end{bmatrix}\right)=\begin{bmatrix}0\\-2\end{bmatrix}$$

따라서 표준행렬은

$$A=\left[L(\boldsymbol{e}_1)\ L(\boldsymbol{e}_2)\ L(\boldsymbol{e}_3)\right]=\begin{bmatrix}1 & 2 & 0\\0 & 3 & -2\end{bmatrix}$$ 이다. ■

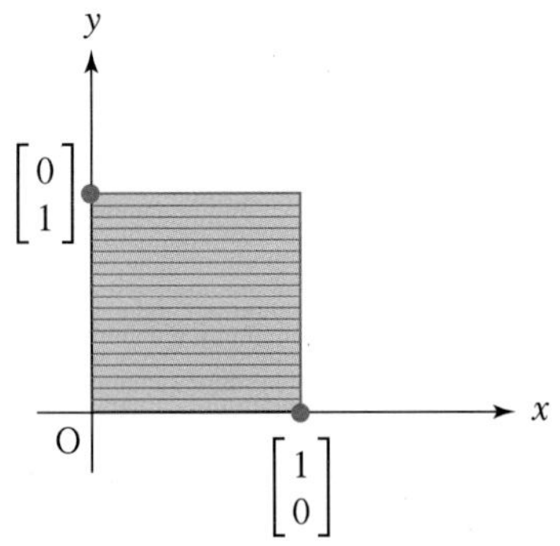


〈그림 9.13〉 선형변환의 대상 이미지

선형변환할 대상이 되는 단위 정사각형이 〈그림 9.13〉과 같이 주어졌을 경우 〈그림 9.14〉와 같이 다양한 표준행렬을 적용했을 때 선형변환을 통해 만들어지는 대표적인 이미지(image)들을 살펴보자.

| 변 환 | 표준행렬 | 변환된 이미지 |
|---|---|---|
| $x$축으로의 사영 | $\begin{bmatrix} 1 & 0 \\ 0 & 0 \end{bmatrix}$ | 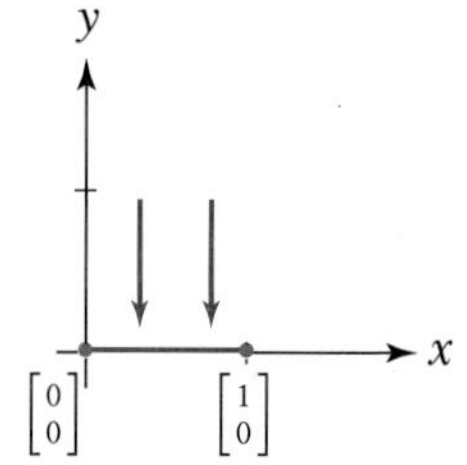 |
| $x$축으로의 반사 | $\begin{bmatrix} 1 & 0 \\ 0 & -1 \end{bmatrix}$ | 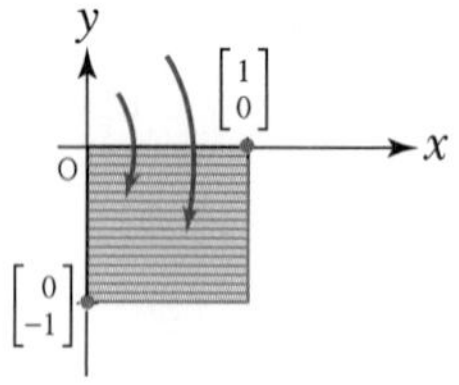 |
| 수평방향으로의 축소와 확대 | $\begin{bmatrix} k & 0 \\ 0 & 1 \end{bmatrix}$ | 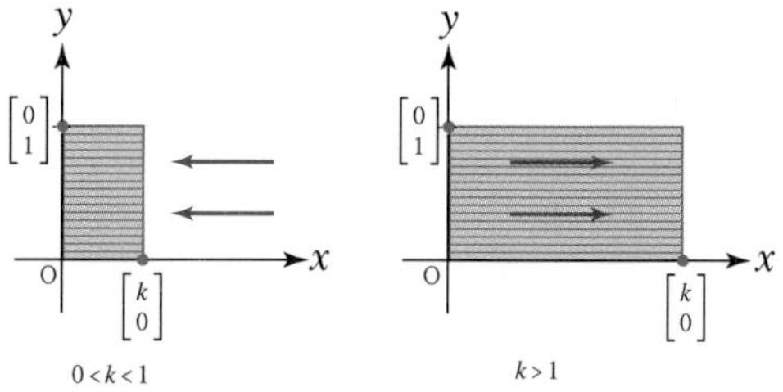 |
| 수평방향으로의 층밀림 | $\begin{bmatrix} 1 & k \\ 0 & 1 \end{bmatrix}$ | 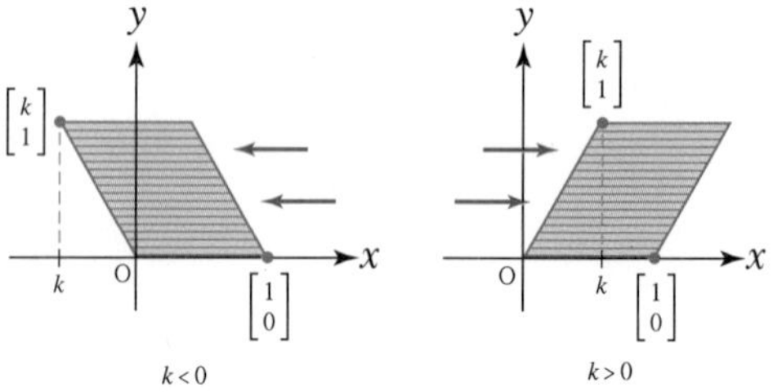 |

〈그림 9.14〉 표준행렬과 여러 가지 변환

선형변환의 방법은 무엇인가요?
선형변환은 통상 표준행렬을 곱함으로써 이루어집니다. 사영변환, 확대 및 축소변환, 반사변환 그리고 회전변환 등이 있지요.
그러면 그런 변환들을 합성하면 몇 가지 변환이 더 이루어지겠군요.
그렇지요! 수많은 변환이 가능하답니다.
y
회전
θ
O
x
선형변환과 고유값도 관계가 있나요?
고유값을 구할 때 $Ax = \lambda x$도 일종의 선형변환입니다. 다만 고유값을 구할 때는 $x$가 $Ax$의 곱 연산을 하더라도 원래의 $x$는 $\lambda$배만큼만 변하는 성질을 활용하는 셈이지요.
그렇다면 우리가 배운 행렬, 선형시스템, 행렬식, 벡터, 벡터공간, 고유값, 선형변환 등이 모두 유기적인 관계를 가지는 셈이군요.

## 연습 문제 9.1

### Part 1. 진위 문제

다음 문장의 진위를 판단하고, 틀린 경우에는 그 이유를 적으시오.

1. 단사함수와 전사함수를 동시에 만족할 때 전단사함수 또는 1대1 대응함수라고 한다.
2. 표준행렬은 선형변환에 이용되는 행렬이다.
3. 축소변환일 경우 크기뿐만 아니라 방향까지도 바뀐다.
4. 선형변환에 의한 영벡터의 상(image)은 영벡터가 된다.
5. 다음의 함수는 선형변환에 속한다.

$$L : \boldsymbol{R}^2 \to \boldsymbol{R}^2 \qquad L\left(\begin{bmatrix} x_1 \\ x_2 \end{bmatrix}\right) = \begin{bmatrix} x_2 \\ x_1 \end{bmatrix}$$

### Part 2. 선택 문제

1. $x$축에 대한 반사변환을 하게 하는 표준행렬은?

(1) $\begin{bmatrix} 1 & 0 \\ 0 & -1 \end{bmatrix}$ (2) $\begin{bmatrix} -1 & 0 \\ 0 & 1 \end{bmatrix}$

(3) $\begin{bmatrix} 0 & 1 \\ 1 & 0 \end{bmatrix}$ (4) $\begin{bmatrix} 0 & 1 \\ -1 & 0 \end{bmatrix}$

2. 선형변환에서 $x$축과 $y$축에 대한 반사, 즉 원점에 대해 반사될 때의 표준행렬은?

(1) $\begin{bmatrix} 1 & 0 \\ 0 & -1 \end{bmatrix}$ (2) $\begin{bmatrix} 0 & -1 \\ -1 & 0 \end{bmatrix}$

(3) $\begin{bmatrix} -1 & 0 \\ 0 & -1 \end{bmatrix}$ (4) $\begin{bmatrix} 1 & 0 \\ 0 & 1 \end{bmatrix}$

3. 선형변환에서 이루어지지 않은 변환은?

(1) 회전 (2) 사영

(3) 축소 (4) 감춤

4. 다음 중 정의역과 치역에 있는 원소들이 1대1 대응일 경우의 함수는 어느 것인가?
(1) 전단사함수 (2) 전사함수 (3) 단사함수 (4) 합성함수

5. 어떤 변환을 통해 주어진 벡터가 영벡터로 변환될 때 ker($L$)에 속한다고 한다.
$L : \boldsymbol{R}^2 \rightarrow \boldsymbol{R}^2$이 $L\left(\begin{bmatrix} a_1 \\ a_2 \end{bmatrix}\right) = \begin{bmatrix} a_1 \\ 0 \end{bmatrix}$에 의해 정의되는 선형변환이라고 할 때 다음 중 ker($L$)에 속하지 않은 것은?

(1) $\begin{bmatrix} 0 \\ 2 \end{bmatrix}$ (2) $\begin{bmatrix} 2 \\ 2 \end{bmatrix}$ (3) $\begin{bmatrix} 0 \\ 5 \end{bmatrix}$ (4) $\begin{bmatrix} 0 \\ -2 \end{bmatrix}$

## Part 3. 주관식 문제

1. 다음의 함수가 선형변환인지를 판단하시오.

$$L : \boldsymbol{R}^2 \rightarrow \boldsymbol{R}^2 \qquad L\left(\begin{bmatrix} x_1 \\ x_2 \end{bmatrix}\right) = \begin{bmatrix} -x_2 \\ x_1 \end{bmatrix}$$

2. 다음의 함수가 선형변환인지를 판단하시오.

$$L : \boldsymbol{R}^3 \rightarrow \boldsymbol{R}^2 \qquad L\left(\begin{bmatrix} x_1 \\ x_2 \\ x_3 \end{bmatrix}\right) = \begin{bmatrix} x_1 \\ x_2 \end{bmatrix}$$

3. 다음과 같이 정의된 함수 $L : \boldsymbol{R}^2 \rightarrow \boldsymbol{R}^3$이 선형변환이 되는지를 판단하시오.

$$L\left(\begin{bmatrix} a_1 \\ a_2 \end{bmatrix}\right) = \begin{bmatrix} a_1 + a_2 \\ a_2 \\ a_1 - a_2 \end{bmatrix}$$

4. 다음의 함수가 선형변환인지를 판단하시오.

$$L : \boldsymbol{R}^2 \rightarrow \boldsymbol{R}^3 \qquad L\left(\begin{bmatrix} x_1 \\ x_2 \end{bmatrix}\right) = \begin{bmatrix} x_1 \\ x_2 \\ 0 \end{bmatrix}$$

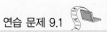

5. $L: \boldsymbol{R}^3 \to \boldsymbol{R}^2$이 다음과 같이 정의된 선형변환이라고 할 때 $L\left(\begin{bmatrix} 1 \\ -2 \\ 3 \end{bmatrix}\right)$을 구하시오.

$$L\left(\begin{bmatrix} 1 \\ 0 \\ 0 \end{bmatrix}\right) = \begin{bmatrix} 2 \\ -4 \end{bmatrix}, \quad L\left(\begin{bmatrix} 0 \\ 1 \\ 0 \end{bmatrix}\right) = \begin{bmatrix} 3 \\ -5 \end{bmatrix}, \quad L\left(\begin{bmatrix} 0 \\ 0 \\ 1 \end{bmatrix}\right) = \begin{bmatrix} 2 \\ 3 \end{bmatrix}$$

6. 선형변환 $T: \boldsymbol{R}^2 \to \boldsymbol{R}^2$가 다음과 같이 주어졌을 때 다음 변환의 값을 각각 구하시오.

$$T\left(\begin{bmatrix} x_1 \\ x_2 \end{bmatrix}\right) = \begin{bmatrix} 2x_1 - 3x_2 \\ -x_1 + x_2 \end{bmatrix}$$

(1) $T\left(\begin{bmatrix} 0 \\ 0 \end{bmatrix}\right)$ (2) $T\left(\begin{bmatrix} 1 \\ 1 \end{bmatrix}\right)$ (3) $T\left(\begin{bmatrix} 2 \\ 1 \end{bmatrix}\right)$ (4) $T\left(\begin{bmatrix} -1 \\ 0 \end{bmatrix}\right)$

7. 다음의 선형변환을 기하학적으로 설명하시오.

(1) $L\left(\begin{bmatrix} a_1 \\ a_2 \end{bmatrix}\right) = \begin{bmatrix} -a_1 \\ a_2 \end{bmatrix}$ (2) $L\left(\begin{bmatrix} a_1 \\ a_2 \end{bmatrix}\right) = \begin{bmatrix} -a_1 \\ -a_2 \end{bmatrix}$ (3) $L\left(\begin{bmatrix} a_1 \\ a_2 \end{bmatrix}\right) = \begin{bmatrix} -a_2 \\ a_1 \end{bmatrix}$

8. $\boldsymbol{R}^3$상에서의 선형변환이 다음과 같을 때 이에 대응되는 행렬을 구하시오.

$(a, b, c) \mapsto (b, c, a)$

9. 다음과 같이 정의되는 함수가 선형변환인지의 여부를 각각 판단하시오.

(1) $L: \boldsymbol{R} \to \boldsymbol{R}$에서

$L(x) = \sin x$

(2) $L: \boldsymbol{R}^3 \to \boldsymbol{R}^2$에서

$L(x, y, z) = (x^2, 0)$

10. 다음과 같이 정의되는 함수가 선형변환이 아님을 보이시오.

$L: \boldsymbol{R} \to \boldsymbol{R}$에서

$L(x) = |x|$

11. (도전문제) 선형변환 $T: \boldsymbol{R}^2 \rightarrow \boldsymbol{R}^3$은 $T(\boldsymbol{e}_1)=\boldsymbol{u}$와 $T(\boldsymbol{e}_2)=\boldsymbol{v}$를 만족한다. $\boldsymbol{u}$, $\boldsymbol{v}$가 다음과 같을 때 선형변환된 각각의 값을 구하시오.

$$\boldsymbol{u}=\begin{bmatrix} 1 \\ 0 \\ -1 \end{bmatrix}, \quad \boldsymbol{v}=\begin{bmatrix} 2 \\ 1 \\ 0 \end{bmatrix}$$

(1) $T\left(\begin{bmatrix} 1 \\ 1 \end{bmatrix}\right)$　　(2) $T\left(\begin{bmatrix} 2 \\ -1 \end{bmatrix}\right)$　　(3) $T\left(\begin{bmatrix} 3 \\ 2 \end{bmatrix}\right)$

12. (도전문제) 선형변환 $T: T(\boldsymbol{x}) \rightarrow A\boldsymbol{x}$로 정의되고 행렬 $A$가 다음과 같이 주어졌을 때 $T$의 $\boldsymbol{x}$ 이미지가 $\boldsymbol{b}$를 만족하는 벡터 $\boldsymbol{x}$를 구하고, 그 벡터가 유일한지의 여부도 밝히시오.

$$A=\begin{bmatrix} 1 & 0 & -2 \\ -2 & 1 & 6 \\ 3 & -2 & -5 \end{bmatrix}, \quad \boldsymbol{b}=\begin{bmatrix} -1 \\ 7 \\ -3 \end{bmatrix}$$

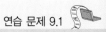

# 9.2 선형변환의 응용

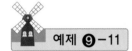

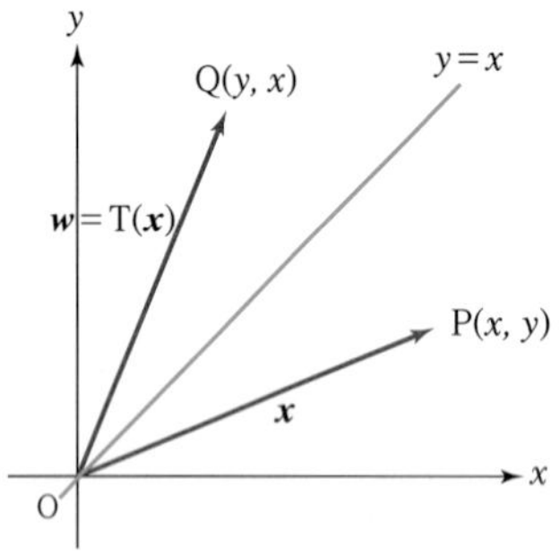

## 9.2.1 산업적 응용

**예제 9-11**

어떤 회사에서 두 개의 상품 A, B를 제조한다고 한다. 1만 원짜리 제품 A를 생산하기 위해서는 4,000원의 재료비, 3,000원의 인건비, 1,500원의 기타 경비가 든다고 하며, 1만 원짜리 제품 B를 만들기 위해서는 3,500원의 재료비, 3,500원의 인건비, 2,000원의 기타 경비가 든다고 한다. 이 경우 벡터 $\boldsymbol{u}$와 $\boldsymbol{v}$는 각 제품의 1만 원짜리 제품을 생산하는 데 드는 비용벡터가 된다.

$$\boldsymbol{u}=\begin{bmatrix}4000\\3000\\1500\end{bmatrix},\quad \boldsymbol{v}=\begin{bmatrix}3500\\3500\\2000\end{bmatrix}$$

그러면 두 개의 벡터를 통합한 단가행렬 $P=[\boldsymbol{u}\ \ \boldsymbol{v}]$를 만들 수 있다.

생산량

$$\begin{matrix} & \begin{matrix}\text{A} & \text{B}\end{matrix} & \\ P= & \begin{bmatrix}4000 & 3500\\3000 & 3500\\1500 & 2000\end{bmatrix} & \begin{matrix}\text{재료비}\\ \text{인건비}\\ \text{기타 경비}\end{matrix}\end{matrix}$$

$\boldsymbol{x} = \begin{bmatrix} x_1 \\ x_2 \end{bmatrix}$를 $x_1$만 원에 해당하는 제품 A의 생산량과 $x_2$만 원에 해당하는 제품 B의 생산량을 나타내는 생산벡터라 하고 다음과 같이 함수를 정의한다.

$$T : \boldsymbol{R}^2 \rightarrow \boldsymbol{R}^3$$

$$T(\boldsymbol{x}) = P\boldsymbol{x} = x_1 \begin{bmatrix} 4000 \\ 3000 \\ 1500 \end{bmatrix} + x_2 \begin{bmatrix} 3500 \\ 3500 \\ 2000 \end{bmatrix} = \begin{bmatrix} \text{총 재료비} \\ \text{총 인건비} \\ \text{총 기타 경비} \end{bmatrix}$$

여기서 선형변환 $T$는 총 금액에 해당하는 생산벡터를 총 비용벡터로 변환시키는데, 이 변환의 선형성은 다음과 같은 두 가지로 반영된다.

1. 만약 생산량이 $\boldsymbol{x}$에서 $4\boldsymbol{x}$의 비율로 증가되었다면 그 비용은 같은 비율인 $T(\boldsymbol{x})$에서 $4T(\boldsymbol{x})$로 증가할 것이다.
2. 만약 $\boldsymbol{x}$와 $\boldsymbol{y}$를 생산벡터라고 한다면, $\boldsymbol{x}$와 $\boldsymbol{y}$가 결합된 $\boldsymbol{x} + \boldsymbol{y}$에 해당하는 총 비용벡터는 정확히 $T(\boldsymbol{x})$와 $T(\boldsymbol{y})$의 합과 같다.

따라서 (1), (2) 조건에 따라 $T$는 선형변환이 되며, 산업 생산에 있어서 생산량과 제조 원가를 연동시키는 좋은 응용이 될 수 있다. ■

### 9.2.2 그래픽 변환으로의 응용

여기서는 2차원 그래픽에서 유용한 $L : \boldsymbol{R}^2 \rightarrow \boldsymbol{R}^2$와 같은 선형연산자들의 변환 결과를 보여주는데, $L$의 행렬 표현을 얻기 위해 표준기저(standard basis)가 사용되었다. 다음의 몇 가지 예제에서는 $\boldsymbol{R}^2$상에 주어진 점들이 기하학적 선형변환을 하고 $L : \boldsymbol{R}^2 \rightarrow \boldsymbol{R}^2$ 선형연산자에 대응하는 행렬의 표현을 보여준다.

**예제 9-12**

$\boldsymbol{R}^2$상의 벡터 $\boldsymbol{v}$를 $x$축에 대해 반사(reflection)하는 것은 다음과 같은 선형연산자에 의해 정의된다.

$$L(\boldsymbol{v}) = L\left(\begin{bmatrix} x \\ y \end{bmatrix}\right) = \begin{bmatrix} x \\ -y \end{bmatrix}$$

그러면 정의에 따라

$$L\left(\begin{bmatrix}1\\0\end{bmatrix}\right)=\begin{bmatrix}1\\0\end{bmatrix}\text{과 } L\left(\begin{bmatrix}0\\1\end{bmatrix}\right)=\begin{bmatrix}0\\-1\end{bmatrix}\text{이다.}$$

따라서 표준기저에 대해 $L$을 나타내는 표준행렬(standard matrix)은

$$A=\begin{bmatrix}1 & 0\\0 & -1\end{bmatrix}\text{이다.}$$

그러므로 $L(\boldsymbol{v})=A\boldsymbol{v}=\begin{bmatrix}1 & 0\\0 & -1\end{bmatrix}\begin{bmatrix}x\\y\end{bmatrix}=\begin{bmatrix}x\\-y\end{bmatrix}$이다.

예를 들어, 컴퓨터 그래픽스에서 〈그림 9.15〉와 같이 삼각형의 꼭지점의 좌표가 다음과 같다고 하자.

$$(-1,\ 4),\ (3,\ 1),\ (2,\ 6)$$

삼각형을 $x$축에 반사시키기 위해

$\boldsymbol{v}_1=\begin{bmatrix}-1\\4\end{bmatrix}$, $\boldsymbol{v}_2=\begin{bmatrix}3\\1\end{bmatrix}$, $\boldsymbol{v}_3=\begin{bmatrix}2\\6\end{bmatrix}$에 대해 다음과 같은 벡터 곱을 통해 이미지 $L(\boldsymbol{v}_1)$, $L(\boldsymbol{v}_2)$, $L(\boldsymbol{v}_3)$을 계산한다.

$$A\boldsymbol{v}_1=\begin{bmatrix}1 & 0\\0 & -1\end{bmatrix}\begin{bmatrix}-1\\4\end{bmatrix}=\begin{bmatrix}-1\\-4\end{bmatrix}$$
$$A\boldsymbol{v}_2=\begin{bmatrix}1 & 0\\0 & -1\end{bmatrix}\begin{bmatrix}3\\1\end{bmatrix}=\begin{bmatrix}3\\-1\end{bmatrix}$$
$$A\boldsymbol{v}_3=\begin{bmatrix}1 & 0\\0 & -1\end{bmatrix}\begin{bmatrix}2\\6\end{bmatrix}=\begin{bmatrix}2\\-6\end{bmatrix}$$

이 3개의 결과들은 부분행렬에 의해 다음과 같이 나타난다.

$$A\begin{bmatrix}\mathbf{v}_1 & \mathbf{v}_2 & \mathbf{v}_3\end{bmatrix}=\begin{bmatrix}-1 & 3 & 2\\ -4 & -1 & -6\end{bmatrix}$$

따라서 삼각형의 $x$축에 반사된 이미지는 〈그림 9.16〉과 같은 3개의 꼭지점을 가진다.

$(-1, -4), (3, -1), (2, -6)$ ■

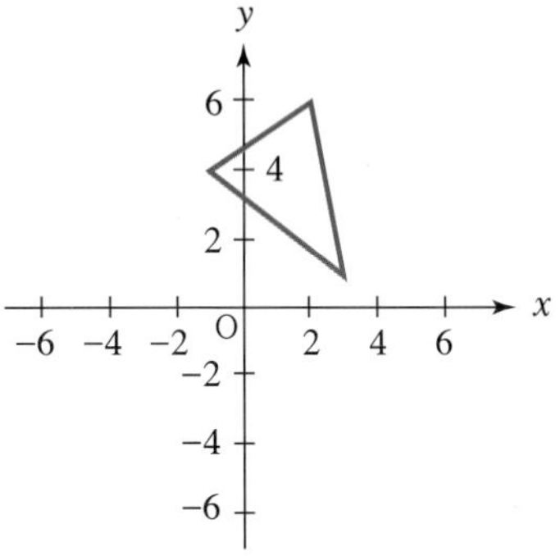


〈그림 9.15〉 원래의 이미지

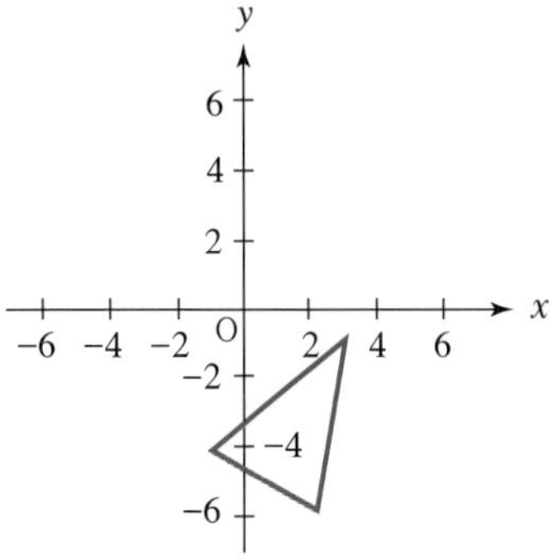


〈그림 9.16〉 $x$축에 반사된 이미지

**예제 9-13** $\boldsymbol{R}^2$상의 벡터 $\mathbf{v}$를 $y=-x$인 직선에 대해 반사하는 것은 다음과 같은 선형연산자에 의해 정의된다.

$$L(\mathbf{v})=L\left(\begin{bmatrix}x\\ y\end{bmatrix}\right)=\begin{bmatrix}-y\\ -x\end{bmatrix}$$

그러면 정의에 따라

$$L\left(\begin{bmatrix}1\\ 0\end{bmatrix}\right)=\begin{bmatrix}0\\ -1\end{bmatrix}\text{과 } L\left(\begin{bmatrix}0\\ 1\end{bmatrix}\right)=\begin{bmatrix}-1\\ 0\end{bmatrix}\text{이다.}$$

따라서 표준기저에 대해 $L$을 나타내는 표준행렬은

$$A=\begin{bmatrix}0 & -1\\ -1 & 0\end{bmatrix}\text{이다.}$$

예를 들어, 삼각형을 앞의 예제와 같이 정의하고 벡터 곱을 통해 이미지를 계산한다.

$$A[\boldsymbol{v}_1\ \boldsymbol{v}_2\ \boldsymbol{v}_3]=\begin{bmatrix}0 & -1\\ -1 & 0\end{bmatrix}\begin{bmatrix}-1 & 3 & 2\\ 4 & 1 & 6\end{bmatrix}=\begin{bmatrix}-4 & -1 & -6\\ 1 & -3 & -2\end{bmatrix}$$

따라서 〈그림 9.17〉과 같은 원래의 삼각형 이미지가 $y=-x$에 대해 반사된 이미지는 〈그림 9.18〉과 같이 3개의 꼭지점을 가진다.

$(-4,\ 1),\ (-1,\ -3),\ (-6,\ -2)$ ■

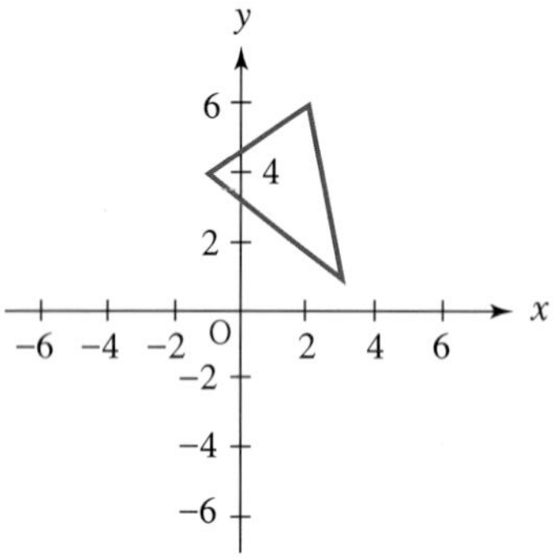


〈그림 9.17〉 원래의 이미지

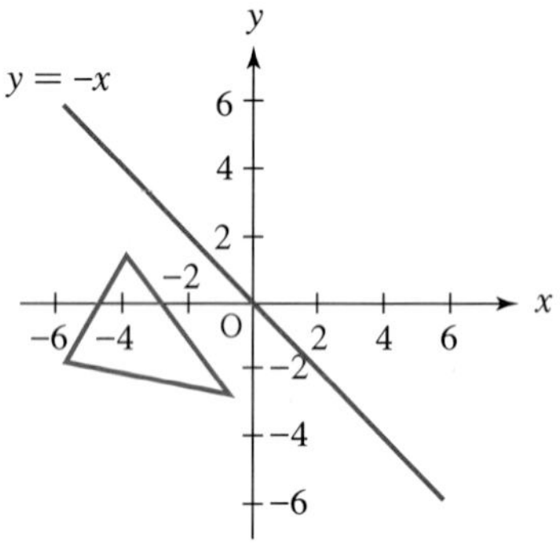


〈그림 9.18〉 $y=-x$에 반사된 이미지

**예제 9-14** 평면에서의 회전은 선형연산자 $L:\boldsymbol{R}^2\rightarrow\boldsymbol{R}^2$을 사용하여 시계 반대 방향으로 $\phi$의 각도만큼 회전하는데, $\boldsymbol{R}^2$상에서의 표준기저는 다음과 같이 주어진다.

$$A=\begin{bmatrix}\cos\phi & -\sin\phi\\ \sin\phi & \cos\phi\end{bmatrix}$$

이제 포물선(parabola) $y=x^2$을 시계 반대 방향으로 50°만큼 회전시키려 한다고 가정하자.

예를 들어, 〈그림 9.19〉와 같이 포물선에서 5개의 점을 선택한다.

$$(-2, 4),\ (-1, 1),\ (0, 0),\ \left(\frac{1}{2}, \frac{1}{4}\right),\ (3, 9)$$

이 점들의 이미지를 계산하기 위해 다음과 같이

$$\boldsymbol{v}_1 = \begin{bmatrix} -2 \\ 4 \end{bmatrix},\ \boldsymbol{v}_2 = \begin{bmatrix} -1 \\ 1 \end{bmatrix},\ \boldsymbol{v}_3 = \begin{bmatrix} 0 \\ 0 \end{bmatrix},\ \boldsymbol{v}_4 = \begin{bmatrix} \frac{1}{2} \\ \frac{1}{4} \end{bmatrix},\ \boldsymbol{v}_5 = \begin{bmatrix} 3 \\ 9 \end{bmatrix}$$

벡터로 놓고 벡터 곱을 통해 소수 4자리까지 값을 계산한다.

$$A[\boldsymbol{v}_1\ \boldsymbol{v}_2\ \boldsymbol{v}_3\ \boldsymbol{v}_4\ \boldsymbol{v}_5] = \begin{bmatrix} -4.3498 & -1.4088 & 0 & 0.1299 & -4.9660 \\ 1.0391 & -0.1233 & 0 & 0.5437 & 8.0832 \end{bmatrix}$$

따라서 이미지 점은 (−4.3498, 1.0391), (−1.4088, −0.1233), (0, 0), (0.1299, 0.5437), (−4.9660, 8.0832)와 같이 정해지고, 나머지 점들도 연결시키면 〈그림 9.20〉과 같이 변환된 포물선 이미지를 보여 준다. ■

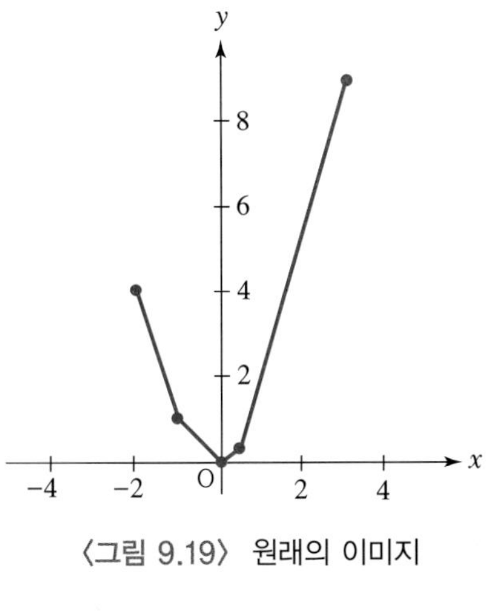


〈그림 9.19〉 원래의 이미지

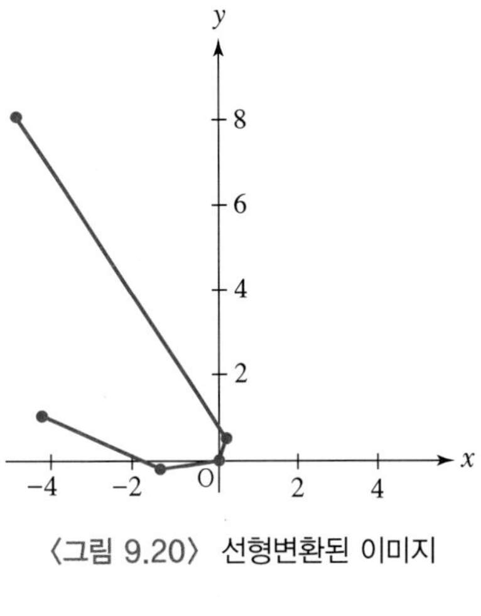


〈그림 9.20〉 선형변환된 이미지

**예제 9-15** 선형변환 $T : \boldsymbol{R}^2 \to \boldsymbol{R}^2$이 다음과 같이 정의될 때

$$T(\boldsymbol{x}) = \begin{bmatrix} 0 & -1 \\ 1 & 0 \end{bmatrix} \begin{bmatrix} x_1 \\ x_2 \end{bmatrix} = \begin{bmatrix} -x_2 \\ x_1 \end{bmatrix}$$

$\boldsymbol{u} = \begin{bmatrix} 4 \\ 1 \end{bmatrix}$, $\boldsymbol{v} = \begin{bmatrix} 2 \\ 3 \end{bmatrix}$, $\boldsymbol{u} + \boldsymbol{v} = \begin{bmatrix} 6 \\ 4 \end{bmatrix}$에 대한 $T$의 이미지를 구해 보자.

**풀이** $$T(\boldsymbol{u}) = \begin{bmatrix} 0 & -1 \\ 1 & 0 \end{bmatrix} \begin{bmatrix} 4 \\ 1 \end{bmatrix} = \begin{bmatrix} -1 \\ 4 \end{bmatrix}$$

$$T(\boldsymbol{v}) = \begin{bmatrix} 0 & -1 \\ 1 & 0 \end{bmatrix} \begin{bmatrix} 2 \\ 3 \end{bmatrix} = \begin{bmatrix} -3 \\ 2 \end{bmatrix}$$

$$T(\boldsymbol{u} + \boldsymbol{v}) = \begin{bmatrix} 0 & -1 \\ 1 & 0 \end{bmatrix} \begin{bmatrix} 6 \\ 4 \end{bmatrix} = \begin{bmatrix} -4 \\ 6 \end{bmatrix}$$

이 결과로부터 $T(\boldsymbol{u} + \boldsymbol{v})$는 $T(\boldsymbol{u}) + T(\boldsymbol{v})$임을 알 수 있다. ■

〈그림 9.21〉에서 $T$는 $\boldsymbol{u}$, $\boldsymbol{v}$, $\boldsymbol{u} + \boldsymbol{v}$를 원점을 축으로 시계 반대 반향으로 90°만큼 회전시킨다. 즉, $T$는 $\boldsymbol{u}$와 $\boldsymbol{v}$에 의해 결정되는 평행사변형을 $T(\boldsymbol{u})$와 $T(\boldsymbol{v})$에 의해 결정되는 평행사변형으로 변환시키는 것이다. ■

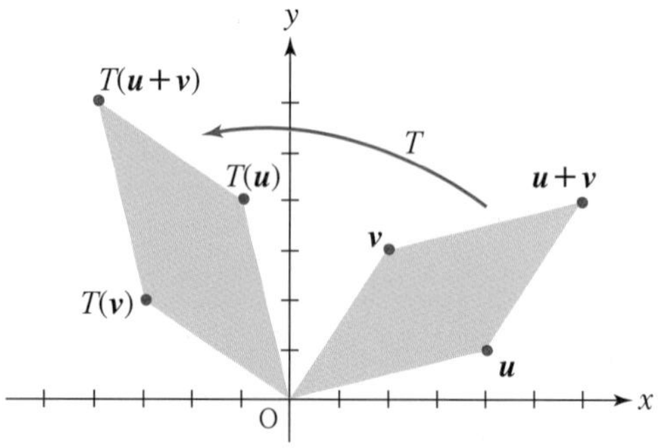


〈그림 9.21〉 평행사변형의 회전

### 9.2.3 컴퓨터 그래픽에서 층밀림의 응용

**예제 9-16**

$A=\begin{bmatrix}1 & 3\\0 & 1\end{bmatrix}$일 때 $T:\boldsymbol{R}^2 \longrightarrow \boldsymbol{R}^2$로의 선형변환 $T(\boldsymbol{x})=A\boldsymbol{x}$는 층밀림변환(shear transformation)임을 살펴보자.

$T$가 〈그림 9.22〉와 같이 길이가 2인 정사각형에 작용하여 층밀림변환을 통하여 오른쪽의 평행사변형을 만든다.

예를 들어, $\boldsymbol{u}=\begin{bmatrix}0\\2\end{bmatrix}$인 점의 이미지는 $T(\boldsymbol{u})=\begin{bmatrix}1 & 3\\0 & 1\end{bmatrix}\begin{bmatrix}0\\2\end{bmatrix}=\begin{bmatrix}6\\2\end{bmatrix}$로 변환하고, $\begin{bmatrix}2\\2\end{bmatrix}$는 $\begin{bmatrix}1 & 3\\0 & 1\end{bmatrix}\begin{bmatrix}2\\2\end{bmatrix}=\begin{bmatrix}8\\2\end{bmatrix}$로 이미지가 변환된다. 층밀림변환 $T$는 바닥은 고정된 채 윗부분을 옆으로 미는 작용을 한다. 층밀림변환은 물리학, 지질학, 결정학 등에 많이 응용된다. ■

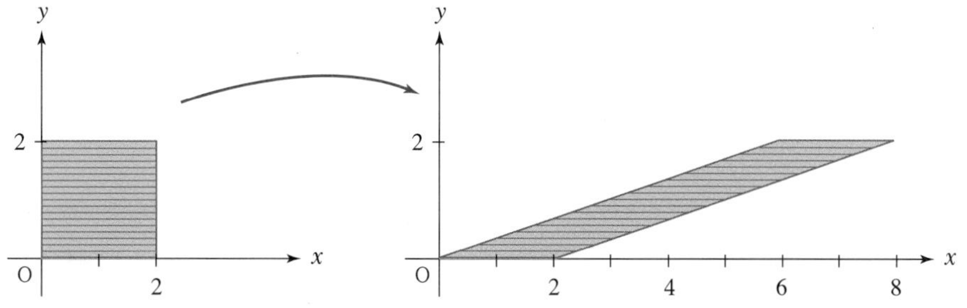


〈그림 9.22〉 층밀림변환

**예제 9-17**

$x$축 방향의 층밀림(shear)은 다음과 같은 선형연산자에 의해 정의된다.

$$L(\boldsymbol{v})=L\left(\begin{bmatrix}x\\y\end{bmatrix}\right)=\begin{bmatrix}x+ky\\y\end{bmatrix}\quad (k\text{는 스칼라})$$

따라서 표준기저와 관련된 $L$을 나타내는 표준행렬은 $A=\begin{bmatrix}1 & k\\0 & 1\end{bmatrix}$이다.

$x$축 방향으로의 층밀림은 점 $(x, y)$를 점 $(x+ky, y)$로 변환한다. 즉, 점$(x, y)$는 $x$축 방향으로 $ky$만큼 평행이동한다.

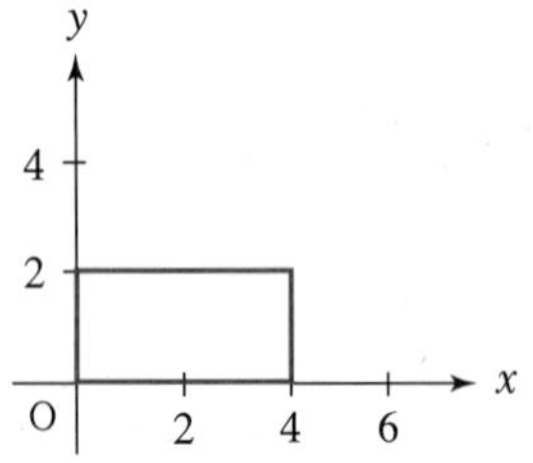

〈그림 9.23〉 원래의 이미지

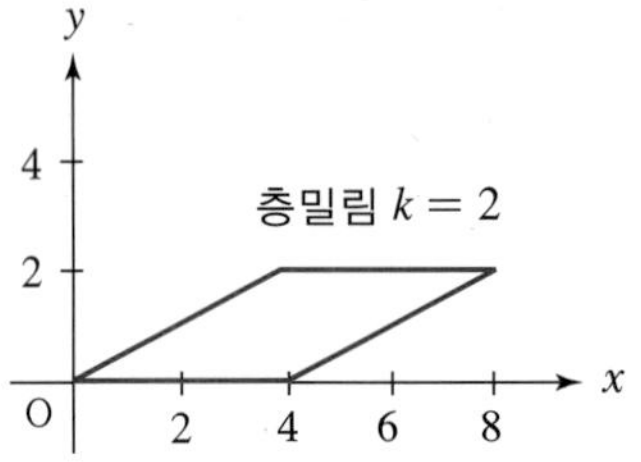


〈그림 9.24〉 $k$=2일 때의 이미지

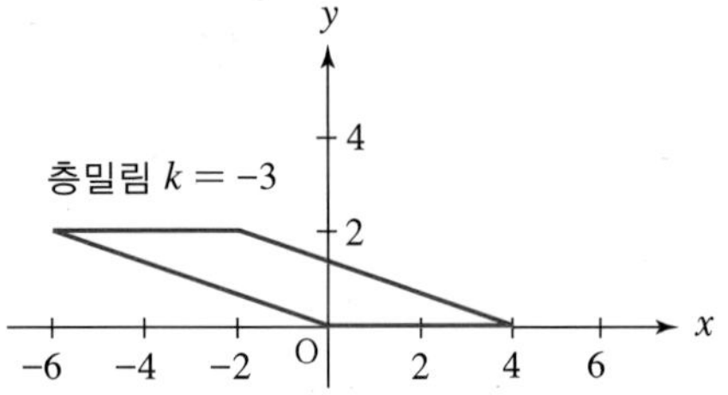


〈그림 9.25〉 $k$=−3일 때의 이미지

예를 들어, 〈그림 9.23〉에서와 같이 꼭지점들이 (0, 0), (0, 2), (4, 0), (4, 2)인 4개의 점을 가진 직사각형의 층밀림변환을 고려해 보자. 만약 $x$축 방향으로 $k$=2를 적용시킬 경우 원래의 이미지는 〈그림 9.24〉와 같이 4개의 꼭지점 (0, 0), (4, 2), (4, 0), (8, 2)를 가진 평행사변형으로 변환되며, $k = -3$을 적용시킬 경우 원래의 이미지는 〈그림 9.25〉와 같이 4개의 꼭지점 (0, 0), (−6, 2), (4, 0), (−2, 2)를 가진 평행사변형으로 변환된다. ■

〈그림 9.26〉은 원래 개의 이미지인데, 이것을 층밀림변환을 한 결과 〈그림 9.27〉과 같이 변환된 이미지를 보여 준다.

〈그림 9.26〉 원래 개의 이미지

〈그림 9.27〉 층밀림변환 후 개의 이미지

**예제 9-18** 글씨 N은 〈그림 9.28〉과 같이 8개의 점으로 이루어져 있다. 그 점의 좌표들은 다음과 같은 행렬 $D$와 같이 나타난다.

$$\begin{array}{c} \\ \\ x\text{축} \\ y\text{축} \end{array}\begin{array}{c} \text{꼭지점} \\ \begin{array}{cccccccc} 1 & 2 & 3 & 4 & 5 & 6 & 7 & 8 \end{array} \\ \begin{bmatrix} 0 & .5 & .5 & 6 & 6 & 5.5 & 5.5 & 0 \\ 0 & 0 & 6.42 & 0 & 8 & 8 & 1.58 & 8 \end{bmatrix} = D \end{array}$$

행렬 $D$ 이외에도 점들이 어떻게 연결되어 있는지 지정하는 것이 필요하지만 선형변환 후에는 그 관계가 그대로 유지된다고 가정한다.

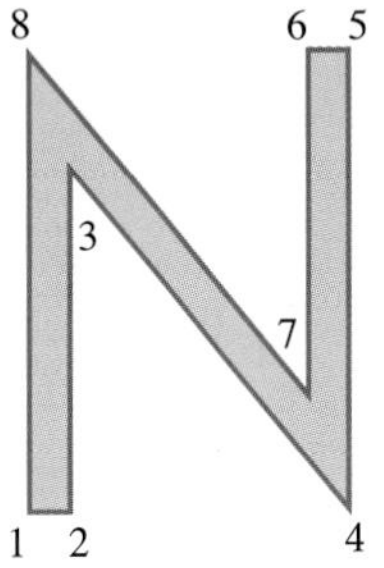


〈그림 9.28〉 원래의 N

다음과 같은 행렬 $A = \begin{bmatrix} 1 & .25 \\ 0 & 1 \end{bmatrix}$가 주어졌을 때, 행렬의 층밀림변환에 있어서 주어진 행렬을 곱하면 $L\mathbf{x} = A\mathbf{x}$가 된다. 행렬의 곱의 정의에 의하여 $AD$는 문자 N의 점들의 다음과 같이 변환된 이미지를 가진다.

$$\begin{array}{c} \begin{array}{cccccccc} 1 & 2 & 3 & 4 & 5 & 6 & 7 & 8 \end{array} \\ AD = \begin{bmatrix} 0 & .5 & 2.105 & 6 & 8 & 7.5 & 5.895 & 2 \\ 0 & 0 & 6.420 & 0 & 8 & 8 & 1.580 & 8 \end{bmatrix} \end{array}$$

$k = 0.25$를 적용시켜 변환된 점들은 〈그림 9.29〉와 같이 기울어진 형태로 나타나는데 원래의 그림에 대응하는 선의 연결로 나타난다.

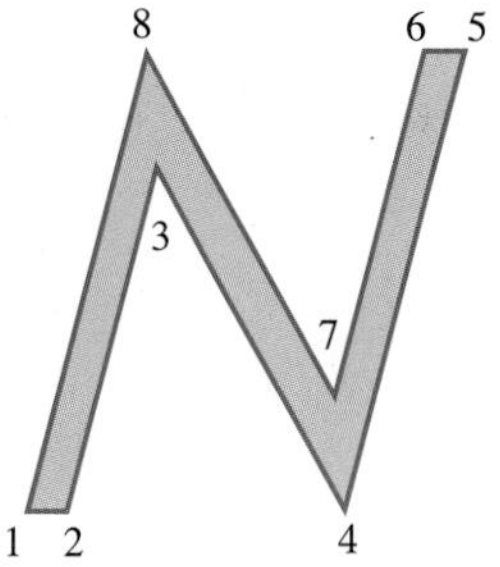

〈그림 9.29〉 기울어진 N

〈그림 9.30〉 합성변환으로 축소된 N

그리고 이에 추가하여 $X$축 방향으로 0.75를 곱하여 실제 크기의 25%만큼 축소시키는 것을 살펴보자. 행렬 $A$의 변환에다 추가로 축소시키는 행렬 $S=\begin{bmatrix} .75 & 0 \\ 0 & 1 \end{bmatrix}$를 적용하면 합성변환의 행렬은 다음과 같다.

$$SA=\begin{bmatrix} .75 & 0 \\ 0 & 1 \end{bmatrix}\begin{bmatrix} 1 & .25 \\ 0 & 1 \end{bmatrix}$$
$$=\begin{bmatrix} .75 & .1875 \\ 0 & 1 \end{bmatrix}$$

합성변환의 결과는 〈그림 9.30〉과 같이 기울어진 N을 다시 25% 축소시킨 결과로 나타난다. ■

## 선형변환의 생활 속의 응용

- 선형변환은 선형 관계에 있는 다양한 데이터들의 변화에 따른 처리를 매우 원활하게 하여, 빠르고 정확한 계산을 가능하게 한다.

- 데이터의 단순화를 통하여 더욱 간편하게 각종 통계적 처리를 할 수 있도록 해 준다.

- 선형변환은 높은 차원의 벡터를 사영을 통하여 낮은 차원의 벡터로 변환시켜 준다.

- 응용의 폭이 매우 넓은 행렬에서의 선형변환을 통하여 수학, 물리학, 공학 등에 많이 활용된다.

- 컴퓨터 그래픽에서 선형변환을 통해 점이나 도형 등의 영상을 변환시켜서 처리할 수 있으며, 다양한 그래픽의 변화를 통해 우리 눈을 즐겁게 해 준다.

# 연습 문제 해답

## CHAPTER 01 선형대수와 선형방정식

### 연습 문제 1.1

**Part 1. 진위 문제**

**1.** ○ **3.** ○ **5.** × **7.** × ($x_2 = 0$일 경우임)

**Part 2. 선택 문제**

**1.** 2 **3.** 3 **5.** 1

**Part 3. 주관식 문제**

**1.** (1) 아니오 (2) 예 **3.** $x_1 = 1,\ x_2 = 1$ **5.** $\left(\frac{4}{7}, \frac{9}{7}\right)$

**7.** (1) 무한히 많은 해. 두 방정식은 같은 직선을 나타낸다.

(2) 해가 없음. 두 직선은 한 점에서 만나지만, 세 직선이 모두 만나는 점은 없다.

**9.** (1) 동차선형시스템, 유일한 해는 $x_1 = x_2 = 0$

(2) 비동차선형시스템

### 연습 문제 1.2

**Part 1. 진위 문제**

**1.** × **3.** × **5.** ○

**Part 2. 선택 문제**

**1.** 3 **3.** 1 **5.** 1

**Part 3. 주관식 문제**

**1.** $x_1 = 0,\ x_2 = -1$

**3.** (1) $x_1 = 1,\ x_2 = -2$ (2) $x_1 = 3,\ x_2 = 2$

**5.** (1) $x = 2,\ y = -1$ (2) 해가 없다.

**7.** (1) $x_1 = 11,\ x_2 = 3$ (2) $x_1 = 4,\ x_2 = 1,\ x_3 = 3$

**9.** (1) $x = 7,\ y = -6$ (2) $x = 3,\ y = -5,\ z = 2$

**11.** $x_1 = 1,\ x_2 = 2,\ x_3 = -2$

**13.** (1) $x = -3,\ y = 1,\ z = 4$ (2) 해가 없다.

**15.** $x_1 = -2x_4 + 2,\ x_2 = 1,\ x_3 = x_4 - 1$ ($x_4$는 임의의 실수)

# CHAPTER 02 행렬

## 연습 문제 2.1

**Part 1. 진위 문제**

**1.** ○ **3.** ○ **5.** ○

**Part 2. 선택 문제**

**1.** 4 **3.** 2 **5.** 4

**Part 3. 주관식 문제**

**1.** $A + B = \begin{bmatrix} 0 & 0 \\ 2 & -2 \end{bmatrix},\quad A - B = \begin{bmatrix} 2 & -2 \\ 2 & 4 \end{bmatrix}$

**3.** $x^2 - 5x + 6 = 0$ 따라서 $x = 2,\ 3$

**5.** (1) 정의될 수 없음 (2) $4\times2$ 행렬 (3) 정의될 수 없음

**7.** (1) 11 (2) 22

(3) 앞의 행의 개수와 뒤의 열의 개수가 일치하지 않으므로 행렬의 곱이 정의되지 않는다.

**9.** (1) $3\times3$ 행렬, $3\times2$ 행렬 (2) $2, -5$ (3) $2\times3$ 행렬

(4) 4, 2 (5) (1, 2)

**11.** $AB=\begin{bmatrix}5 & 2\\15 & 10\end{bmatrix}$, $BA=\begin{bmatrix}23 & 34\\-6 & -8\end{bmatrix}$

**13.** (1) $A(B+C)=\begin{bmatrix}5 & 14\\9 & 32\end{bmatrix}$ (2) $(A+B)C=\begin{bmatrix}1 & 18\\0 & 22\end{bmatrix}$

**15.** (1) $\begin{bmatrix}1\\-2\\1\\1\end{bmatrix}$ (2) $\begin{bmatrix}5\\5\\-2\\1\end{bmatrix}$

**17.** (1) $A+B=\begin{bmatrix}3 & -3 & 4\\-4 & -1 & -6\\6 & 8 & 3\end{bmatrix}$ (2) $2A=\begin{bmatrix}2 & 4 & 6\\-8 & -8 & -8\\10 & 12 & 14\end{bmatrix}$

(3) $AB=\begin{bmatrix}5 & 7 & -15\\-12 & 0 & 20\\17 & 7 & -35\end{bmatrix}$ (4) $BA=\begin{bmatrix}27 & 30 & 33\\-22 & -24 & -26\\-27 & -30 & -33\end{bmatrix}$

## 연습 문제 2.2

### Part 1. 진위 문제

**1.** × **3.** ○ **5.** × (교대행렬은 대칭이면서도 −의 관계이다)

### Part 2. 선택 문제

**1.** 2 **3.** 3 **5.** 1 **7.** 1

### Part 3. 주관식 문제

**1.** (1) 12 (2) 0 (3) 3 (4) 5

**3.** (1) $[5 \quad -1 \quad 4]^T = \begin{bmatrix} 5 \\ -1 \\ 4 \end{bmatrix}$ (2) $\begin{bmatrix} 1 & -1 \\ 2 & 0 \\ 1 & 3 \end{bmatrix}^T = \begin{bmatrix} 1 & 2 & 1 \\ -1 & 0 & 3 \end{bmatrix}$

**5.** $\begin{bmatrix} 4 & 1 & 4 & 5 \\ 2 & -1 & 2 & 2 \\ 4 & 0 & 1 & 3 \\ 6 & 3 & 1 & 6 \end{bmatrix}$

**7.** $A$는 대칭행렬, $B$는 교대행렬

**9.** (1) 대칭행렬 (2) 교대행렬 (3) 어느 경우도 아님

**11.** $I_2 A = \begin{bmatrix} 1 & 0 \\ 0 & 1 \end{bmatrix}\begin{bmatrix} 1 & -2 & 3 \\ 4 & 5 & -6 \end{bmatrix} = \begin{bmatrix} 1 & -2 & 3 \\ 4 & 5 & -6 \end{bmatrix} = A$

$AI_3 = \begin{bmatrix} 1 & -2 & 3 \\ 4 & 5 & -6 \end{bmatrix}\begin{bmatrix} 1 & 0 & 0 \\ 0 & 1 & 0 \\ 0 & 0 & 1 \end{bmatrix} = \begin{bmatrix} 1 & -2 & 3 \\ 4 & 5 & -6 \end{bmatrix} = A$

**13.** $A = \begin{bmatrix} 1 & 2 \\ 3 & -1 \end{bmatrix}$는 대각행렬이 아니지만 $A^2 = \begin{bmatrix} 7 & 0 \\ 0 & 7 \end{bmatrix}$은 대각행렬인 경우가 존재한다.

## 연습 문제 2.3

### Part 1. 진위 문제

**1.** ○ **3.** × (반대임) **5.** ○ **7.** ○ **9.** ○

### Part 2. 선택 문제

**1.** 3 **3.** 1 **5.** 3

### Part 3. 주관식 문제

**1.** 행렬 $A$, $B$, $D$

**3.** 2 **5.** 2

**7.** $\begin{bmatrix} 0 & 1 & 0 & 0 \\ 0 & 0 & 2 & 3 \\ 0 & 0 & 3 & 4 \\ 0 & 0 & 0 & 0 \end{bmatrix} \sim \begin{bmatrix} 0 & 1 & 0 & 0 \\ 0 & 0 & 1 & \frac{3}{2} \\ 0 & 0 & 0 & 1 \\ 0 & 0 & 0 & 0 \end{bmatrix}$

**9.** 3 **11.** (1) 2 (2) 2

**13.** $A \sim \begin{bmatrix} -3 & 6 & 0 & -1 \\ 2 & -2 & 2 & 1 \\ 1 & -7 & 10 & 2 \end{bmatrix} \sim \begin{bmatrix} -3 & 6 & 0 & -1 \\ 0 & 2 & 2 & \frac{1}{3} \\ 0 & -5 & 10 & \frac{5}{3} \end{bmatrix}$

$A \sim \begin{bmatrix} -3 & 6 & 0 & -1 \\ 0 & -5 & 10 & \frac{5}{3} \\ 0 & 2 & 2 & \frac{1}{3} \end{bmatrix} \sim \begin{bmatrix} -3 & 6 & 0 & -1 \\ 0 & -5 & 10 & \frac{5}{3} \\ 0 & 0 & 6 & 1 \end{bmatrix}$ (가능한 답 중의 하나)

**15.** $\text{rank}(A^T) = r$이라고 하자. 그러면 $A$는 $r$개의 선형독립인 행벡터를 가지게 되므로, $A^T$는 $r$개의 선형독립인 열벡터를 가지게 된다. 따라서 $\text{rank}(A^T) = \text{rank}(A)$이므로 그 역도 성립함을 입증할 수 있다.

# CHAPTER 03 행렬식

## 연습 문제 3.1

### Part 1. 진위 문제

**1.** ○ **3.** ○ **5.** ○

### Part 2. 선택 문제

**1.** 4 **3.** 1 **5.** 3 **7.** 2

### Part 3. 주관식 문제

**1.** (1) 0 (2) 0 (3) −15 (4) −3

**3.** $|A| = 6(3) - 5(2) = 18 - 10 = 8$

$|B| = 14 + 12 = 26$

$|C| = -8 - 5 = -13$

$|D| = (t-5)(t+2) - 18 = t^2 - 3t - 28$

**5.** (1) $-22$ (2) $-13$ (3) 46 (4) $-21$ (5) $a^2+ab+b^2$

**7.** $|A|=3\begin{vmatrix}2 & 3\\ 2 & 4\end{vmatrix}-5\begin{vmatrix}4 & 3\\ -1 & 4\end{vmatrix}+2\begin{vmatrix}4 & 2\\ -1 & 2\end{vmatrix}=-69$

**9.** $1\begin{vmatrix}-2 & 3\\ 5 & -1\end{vmatrix}-2\begin{vmatrix}4 & 3\\ 0 & -1\end{vmatrix}+3\begin{vmatrix}4 & -2\\ 0 & 5\end{vmatrix}=55$

**11.** (1) $-3$ (2) 3

**13.** $k\neq 1,\ k\neq -2$

**15.** (1) $-131$ (2) $-55$

## 연습 문제 3.2

### Part 1. 진위 문제

**1.** ○ **3.** × (부호가 반대로 바뀐다.)

**5.** ○ **7.** × ($\mathrm{Det}(I)=1$) **9.** × (행렬식의 값 $=0$)

### Part 2. 선택 문제

**1.** 3 **3.** 2 **5.** 2

### Part 3. 주관식 문제

**1.** $|AB|=-132,\ |BA|=-132$

**3.** (1) 3 (다각항의 곱 $=1\times1\times3=3$) (2) 0 (다각항의 곱 $=1\times0\times8=0$)

**5.** (1) $-24$ (2) 30 (3) $-1$

**7.** (1) 1 (2) $k$ (3) $k$ (4) $-1$

**9.** $-77$ **11.** 0 **13.** (1) $-20$ (2) $-6$ (3) 77

**15.** $-468$

**17.** $a^2+b^2+c^2+1$

## 연습 문제 3.3

### Part 1. 진위 문제

**1.** ○ **3.** ×(항상 같다.) **5.** ○ **7.** ○

Part 2. 선택 문제

**1.** 2 **3.** 4 **5.** 2

Part 3. 주관식 문제

**1.** $\begin{bmatrix} 2 & -3 \\ -\frac{5}{2} & 4 \end{bmatrix}$

**3.** (1) $A^{-1} = \frac{1}{-1}\begin{bmatrix} 1 & 0 \\ 0 & -1 \end{bmatrix}^T = \begin{bmatrix} -1 & 0 \\ 0 & 1 \end{bmatrix}$ (2) $A^{-1} = -1\begin{bmatrix} 1 & -1 \\ -3 & 2 \end{bmatrix}^T = \begin{bmatrix} -1 & 3 \\ 1 & -2 \end{bmatrix}$

**5.** $A = \begin{bmatrix} \frac{1}{2} & -1 \\ -\frac{1}{2} & 2 \end{bmatrix}$

**7.** $A^{-1} = \begin{bmatrix} 1 & 2 & -3 \\ -1 & 1 & -1 \\ 0 & -2 & 3 \end{bmatrix}$

**9.** $\begin{bmatrix} 1 & -2 & 0 \\ 3 & -3 & -1 \\ -6 & 7 & 2 \end{bmatrix}$

**11.** $A^{-1} = \frac{1}{-46}\begin{bmatrix} -18 & -11 & -10 \\ 2 & 14 & -4 \\ 4 & 5 & -8 \end{bmatrix}$

**13.** (1) $\mathrm{Det}(A) = 0$이므로 역행렬이 존재하지 않는다.

(2) $\mathrm{Det}(A) = -1$이고, $A^{-1} = \frac{1}{-1}\begin{bmatrix} 1 & 0 \\ 0 & -1 \end{bmatrix}^T = \begin{bmatrix} -1 & 0 \\ 0 & 1 \end{bmatrix}$

**15.** 첨가행렬로 바꾼 후 이 행렬의 계수가 3이기 때문에 이 선형시스템은 해를 가질 수 있다.

**17.** $A^{-1} = \begin{bmatrix} -\frac{1}{2} & -\frac{2}{3} & -\frac{1}{6} & \frac{7}{6} \\ 1 & \frac{1}{3} & \frac{1}{3} & -\frac{4}{3} \\ 0 & -\frac{1}{3} & -\frac{1}{3} & \frac{1}{3} \\ -\frac{1}{2} & 1 & \frac{1}{2} & \frac{1}{2} \end{bmatrix}$

## 연습 문제 3.4

### Part 1. 진위 문제

**1.** × (선형시스템의 해를 구하는 데 쓰인다.) **3.** ○ **5.** ○

### Part 2. 선택 문제

**1.** 1 **3.** 2 **5.** 4

### Part 3. 주관식 문제

**1.** $x_1 = x_2 = 1$

**3.** (1) $x = 3,\ y = -1$ (2) $x = -2,\ y = -2$ (3) $x = 7,\ y = 1$

**5.** $x_1 = -8,\ x_2 = 3$

**7.** $x = 1,\ y = -3,\ z = 2$

**9.** $x = 1,\ y = 1,\ z = 1$

**11.** (1) $x = \dfrac{|A_1|}{|A|} = \dfrac{\begin{vmatrix} 9 & -2 \\ -3 & 6 \end{vmatrix}}{\begin{vmatrix} 3 & -2 \\ -1 & 6 \end{vmatrix}} = \dfrac{48}{16} = 3,\ y = \dfrac{|A_2|}{|A|} = \dfrac{\begin{vmatrix} 3 & 9 \\ -1 & -3 \end{vmatrix}}{16} = \dfrac{0}{16} = 0$

(2) $x_1 = \dfrac{0}{2} = 0,\ x_2 = \dfrac{6}{2} = 3,\ x_3 = \dfrac{-2}{2} = -1$

**13.** (1) $x = y = z = 1$ (2) $x = 2,\ y = 0,\ z = 5$

# CHAPTER 04 선형방정식의 해법과 응용

## 연습 문제 4.1

### Part 1. 진위 문제

**1.** ○ **3.** ○ **5.** ○

Part 2. 선택 문제

**1.** 3　**3.** 1　**5.** 3

Part 3. 주관식 문제

**1.** $x_1=-14,\ x_2=-3,\ x_3=5$

**3.** (1) $\left[\begin{array}{cc|c} 7 & -5 & -1 \\ 5 & 5 & 3 \\ 7 & 3 & -5 \end{array}\right]$　(2) $\left[\begin{array}{ccc|c} -3 & 0 & 2 & 1 \\ 3 & -1 & -3 & 7 \\ 2 & 1 & -1 & -2 \end{array}\right]$

**5.** $A=\begin{bmatrix} 2 & -1 & 2 \\ 2 & 4 & -3 \\ -3 & 6 & -5 \end{bmatrix},\ x=\begin{bmatrix} x \\ y \\ z \end{bmatrix},\ b=\begin{bmatrix} 3 \\ -2 \\ 1 \end{bmatrix}$

첨가행렬 $[A|b]=\left[\begin{array}{ccc|c} 2 & -1 & 2 & 3 \\ 2 & 4 & -3 & -2 \\ -3 & 6 & -5 & 1 \end{array}\right]$

**7.** (1) $\begin{aligned} 3x+y&=4 \\ 2x-4y&=0 \\ 7x&=1 \end{aligned}$　(2) $\begin{aligned} x+2y-3z&=5 \\ -2x+y+4z&=-3 \\ 3x-5y+z&=-4 \end{aligned}$

**9.** (1) $x_1=-8,\ x_2=3$　(2) 해가 없다.

**11.** (1) $x_1=11,\ x_2=3$　(2) $x_1=4,\ x_2=1,\ x_3=3$

**13.** $x_1=-2r,\ x_2=s,\ x_3=-3r,\ x_4=-4r,\ x_5=r$ (여기서 $r$, $s$는 임의의 실수이다.)

**15.** $x=1,\ y=-2,\ z=3$

**17.** $x_1=2,\ x_2=1,\ x_3=3$

**19.** (1) $x=-1,\ y=\frac{1}{3}(2-4\mu),\ z=\mu$　(2) 해가 없음

**21.** $x_1=-2x_4-1,\ x_2=-3x_4+2,\ x_3=x_4+3$

**23.** $U=\begin{bmatrix} 1 & 3 & 0 \\ 0 & -5 & 0 \\ 0 & -5 & 1 \end{bmatrix},\ L=\begin{bmatrix} 1 & 0 & 0 \\ 2 & 1 & 0 \\ 3 & 1 & 1 \end{bmatrix}$

**25.** (1) $x_1=4,\ x_2=-3,\ x_3=1$　(2) $x_1=1,\ x_2=5,\ x_3=-3$

## 연습 문제 4.2

Part 1. 주관식 문제

**1.** $2C_2H_6+7O_2 \rightarrow 4CO_2+6H_2O$

**3.** $\begin{cases} x_1 = 500 - x_4 \\ x_2 = 300 + x_4 \\ x_3 = 800 - x_4 \end{cases}$

따라서 해는 유일하지 않고 무한개의 해가 존재한다.

**5.** $x_1 = 2,\ x_2 = 4,\ x_3 = 2$

# CHAPTER 05 벡터

## 연습 문제 5.1

### Part 1. 진위 문제

**1.** ○ **3.** ○ **5.** ○ **7.** × (2개도 가능하다.)

### Part 2. 선택 문제

**1.** 4 **3.** 1 **5.** 2

### Part 3. 주관식 문제

**1.** $\boldsymbol{u}_2 = \boldsymbol{u}_4$

**3.** (1) $\begin{bmatrix} 4 \\ 3 \end{bmatrix}$ (2) $\begin{bmatrix} 2 \\ 3 \\ 7 \end{bmatrix}$

**5.** $3\sqrt{2}$

**7.** (1) $\sqrt{3^2 + 4^2} = 5 : \theta = \tan^{-1}\left(\frac{4}{3}\right)$

(2) $\sqrt{2^2 + (2\sqrt{3})^2} = 4 : \theta = \tan^{-1}\left(\frac{2\sqrt{3}}{2}\right) = \tan^{-1}\sqrt{3} = \frac{\pi}{3}$

**9.** $\left(\frac{3}{\sqrt{13}}, \frac{2}{\sqrt{13}}\right), \left(-\frac{3}{\sqrt{13}}, -\frac{2}{\sqrt{13}}\right)$

## 연습 문제 5.2

**Part 1. 진위 문제**

**1.** ○ **3.** × (반대 방향도 가능하다.) **5.** × (방향에 따라 다르다.)

**Part 2. 선택 문제**

**1.** 4 **3.** 3 **5.** 2

**Part 3. 주관식 문제**

**1.** $(5, -1, -4)$ **3.** $(2, -3)$ **5.** $(2, 4, -6)$

**7.** (1) $\boldsymbol{u}+\boldsymbol{v}=(2+1, 4+(-6), (-5)+9)=(3, -2, 4)$

(2) $7\boldsymbol{u}=(7(2), 7(4), 7(-5))=(14, 28, -35)$

(3) $-\boldsymbol{v}=(-1)(1, -6, 9)=(-1, 6, -9)$

(4) $3\boldsymbol{u}-5\boldsymbol{v}=(6, 12, -15)+(-5, 30, -45)=(1, 42, -60)$

**9.** (1) $\begin{bmatrix}1\\5\\3\end{bmatrix}$ (2) $\begin{bmatrix}-4\\-3\\-1\end{bmatrix}$ (3) $\begin{bmatrix}1\\6\\2\end{bmatrix}$ (4) $\begin{bmatrix}-7\\1\\13\end{bmatrix}$

**11.** 벡터의 합의 각 성분은 순서에 관계없으므로 2차원이든 3차원이든 결합법칙이 성립한다.

**13.** 화학식의 양변이 같으므로 $NH_2$는 N이 하나이고 H가 2개이므로 (1, 2)인 벡터가 되는데 그것이 2개이므로 2(1, 2)가 된다. 그와 같은 맥락으로 $H_2$는 (0, 2)로 나타내며, $2NH_3$는 2(1, 3)이 된다. 따라서 $2(1, 2)+(0, 2)=2(1, 3)$이 성립한다. 또한 같은 방법으로 $(1, 0, 1)+(0, 2, 1)=(0, 2, 0)+(1, 0, 2)$인 벡터 관계식으로 표현될 수 있다.

## CHAPTER 06 벡터공간

### 연습 문제 6.1

**Part 1. 진위 문제**

**1.** ○ **3.** × (언제나 선형종속이다.) **5.** ○

**Part 2. 선택 문제**

**1.** 4 **3.** 1 **5.** 3

**Part 3. 주관식 문제**

**1.** 아니오 (2가지 조건에 모두 위배된다.)

**3.** 선형독립

**5.** (1) 선형종속 (두 벡터는 서로 실수배임) (2) 선형독립

**7.** 선형독립 **9.** 선형독립

**11.** 선형독립 여부를 판정할 수 있는 식을 만들면 다음과 같다.

$$\begin{aligned} a_1 + 2a_2 + 3a_3 &= 0 \\ a_1 + a_2 + 2a_3 &= 0 \\ 2a_1 \qquad + 2a_3 &= 0 \end{aligned}$$

이것은 무한히 많은 해를 가진다.

특정해(particular solution)는 $a_1 = 1,\ a_2 = 1,\ a_3 = -1$

따라서 $\mathbf{v}_1 + \mathbf{v}_2 - \mathbf{v}_3 = 0$

그러므로 주어진 벡터들은 선형종속이다.

### 연습 문제 6.2

**Part 1. 진위 문제**

**1.** ○ **3.** × (선형독립이 될 수 없다.) **5.** ○

**Part 2. 선택 문제**

**1.** 4 **3.** 2 **5.** 2

**Part 3. 주관식 문제**

**1.** 예 **3.** (1) 예 (2) 예 **5.** 아니오 **7.** 1차원

**9.** $x_1=\begin{bmatrix}-2\\-2\\1\\0\\0\end{bmatrix}$ $x_2=\begin{bmatrix}-1\\1\\0\\-2\\1\end{bmatrix}$

$\{x_1, x_2\}$가 $W$에 대한 기저이고, $\dim(W)=2$이다.

# CHAPTER 07 고유값과 고유벡터

## 연습 문제 7.1

**Part 1. 진위 문제**

**1.** × (행렬의 크기에 따라 변한다.) **3.** × (2개) **5.** ○ **7.** ○

**Part 2. 선택 문제**

**1.** 1 **3.** 3 **5.** 2

**Part 3. 주관식 문제**

**1.** $\lambda=1$ 또는 $\lambda=2$ **3.** 예

**5.** (1) 고유값 1, 고유벡터 $\begin{bmatrix}-1\\1\end{bmatrix}$, 고유값 3, 고유벡터 $\begin{bmatrix}1\\1\end{bmatrix}$

(2) 고유값 1, 고유벡터 $\begin{bmatrix}0\\1\end{bmatrix}$ (중복 해)

**7.** (1) 고유값 0, 고유벡터 $\begin{bmatrix}-1\\1\end{bmatrix}$, 고유값 5, 고유벡터 $\begin{bmatrix}2\\3\end{bmatrix}$

(2) 고유값 2, 고유벡터 $\begin{bmatrix} -1 \\ 1 \end{bmatrix}$

**9.** (1) 고유값 3, 고유벡터 $\begin{bmatrix} 4 \\ 3 \end{bmatrix}$, 고유값 2, 고유벡터 $\begin{bmatrix} 1 \\ 1 \end{bmatrix}$

(2) 고유값 2(중복 해), 고유벡터 $\begin{bmatrix} 1 \\ 1 \end{bmatrix}$

**11.** 고유값 2, 고유벡터 $\begin{bmatrix} 1 \\ 0 \\ 0 \end{bmatrix}$, 고유값 3, 고유벡터 $\begin{bmatrix} 1 \\ 1 \\ 0 \end{bmatrix}$, 고유값 1, 고유벡터 $\begin{bmatrix} 1 \\ -1 \\ 2 \end{bmatrix}$

**13.** (1) 특성 다항식 $\lambda^2 - 4\lambda + 3$, 고유값 3, 1

(2) 특성 다항식 $\lambda^3 - 6\lambda^2 + 11\lambda - 6$, 고유값 3, 2, 1

**15.** (1) 고유값 1, 고유벡터 $\begin{bmatrix} 1 \\ 0 \\ 0 \end{bmatrix}$, 고유값 2, 고유벡터 $\begin{bmatrix} 3 \\ 1 \\ 0 \end{bmatrix}$,

고유값 7, 고유벡터 $\begin{bmatrix} 9 \\ -2 \\ 10 \end{bmatrix}$

(2) 고유값 3, 고유벡터 $\begin{bmatrix} 1 \\ 2 \\ 0 \\ 0 \end{bmatrix}$, 고유값 1, 고유벡터 $\begin{bmatrix} 0 \\ 1 \\ 0 \\ 0 \end{bmatrix}$,

고유값 2(중복 해), 고유벡터 $\begin{bmatrix} 0 \\ 0 \\ 1 \\ 0 \end{bmatrix}$

## 연습 문제 7.2

### Part 1. 진위 문제

**1.** ○ **3.** ○ **5.** × (더한 값이다.)

### Part 2. 선택 문제

**1.** 4 **3.** 1 **5.** 1

Part 3. 주관식 문제

**1.** 특성 다항식 $\lambda^2 - 3\lambda + 2$, 고유값 $\lambda_1 = 1, \lambda_2 = 2$

**3.** 고유값 1, 고유벡터 $\begin{bmatrix} -1 \\ 1 \end{bmatrix}$, 고유값 3, 고유벡터 $\begin{bmatrix} 0 \\ 1 \end{bmatrix}$

**5.** 고유값 $\lambda = 6,\ 2$  **7.** 고유값 $\lambda = 4,\ 2$

**9.** (1) 고유값 2, 고유벡터 $\begin{bmatrix} 1 \\ 1 \\ 0 \end{bmatrix}$, 고유값 1(중복 해), 고유벡터 $\begin{bmatrix} 1 \\ 0 \\ 0 \end{bmatrix}, \begin{bmatrix} 0 \\ 1 \\ -1 \end{bmatrix}$

(2) 고유값 2(중복 해), 고유벡터 $\boldsymbol{e}_1$, $\boldsymbol{e}_2$, 고유값 3, 고유벡터 $\boldsymbol{e}_3$, 고유값 4, 고유벡터 $\boldsymbol{e}_4$

# CHAPTER 08 벡터의 내적과 외적

## 연습 문제 8.1

Part 1. 진위 문제

**1.** × (스칼라이다.)  **3.** × (둔각이다.)  **5.** ○

Part 2. 선택 문제

**1.** 3  **3.** 3  **5.** 4

Part 3. 주관식 문제

**1.** (1) 1  (2) 0  (3) $\sqrt{5}$

**3.** $\boldsymbol{u} \cdot \boldsymbol{v} = (2)(4) + (3)(2) + (2)(-1) = 12$

**5.** $\boldsymbol{u} \cdot \boldsymbol{v} = 0$이므로 $90^\circ$ 또는 $\boldsymbol{u}$와 $\boldsymbol{v}$는 직교한다.

**7.** $\boldsymbol{u}$와 $\boldsymbol{v}$ 사이의 $\cos\theta = \dfrac{5}{\sqrt{38}\sqrt{26}}$ ($\boldsymbol{u} \cdot \boldsymbol{v}$ 값이 양수이므로 $\theta$는 예각임을 알 수 있다.)

**9.** $x = \dfrac{1}{10},\ y = -\dfrac{2}{15}$

## 연습 문제 8.2

**Part 1. 진위 문제**

**1.** ○ **3.** ○ **5.** ○

**Part 2. 선택 문제**

**1.** 3 **3.** 1 **5.** 2

**Part 3. 주관식 문제**

**1.** $-6\boldsymbol{i}+3\boldsymbol{j}+5\boldsymbol{k}$ **3.** (1) $5\boldsymbol{i}+7\boldsymbol{j}+3\boldsymbol{k}$ (2) $-5\boldsymbol{i}-7\boldsymbol{j}-3\boldsymbol{k}$

**5.** $\sqrt{62}$ **7.** $\frac{\sqrt{230}}{2}$ **9.** (1) 18 (2) 0

# CHAPTER 09 선형변환

## 연습 문제 9.1

**Part 1. 진위 문제**

**1.** ○ **3.** × (크기만 바뀐다.) **5.** ○

**Part 2. 선택 문제**

**1.** 1 **3.** 4 **5.** 2

**Part 3. 주관식 문제**

**1.** $L$은 선형변환이다. **3.** $L$은 선형변환이다. **5.** $\begin{bmatrix} 2 \\ 15 \end{bmatrix}$

**7.** (1) $y$축에 대한 반사

(2) 원점에 대한 반사

(3) 시계 반대 방향으로의 90° 회전

**9.** (1) No (2) No

**11.** (1) $\begin{bmatrix} 3 \\ 1 \\ -1 \end{bmatrix}$ (2) $\begin{bmatrix} 0 \\ -1 \\ -2 \end{bmatrix}$ (3) $\begin{bmatrix} 7 \\ 2 \\ -3 \end{bmatrix}$

# 참고문헌


Advanced Engineering Mathematics (Volume 1, 2), Fifth Edition, Erwin Kreyszig, Wiley & Sons, Inc. 1983.

Elementary Linear Algebra, Fifth Edition, Bernard Kolman, KTI, 1991.

Elementary Linear Algebra, 7th Edition, Bernard Kolman, David R.Hill, Prentice-Hall, Inc. 2000.

Engineering Mathematics, Third Edition, Anthony Croft, Robert Davison, Martin Hargreaves, Pearson Education, Inc. 2001.

Introduction to Linear Algebra, Second Edition, Serge Lang, Springer-Verlag, New York Inc. 1986.

Introduction to Linear Algebra, Third Edition, Lee W. Johnson, R. Dean Riess, Jimmy T. Arnold, Addison-Wesley Publishing Company, Inc. 1993.

Linear Algebra, 2nd Edition, John B. Fraleigh, Raymond A. Beauregard, Addison-Wesley Publishing Company, Inc. 1990.

Linear Algebra – An Interactive Approach, S. K. Jain, A. D. Gunawardena, Brooks/Cole, A division of Thomson Learning, Inc. 2004.

Linear Algebra and Its Applications, Second Edition, Gilbert Strang, Academic Press, Inc. 1980.

Linear Algebra and Its Applications, Third Edition, David C. Lay, Pearson Education, Inc. 2006.

Linear Algebra and Its Applications, Fourth Edition, Gilbert Strang, Brooks/Cole, Cengage Learning, Inc. 2006.

Linear Algebra with Applications, Third Edition, Steven J. Leon, Macmillan Publishing Company, a division of Macmillan, Inc. 1990.

Mathematics for Computer Graphics Applications, Second Edition, M.E. Mortenson, Industrial Press Inc. New York, 1999.

Matrix Theory And Linear Algebra, I. N. Herstein, David J. Winter, Macmillan Publishing Company, a division of Macmillan, Inc. 1989.

Modern Engineering Mathematics, Third Edition, Glyn James, Pearson Education, Inc. 2001.

SCHAUM'S Outlines Linear Algebra, Fourth Edition, Seymour Lipschutz, Marc Lipson, The McGraw-Hill Companies, Inc. 2009.

공업수학, 김창근 외 6명, 교우사, 1996.

공업수학 I, Second Edition, Dennis G. Zill, Michael R. Cullen(공저), 황일 외 11명(공역), 교보문고, 2003.

공학수학, 정보현, 박재근, 형설출판사, 1997.

만화로 쉽게 배우는 선형대수, Shin Takahashi(저자), Iroha Inoue(그림), 천기상(감역), 김성훈(역자), 성안당, 2009.

미적분학을 위한 벡터와 행렬, 정재명, 김명환, 김홍종, 서울대학교 출판부, 1997.

선형대수와 해석기하, 제2판, 충북대학교 수학교재편찬위원회, 경문사, 2009.

쉽게 가르치고 배우는 공업수학, 김동식, 생능출판사, 2010.

알기 쉬운 공업수학입문, 김경호 외 3명, 교우사, 2001.

알기 쉬운 선형대수, 개정 9판, Howard Anton(저), 이장우(역), 범한서적, 2009.

이산수학, 개정판, 류기영, 류관우, 김승호, 정익사, 1993.

전기, 전자, 통신 공학도를 위한 공업수학입문, 이해영, (주)도서출판 북스힐, 2001.

전문대학생을 위한 공업수학, 남정구, 명원, 2003.

전산수학, 김대수, 장재건, 생능출판사, 2000.

최신 선형대수, Howard Anton, Robert C. Busby(공저), 고형준 외 5명(공역), 교보문고, 2008.

최신 전산수학, 이주복, 임호순, 정익사, 1995.

최신 전산수학, 이종선, 광림사, 1997.

카오스-현대과학의 대혁명, James Gleick(저), 박배식, 성하운(공역), 도서출판 동문사, 1993.

현대 선형대수학, 제3판, 이상구, 경문사, 2009.

Kreyszig공업수학(하) 푸리에해석/편미분방정식/복소해석/수치해법, 개정 8판, Erwin Kreyszig(저), 권길헌 외 12명(공역), 범한서적, 2000.

MATLAB 입문과 활용, 김용수, 높이깊이, 2002.

http://www.encyber.com/

http://www.google.co.kr/

http://www.naver.com/

http://www.wikipedia.org/

# 찾아보기

## 저 자 약 력

**김대수(金大洙)**

서울대학교 사대 수학과 및 동 대학원 수료
미국 University of Mississippi 대학원, Computer Engineering, M. S.(석사)
미국 University of South Carolina, Computer Science, Ph. D.(박사)
미국 Intelligent Systems Laboratory, Researcher
한국전자통신연구원(ETRI) 컴퓨터연구단 선임 연구원 역임
한국 지능시스템학회 이사 및 부회장 역임
SCI 국제논문을 비롯한 연구논문 수십 편 발표
International Conference Co-chairman, program chairman 등 다수 역임
현재 한신대학교 공대 컴퓨터공학부 교수
주요 연구 분야: 지능시스템, 인공지능, 신경망, 퍼지, 로보틱스 등
저서: 『신경망 이론과 응용(Ⅰ)』, 『신경망 이론과 응용(Ⅱ)』, 『오토마타와 계산이론』, 『전산수학』,
『첨단 컴퓨터의 세계』, 『정보화 시대의 컴퓨터 산책』, 『컴퓨터 개론(개정 5판)』, 『이산수학 Express』,
『창의수학 콘서트』 등 다수
E-mail: daekim@hs.ac.kr

**선형대수학 Express** 〈개정판〉

**김대수 著**

초 판 발 행 : 2010. 7. 15
제2판 7쇄 : 2021. 2. 9
발 행 인 : 김 승 기
발 행 처 : (주)생능출판사
신 고 번 호 : 제406-2005-000002호
신 고 일 자 : 2005. 1. 21
I S B N : 978-89-7050-758-3(93410)

10881
경기도 파주시 광인사길 143
대표전화 : (031)955-0761, FAX : (031)955-0768
홈페이지 : http://www.booksr.co.kr

* 파본 및 잘못된 책은 바꾸어 드립니다.

정가 27,000원